高等职业教育规划教材

JIANZHU GONGCHENGTU SHIDU SHIXUN

# 建筑工程图识读实训

第二版

童　霞　主　编
李　黎　副主编

·北　京·

## 内容简介

“建筑工程图识读实训”是建筑工程技术等专业一门重要的专业基础实训课。本教材是配合建筑工程制图与识图课程教学的实训教材，涵盖课程教学实训和集中课程实训两部分内容。内容主要包括建筑制图标准基本知识、民用建筑的建筑施工图、结构施工图、给排水施工图、单层工业厂房施工图、计算机 AutoCAD 基础绘图建筑施工图和高层住宅建筑施工图识读七部分的应知应会知识和实际训练。

本书可作为高等职业土木建筑类专业如建筑工程技术、工程监理、工程管理等专业进行建筑工程图识读实训的教材，也可供广大建筑工程施工技术人员使用。


**图书在版编目（CIP）数据**

建筑工程图识读实训/童霞主编；李黎副主编．—2版．—北京：化学工业出版社，2022.9

ISBN 978-7-122-41767-1

Ⅰ.①建… Ⅱ.①童… ②李… Ⅲ.①建筑制图-识图-教材 Ⅳ.①TU204.21

中国版本图书馆 CIP 数据核字（2022）第 112295 号

责任编辑：王文峡 邢启壮　　装帧设计：韩 飞

责任校对：田睿涵

出版发行：化学工业出版社（北京市东城区青年湖南街 13 号 邮政编码 100011）

印　　刷：三河市航远印刷有限公司

装　　订：三河市宇新装订厂

880mm×1230mm 1/8 印张 18½ 字数 416 千字 2023 年 1 月北京第 2 版第 1 次印刷

购书咨询：010-64518888　　售后服务：010-64518899

网　　址：http://www.cip.com.cn

凡购买本书，如有缺损质量问题，本社销售中心负责调换。

定　　价：59.00 元

# 前言

《建筑工程图识读实训》教材修订是根据全国高等职业学校建设行业技能型紧缺人才培养培训指导方案，由全国土建类建筑工程专业指导委员会组织进行编写的，是三年制技能型高等职业建筑工程技术专业基础课程实训教材之一。

“建筑工程图识读实训”是建筑工程技术专业的一门重要专业基础实训课，本教材内容主要包括基础模块（建筑制图标准基本知识）、实践性教学模块（民用建筑的建筑施工图和结构施工图）和选用模块（设备施工图、常用的单层工业厂房施工图和计算机AutoCAD基础绘图）三部分的应知应会知识及实际训练。本书在内容的编排上，以三套实际施工图纸的讲解来帮助学生识读建筑工程图。砖混结构多层单元住宅建筑工程施工图、钢筋混凝土框架结构高层建筑施工图和单层厂房建筑施工图，皆具有结构的代表性。本书强调从“实战”中学习，因此理论部分简明扼要，并通过对实际工程图纸的识读讲解与训练，帮助读者掌握国家相关规范、标准和规定，在短时间内看懂建筑工程施工图。

本教材符合高职教育的要求，又与传统教材有所明确区别，具有以下特点。

1. 教学环节强调实践性。实训练习与工程实际相结合，突出了职业教育特点，提高学生实际动手能力。
2. 模块体系结构。采用模块结构，由专业基础模块、实践性教学模块和选修模块构成。
3. 实用的岗位教学内容。本教材所选用的内容都是职业岗位群的工作直接接触的内容。
4. 有较强针对性的适用方向。本教材适用高等职业土木建筑大类建筑工程技术等专业。
5. 教材的编写突出国家的规范和标准。在专业项目的实训练习之前强调工程规范要求、制图标准，使学生在训练中做到有的放矢，做中掌握。
6. 教材使用中的灵活性。本教材的基础模块和实践性教学模块是必须完成的。选用模块则体现了其使用的灵活性，给教学留有一定空间和接口，可以根据具体情况选择内容。

本书由河南建筑职业技术学院童霞主编，李黎副主编，由河南建筑职业技术学院李宏魁和白丽红主审，具体安排如下：河南建筑职业技术学院童霞编写概述及单元7，河南建筑职业技术学院王晓改编写单元1，河南建筑职业技术学院李慧敏和李黎分别编写单元2中的课题2.1、课题2.2、课题2.5、课题2.6和课题2.3、课题2.4、课题2.7、课题2.8，郑州航空工业管理学院李晓虎编写单元3，郑州航空工业管理学院魏保立编写单元4，郑州航空工业管理学院李莲秀编写单元5，河南建筑职业技术学院李喜霞编写单元6。

感谢郑州大学综合设计研究院有限公司对教材的修订提供的民用建筑工程图纸，以及对编写工作给予的大力支持，为教材引领教学任务提供了可靠的保证。

由于时间紧，经验不足，资料收集不完整，书中不妥之处望使用者批评指正，以便今后改进。

编者

2022年1月

# 目录

# 概　述

（1）建筑工程图

建筑工程图是用来表达建筑物的构配件组成、平面布置、外形轮廓、装修、尺寸大小、结构构造和材料做法等的工程图样。图样是建筑工程中不可缺少的重要技术资料，所有建筑工程技术人员都应该理解设计者意图，并通过实际工程图纸的识读实训，最终达到熟悉建筑工程图内容、掌握建筑工程图识读技能。

（2）建筑工程设计

建筑工程设计分为方案设计、初步设计和施工图设计三个阶段。对技术要求比较简单，经主管部门同意，符合合同约定的工程，在方案设计审批后可以直接进行施工图设计，即方案设计和施工图设计两个阶段。

方案设计阶段——是设计人员按照业主（建设单位）的意图，在符合国家规范和标准的基础上，对建筑从平面功能到进行构思表达的过程。应能满足编制初步设计的需要，对于投标方案，还要按标书的规定进行，主要用于报批。

初步设计阶段——是方案设计的延续和深入，主要工作是协调各工种之间关系，进行技术配合，并提供施工图设计之前的技术资料。

施工图设计阶段——是以方案和初步设计为依据，修正和完善后的设计图纸。主要用于工程的组织建设、维修和改建；各机构的审查；材料的选购和成品的制作；工程的分包和指导施工。

本教材主要针对建筑工程施工图设计阶段建筑工程图进行识读实训。

（3）建筑工程施工图设计基本构成

建筑工程施工图设计包括建筑施工图设计、结构施工图设计和设备施工图设计。施工图设计与建筑工程设计之间的关系如下所示。

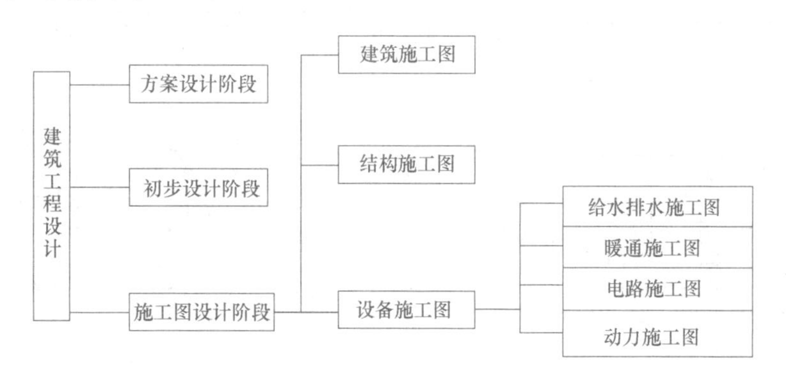

# 单元①

# 建筑制图标准基本知识

知识点

建筑组合体、字体、尺寸、轴线标注、线型。

学习目标

通过该单元的学习，使学生对平面复杂建筑能够进行尺寸和轴线标注，以及对线型、材料符号和字体的应用，并为后面各单元内容打下坚实的基础。

## 课题 1.1　建筑组合体

### 1.1.1　应知应会部分

#### 1.1.1.1　组合体

（1）由基本的几何形体组成的形体称为组合形体。其构成方式大致为三种。①叠加型：由两个或者两个以上的基本形体堆砌或者拼合而成。②切割型：基本形体被一些平面或曲面切割而成。③混合型：由叠加型和切割型混合构成。

（2）组合形体读图时有两种。①形体分析法：根据组合体的形状，将其分解成若干部分，弄清各部分的形状和它们的相对位置及组合方式。②线面分析法：视图上的一个封闭线框，一般情况下代表一个面的投影，不同线框之间的关系，反映了物体表面的变化（相交、相切、平齐关系）。

（3）组合体尺寸的标注有三种。①定形尺寸：确定各基本体形状和大小的尺寸。②定位尺寸：确定各基本体之间相对位置的尺寸。③总尺寸：长、宽、高三个方向的最大尺寸。

#### 1.1.1.2　剖面图

（1）为了便于表达形体内部构造，假想用一个剖切平面，在形体的适当部位将其剖开，将剖切平面连同它与观察者之间那一部分移走，将余下的部分投影到与剖切平面平行的投影面上所得的投影图，称为剖面图。

（2）《房屋建筑制图统一标准》中规定剖切符号由剖切位置线、剖视方向线以及编号三个部分组成：①剖切位置线是表示剖切平面的剖切位置，由两段粗实线绘制，长度 6～10mm。②剖视方向线是表示剖切形体后向哪个方向做投影，由两段粗实线绘制，与剖切位置线垂直，长度宜为 4～6mm。剖面剖切符号不宜与图面上图线相接触。③剖切编号，用阿拉伯数字，按顺序由左至右、由下至上连续编排，编号应注写在剖视方向线的端部，且应将此编号标注在相应的剖面图的下方。需要转折的剖切位置线，在转折处如与其他图线发生混淆，应在转角的外侧加注与该符号相同的剖切编号。

（3）常用的剖面图有全剖面图、半剖面图、阶梯剖面图、展开剖面图、局部剖面图和分层剖面图六种。



#### 1.1.1.3　断面图

（1）假想用剖切面将物体的某处切断，仅画出该剖切面与物体接触部分的图形称作断面图。符号包括粗实线绘制的剖断符号和编号两个部分。

（2）断面图是面的投影，仅需画出物体断面形状，断面图可分为重合断面图和移出断面图；而剖视图是体的投影，要将剖切面之后结构的投影画出。

### 1.1.2　组合体实训练习

#### 1.1.2.1　建筑几何体组合练习

补全第三面投影。

#### 1.1.2.2　剖面图练习

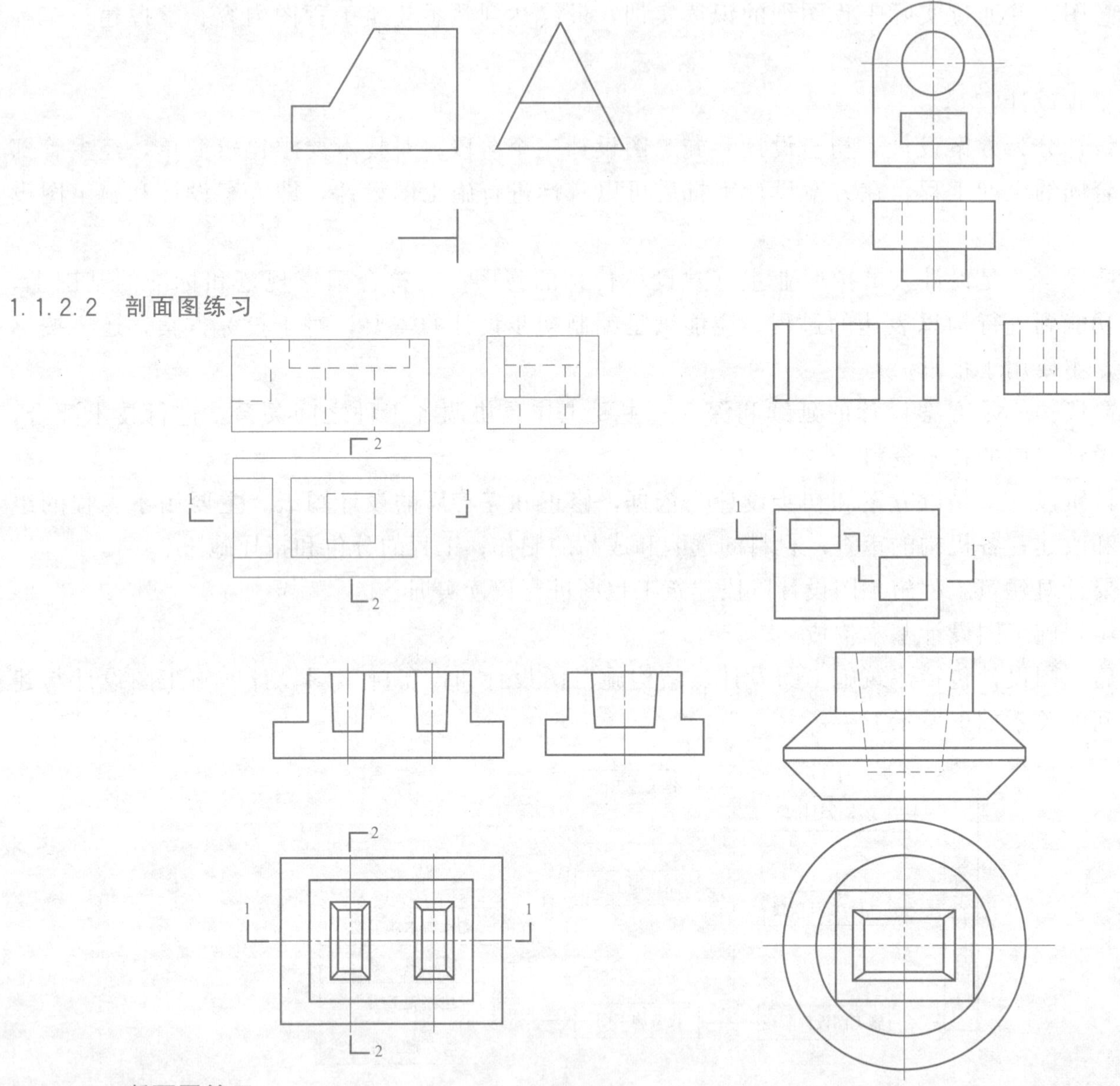


#### 1.1.2.3　断面图练习

补全断面图。

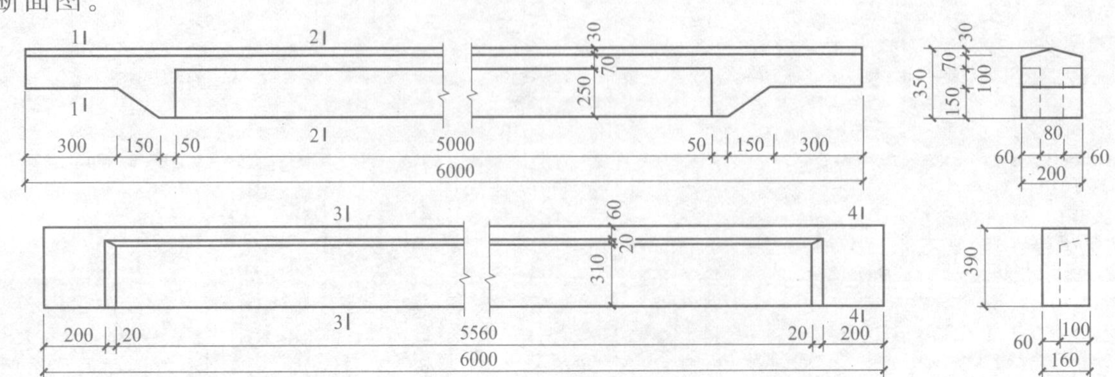

# 课题 1.2　字　　体

## 1.2.1　应知应会部分

### 1.2.1.1　汉字

（1）图纸上的汉字宜采用长仿宋体，字的高与宽的关系应符合下表规定，在实际应用中，汉字的字高应不小于 3.5mm。

（2）长仿宋体字的书写要领是：横平竖直，注意起落，结构匀称，填满方格。

长仿宋体字高与宽关系表（mm）

平 面 基 土 木　术 审 市 正 水　直 垂 四 非 里

柜 轴 孔 抹 粉　棚 械 缝 混 凝　砂 以 设 纵 沉

### 1.2.1.2　数字和字母

（1）图纸中表示数量的数字应用阿拉伯数字书写，阿拉伯数字、罗马数字或拉丁字母的字高应不小于 2.5mm。

（2）数字和字母有正体及斜体两种写法，但同一张图纸上必须统一，阿拉伯数字、罗马数字和拉丁字母的书写有一般字体和窄体字两种。

ABCDEFGHIJKLMN

opqrstuvwxyz　　*ABCabcd1234 Ⅰ Ⅴ*

1234567890 Ⅰ Ⅴ Ⅹ $\phi$

## 1.2.2　字体实训练习

### 1.2.2.1　汉字练习

建筑制图民用房屋东南西北方向平立剖面设计说明基

础墙柱梁挡板楼梯框架承重结构门窗阳台雨篷勒脚散

坡洞沟槽材料钢筋水泥砂石混凝土砖木灰浆给排水暖

### 1.2.2.2　数字和字母练习

ABCDEFGHIJKLMNOPQRSTUVWXYZ

abcdefghijklmnopqrstuvwxyz

1234567890

# 课题 1.3　尺寸、轴线

## 1.3.1　应知应会部分

### 1.3.1.1　尺寸

（1）图样上的尺寸由尺寸线、尺寸界线、起止符号和尺寸数字四部分组成。

（2）在尺寸标注中，尺寸界线、尺寸线采用细实线绘制，线性尺寸界线一般应与尺寸线垂直；图样轮廓线可用作尺寸界线。

（3）尺寸线应与被注长度平行。尺寸线与图样最外轮廓线的间距不宜小于 10mm，平行排列的尺寸线的间距宜为 7～10mm。尺寸起止符号一般用中实线短划绘制。半径、直径、角度与弧长的尺寸起止符号，用箭头表示。

### 1.3.1.2　轴线

（1）在建筑施工图中，通常将房屋的基础、墙、柱等承重构件的轴线画出，并进行编号，以便于施工时定位放线和查阅图样，这些轴线称为定位轴线。

（2）定位轴线应用细点画线绘制。

（3）定位轴线一般应编号，编号应注写在轴线端部的圆内。圆应用细实线绘制，直径为 8～10mm。定位轴线圆的圆心，应在定位轴线的延长线上或延长线的折线上。

（4）平面图上定位轴线的编号，宜标注在图样的下方与左侧。横向编号应用阿拉伯数字，按从左至右顺序编写；竖向编号应用大写拉丁字母，按从下至上顺序编写。拉丁字母的 I、O、Z 不得用作轴线编号。如字母数量不够使用，可增用双字母或单字母加数字注脚，如 AA、BA…YA 或 A1、B1…Y1。

（5）组合较复杂的平面图中定位轴线也可采用分区编号，编号的注写形式应为“分区号——该分区编号”。分区号采用阿拉伯数字或大写拉丁字母表示。

（6）两根轴线间的附加轴线，应以分母表示前一轴线的编号，分子表示附加轴线的编号，编号宜用阿拉伯数字顺序编写，1号轴线或A号轴线之前的附加轴线的分母应以01或0A表示。通用详图中的定位轴线，应只画圆，不注写轴线编号。

（7）圆形平面图中定位轴线的编号，其径向轴线宜用阿拉伯数字表示，从左下角开始，按逆时针顺序编写；其圆周轴线宜用大写拉丁字母表示，按从外向内顺序编写。

1.3.1.3 详图索引符号及详图符号

（1）索引符号是指图样中用于引出需要清楚绘制细部图形的符号，以方便绘图及图纸查找，提高制图效率。

索引符号是由直径为10mm的圆和水平直径组成，圆及水平直径均应以细实线绘制［图（a）］。

（2）详图的位置和编号，应以详图符号表示。详图符号的圆应以直径为14mm粗实线绘制［图（b）］。

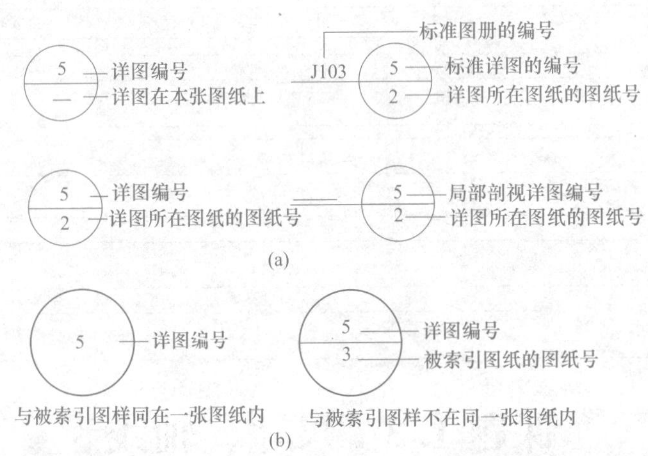


## 1.3.2 尺寸、轴线标注实训练习

1.3.2.1 建筑平面尺寸以及轴线标注练习

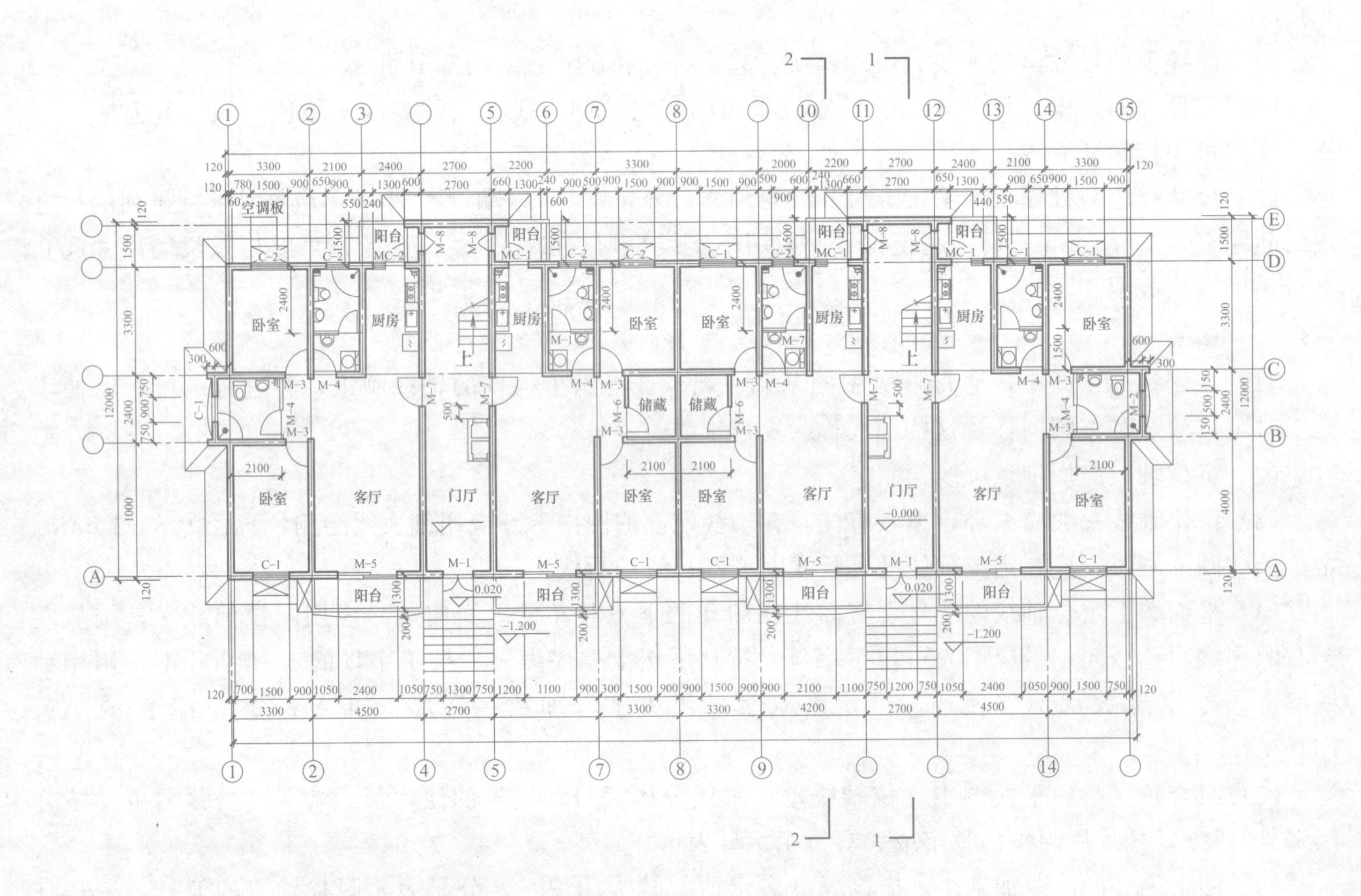


1.3.2.2 索引符号及详图符号练习

解释下列符号意义。

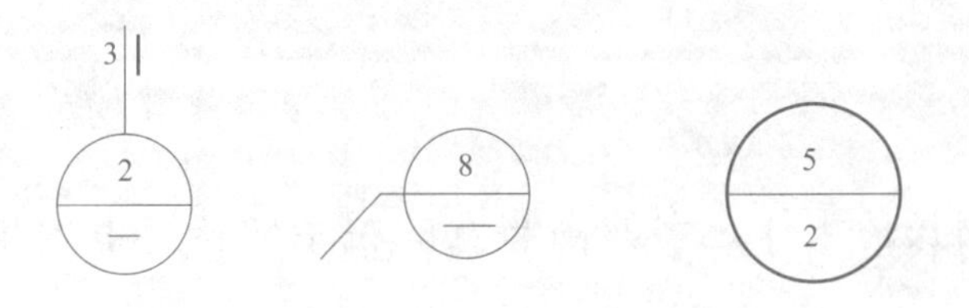


# 课题1.4 线型、材料

## 1.4.1 应知应会部分

1.4.1.1 线型

线型有实线、虚线、单点长画线、双点长画线、折断线和波浪线等，其中有些线型还分粗、中、细三种。

1.4.1.2 材料符号

土建工程图样不但要准确表达出工程物体的形状，还应准确地表现出所使用的建筑材料。为此，对于图中所要表达的建筑材料，国家标准规定了“常用建筑材料图例”。其他材料图例见《房屋建筑制图统一标准》（GB/T 50001—2017）。如果在一张图纸内的图样只用一种图例时或图形较小无法画出建筑材料图例时，可不画图例但应加文字说明。

## 1.4.2 线型、材料符号实训练习

1.4.2.1 建筑工程常用线型练习

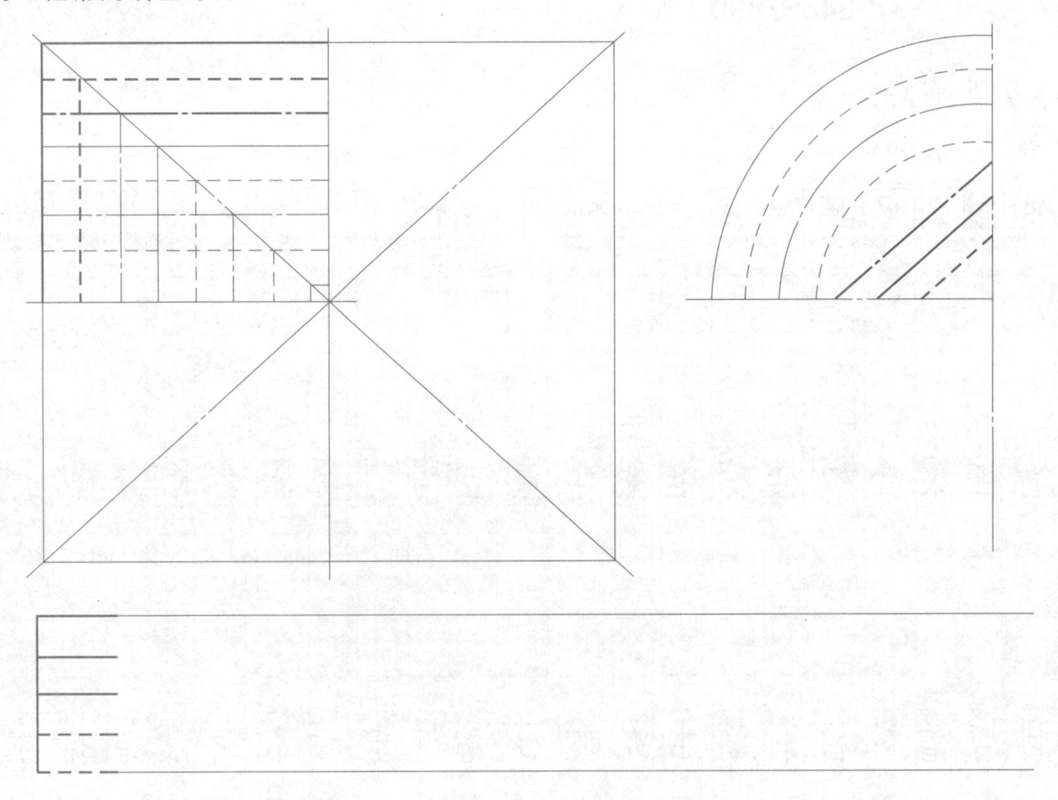

1.4.2.2 材料符号练习

自然土壤　夯实土

砂、灰土　碎砖、三合土

天然石材　毛石

混凝土　钢筋混凝土

普通砖　耐火砖

多孔材料　金属

空心砖　饰面砖

纤维材料　木材

常用建筑材料图例

# 单元②

## 民用建筑施工图实训

知识点

多层单元住宅建筑的总平面图、各层平面图、立面图、剖面图和详图的相关内容。

学习目标

通过该单元的学习，使学生能够掌握多层住宅建筑施工图的识图方法，掌握民用住宅建筑构成特点和施工图的常用表达方法，熟悉建筑制图标准和建筑构造的相关内容。

## 课题 2.1　首页图与总平面图

首页图是放在一套建筑施工图的最前面介绍工程项目及图纸绘制总体情况的图样，是建筑施工图设计的纲要，不仅对设计本身起到控制和指导作用，更为施工、审查、建设单位了解设计意图提供了依据。

总平面图是表达建筑工程总体布局的图样，是在建设区的上空向地面一定范围内投影所形成的水平投影，主要表明建筑基地一定范围内的规划设计情况及周围环境，是新建工程定位、土方施工及施工平面布局的依据。

### 2.1.1　应知应会部分

#### 2.1.1.1　制图标准要求

（1）图线的宽度 $b$，应根据图样的复杂程度和比例，按《房屋建筑制图统一标准》（GB/T 50001—2017）中图线的有关规定选用。

（2）图纸目录先列新绘制图纸，后列选用的标准图或重复利用图。

（3）总平面图中室内首层地面高度的可见轮廓线即建筑的主体轮廓线用粗实线表示，该高度以外的可见轮廓线用中实线表示。

（4）计划扩建建筑物、场地、区域分界线、用地红线、建筑红线等均用中实线表示。

#### 2.1.1.2　建筑工程图示要求

（1）首页图一般包括设计说明、门窗表、图纸目录、工程做法等。

设计说明一般是用文字或表格方式介绍工程概况，如工程名称、建筑地点、建筑功能、建筑高度、建筑面积、结构形式、建筑使用年限以及各部分的构造做法等。

门窗表是根据门窗编号以及门窗尺寸与做法将整个项目中所有不同类型的门窗进行统计，内容涉及门窗设计编号、洞口尺寸、樘数、选用标准图集及门窗详图索引说明等，并归纳成表格，即为门窗表，是所有门窗的索引与汇总。门窗表一般放在首页图上，但有时也会根据图纸表达需要与门窗详图放置在一起，另行表达，具体所在图纸编号可查阅图纸目录。

工程做法一般包括建筑构造做法与室内装修做法两部分，可用文字说明，亦可用表格形式表达，在表上系统填写相应部位的做法或做法索引情况。

图纸目录即用表格形式将整套施工图中所有图纸分别编号列出，一般由序号、图纸编号、图纸名称、图纸数量和图幅等内容组成，编制的目的主要是方便图纸的归档、查阅及修改。

（2）总平面图是在建设区的上方用正投影的原理绘制出的，表示建筑物、构筑物的方位、间距以及周围道路、绿化、竖向布置和基地临界情况等的图样，图上要求绘制指北针。

（3）建筑总平面图中一般包括以下内容：该建筑场地所处的位置、大小及周围道路情况；新建房屋在场地内的位置以及与其邻近建筑物的距离；新建房屋首层室内地面与室外地坪及道路的绝对标高；建筑物层数；场地内的道路情况与绿化布置；扩展房屋的预留地；指北针表明建筑物的朝向，有时用风向频率玫瑰图表示常年风向频率与方位。

### 2.1.2　实训练习

#### 2.1.2.1　填空题

（1）从图中可知，该总平面图所选比例为＿＿＿＿＿＿，图中粗实线表示＿＿＿＿＿＿。

（2）总平面图中标注的尺寸单位为＿＿＿＿＿＿。

（3）根据所给总平面图判断 6# 楼入口方向为＿＿＿＿＿＿，建筑层数为＿＿＿＿＿＿，小区的主入口设置在＿＿＿＿＿＿。

（4）从图纸目录可知该套建筑施工图共＿＿＿＿＿＿＿＿＿＿张；其中 1-1-07 所绘图纸内容为＿＿＿＿＿＿。

（5）根据门窗表可知，编号为 C1515 的窗的尺寸为＿＿＿＿＿＿，数量为＿＿＿＿＿＿。

（6）标题栏一般表示在图纸的＿＿＿＿＿＿（位置）。

#### 2.1.2.2　问答题

（1）简述总平面图所应该包含的内容。

（2）设计说明中对工程概况的介绍一般包括哪些内容？

#### 2.1.2.3　综合题

（1）从图纸中建筑构造统一做法表中可知，一般房间、卫生间、门厅的地面做法分别为哪些？

（2）对本工程的工程概况进行描述。

（3）结合门窗表对编号为“FM 甲 1021”的门窗情况进行简要描述。

# 设计说明（一）

**一、设计依据**

与甲方签订设计合同

经甲方同意的建筑设计方案

甲方所提设计要求

《建筑设计防火规范》（2018年版）（GB 50016—2014）

《住宅建筑规范》（GB 50368—2005）

《住宅设计规范》（GB 50096—2011）

《民用建筑设计统一标准》（GB 50352—2019）

《无障碍设计规范》（GB 50763—2012）

《河南省居住建筑节能设计标准》（寒冷地区65%＋）（DBJ 41/062—2017）

《外墙外保温工程技术标准》（JGJ 144—2019）

《建筑内部装修设计防火规范》（GB 50222—2017）

《地下工程防水技术规范》（GB 50108—2008）

《屋面工程技术规范》（GB 50345—2012）《建筑工程建筑面积计算规范》（GB/T 50353—2013）

《建筑玻璃应用技术规程》（JGJ 113—2015）

《民用建筑工程室内环境污染控制标准》（GB 50325—2020）

**二、工程概况**

1. 项目名称：××××××××××××花园里6#楼。
2. 建设单位：×××置业有限公司。
3. 项目位置：××××××××。
4. 项目规模：本项目为多层住宅楼。总建筑面积4013.91m$^2$，建筑基底面积615.56m$^2$。
5. 建筑层数与高度：地上7层，建筑高度21.250m，室内外高差为0.45m。
6. 民用建筑工程设计等级：三级。
7. 设计使用年限：50年。
8. 防火设计的建筑分类为：地上一～七层为住宅。耐火等级：地上为二级。
9. 防水等级：屋面防水等级为Ⅱ级。
10. 抗震设防烈度：6度。
11. 建筑结构选型：采用钢筋混凝土剪力墙结构。

**三、注意事项**

1. 本设计除特殊说明外，尺寸均以毫米为单位，标高均以米为单位。
2. 建筑物相对标高±0.000对应之绝对标高值，详见总图设计施工图。

**四、墙体工程**

1. 本工程墙体除特殊注明者外，均为200mm厚加气混凝土砌块墙，±0.000标高以下外墙为钢筋混凝土墙（钢筋混凝土墙具体厚度详见结施），未注明的洞口高度住宅户内的均距地2100mm。

2. 图中除标明外，墙均在坐标轴线中，加气混凝土砌块墙的构造和技术要求详见12YJ3-3《蒸压加气混凝土砌块墙》。外墙防水详见建筑构造统一做法表。

3. 构造要求：除特殊注或结构有详图的外，窗户下沿做100mm高C20钢筋混凝土窗台，纵向配筋2Φ8，分布筋Φ6@300，两端锚入构造柱或钢筋混凝土墙。两种不同材料的墙体交接处，应根据饰面材质在做饰面前加钉$\phi$1@20宽300mm钢丝网或贴玻璃纤维网格布再进行抹灰，加强带与各基体的搭接宽度不应小于150mm，以防止墙面开裂。

住宅入户门洞两侧、宽度大于1800mm的加气混凝土内外墙洞口两侧应做150mm宽同墙厚门框柱，除结构有特殊注明外，构造做法详见12YJ3-3第28页；

长度小于200mm的墙垛可根据施工需要现浇筑混凝土。

4. 内外墙体在室内地坪下约60mm处做20mm厚1∶2.5水泥砂浆内加5%防水剂的墙身防潮层（在此标高为钢筋混凝土构造时可不做），在室内地坪变化处应重叠，并在高低差埋土一侧墙身做20mm厚1∶2.5水泥砂浆防潮层，如埋土侧为室外，还应刷1.5mm厚聚氨酯防水涂料（或其他防水材料）。

5. 外墙混凝土螺杆洞，室内用1∶2干硬性水泥砂浆掺膨胀剂填密实，并在室外一侧刷1.5mm厚聚氨酯防水涂料，宽出洞口100mm，±0.000以下不允许有螺栓洞。

6. 所有外窗口刷1.5mm厚聚氨酯防水涂料，外翻200mm；窗台完成面内外侧有10mm高差，向外找坡，做法可参照12YJ3-3第7～9页。

7. 凡是没有混凝土上翻层的加气混凝土砌体下，均砌筑180mm高烧结煤矸石多孔砖。

8. 凸出墙面的线脚、挑檐上部的加气混凝土墙根部应先做200mm高C20细石混凝土条带；线脚、挑檐等上部与墙交接处做成小圆角并向外找坡不小于3%，利于排水，下部做滴水槽。

9. 空调管留洞：留洞预埋$\phi$80UPVC套管，向外倾斜10°，做法详见12YJ6第77页节点C、D，位置详见户型综合平面图，客厅洞中心距楼地面150mm，其他房间距楼地面2200mm，除注明外洞中心距墙边200mm（躲开结构钢筋）。

10. 排风扇及燃气热水器留洞：燃气灶排烟留洞预埋$\phi$180钢套管，洞中心距地2600mm，燃气热水器留洞预埋$\phi$100钢套管，洞中心距地2400mm。除注明外，洞中距墙边250mm（躲开结构钢筋）。

11. 预留洞的封堵：砌筑墙留洞待管道设备安装完毕后用C20细石混凝土填实。

12. 本工程墙体小于200mm厚的分户隔墙均做隔声处理，做法详见12YJ19-1第52页做法2。

**五、防水工程**

1. 屋面防水做法根据《屋面工程质量验收规范》（GB 50207—2012）。

2. 屋面防水保温做法详见"建筑构造统一做法表"。

3. 平屋面部分：管道出屋面防水做法参见12YJ5-1第A21页详图2（防水层为1.5mm厚聚氨酯防水涂料，分两次涂刷），出屋面管道拉索座做法参见12YJ5-1第F3页详图1，设施基座做法参见12YJ5-1第A14页详图3、4，屋面水落做法参见12YJ5-1第E3页详图D，屋面分格缝做法参见12YJ5-1第A12页，露台、屋面出入口做法参见12YJ5-1第A14页详图1（$H$=300mm），女儿墙处防水层收头做法参见12YJ5-1第A11页详图3（女儿墙结构高度不超过800mm时）、详图6（女儿墙结构高度超过800mm时），现浇混凝土女儿墙直段长度超过12m时设结构伸缩缝。

坡屋面部分：管道出屋面防水做法参见12YJ5-2第K11页详图2（防水层为1.5mm厚聚氨酯防水涂料，分两次涂刷），屋面屋脊、斜天沟做法详见12YJ5-2第K7页，檐口参见12YJ5-2第K4页，屋面斜天窗、老虎窗参见12YJ5-2第T3页，雨水口参见12YJ5-1第E3页详图A，山墙泛水参见12YJ5-2第K9页详图1、3。

4. 屋面排水组织见屋顶平面图。主体屋面雨水管选用DN100硬质UPVC管材，具体做法参见12YJ5-1第E2页6、8，内排水雨水管敷设详见水施。建议采用防攀阻燃型雨水管，小面积雨篷选用$\phi$50UPVC雨水管，外伸80mm，做法参见12YJ5-1第A6页详图1。高低屋面雨水管下应设水簸箕，参见12YJ5-1第F4页详图2。

5. 所有平屋面、露台排水坡度为2%，雨篷、有排水要求的阳台及空调搁板排水找坡均为1%。

6. 在上人屋面或靠近上人屋面，厨房排烟道出屋面的烟囱孔底标高不应低于顶层露台地面完成面2000mm；卫生间排气口如设在（或靠近）上人屋面，排气口距屋面完成面应不小于2000mm；如排气口设在非上人屋面，排气口距屋面完成面不应小于700mm，且不得低于女儿墙高度。

7. 屋面做法未详尽之处按照12YJ5-1《平屋面》。

8. 卫生间、盥洗间及有防水要求的楼板四周墙下除门洞外防水详见构造做法表，C20混凝土（包括管井）沿楼地面上翻200mm，上翻混凝土的宽度同砌体宽度，防水材料沿墙上翻300mm。

9. 地下室墙身防水做法参见12YJ2-C6页-2；地下室地板防水做法参见12YJ2-C6页-2；防水卷材为1道4mm厚弹性沥青聚酯胎卷材，SBSⅡ型。地下室防水混凝土抗渗等级为P6级。

10. 水池防水做法参见12YJ1池防5；变形缝防水做法参见12YJ2-A17页、A18页；地下室套管式穿墙防水做法参见12YJ2-A22页、A25页。

11. 地下室集水坑（或地漏）周边1.0m范围内找坡，坡度为0.5%，以满足必要时的清扫和排水。地下室设备房地面向集水坑找0.5%坡。

**六、楼地面工程**

1. 所有厕所、开敞阳台地面最高处标高均比同层楼地面标高低0.03m（残疾人用的比同层楼地面标高低0.015m，并做斜坡处理）。

2. 卫生间、盥洗间地面向地漏处做1%坡，地漏位置详见水施，阳台无地漏时详见水施。

**七、门窗**

1. 外墙门窗均立樘墙中，内门的开启方向与内墙粉刷面相一致。

2. 所有门除特殊要求外，均为高级木夹板门，表面造型甲方自行选定；除入户门外，户内木夹板门由用户自理；厨房门门底距地留缝30mm供空气对流使用（门上带百叶的除外）。

3. 所有外窗除特殊说明外内平开均为60系列，推拉窗均为88系列咖啡色断桥铝合金窗框，6mm＋12mmA＋6mm厚中空白色玻璃（楼梯间、电梯厅、电梯机房外窗为5mm厚白色玻璃），空气渗透量$q$小于或等于1.0m$^3$/（m·h），面积大于1.5m$^2$或距装修完成面低于900mm的窗，七层及七层以上的外开窗均采用安全玻璃。所有外门窗的抗风压性能为4级，水密性能为3级，气密性不低于《建筑幕墙、门窗通用技术条件》（GB/T 31433—2015）规定的7级水平，保温性能为7级，空气隔声性能为4级，采光性能为2级。

4. 五金：木门五金均按其所选标准图配套选用，断桥铝合金窗五金参照02J603-1；门锁由甲方自选定。

5. 凡低于900mm的窗台和低于1100mm的阳台外窗应增设不锈钢防护栏杆，做法参见建筑施工图详图。

6. 门窗框与墙洞口之间的缝隙，应采用弹性材料填塞，如现场发泡聚氨酯等。

7. 首层住户外窗和阳台应加装安全防护设施，具体形式由建设方确定。

**八、室内装修**

1. 内墙、柱所有阳角均做2000mm高护角，做法详见12YJ7-1第61页1。

2. 厨厕内的设施均由用户自理。

3. 二次装修的设计意图与方案均应符合《建筑内部装修设计防火规范》（GB 50222—2017）、《民用建筑工程室内环境污染控制标准》（GB 50325—2020）的规定Ⅰ类。建筑（地下、住宅）内部（地面、墙面、顶棚等部位）装修材料采用耐火等级为A级无自然采光楼梯间、防烟楼梯间及前室的顶棚、墙面和地面均采用A级装修材料，无窗房间的内部装修材料的燃烧性能等级，除A级外，应提高一级。

4. 住宅单元楼梯栏杆扶手参见12YJ8一类栏杆第1页详图3（立杆为$\phi$22），栏杆净距应不大于110mm，靠墙扶手采用12YJ8第63页做法10加详图B，电梯机房钢楼梯参见12YJ8第74页，电梯集水坑钢爬梯参见12YJ8第94页做法a。面砖踏步防滑条做法详见12YJ8第68页节点10；水泥砂浆踏步加$\phi$8护角钢筋，锚固做法参见12YJ8第68页详图2。

5. 风井、烟道（成品除外）内侧墙面应随砌（随浇）随抹20mm厚1∶2水泥砂浆，要求内壁平整密实，不透气，以利于烟气排放通畅。

6. 住宅厨房排气道选用国标图集详见16J916-1第6页A-C-12，结构楼板留洞尺寸为420mm×300mm。排气道出屋面风帽节点做法详见16J916-1第21页。

7. 住宅阳台安装成品晾衣架，由用户自理。

8. 不得破坏建筑主体结构承重构件和超过结施图中标明的楼面荷载值。也不得任意更改公用的给排水管道、暖通风管及消防设施。不应减少安全出口及疏散走道的净宽和数量。

**九、外墙粉刷**

1. 外装修用材及色彩详见立面图，外墙及构件的构造做法详见"建筑构造统一做法表"及外墙节点详图。

2. 所有外墙水平凸出线角及外窗口上沿均做滴水线，做法详见12YJ3-1第A19页节点A或第A17页节点1。

3. 明装$\phi$50UPVC排冷凝水立管做法参见12YJ6第77页，$\phi$75UPVC阳台排水立管做法详见12YJ6第71页。

空调冷凝水在暗散水上方的直接排到下方草坪上，下方是硬质地坪（包括明散水）的地方就近引入雨水箅子内、暗沟内或雨水井内。

# ××××××××××××花园里　6#楼

**图纸目录**

| 序号 | 图号 | 图纸名称 | 图幅 | 备注 |
|---|---|---|---|---|
| 1 | 1-1-01 | 设计说明(一)图纸目录　经济技术指标 | A2＋1/2 | |
| 2 | 1-1-02 | 设计说明(二) | A2＋1/2 | |
| 3 | 1-1-03 | 建筑构造统一做法表(一) | A2＋1/2 | |
| 4 | 1-1-04 | 建筑构造统一做法表(二)　室内装修做法表 | A2＋1/2 | |
| 5 | 1-1-05 | 总平面图 | A2 | |
| 6 | 1-1-06 | 一层平面图 | A2＋1/2 | |
| 7 | 1-1-07 | 二层平面图 | A2＋1/2 | |
| 8 | 1-1-08 | 三层平面图 | A2＋1/2 | |
| 9 | 1-1-09 | 四～六层平面图 | A2＋1/2 | |
| 10 | 1-1-10 | 七层平面图 | A2＋1/2 | |
| 11 | 1-1-11 | 机房层平面图 | A2＋1/2 | |
| 12 | 1-1-12 | 屋顶层平面图 | A2＋1/2 | |
| 13 | 1-1-13 | ①～㊳轴立面图 | A2＋1/2 | |
| 14 | 1-1-14 | ㊳～①轴立面图 | A2＋1/2 | |
| 15 | 1-1-15 | Ⓐ～Ⓚ轴立面图　Ⓚ～Ⓐ轴立面图 | A2＋1/2 | |
| 16 | 1-1-16 | 1—1剖面图　门窗详图　门窗表 | A2＋1/2 | |
| 17 | 1-1-17 | 标准层户型平面放大图 | A1＋1/4 | |
| 18 | 1-1-18 | 1#楼梯详图 | A1＋1/4 | |
| 19 | 1-1-19 | 节点详图一 | A1＋1/4 | |
| 20 | 1-1-20 | 节点详图二 | A1＋1/4 | |
| 21 | 1-1-21 | 节点详图三 | A1＋1/4 | |
| 22 | 1-1-22 | 节点详图四 | A1＋1/4 | |

**经济技术指标**

| 户型 | 6-C户型 | 6-D户型 | 6-C′户型 | 6-D′户型 | |
|---|---|---|---|---|---|
| 套内使用面积/m$^2$ | 103.29 | 102.44 | 102.44 | 96.43 | |
| 套型阳台面积/m$^2$ | 5.07 | 4.63 | / | / | |
| 套型总建筑面积（含阳台面积）/m$^2$ | 144.84 | 143.25 | 139.77 | 138.62 | |
| 套数 | 12 | 12 | 2 | 2 | |
| 总套内使用面积/m$^2$ | 2880.22 | | | | |
| 住宅楼总建筑面积（不含阳台）/m$^2$ | 3897.51 | | | | |
| 使用面积系数 | 73.90% | | | | |

注：计算方法按《住宅设计规范》（GB 50096—2011）第4章相关条目执行。

XXXX综合设计研究院有限公司

建筑工程甲级　XXXXXX

城乡规划乙级　XXXXXX

传真：XXXX-XXXXXXXX

网址：Http://www.XXXXX.com

邮编：450002

地址：河南省郑州市XXXXXX

合作单位：

| 会签栏 | | |
|---|---|---|
| 总　图 | | |
| 建　筑 | | |
| 结　构 | xxxxx | |
| 给排水 | xxxx | |
| 暖　通 | xxxxxx | |
| 电　气 | xxxxxxx | |

印签栏

图册主要图纸未加盖出图专用章者无效

| 审　定 | | |
|---|---|---|
| 审　核 | xxxxxx | |
| 项目负责人 | xxxxxx | |
| | xxxxxx | |
| 专业负责人 | xxxxxx | |
| 校　对 | xxxxxx | |
| 设　计 | xxxxxx | |
| 制　图 | xxxxxx | |

| 建设单位 | xxx置业有限公司 | | |
|---|---|---|---|
| 项目名称 | xxxxxxxxxxxx花园里 | | |
| 子项名称 | 6#楼 | | |
| 项目编号 | xxxx-xxxxx-6 | | |
| 图　名 | 设计说明（一）图纸目录　经济技术指标 | | |
| 专　业 | 建　筑 | 阶　段 | 施工图 |
| 图　号 | 1-1-01 | 总　数 | 22张 |
| 版　次 | 第01版 | 日　期 | |

# 设计说明（二）

4. 雨水管外墙安装时如遇有挡窗、悬空等现象时应根据实际情况预先做拐弯调整。各排水管应采用与之贴临墙面相近颜色。

5. 外墙变形缝做法详见12YJ14第21页和第22页。盖缝板采用1.5mm厚铝合金板。

6. 所有风井、管道井、变形缝处的砌体粉刷层的粉刷要求随砌随粉。

7. 外装修选用的各项材料，均由施工单位提供样板和选样，由建设和设计单位确认后封样，并据此进行验收。

**十、油漆、防腐**

1. 木门油漆采用12J1-涂102，颜色均为乳黄色。所选颜色均应在施工前做出样板，经设计单位和甲方同意后方可施工。

2. 所有金属管件均应先作防锈处理，油漆采用12YJ1-涂203刷灰黑色氟碳漆，颜色参照02J503-1的14-5-3。

3. 所有预埋木砖均应进行防腐处理。

4. 楼梯扶手采用12YJ1-涂102（深棕色瓷漆），楼梯栏杆采用12YJ1-涂203刷灰黑色氟碳漆，颜色参照02J503-1的14-5-3。

**十一、电梯工程**

1. 本工程依据甲方要求和提供的参数，电梯型号按一般客梯、无障碍及担架电梯设计。本设计没有留洞和预埋件位置，施工前务必确定具体电梯厂家和型号并与设计单位联系，核对有关尺寸和做法，甲方确定电梯厂家应以本设计参数为依据。

2. 电梯载重量800kg，额定速度1.0m/s，其电梯基坑深度为1.3m，机房层高度为2.9m，电梯为普通客梯，电梯应设无障碍按钮和设施。

3. 所有与电梯井道紧邻的卧室、起居室兼卧室（厅）墙面均做隔声、减振处理。做法详见12YJ7-1第52页做法2，墙面隔声做法详见12YJ7-1第56页。电梯由厂家做减振处理。

4. 电梯口至门口在铺设面层时，向电梯厅方向设3%的下水坡。

5. 电梯层门耐火极限不低于1.00h，并应符合现行国家标准《电梯层门耐火试验　完整性、隔热性和热通量测定法》（GB/T 27903—2011）规定的完整性和隔热性要求。

**十二、防火设计**

本楼为多层住宅楼，地上7层，建筑高度为21.250m，室内外高差为0.45m。地上一～七层为住宅。

消防控制室设置小区11#楼地上一层内。

1. 总平面和平面布置

1）本建筑有一个长边按规范要求设置消防车道，且在场地相对应的范围内设有直通室外的楼梯间的出口。

2）建筑与消防车道之间及上空不得设妨碍登高消防车操作的障碍物和车库入口；场地及其下建筑构造、管道和暗沟等应能承受重型消防车的压力。

2. 防火分区及安全疏散

1）本工程按地上二级耐火等级，防火分区均按规范要求划分，地上1至7层为住宅部分，每层为一个防火分区。

本建筑的户门采用乙级防火门，住宅部分每个单元有一部非封闭疏散楼梯间，疏散楼梯间通至屋面，首层直通室外。其余各专业防火措施均反映在各专业方案中。

2）地下室楼梯间与地上层共用时，在首层设置有耐火极限>2.0h的实墙做分隔，设有乙级防火门隔开，并设置明显标志。

3. 防火门

1）前室的门和楼梯间门均设置乙级防火门。

2）所有设备、电气管井的检修门均为丙级防火门。

3）防火分区之间防火墙上的洞口通道均设置甲级防火门或背火面为3h的防火卷帘。发生火灾时防火卷帘具有靠自重自动关闭功能。

4）所有设备机房门设置甲级防火门。防火卷帘应具有防烟功能，防火卷帘上部与楼板、梁、柱、墙之间采用耐火极限不小于3.0h的不燃烧材料封闭。

5）除管井检修防火门，其余防火门应为向疏散方向开启的平开门，并在关闭后应能从任何一侧手动开启。

4. 防火墙、隔墙、楼板和管道井

1）紧靠防火墙两侧的门窗，洞口之间最近边缘的水平距离不小于2m，设在内转角处的门窗、洞口之间最近边缘的水平距离不小于4m。

当相邻一侧墙上装有固定乙级防火窗时距离不限。外墙上、下层开口之间应设高度不小于1.2m的实体墙，或者耐火极限不小于1h的防火玻璃。

用于疏散的走道、楼梯间和前室的防火门设闭门器，应具有自行关闭的功能。双扇和多扇防火门，还应具有按顺序关闭的功能。

2）凡穿过防火墙及楼板的各类管道，在管道四周孔隙处用岩棉和细石混凝土紧密填实。

3）非承重隔墙砌至梁板底部，且不得留有缝隙。

4）各类设备、电气机房采用耐火极限不低于2.00h的隔墙、1.5h的楼板与其他部位隔开。

5）所有管井预留管洞处（送风、排烟及煤气井除外），在管线安装完毕后，在每层楼板处现浇钢筋混凝土作上下层防火分隔，该处楼板应预留联结钢筋，其厚度和配筋与相邻楼板相同，电缆井、管道井与层间吊顶、房间、走道等相连通的孔洞空隙，应用硅酸铝纤维等不燃材料填塞实。

**十三、无障碍设计**

1. 本工程无障碍套房设计在后期住宅楼内，无障碍住房按每100套住房不少于2套比例设置。

2. 供残疾人使用的门均为小力度地弹门扇，应安装视线观察玻璃、横执把手和关门拉手，在门扇的下方安装高0.35m的护门板。遇残疾人通过有高差处均做抹坡处理，高度不大于15mm。

3. 单元入口设有无障碍坡道，电梯为无障碍电梯。无障碍做法参见12J926。

**十四、建筑节能设计专篇**

1. 设计依据：

《河南省居住建筑节能设计标准》（寒冷地区65%+）（DBJ 41/062—2017）

《民用建筑热工设计规范》（GB 50176—2016）

《建筑外门窗气密、水密、抗风压性能检测方法》（GB/T 7106—2019）

《建筑幕墙》（GB/T 21086—2007）

2. 本工程位于开封市，所在地气候分区为寒冷B区。

3. 本工程外墙外保温选用：本工程采用自保温体系，钢筋混凝土部分采用60mm厚挤塑聚苯板，填充墙部分采用310mm厚XA蒸压加气混凝土砌块（保温型），具体指标按照《砌块墙体自保温体系技术规程》（DBJ 41/T100—2015）选用；外墙外保温构造做法参见图集13YTJ106《内置保温混凝土墙建筑构造》。

4. 设计建筑物体型系数为0.30（限值为≤0.33）。

5. 冬季室内计算温度为18℃，冬季室外计算温度为−5℃，室内空气露点温度为10.12℃，最不利热桥部位内表面温度为10.60℃。

6. 围护结构各部位选用的保温材料的名称、厚度、导热系数、修正系数、密度、抗压强度、燃烧性能等详见下表。

建筑保温材料热工参数

| 保温材料 | 所使用部位 | 厚度/mm | 导热系数/[W/(m·K)] | 修正系数($\alpha$) | 密度/(kg/m³) | 抗压强度(压缩强度)/MPa | 燃烧性能 |
|---|---|---|---|---|---|---|---|
| 挤塑聚苯板 | 屋面 | 100 | 0.030 | 1.1 | 32 | ≥0.10 | B1级 |
| XA蒸压加气混凝土砌块(保温型)、自保温体系(内加60mm厚挤塑聚苯板) | 外墙<br>热桥梁/热桥过梁/热桥楼板<br>凸窗顶板/凸窗底板/凸窗侧板 | 310 | 0.100 | 1.36 | 100 | 0.04 | A级 |
| 无机保温砂浆 | 内墙/楼板 | 30 | 0.070 | 1.25 | 350 | ≥0.50 | A级 |

7. 外门窗和透明幕墙的窗框材料、玻璃品种和规格、中空玻璃露点、气密性、传热系数、遮阳系数、可见光透射比、可开启窗面积比设计要求及计算结果如下：

| 窗框材料 | 窗玻璃品种、规格 | 中空玻璃露点 | 外窗(包括透明幕墙) | 朝向 | 设计值 | | | | | |
|---|---|---|---|---|---|---|---|---|---|---|
| | | | | | 窗墙比 | 气密性等级 | 传热系数 | 遮阳系数 | 可见光透射比 | 可开启窗面积 |
| 断桥铝合金 | 中空白色玻璃5+12A+5(楼梯间、电梯厅、电梯机房外窗为5mm厚白色玻璃) | ≤−40℃ | 单一朝向幕墙 | 东 | 0.17 | 7 | 3.0 | 0.76 | 0.71 | 50% |
| | | | | 南 | 0.50 | 7 | 3.0 | 0.76 | 0.71 | 50% |
| | | | | 西 | 0.25 | 7 | 3.0 | 0.76 | 0.71 | 50% |
| | | | | 北 | 0.33 | 7 | 3.0 | 0.76 | 0.71 | 50% |

8. 建筑节能设计结论：

与《河南省居住建筑节能设计标准》（寒冷地区65%+）（DBJ 41/062—2017）相比较，该建筑物的屋面的热工值，北向窗墙面积比，南、北外窗传热系数均不满足规范要求指标，故需要权衡计算。经权衡计算，设计建筑的建筑物耗热量指标为10.11W/m²，其小于建筑物耗热量指标限值11.10W/m²，故节能设计满足节能要求。

9. 屋顶防水层或可燃保温层应采用不燃材料进行覆盖。

10. 建筑外墙外保温系统与基层墙体、装饰层之间的空腔，应在每层楼板处采用防火封堵材料封堵。

11. 建筑的外墙外保温系统应采用不燃材料在其表面设置防护层，防护层应将保温材料完全包覆。防护层厚度首层不应小于15mm，其他层不应小于5mm。

12. 建筑的屋面外保温系统采用B1、B2级保温材料的外保温系统应采用不燃材料作防护层，防护层的厚度不应小于10mm。

13. 电气线路不应穿越或敷设在燃烧性能B1或B2级的保温材料中；确需穿越或敷设时，应采取穿金属管并在金属管周围采用不燃隔热材料进行防火隔离等防火保护措施。

14. 本设计未详之处，参见表G.0.2和国家现行有关规范及标准执行。

**十五、环保及室内环境污染控制设计**

1. 总体规划采取了有利于环保和控污的措施。

XXXX综合设计研究院有限公司

建筑工程甲级　XXXXXX

城乡规划乙级　XXXXXX

传真：XXXX-XXXXXXXX
网址：Http://www.XXXXX.com
邮编：450002
地址：河南省郑州市XXXXXX

合作单位：

| 会签栏 | | |
|---|---|---|
| 总　图 | | |
| 建　筑 | | |
| 结　构 | xxxxx | |
| 给排水 | xxxx | |
| 暖　通 | xxxxxx | |
| 电　气 | xxxxxxx | |

印签栏

图册主要图纸未加盖出图专用章者无效

| 审　定 | | |
|---|---|---|
| 审　核 | xxxxxx | |
| 项目负责人 | xxxxxx | |
| | xxxxxx | |
| 专业负责人 | xxxxxx | |
| 校　对 | xxxxxx | |
| 设　计 | xxxxxx | |
| 制　图 | xxxxxx | |

| 建设单位 | xxx置业有限公司 |
|---|---|
| 项目名称 | xxxxxxxxxxxx花园里 |
| 子项名称 | 6#楼 |
| 项目编号 | xxxx-xxxxx-6 |
| 图　名 | 设计说明（二） |

| 专　业 | 建　筑 | 阶　段 | 施工图 |
|---|---|---|---|
| 图　号 | 1-1-02 | 总　数 | 22张 |
| 版　次 | 第01版 | 日　期 | |

# 设计说明(二)

2. 各种污染物(如废气、废水、垃圾、噪声、油污、各类建筑材料所含放射性和非放射性污染物等)均采取了有效措施控制和防治并达标。

3. 尽量采用可回收再利用的建筑材料,不使用焦油类、石棉类产品和材料。

**表 G.0.2 河南省寒冷地区居住建筑建筑专业节能设计表**(4~8层的建筑)

| 建筑层数(地上/地下) | 7/0 | 3.0.1 热工设计分区 | 2(B) | 4.2.6 | 冬季室内计算温度 $t_i$/℃ | 18 | 室内空气露点温度 $t_d$/℃ | 10.12 |
|---|---|---|---|---|---|---|---|---|
| 外墙墙体材料及选用的外墙保温体系 | 310.0mm厚XA蒸压加气混凝土砌块(保温型);XA蒸压加气混凝土砌块(保温型) | | | 4.2.6 | 冬季室外热工计算温度 $Q_e$/℃ | −5 | 最不利热桥部位内表面温度 $Q_i$/℃ | 10.60 |

| 条文 | 项目 | | 数值 | 条文 | 项目 | | 东 | 南 | 西 | 北 |
|---|---|---|---|---|---|---|---|---|---|---|
| 4.1.3 | 建筑体形系数 | 限值 | 0.33 | 4.1.4 | 窗墙面积比 | 限值 | 东:0.35 | 南:0.50 | 西:0.35 | 北:0.30 |
| 4.1.3 | 建筑体形系数 | 设计值 | 0.3 | 4.1.4 | 窗墙面积比 | 设计值 | — | 0.49 | — | 0.40 |

| 条文 | 围护结构部位 | 限值(标准指标) | | 设计值 | 保温层材料、厚度、燃烧性能等级 | 保温材料导热系数及修正系数 | |
|---|---|---|---|---|---|---|---|
| 4.2.2 | 屋面 | 传热系数 $K$ /[W/(m²·K)] | 0.35 | $K$=0.36 | 80.0mm厚挤塑聚苯板;燃烧性能等级B1级 | 0.030 | 1.10 |
| 4.2.2 | 外墙、凸窗不透明的顶板、底板、侧板 | 传热系数 $K$ /[W/(m²·K)] | 0.60/0.60 | 外墙 0.55;凸窗不透明的板:顶板 —,底板 —,侧板 — | 310.0mm厚XA蒸压加气混凝土砌块(保温型);燃烧性能等级A级 | 0.100 | 1.25 |
| 4.2.2 | 架空或外挑楼板 | 传热系数 $K$ /[W/(m²·K)] | 0.60 | | | | |
| 4.2.2 | 非供暖地下室顶板 | 传热系数 $K$ /[W/(m²·K)] | 0.65 | | | | |
| 4.2.2 | 分隔供暖与非供暖空间的隔墙 | 传热系数 $K$ /[W/(m²·K)] | 1.5 | $K$=0.62 | 30.0mm厚无机轻集料保温砂浆Ⅰ型;燃烧性能等级A级 | 0.070 | 1.25 |
| 4.2.2 | 分隔供暖与非供暖空间的户门 | 传热系数 $K$ /[W/(m²·K)] | 1.8 | $K$=1.7 | 节能门1 | — | |
| 4.2.2 | 阳台门下部门芯板 | 传热系数 $K$ /[W/(m²·K)] | 1.7 | | | — | |
| 4.2.2 | 周边地面 | 保温材料层热阻 $R$ /[(m²·K)/W] | 0.56 | $R$=2.42 | 80.0mm厚挤塑聚苯板;燃烧性能等级B1级 | 0.030 | 1.10 |
| 4.2.2 | 地下室外墙(与土壤接触的外墙) | 保温材料层热阻 $R$ /[(m²·K)/W] | 0.61 | | | | |

| 外窗(包括透明外门、透明阳台门、透明幕墙等透明的门窗) | 朝向 | 窗墙面积比(简称 $CW$) | 传热系数 $K$ /[W/(m²·K)] 普通 | 传热系数 $K$ /[W/(m²·K)] 凸窗 | 综合遮阳系数 $SC$(东、西向/南、北向) 寒冷(A) | 综合遮阳系数 $SC$(东、西向/南、北向) 寒冷(B) | 传热系数 $K$ /[W/(m²·K)] 普通 | 传热系数 $K$ /[W/(m²·K)] 凸窗 | 综合遮阳系数 $SC$ | 窗框材料及窗玻璃品种、规格,中空玻璃露点 |
|---|---|---|---|---|---|---|---|---|---|---|
| 4.2.2 | 东、南、西、北 | $CW$≤0.20 | 2.6 | 2.2 | — | — | — | — | — | 断热铝合金普通中空玻璃窗 5+9A+5,中空玻璃露点≤−40℃ |
| | | 0.40<$CW$≤0.50 | 1.9 | 1.6 | — | — | 3.00 | — | 0.65 | |
| | | $CW$≤0.20 | 2.6 | 2.2 | — | — | — | — | — | |
| | | 0.30<$CW$≤0.40 | 2.2 | 1.9 | — | — | 3.00 | — | 0.71 | |

| 条文 | 项目 | | 限值 | 设计值 | |
|---|---|---|---|---|---|
| 4.2.5 | 外窗及敞开式阳台门气密性等级(GB/T 7106—2019) | 1~6层建筑 | ≥6级 | 7 | — |
| 4.2.5 | 外窗及敞开式阳台门气密性等级(GB/T 7106—2019) | ≥7层建筑 | ≥7级 | 7 | — |
| 4.2.5 | 透明幕墙的气密性等级(GB/T 21086—2007) | | ≥3级 | — | |

| 条文 | 项目 | 说明 | 传热系数 $K$ /[W/(m²·K)] | 部位 | 与室外空气接触的阳台 栏板 | 顶板 | 底板 | 阳台窗 | 阳台和直接连通房间隔墙的窗墙面积比 | 东 | 南 | 西 | 北 |
|---|---|---|---|---|---|---|---|---|---|---|---|---|---|
| 4.2.7 | 封闭式阳台 | 当阳台和房间之间设置隔墙和门窗,且所设隔墙、门、窗的传热系数大于本标准第4.2.2条表中所列限值时 | | 限值 | 0.72 | 0.72 | 0.72 | 3.1 | 限值 | 东:0.35 | 南:0.50 | 西:0.35 | 北:0.30 |
| | | | | 设计值 | — | — | — | — | 设计值 | — | 0.49 | — | 0.40 |

是否符合标准规定性指标要求 是□ 否■

| 条文 | 围护结构热工性能权衡判断 | | | | | | | | | |
|---|---|---|---|---|---|---|---|---|---|---|
| 4.4 | 建筑物耗热量指标 | 限值/(W/m²) | 11.10 | 4.1.4 | 窗墙面积比 | 限值(权衡判断时也必须满足) | 东:0.45 | 南:0.60 | 西:0.45 | 北:0.40 |
| 4.4 | 建筑物耗热量指标 | 设计值/(W/m²) | 10.11 | 4.1.4 | 窗墙面积比 | 设计值 | — | 0.49 | — | 0.40 |

4. 建筑设计充分利用地形地貌,尽量不破坏原有的生态环境。

5. 住宅的卧室、起居室(厅)内的噪声级,应符合下列规定:昼间卧室内的等效连续(A声级)不应大于45dB,夜间卧室内的等效连续(A声级)不应大于37dB,起居室(厅)的等效连续(A声级)不应大于45dB。

分户墙和分户楼板的空气声隔声性能应符合下列规定:分隔卧室、起居室(厅)的分户墙和分户楼板,空气声隔声评价量($R_w$+$C$)应大于45dB,分隔住宅和非居住用途空间的楼板,空气声隔声评价量($R_w$+$C_{tr}$)应大于51dB。

卧室、起居室(厅)内分户楼板的计权规范化撞击声压级宜小于75dB。当条件受到限制时,分户楼板的计权规范化撞击声应小于85dB,且应在楼板上预留可供今后改善的条件。面临楼梯间或公共走廊的户门,其隔声量不应小于20dB。

隔声设计不完善部分均应符合《民用建筑隔声设计规范》(GB 501114—2010)的规定。

6. 本工程所有材料以及土壤中氡浓度或土壤表面氡析出率应符合《民用建筑工程室内环境污染控制标准》(GB 50325—2020)的规定。

本工程除应满足本规范采光、通风、保温、隔热、隔声和污染物控制等室内环境要求外,尚应符合国家现行有关标准的规定。具体为民用建筑工程所使用的砂、石、砖、砌块、水泥、混凝土、混凝土预制构件等无机非金属建筑主体材料的放射性内照热系数 $R_a$<1.0,外照射指数 $y$<1.0。民用建筑工程所使用的无机非金属装修材料,包括石材、建筑卫生陶瓷、石膏板、吊顶材料、无机瓷质砖黏结材料等,进行分类时,其放射性内照热系数 $R_{aA}$<1.0,$B$<1.3,外照射指数 $y_A$<1.3,$B$<1.9,表面氡析出率[Bq/(m²·s)]<0.015。民用建筑工程室内用人造木板及饰面人造木板,必须测定游离甲醛含量或游离甲醛释放量,甲醛释放量 $E_1$(mg/m³)<0.12,民用建筑工程中所使用的能释放氨的阻燃剂、混凝土外加剂,氨的释放量不应大于0.10%,测定方法应符合现行国家标准《混凝土外加剂中释放氨的限量》(GB 18588—2001)的有关规定。

7. 住宅室内空气污染物的活度和浓度应符合下表的规定。

| 污染物名称 | 活度、液度限值 |
|---|---|
| 氡 | ≤200Bq/m³ |
| 游离甲醛 | ≤0.08mg/m³ |
| 苯 | ≤0.09mg/m³ |
| 氨 | ≤0.2mg/m³ |
| 总挥发性有机化合物(TVOC) | ≤0.5mg/m³ |

**十六、人防工程**

人防工程在地下车库内。

**十七、其他**

1. 本工程所用材料、成品、半成品均需按照有关规定认定,合格后方可使用。

2. 施工时必须与结构、水、电、暖专业配合。凡预留洞穿墙、板、梁等须对照结构,设备安装要求无误后方可施工。

3. 本工程中所采用的外墙装饰材料的色彩须经建设单位及设计单位共同认可后方可施工使用。

4. 所有栏杆垂直杆件之间净距小于110mm,阳台、外廊、室内回廊、内天井、上人屋面及室外楼梯等临空处应设置防护栏杆,临空栏杆其扶手高度均为1100mm,栏杆应用坚固、耐久的材料制作,并能承受荷载规范规定的水平荷载。

5. 地下室、储藏室、商铺内严禁布置存放和使用火灾危险性为甲、乙、丙类物品,并不应产生噪声、振动和污染环境卫生。

6. 水平栏杆(板)扶手顶部允许水平荷载标准值住宅部分为1.0kN/m²。

7. 玻璃阳台栏板玻璃本身不承受水平荷载值,玻璃阳台栏板水平荷载值大于或等于1.5kN/m²,内侧安装防撞击PC耐力板。

8. 玻璃门扇上距地面1.5~1.7m处做彩色条,起到安全警示作用。

9. 所有幕墙和钢结构预埋件由具有专业资质的设计公司进行二次设计。

10. 屋面上的排气道和烟道高度应等于女儿墙的高度。

11. 各种设备管线施工时,应严格控制设备管线交叉点竖向距离,保证设计规定的空间净高尺寸。

12. 土建施工中应注意将建筑、结构、水、暖、电等各专业施工图纸相互对照,确认墙体及楼板各种预留孔洞尺寸及位置无误时方可进行施工,若有疑问应提前与设计院沟通解决。

13. 图纸未通过施工图审查,不得施工。

14. 图中未尽事宜,施工时须遵照国家现行的施工及验收规范进行。


XXXX综合设计研究院有限公司

建筑工程甲级 XXXXXX

城乡规划乙级 XXXXXX

传真: XXXX-XXXXXXXX

网址: Http://www.XXXXX.com

邮编: 450002

地址: 河南省郑州市XXXXXX


| 合作单位: | | |
|---|---|---|
| 会签栏 | | |
| 总图 | | |
| 建筑 | | |
| 结构 | xxxxx | |
| 给排水 | xxxx | |
| 暖通 | xxxxxx | |
| 电气 | xxxxxxx | |
| 印签栏 | | |

图册主要图纸未加盖出图专用章者无效

| 审定 | | |
|---|---|---|
| 审核 | xxxxxx | |
| 项目负责人 | xxxxxx | |
| 项目负责人 | xxxxxx | |
| 专业负责人 | xxxxxx | |
| 校对 | xxxxxx | |
| 设计 | xxxxxx | |
| 制图 | xxxxxx | |

| 建设单位 | xxx置业有限公司 | | |
|---|---|---|---|
| 项目名称 | xxxxxxxxxxxx花园里 | | |
| 子项名称 | 6#楼 | | |
| 项目编号 | xxxx-xxxxx-6 | | |
| 图名 | 设计说明(二) | | |
| 专业 | 建筑 | 阶段 | 施工图 |
| 图号 | 1-1-02 | 总数 | 22张 |
| 版次 | 第01版 | 日期 | |

# 建筑构造统一做法表（一）

| 项目 | | 做法名称及选用图集号 | 构造做法 | 适用部位 | 备注 |
|---|---|---|---|---|---|
| 坡道 | | 花岗岩面层坡道<br>12YJ1-坡 13/157 页 | • 25 厚毛面花岗岩板<br>• 30 厚 1∶3 干硬性水泥砂浆<br>• 素水泥砂浆一道<br>• 60 厚 C15 混凝土<br>• 300 厚 3∶7 灰土<br>• 素土夯实 | 室外无障碍坡道、住宅单元入户 | 采用 1∶20 无障碍坡道，不设护栏（花岗岩板厚度：车行 40，挡墙 25） |
| 台阶、平台 | | 石质板材面层台阶<br>12YJ1-台 6/155 页 | • 25 厚石质板材踏步及踢脚板，水泥砂浆擦缝<br>• 30 厚 1∶3 干硬性水泥砂浆<br>• 素水泥砂浆一道<br>• 60 厚 C15 混凝土（厚度不包括台阶三角部分）<br>• 300 厚 3∶7 灰土<br>• 素土夯实 | 室外台阶、平台 | 石质板材可选用花岗岩、大理石等，品种、规格由单体工程设计确定 |
| 散水 | | 绿化散水<br>12YJ1 散 9/153 页 | • 300 厚种植土，植草皮<br>• 60 厚 C15 混凝土<br>• 150 厚 3∶7 灰土<br>• 素土夯实，向外坡 4% | 建筑物周边<br>无地下车库相连 | 散水宽 1000mm，散水埋入地下 0.2～0.3m，上部为绿化种植土，要求做 4%坡度以利排水。与外墙交接处做法参见 12YJ9-1/第 96 页 3 |
| 楼面 | 楼 1 | 细石混凝土楼面<br>12YJ1 楼 102/25 页 | • 40 厚 C20 细石混凝土随捣随抹光<br>• 素水泥结合层一遍<br>• 现浇钢筋混凝土楼板 | 设备间 | |
| 楼面 | 楼 2 | 陶瓷地砖楼面<br>12YJ1-楼 201/32 页 | • 10 厚地砖铺实拍平，稀水泥浆擦缝<br>• 20 厚 1∶3 干硬性水泥砂浆<br>• 20 厚 1∶2 水泥砂浆找平层表面拉毛（楼梯间楼层平台处为 30 厚）<br>• 素水泥结合层一遍<br>• 现浇钢筋混凝土楼板 | 楼梯间、<br>电梯厅、门厅、<br>电梯机房 | 前室用 600×600 的暖黄色地砖，楼梯间用 300×300 防滑地砖，滑条（防滑条做法详见 12YJ8 第 68 页节点 10）四周做 150 宽黑色面砖镶边。楼梯踏步加 $\phi 8$ 护角钢筋，锚固做法参见 12YJ8 第 68 页详图 2，防滑条做法详见 12YJ8 第 68 页节点 10 |
| 楼面 | 楼 3 | 水泥砂浆楼面<br>12YJ1-楼 101/24 页 | • 20 厚 1∶2 水泥砂浆抹面压光（设备管井用防水砂浆）<br>• 素水泥浆结合层一遍<br>• 现浇钢筋混凝土楼板 | 设备管井 | |
| 楼面 | 楼 4 | 细石混凝土防水楼面<br>12YJ1-楼 102F/26 页 | • 最薄 30 厚 C20 细石混凝土随打随抹光并找 1%坡度<br>• 1.2 厚聚氨酯防水涂料，四周沿墙上翻 100 高<br>• 20 厚 1∶3 水泥砂浆找平<br>• 素水泥浆一道<br>• 现浇钢筋混凝土楼板 | 水箱间、排风机房、连通口报警阀间 | |
| 楼面 | 楼 5 | 陶瓷地砖防水楼面<br>12YJ1 楼 201F/33 页 | • 10 厚地砖铺实拍平，稀水泥砂浆擦缝（用户二次装修）<br>• 30 厚 1∶3 干硬性水泥砂浆（用户二次装修）<br>• 1.5 厚聚氨酯涂膜防水涂料或 2.0 厚聚合物水泥防水涂料（JSA），四周高出地面 300<br>• 最薄处 20 厚 1∶3 水泥砂浆找平素水泥浆一道<br>• 现浇钢筋混凝土楼板 | 卫生间、盥洗间、洗衣阳台、非封闭阳台 | 上翻起点为该防水面，地砖为防滑地砖 |

| 项目 | | 做法名称及选用图集号 | 构造做法 | 适用部位 | 备注 |
|---|---|---|---|---|---|
| 楼面 | 楼 6 | 陶瓷地砖楼面<br>12YJ1 楼 201/32 页 | • 10 厚地砖铺实拍平，水泥浆擦缝（用户二次装修）<br>• 20 厚 1∶4 干硬性水泥砂浆（用户二次装修）<br>• 20 厚 1∶2 水泥砂浆找平表面拉毛（暖气片采暖时为 30 厚）<br>• 素水泥浆结合层一遍<br>• 钢筋混凝土楼板 | 除以上外其余楼面 | 厨房地面砂浆找平层改为聚合物防水砂浆 |
| 内墙面 | 内墙 1 | 水泥砂浆墙面<br>12YJ1 内墙 1/40 页 | • 刷专用界面剂一遍<br>• 9 厚 1∶3 水泥砂浆<br>• 6 厚 1∶2 水泥砂浆抹平（压入玻纤网，规格≥160g/m²，适用于主楼下地下室） | 设备井，所有住户卫生间、厨房，主楼下地下室 | 设备井墙面水泥砂浆抹光，厨房、卫生间墙面水泥砂浆拉毛 |
| 内墙面 | 内墙 2 | 面砖墙面<br>12YJ1 内墙 6/80 页 | • 刷专用界面剂一遍<br>• 9 厚 1∶3 水泥砂浆<br>• 素水泥浆一道（用专用胶黏剂粘贴时无此道工序）<br>• 3～4 厚 1∶1 水泥砂浆加水重 20%建筑胶黏结层<br>• 4～5 厚面砖，白水泥浆擦缝或填缝剂填缝 | 门廊、一层前室、一层公共走道、一层电梯厅 | 参照建业集团装饰相关标准执行 |
| 内墙面 | 内墙 3 | 乳胶漆墙面<br>12YJ1 内墙 3（B）/78 页<br>12YJ1 涂 304/108 页 | • 刷专用界面剂一遍<br>• 9 厚 1∶1∶6 水泥石灰砂浆<br>• 6 厚 1∶0.5∶3 水泥石灰砂浆（楼梯间、公共走道等未贴砖部位压入玻纤网，规格≥160g/m²）<br>• 满刮腻子一遍，刷底漆一遍<br>• 乳胶漆两遍 | 楼梯间、<br>公共走道、<br>电梯机房等设备间 | 参照建业集团装饰相关标准执行 |
| 内墙面 | 内墙 4 | 防水砂浆墙面<br>（外刷乳胶漆）<br>12YJ1 涂 304/108 页<br>12YJ1 内墙 2/77 页 | • 配套基层处理<br>• 20 厚 1∶2.5 水泥砂浆掺入水泥用量 3%的硅质密实剂一次抹成<br>• 5 厚 1∶2 水泥砂浆抹面压光<br>• 满刮腻子一遍，刷底漆一遍<br>• 乳胶漆两遍 | 设备间、<br>水箱间<br>（有水的设备间） | |
| 内墙面 | 内墙 5 | 混合砂浆墙面<br>12YJ1 内墙 3/78 页 | • 刷专用界面剂一遍<br>• 9 厚 1∶1∶6 水泥石灰砂浆<br>• 6 厚 1∶0.5∶3 水泥石灰砂浆（压入玻纤网，规格≥160g/m²） | 其他内墙 | |
| 内墙面 | 内墙 6 | 保温砂浆墙面 | • 刷专用界面剂一遍<br>• 20 厚保温砂浆 | 套内与公共部位的隔墙 | |
| 踢脚 | 踢 1 | 面砖踢脚<br>12YJ1 踢 3/61 页 | • 刷专用界面剂一遍<br>• 9 厚 1∶3 水泥砂浆<br>• 6 厚 1∶2 水泥砂浆<br>• 刷素水泥浆一遍（用专用胶黏剂粘贴时无此道工序）<br>• 3～4 厚 1∶1 水泥砂浆加水重 20%建筑胶黏结层<br>• 5～7 厚面砖，白水泥浆擦缝或填缝剂填缝 | 门廊、电梯厅、合用前室、门厅、地上公共走道、前室、3 层及以下楼梯间（含地下） | 参照建业集团装饰相关标准执行 |
| 踢脚 | 踢 2 | 水泥砂浆踢脚<br>12YJ1 踢 1/59 页 | • 刷专用界面剂一遍<br>• 9 厚 1∶3 水泥砂浆<br>• 6 厚 1∶2 水泥砂浆抹面亚光 | 除以上外其余部位，内墙面为面砖时不设踢脚 | 户内踢脚暗设，踢脚高均为 100 |

XXXX综合设计研究院有限公司

建筑工程甲级 XXXXXX

城乡规划乙级 XXXXXX

传真：XXXX-XXXXXXXX

网址：Http://www.XXXXX.com

邮编：450002

地址：河南省郑州市XXXXXX

合作单位：

| 会签栏 | |
|---|---|
| 总图 | |
| 建筑 | |
| 结构 | XXXXX |
| 给排水 | XXXX |
| 暖通 | XXXXXX |
| 电气 | XXXXXXX |

印签栏

图册主要图纸未加盖出图专用章者无效

| 审定 | |
|---|---|
| 审核 | XXXXXX |
| 项目负责人 | XXXXXX<br>XXXXXX |
| 专业负责人 | XXXXXX |
| 校对 | XXXXXX |
| 设计 | XXXXXX |
| 制图 | XXXXXX |

| 建设单位 | XXX置业有限公司 |
|---|---|
| 项目名称 | XXXXXXXXXXXX花园里 |
| 子项名称 | 6#楼 |
| 项目编号 | XXXX-XXXXX-6 |
| 图名 | 建筑构造统一做法表（一） |

| 专业 | 建筑 | 阶段 | 施工图 |
|---|---|---|---|
| 图号 | 1-1-03 | 总数 | 22张 |
| 版次 | 第01版 | 日期 | |

# 建筑构造统一做法表（一）

| 项目 | | 做法名称及选用图集号 | 构造做法 | 适用部位 | 备注 |
|---|---|---|---|---|---|
| 顶棚 | 顶1 | 轻钢龙骨石膏装饰板顶棚<br>12YJ1 棚 2/94 页<br>12YJ1 涂 304/108 页 | • 钢筋混凝土板底面清理干净<br>• 轻钢龙骨标准骨架：主龙骨中距 900～1000，次龙骨中距 450，横撑龙骨中距 900<br>• 9.5 的 900×2700 纸面石膏板，自攻螺钉拧牢，孔眼用腻子填平<br>• 刷配套防潮涂料一遍<br>• 乳胶漆两遍 | 首层门厅、电梯厅 | 参照建业集团装饰相关标准执行 |
| | 顶2 | 乳胶漆顶棚<br>12YJ1 顶 6/92 页<br>12YJ1 涂 304/108 页 | • 钢筋混凝土板底面打磨平整<br>• 满刮腻子一遍抹平<br>• 刷底漆一遍<br>• 乳胶漆两遍 | 除一层电梯厅外各层电梯厅、合用前室、走道、楼梯间（含楼梯梯段板底）、门廊、雨蓬等其他挑板，安防消防控制室、电梯机房 | 顶棚平整度应符合相关验收规范，室外部分涂料（乳胶液）均为外墙防水涂料（乳胶漆） |
| | 顶3 | 涂料顶棚 | • 钢筋混凝土板底面打磨平整<br>• 满刮腻子一遍抹平<br>• 喷涂底、中、面涂料（底涂一遍、中涂一遍、面涂二遍） | 非封闭阳台、外走廊、空调板顶棚 | |
| | 顶4 | 白水泥顶棚 | • 钢筋混凝土板底面打磨平整<br>• 表面刮白水泥两遍，阴角下翻 100 | 其余顶棚 | |
| 排水管 | 管1 | 屋面雨水立管<br>12YJ5-1 第 E2 页 | • DN100UPVC 管，UPVC 管卡固定 | 主体大屋面排水管 | |
| | 管2 | 阳台雨水立管<br>12YJ6 第 71 页 | • DN75UPVC 管，UPVC 管卡固定 | 阳台排水管 | |
| | 管3 | 空调冷凝水立管<br>12YJ6 第 77 页 | • DN50UPVC 管，UPVC 管卡固定 | 空调冷凝水管 | |
| 栏杆 | 栏杆1 | 护窗栏杆 | • 12YJ7-1 第 86 页详图 B | 护窗栏杆 | |
| | 栏杆2 | 阳台栏杆、空调护栏栏杆 | • 见建业住宅产品标准化文件——栏杆 | 阳台栏杆、空调板栏杆 | 优质碳素钢管，桩柱距离不大于 1300；采用不锈钢螺栓固定，固定牢固，表面平整光滑；竖杆净距不大于 110 |
| | 栏杆3 | 塑料扶手、金属栏杆 | • 12YJ8 第 24 页做法 2、第 67 页做法 2，靠墙扶手可选用 12YJ8 第 63 页做法 10+B | 楼梯栏杆 | 焊缝必须满焊，表面平整光滑。竖杆净距不大于 110。枣红色塑料扶手 |
| | 栏杆4 | 空调处可开启铝型材栏杆 | • 参见 12YJ6 第 72 页 | 空调板处可开启格栅栏杆 | |
| 油漆 | 漆1 | 金属面油漆<br>12YJ1 涂 203/106 页 | • 油漆两遍<br>• 刮腻子、磨光<br>• 防锈漆一遍<br>• 清理金属面除锈<br>灰黑色氟碳漆，颜色参照 02J503-1 的 14-10-3 | 楼梯栏杆、护窗栏杆；外露阳台栏杆、空调板栏杆 | |
| | 漆2 | 木质面油漆<br>12YJ1 涂 102/103 页 | • 磁漆两遍<br>• 底油一遍<br>• 刮腻子、磨光<br>• 木基层清理、除污、打磨等<br>乳黄色瓷漆；深棕色瓷漆 | 木门（乳黄色瓷漆）；楼梯扶手（深棕色瓷漆） | 凡与墙体相接处木制构件、满涂防腐油 |

| 项目 | | 做法名称及选用图集号 | 构造做法 | 适用部位 | 备注 |
|---|---|---|---|---|---|
| 外墙 | 外墙1 | 干挂花岗岩外墙面（外墙不做外保温）<br>12YJ1<br>外墙 13（A）/123 页 | • 基层清理后用 15 厚 1∶3 水泥砂浆找平<br>• 刷 1.5 厚聚合物水泥防水涂料<br>• 墙体固定连接件及竖向龙骨<br>• 按石材板高度安装配套不锈钢挂件，由有资质厂家设计制作安装<br>• 25～30 厚石材板，用硅酮密封胶填缝 | 详见建施立面图、户型放大图 | 有资质厂家设计制作安装 |
| | 外墙2 | 涂料外墙面（外墙不做外保温）<br>12YJ1 外墙 6、7/117 页 | • 钢筋混凝土或加气混凝土砌块外墙<br>• 刷专用界面剂一遍<br>• 9 厚 1∶3 水泥石灰砂浆<br>• 6 厚 1∶2.5 水泥砂浆找平<br>• 5 厚干粉类聚合物水泥防水砂浆，中间压入一层耐碱玻璃纤维网布<br>• 喷或滚刷底涂料一遍<br>• 喷或滚刷面层涂料两遍并拉毛 | | 弹性小拉毛涂料 |


XXXX综合设计研究院有限公司

建筑工程甲级 XXXXXX
城乡规划乙级 XXXXXX
传真： XXXX-XXXXXXXX
网址： Http://www.XXXXX.com
邮编： 450002
地址： 河南省郑州市XXXXXX


合作单位：

会签栏

| 总图 | |
|---|---|
| 建筑 | |
| 结构 | xxxxx |
| 给排水 | xxxx |
| 暖通 | xxxxxx |
| 电气 | xxxxxxx |

印签栏

图册主要图纸未加盖出图专用章者无效

| 审定 | |
|---|---|
| 审核 | xxxxxx |
| 项目负责人 | xxxxxx<br>xxxxxx |
| 专业负责人 | xxxxxx |
| 校对 | xxxxxx |
| 设计 | xxxxxx |
| 制图 | xxxxxx |

| 建设单位 | xxx置业有限公司 |
|---|---|
| 项目名称 | xxxxxxxxxxxx花园里 |
| 子项名称 | 6#楼 |
| 项目编号 | xxxx-xxxxx-6 |
| 图名 | 建筑构造统一做法表（一） |

| 专业 | 建筑 | 阶段 | 施工图 |
|---|---|---|---|
| 图号 | 1-1-03 | 总数 | 22张 |
| 版次 | 第01版 | 日期 | |

# 建筑构造统一做法表（二）

| 项目 | | 做法名称及选用图集号 | 构造做法 | 适用部位 | 备注 |
|---|---|---|---|---|---|
| 外墙 | 外墙3 | 涂料、面砖外墙面<br>（外墙做外保温） | •钢筋混凝土或加气混凝土砌块外墙<br>•20厚1：3聚合物水泥防水砂浆<br>•保温隔热板粘贴固定（厚度详见设计说明节能专篇，上部面层为涂料时采用薄抹灰系统，上部面层为面砖时采用机械固定）<br>•15厚聚合物抗裂砂浆保护层<br>•聚合物砂浆粘贴面砖或涂料饰面 | 详见建施立面图、户型放大图 | 保温材料容重、导热系数等技术参数详见节能设计专篇 |
| 屋面 | 屋1 | 卷材防水（保温）屋面<br>（上人平屋面）<br>12YJ1屋101/136页 | •面层：8～10厚防滑浅色地砖，铺平拍实，缝宽5～8，1：1水泥砂浆填缝<br>•结合层：25厚1：3干硬性水泥砂浆结合层<br>•隔离层：满铺0.4厚聚乙烯膜一层<br>•防水层：1层4厚SBS改性沥青防水卷材加基层处理剂<br>•找平层：40厚C20细石混凝土<br>•保温层：××厚保温板（材料及厚度详见设计说明节能专篇）<br>•找平层：20厚1：3水泥砂浆，砂浆中掺聚丙烯或锦纶-6纤维0.75～0.90kg/m$^3$<br>•找坡层：1：8水泥膨胀珍珠岩找2%坡，最薄处20<br>•结构层：钢筋混凝土屋面板 | 上人屋面<br>（详见建施平面图） | 地砖规格为100×100，露台下方为非封闭阳台时不做保温层，挤塑聚苯乙烯泡沫保温板 |
| | 屋2 | 卷材防水保温屋面<br>（不上人平屋面）<br>12YJ1屋105/140页 | •保护层：40厚C20细石混凝土，内配Φ4@100×100钢筋网片<br>•隔离层：10厚1：4石灰水泥砂浆<br>•防水层：SBS改性沥青防水卷材加基层处理剂<br>•找平层：40厚C20细石混凝土<br>•保温层：××厚保温板（材料及厚度详见设计说明节能专篇）<br>•找平层：20厚1：3水泥砂浆，砂浆中掺聚丙烯或锦纶-6纤维0.75～0.90kg/m$^3$<br>•找坡层：1：8水泥膨胀珍珠岩找2%坡，最薄处20<br>•结构层：钢筋混凝土屋面板 | 露台、顶层平屋顶，不上人平屋面 | |
| | 屋3 | 卷材防水不保温屋面<br>（不上人平屋面）<br>参12YJ1屋108/142页 | •保护层：20厚1：2.5水泥砂浆<br>•隔离层：满铺0.4厚聚乙烯膜一层<br>•防水层：SBS改性沥青防水卷材加基层处理剂<br>•找平层：20厚1：3水泥砂浆，砂浆中掺聚丙烯或锦纶-6纤维0.75～0.90kg/m$^3$<br>•找坡层：1：8水泥膨胀珍珠岩找2%坡，最薄处30<br>•结构层：钢筋混凝土屋面板 | 门廊及门廊屋顶 | |
| | 屋4 | 涂料防水平屋面 | •保护层：20厚1：2水泥砂浆抹面压光，找坡1%<br>•防水层：1.5厚水泥基防水涂料上翻150<br>•结构层：钢筋混凝土屋面板 | 外露空调板、小面积混凝土雨篷 | |

| 项目 | | 做法名称及选用图集号 | 构造做法 | 适用部位 | 备注 |
|---|---|---|---|---|---|
| 地下室防水 | | 电梯基坑外墙<br>墙身防水<br>（由外至内） | •2：8灰土，分层夯实（宽度800，电梯基坑外墙与主楼外墙相连时应宽出散水）<br>•50厚挤塑聚苯板保护层（用聚醋酸乙烯胶黏剂粘贴）<br>•1层4厚SBS改性沥青聚酯胎卷材防水层Ⅱ型<br>•刷基层处理剂一遍<br>•钢筋混凝土侧壁，打磨平整<br>•钢筋混凝土结构自防水 | | |
| | | 电梯基坑底板防水<br>（由上至下） | •钢筋混凝土结构自防水<br>•50厚C20细石混凝土保护层<br>•点粘350号石油沥青油毡一层<br>•1层4厚SBS改性沥青聚酯胎卷材防水层Ⅱ型（宽出电梯基坑四周2m范围）<br>•刷基层处理剂一遍<br>•20厚1：2水泥砂浆找平<br>•100厚C15混凝土垫层<br>•素土夯实 | | |
| 地面 | 地1 | 陶瓷地砖地面<br>12YJ1地201/32页 | •10厚地砖铺实拍平，水泥浆擦缝<br>•20厚1：4干硬性水泥砂浆<br>•素水泥浆结合层一遍<br>•50厚C20细石混凝土，内配双向Φ6@200钢筋网片（仅用于地下填土≥1.5m）<br>•60厚C15混凝土垫层<br>•150厚3：7灰土<br>•素土夯实 | 门廊、<br>一层门厅局部 | 参照建业集团装饰相关标准执行<br>1. 地砖为防滑地砖；<br>2. 车库顶板以外门厅1.5m以上增加网片、地下车库上有回填土不用加 |
| | 地2 | 细石混凝土地面<br>12YJ1-地102/25页 | •40厚C20细石混凝土表面1：1水泥砂浆随打随抹光<br>•素水泥砂浆一道<br>•60厚C15混凝土<br>•150厚3：7灰土<br>•素土夯实 | 设备机房等荷载较大的房间 | |
| | 地3 | 陶瓷地砖防水地面<br>12YJ1-地201F/33页 | •10厚地砖铺实拍平，稀水泥砂浆擦缝（用户二次装修）<br>•20厚1：3干硬性水泥砂浆（用户二次装修）<br>•1.5厚聚氨酯涂膜防水涂料或2.0厚聚合物水泥防水涂料（JSA），四周高出地面300mm<br>•最薄处20厚1：3水泥砂浆找平<br>•素水泥浆一道<br>•最薄处60厚C15细石混凝土，找坡不小于0.5%<br>•150厚3：7灰土<br>•素土夯实 | 卫生间、盥洗间、洗衣阳台、非封闭阳台 | 地砖为防滑地砖 |
| | 地4 | 陶瓷地砖地面<br>12YJ1-地201/32页 | •10厚地砖铺实拍平，稀水泥浆擦缝（用户二次装修）<br>•20厚1：3干硬性水泥砂浆（用户二次装修）<br>•20厚1：2水泥砂浆找平表面拉毛（暖气片采暖时为30厚）<br>•素水泥浆一道<br>•60厚C15混凝土垫层<br>•150厚3：7灰土<br>•素土夯实 | 一般房间、厨房 | 地砖为防滑地砖 |

注：1. 各部位结构楼板相对建筑层高面的降板高度：
公共部位：电梯厅、走道、电梯机房、各层楼梯间、管井、水箱间为50。
住宅部位：卫生间、盥洗间、非封闭阳台、洗衣阳台为120；露台为200；其余为60。
特殊部位降板可根据具体工程具体设计。
2. 构造选用标准：河南省工程建设标准设计12系列工程建设标准设计图集（建筑专业）、《外墙外保温工程技术标准》（JGJ 144—2019）以及建设单位自定的设计标准。
3. 未注明尺寸单位均为毫米（mm）。

XXXX综合设计研究院有限公司

建筑工程甲级 XXXXXX
城乡规划乙级 XXXXXX

传真： XXXX-XXXXXXXX
网址： Http://www.XXXXX.com
邮编： 450002
地址： 河南省郑州市XXXXXX

| 合作单位： | | |
|---|---|---|
| 会签栏 | | |
| 总 图 | | |
| 建 筑 | | |
| 结 构 | xxxxx | |
| 给排水 | xxxx | |
| 暖 通 | xxxxxx | |
| 电 气 | xxxxxxx | |
| 印签栏 | | |
| 图册主要图纸未加盖出图专用章者无效 | | |
| 审 定 | | |
| 审 核 | xxxxxx | |
| 项目负责人 | xxxxxx | |
| | xxxxxx | |
| 专业负责人 | xxxxxx | |
| 校 对 | xxxxxx | |
| 设 计 | xxxxxx | |
| 制 图 | xxxxxx | |

| 建设单位 | xxx置业有限公司 | | |
|---|---|---|---|
| 项目名称 | xxxxxxxxxxxx花园里 | | |
| 子项名称 | 6#楼 | | |
| 项目编号 | xxxx-xxxxx-6 | | |
| 图 名 | 建筑构造统一做法表（二）<br>室内装修做法表 | | |
| 专 业 | 建 筑 | 阶 段 | 施工图 |
| 图 号 | 1-1-04 | 总 数 | 22张 |
| 版 次 | 第01版 | 日 期 | |

# 室内装修做法表

（选自建通施“建筑构造统一做法表”）

| 部位 | | | 地面 | | 楼面 | | 踢脚 | | 内墙面 | | 顶棚 | | 备注 |
|---|---|---|---|---|---|---|---|---|---|---|---|---|---|
| | | | 做法名称 | 做法 | 做法名称 | 做法 | 做法名称 | 做法 | 做法名称 | 做法 | 做法名称 | 做法 | |
| 公共部位 | 门廊、电梯厅、住宅公共走道 | 1层 | 陶瓷地砖地面 | 地1 | 陶瓷地砖楼面 | 楼2 | 面砖踢脚 | 踢1 | 面砖墙面 | 内墙2 | 轻钢龙骨石膏装饰板顶棚 | 顶1 | 1. 除公共部分，户内面层由用户自理；<br>2. 踢脚一律做成暗踢脚；<br>3. 非封闭阳台外墙材料和相邻外墙材料一致 |
| | | 其余各层 | | | 陶瓷地砖楼面 | 楼2 | 面砖踢脚 | 踢1 | 面砖墙面 | 内墙2 | 乳胶漆顶棚 | 顶2 | |
| | 水箱间 | | | | 细石混凝土防水楼面 | 楼4 | | | 水泥砂浆墙面 | 内墙1 | 涂料顶棚 | 顶3 | |
| | 设备管井 | | 细石混凝土地面 | 地2 | 水泥砂浆楼面 | 楼3 | | | 水泥砂浆墙面 | 内墙1 | 涂料顶棚 | 顶3 | |
| | 设备房 | | 细石混凝土地面 | 地2 | 细石混凝土楼面 | 楼1 | 水泥砂浆踢脚 | 踢2 | 防水砂浆墙面（外刷乳胶漆） | 内墙4 | 白水泥顶棚 | 顶4 | |
| | 电梯机房 | | | | 陶瓷地砖楼面 | 楼2 | 水泥砂浆踢脚 | 踢2 | 乳胶漆墙面 | 内墙3 | 乳胶漆顶棚 | 顶2 | |
| | 楼梯间 | | | | 陶瓷地砖楼面 | 楼2 | 面砖踢脚 | 踢1 | 乳胶漆墙面 | 内墙3 | 乳胶漆顶棚 | 顶2 | |
| 住宅部位 | 卫生间、盥洗间、洗衣阳台、非封闭阳台 | | 陶瓷地砖防水地面 | 地3 | 陶瓷地砖防水楼面 | 楼5 | | | 水泥砂浆墙面 | 内墙1 | 涂料顶棚 | 顶3 | |
| | 厨房 | | 陶瓷地砖地面 | 地4 | 陶瓷地砖楼面 | 楼6 | 水泥砂浆踢脚 | 踢2 | 水泥砂浆墙面 | 内墙1 | 涂料顶棚 | 顶3 | |
| | 其余房间 | | 陶瓷地砖地面 | 地4 | 陶瓷地砖楼面 | 楼6 | 水泥砂浆踢脚 | 踢2 | 混合砂浆墙面 | 内墙5 | 白水泥顶棚 | 顶4 | |


XXXX综合设计研究院有限公司

建筑工程甲级 XXXXXX

城乡规划乙级 XXXXXX

传真：XXXX-XXXXXXXX
网址：Http://www.XXXXX.com
邮编：450002
地址：河南省郑州市XXXXXX


合作单位：

会签栏

| 总 图 | |
|---|---|
| 建 筑 | |
| 结 构 | xxxxx |
| 给排水 | xxxx |
| 暖 通 | xxxxxx |
| 电 气 | xxxxxxx |

印签栏

图册主要图纸未加盖出图专用章者无效

| 审 定 | |
|---|---|
| 审 核 | xxxxxx |
| 项目负责人 | xxxxxx<br>xxxxxx |
| 专业负责人 | xxxxxx |
| 校 对 | xxxxxx |
| 设 计 | xxxxxx |
| 制 图 | xxxxxx |

| 建设单位 | xxx置业有限公司 | | |
|---|---|---|---|
| 项目名称 | xxxxxxxxxxxx花园里 | | |
| 子项名称 | 6#楼 | | |
| 项目编号 | xxxx-xxxxx-6 | | |
| 图 名 | 建筑构造统一做法表（二）室内装修做法表 | | |
| 专 业 | 建 筑 | 阶 段 | 施工图 |
| 图 号 | 1-1-04 | 总 数 | 22张 |
| 版 次 | 第01版 | 日 期 | |

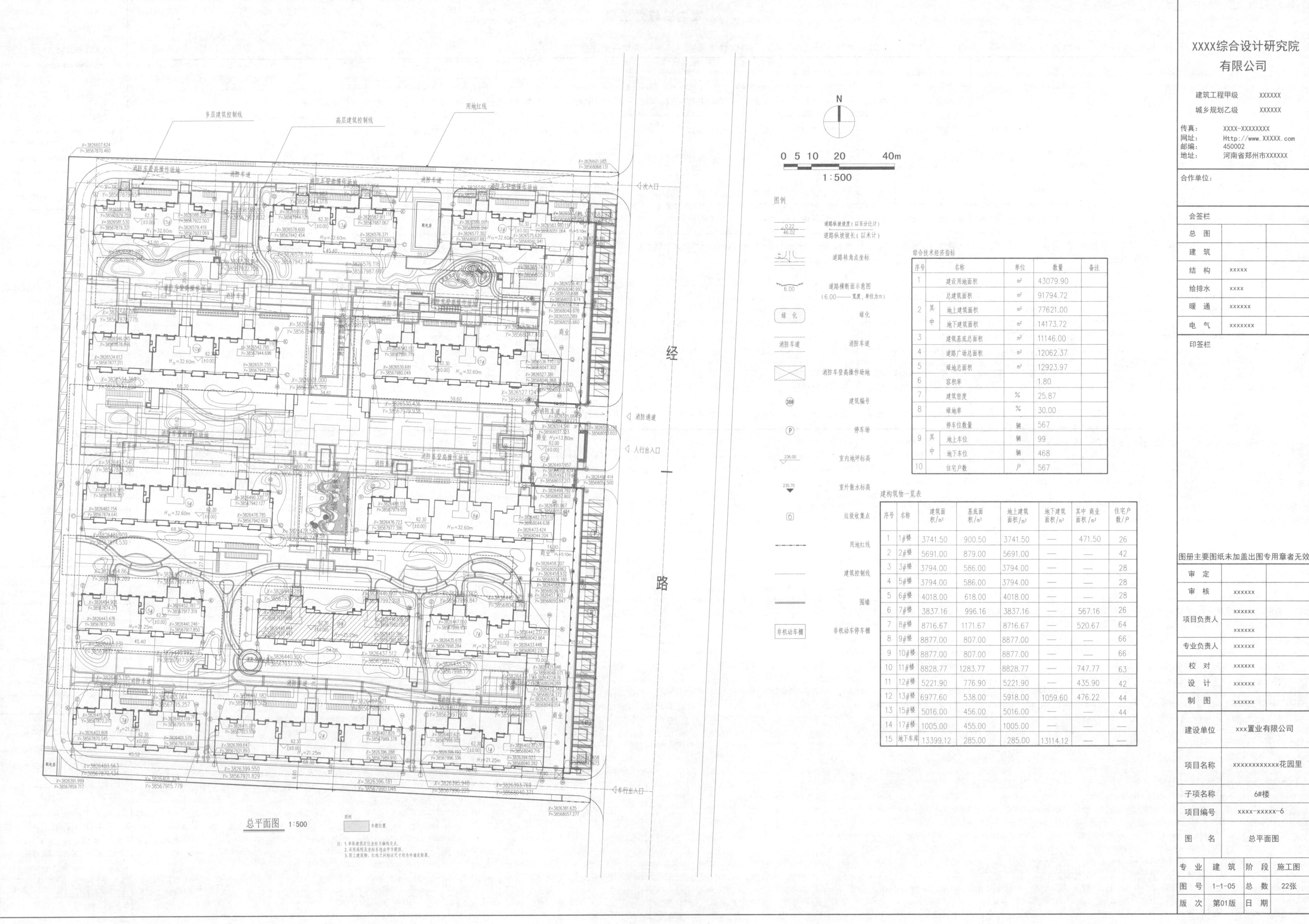


综合技术经济指标

| 序号 | 名称 | | 单位 | 数量 | 备注 |
|---|---|---|---|---|---|
| 1 | 建设用地面积 | | m² | 43079.90 | |
| 2 | 总建筑面积 | | m² | 91794.72 | |
| | 其中 | 地上建筑面积 | m² | 77621.00 | |
| | | 地下建筑面积 | m² | 14173.72 | |
| 3 | 建筑基底总面积 | | m² | 11146.00 | |
| 4 | 道路广场总面积 | | m² | 12062.37 | |
| 5 | 绿地总面积 | | m² | 12923.97 | |
| 6 | 容积率 | | | 1.80 | |
| 7 | 建筑密度 | | % | 25.87 | |
| 8 | 绿地率 | | % | 30.00 | |
| 9 | 停车位数量 | | 辆 | 567 | |
| | 其中 | 地上车位 | 辆 | 99 | |
| | | 地下车位 | 辆 | 468 | |
| 10 | 住宅户数 | | 户 | 567 | |

建构筑物一览表

| 序号 | 名称 | 建筑面积/m² | 基底面积/m² | 地上建筑面积/m² | 地下建筑面积/m² | 其中 商业面积/m² | 住宅户数/户 |
|---|---|---|---|---|---|---|---|
| 1 | 1#楼 | 3741.50 | 900.50 | 3741.50 | — | 471.50 | 26 |
| 2 | 2#楼 | 5691.00 | 879.00 | 5691.00 | — | — | 42 |
| 3 | 3#楼 | 3794.00 | 586.00 | 3794.00 | — | — | 28 |
| 4 | 5#楼 | 3794.00 | 586.00 | 3794.00 | — | — | 28 |
| 5 | 6#楼 | 4018.00 | 618.00 | 4018.00 | — | — | 28 |
| 6 | 7#楼 | 3837.16 | 996.16 | 3837.16 | — | 567.16 | 26 |
| 7 | 8#楼 | 8716.67 | 1171.67 | 8716.67 | — | 520.67 | 64 |
| 8 | 9#楼 | 8877.00 | 807.00 | 8877.00 | — | — | 66 |
| 9 | 10#楼 | 8877.00 | 807.00 | 8877.00 | — | — | 66 |
| 10 | 11#楼 | 8828.77 | 1283.77 | 8828.77 | — | 747.77 | 63 |
| 11 | 12#楼 | 5221.90 | 776.90 | 5221.90 | — | 435.90 | 42 |
| 12 | 13#楼 | 6977.60 | 538.00 | 5918.00 | 1059.60 | 476.22 | 44 |
| 13 | 15#楼 | 5016.00 | 456.00 | 5016.00 | — | — | 44 |
| 14 | 17#楼 | 1005.00 | 455.00 | 1005.00 | — | — | — |
| 15 | 地下车库 | 13399.12 | 285.00 | 285.00 | 13114.12 | — | — |

# 课题 2.2　多层单元住宅平面图

建筑平面图是假设用一水平剖切平面，在某层门窗洞口范围内，将建筑物水平剖切，对剖切平面以下部分所做的水平正投影图。建筑平面图主要表达建筑物的平面形状，房间的布局、形状、大小、用途，墙柱的位置，门窗的类型、位置、大小，各部分的联系，是建筑施工放线、墙体砌筑、门窗安装的主要依据，也是建筑施工图最基本、最重要的图样之一。

平面图是建筑施工图中最主要、最基本的图纸，其他图纸（立面图、剖面图及某些详图）多是以它为依据派生和深化而成。

## 2.2.1　应知应会部分

### 2.2.1.1　制图标准要求

（1）建筑物平面图应在建筑物的门窗洞口处水平剖切俯视（屋顶平面图应在屋面以上俯视），图内应包括剖切平面剖到及剖切平面没有剖到但投影方向可见的建筑构造以及必要的尺寸、标高等，如需表示高窗、洞口、通气孔、槽、地沟及起重机等不可见部分，则应以虚线绘制。

（2）平面图的方向宜与总图方向一致。平面图的长边宜与横式幅面图纸的长边一致。

（3）在同一张图纸上绘制多于一层的平面图时，各层平面图宜按层数由低向高的顺序从左至右或从下至上布置。

（4）除顶棚平面图外，各种平面图应按正投影法绘制。

（5）建筑物平面图应注写房间的名称或编号，编号注写在直径为 6mm 细实线绘制的圆圈内，并在同张图纸上列出房间名称表。

（6）平面较大的建筑物，可分区绘制平面图，但每张平面图均应绘制组合示意图。各区应分别用大写拉丁字母编号。在组合示意图中要提示的分区，应采用阴影线或填充的方式表示。

### 2.2.1.2　建筑工程图示要求

（1）建筑平面图的图示内容一般包括：

① 图名、比例；

② 各房间的平面形状、布置、名称（或编号）及其组合关系；

③ 建筑构配件如阳台、雨篷、散水等及固定家具、设施的形状、尺寸、布置情况；

④ 三道尺寸标注及标高、定位轴线及其编号、楼梯或坡道上下坡的标注；

⑤ 详图索引符号，首层平面图要有表示指北针、剖切符号；

⑥ 屋顶平面图要表示屋顶的平面布置情况，如屋面排水组织形式、雨水管的位置以及水箱、上人孔等设施的布置情况等。

（2）建筑平面较长较大时，可分区绘制，但须在各分区平面图适当位置上绘出分区组合示意图，并明显表示本分区部位编号。

## 2.2.2　实训练习

### 2.2.2.1　填空题

（1）平面图中指北针、剖切符号绘制在________________。

（2）根据一层平面图室内标高________________和室外标高________________，可判断室内外高差为________________。

（3）建筑平面图的外部尺寸标注一般为三道尺寸线，分别为________________、________________、________________。

（4）根据一层平面图可知楼梯间的开间为________________。

（5）从各层平面图可知阳台、卫生间标高比同层楼地面低________________，并向地漏方向分别找坡________________。

（6）从各层平面图可知，建筑主体主要承重墙体厚度为________________，其中地下室、一层平面图、二层平面图的外墙厚度为________________。

### 2.2.2.2　问答题

（1）简述建筑平面定位轴线的标注位置及有关编号的规定。

（2）简述建筑平面图绘制时线型的使用要求。

（3）简述平面图是如何进行命名的。

（4）根据图纸内容可知各层平面图面积分别为多少？

### 2.2.2.3　综合题

（1）解释一层平面图上出现的各索引符号的意义。

（2）总结归纳建筑平面图主要图示内容。

（3）概述建筑平面图中标高的标注要求。

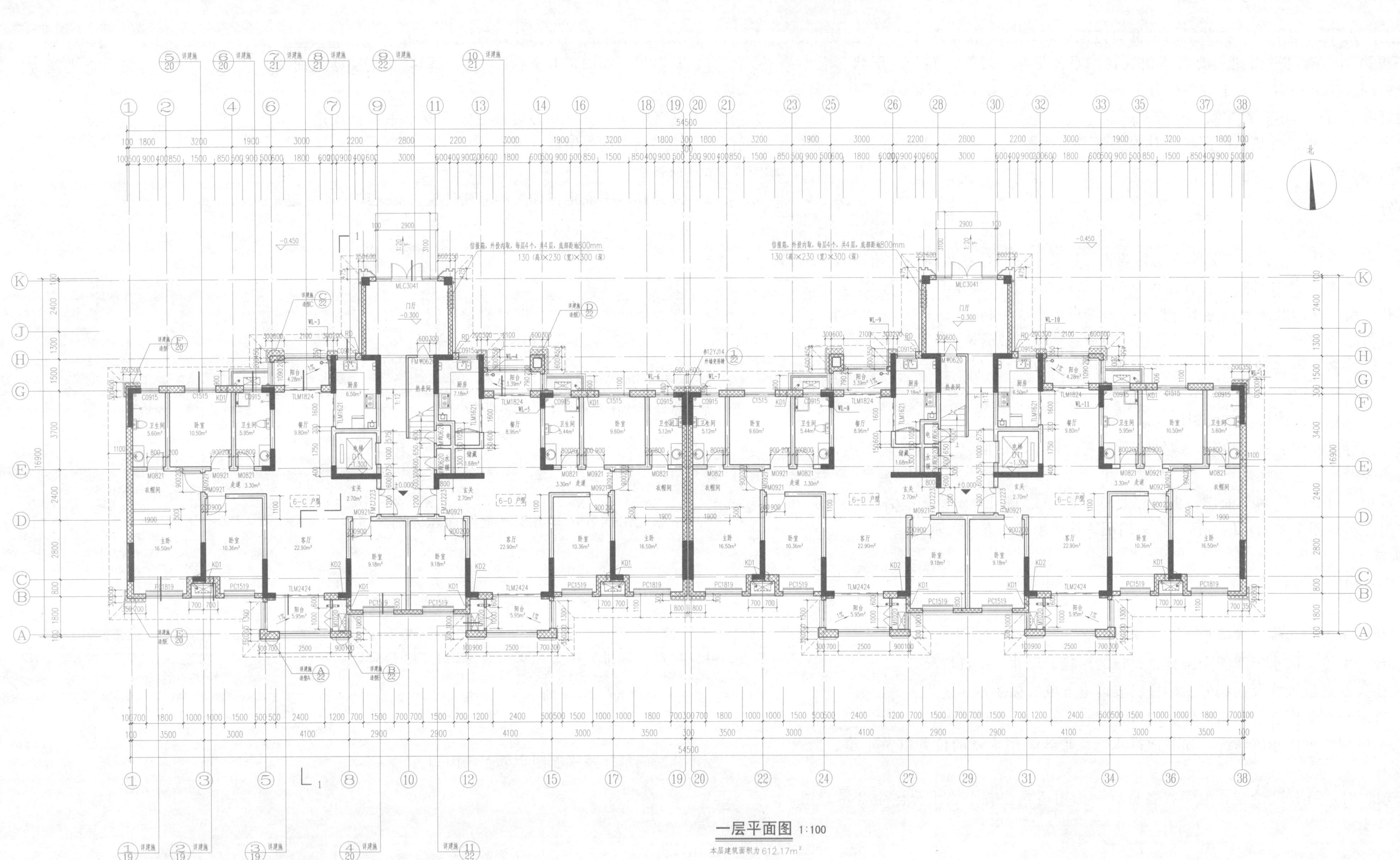

**一层平面图** 1:100

本层建筑面积为612.17m²

注：1. 凡本层未定位的空调板及门窗尺寸等户内不详尺寸参见户型放大平面图建施 17。

2. 墙体楼板的设备留洞未注明者详见各专业施工图。

3. 阳台标高除注明外低于楼面 30mm，卫生间标高低于楼面 30mm。

4. 有地漏的房间、阳台，向地漏位置找 1%坡。

5. ⊠为室外空调机。□冰箱、□洗衣机、室内洁具等活动家具仅为示意。有洗衣机的阳台排水详见水施。

6. 凡空调板与装饰线脚冲突时，线脚断开。

7. 阳台无地漏时排水详见水施。

8. 雨水管接入室外雨水管网。

9. 水暖井、电井做 200 高 C20 素混凝土门槛。

标高H一览表

| 层数 | 建筑标高 | 结构标高 |
|---|---|---|
| 1F | 0.000 | −0.060 |

XXXX综合设计研究院有限公司

建筑工程甲级 XXXXXX

城乡规划乙级 XXXXXX

传真：XXXX-XXXXXXXX

网址：Http://www.XXXXX.com

邮编：450002

地址：河南省郑州市XXXXXX

合作单位：

| 会签栏 | | |
|---|---|---|
| 总 图 | | |
| 建 筑 | | |
| 结 构 | xxxxx | |
| 给排水 | xxxx | |
| 暖 通 | xxxxxx | |
| 电 气 | xxxxxxx | |

印签栏

图册主要图纸未加盖出图专用章者无效

| 审 定 | | |
|---|---|---|
| 审 核 | xxxxxx | |
| 项目负责人 | xxxxxx | |
| | xxxxxx | |
| 专业负责人 | xxxxxx | |
| 校 对 | xxxxxx | |
| 设 计 | xxxxxx | |
| 制 图 | xxxxxx | |

| 建设单位 | xxx置业有限公司 |
|---|---|
| 项目名称 | xxxxxxxxxxxx花园里 |
| 子项名称 | 6#楼 |
| 项目编号 | xxxx-xxxxx-6 |
| 图 名 | 一层平面图 |

| 专 业 | 建 筑 | 阶 段 | 施工图 |
|---|---|---|---|
| 图 号 | 1-1-06 | 总 数 | 22张 |
| 版 次 | 第01版 | 日 期 | |

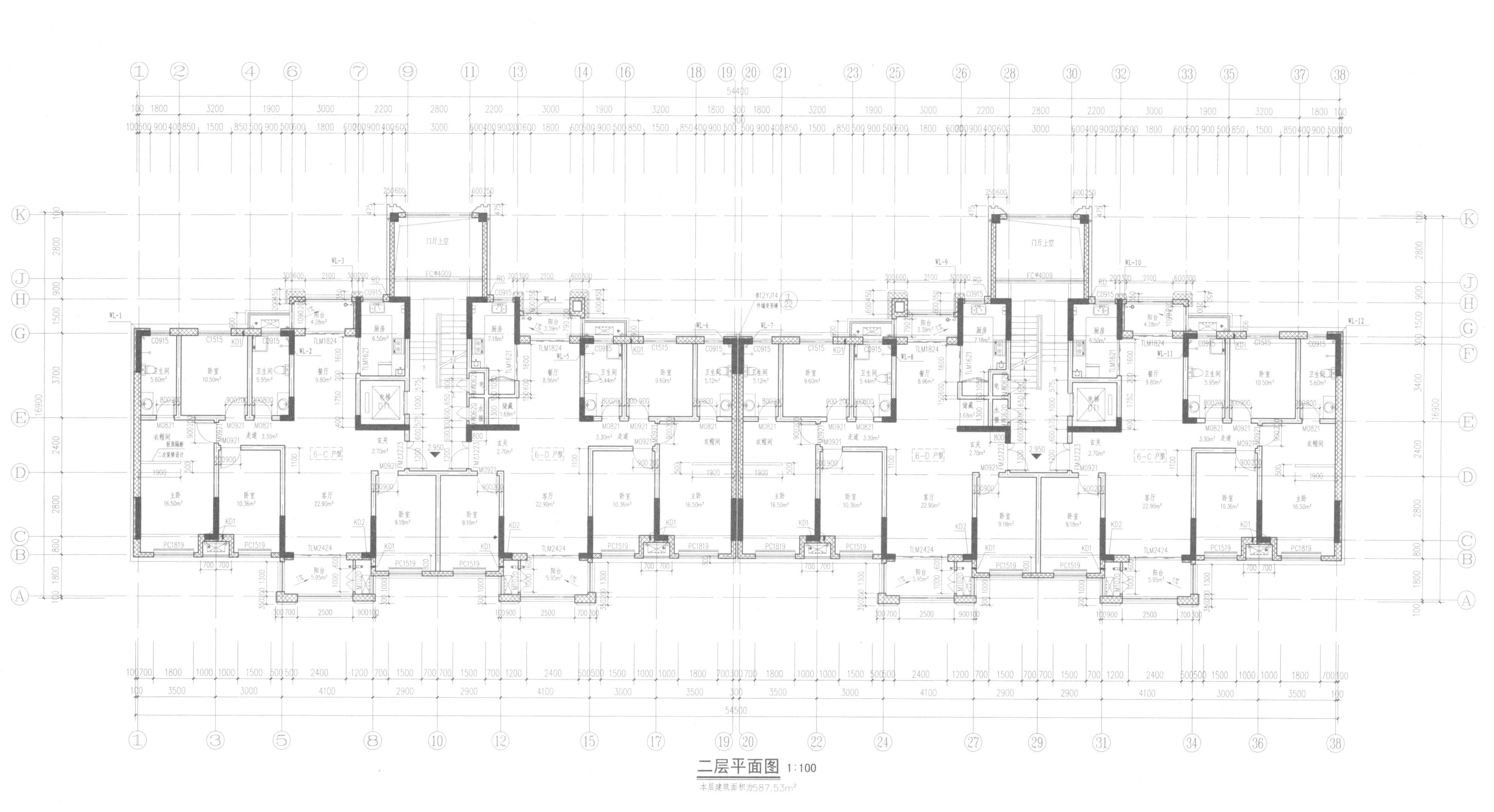

二层平面图 1:100

本层建筑面积为587.53m²

注：1. 凡本层未定位的空调板及门窗尺寸等户内不详尺寸参见户型放大平面图建施 17。
2. 墙体楼板的设备留洞未注明者详见各专业施工图。
3. 阳台标高除注明外低于楼面 30mm，卫生间标高低于楼面 30mm。
4. 有地漏的房间、阳台，向地漏位置找 1%坡。
5. ▭为室外空调机。▫冰箱、▫洗衣机、室内洁具等活动家具仅为示意。有洗衣机的阳台排水详见水施。
6. 凡空调板与装饰线脚冲突时，线脚断开。
7. 阳台无地漏时排水详见水施。
8. 雨水管接入室外雨水管网。
9. 水暖井、电井做 200 高 C20 素混凝土门槛。

标高H一览表

| 层数 | 建筑标高 | 结构标高 |
|---|---|---|
| 2F | 2.950 | 2.890 |

XXXX综合设计研究院
有限公司

建筑工程甲级 XXXXXX
城乡规划乙级 XXXXXX


传真： XXXX-XXXXXXXX
网址： Http://www.XXXXX.com
邮编： 450002
地址： 河南省郑州市XXXXXX


合作单位：

| 会签栏 | |
|---|---|
| 总 图 | |
| 建 筑 | |
| 结 构 | xxxxx |
| 给排水 | xxxx |
| 暖 通 | xxxxxx |
| 电 气 | xxxxxxx |

印签栏

图册主要图纸未加盖出图专用章者无效

| | |
|---|---|
| 审 定 | |
| 审 核 | xxxxxx |
| 项目负责人 | xxxxxx<br>xxxxxx |
| 专业负责人 | xxxxxx |
| 校 对 | xxxxxx |
| 设 计 | xxxxxx |
| 制 图 | xxxxxx |
| 建设单位 | xxx置业有限公司 |
| 项目名称 | xxxxxxxxxxxx花园里 |
| 子项名称 | 6#楼 |
| 项目编号 | xxxx-xxxxx-6 |
| 图 名 | 二层平面图 |

| | | | |
|---|---|---|---|
| 专 业 | 建 筑 | 阶 段 | 施工图 |
| 图 号 | 1-1-07 | 总 数 | 22张 |
| 版 次 | 第01版 | 日 期 | |

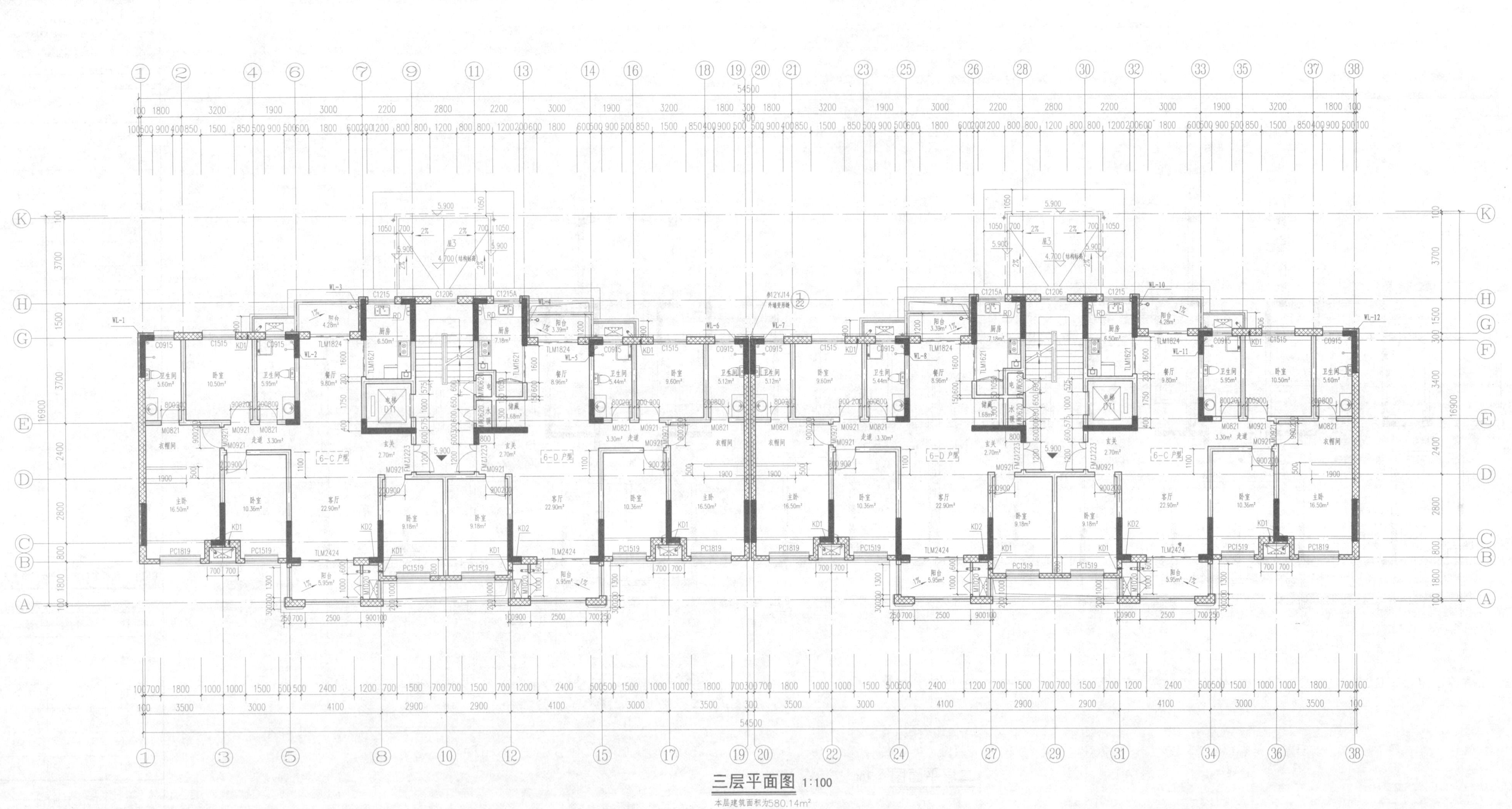

三层平面图 1:100

本层建筑面积为580.14m²

注：1. 凡本层未定位的空调板及门窗尺寸等户内不详尺寸参见户型放大平面图建施 17。
2. 墙体楼板的设备留洞未注明者详见各专业施工图。
3. 阳台标高除注明外低于楼面 30mm，卫生间标高低于楼面 30mm。
4. 有地漏的房间、阳台，向地漏位置找 1%坡。
5. ▭为室外空调机。◘冰箱、◘洗衣机、室内洁具等活动家具仅为示意。有洗衣机的阳台排水详见水施。
6. 凡空调板与装饰线脚冲突时，线脚断开。
7. 阳台无地漏时排水详见水施。
8. 雨水管接入室外雨水管网。
9. 水暖井、电井做 200 高 C20 素混凝土门槛。

标高/H一览表

| 层数 | 建筑标高 | 结构标高 |
| --- | --- | --- |
| 3F | 5.900 | 5.840 |

XXXX综合设计研究院
有限公司

建筑工程甲级 XXXXXX
城乡规划乙级 XXXXXX

传真： XXXX-XXXXXXXX
网址： Http://www.XXXXX.com
邮编： 450002
地址： 河南省郑州市XXXXXX

合作单位：

会签栏

| | |
| --- | --- |
| 总 图 | |
| 建 筑 | |
| 结 构 | xxxxx |
| 给排水 | xxxx |
| 暖 通 | xxxxxx |
| 电 气 | xxxxxxx |

印签栏

图册主要图纸未加盖出图专用章者无效

| | |
| --- | --- |
| 审 定 | |
| 审 核 | xxxxxx |
| 项目负责人 | xxxxxx |
| | xxxxxx |
| 专业负责人 | xxxxxx |
| 校 对 | xxxxxx |
| 设 计 | xxxxxx |
| 制 图 | xxxxxx |
| 建设单位 | xxx置业有限公司 |
| 项目名称 | xxxxxxxxxxxxx花园里 |
| 子项名称 | 6#楼 |
| 项目编号 | xxxx-xxxxx-6 |
| 图 名 | 三层平面图 |

| | | | |
| --- | --- | --- | --- |
| 专 业 | 建 筑 | 阶 段 | 施工图 |
| 图 号 | 1-1-08 | 总 数 | 22张 |
| 版 次 | 第01版 | 日 期 | |

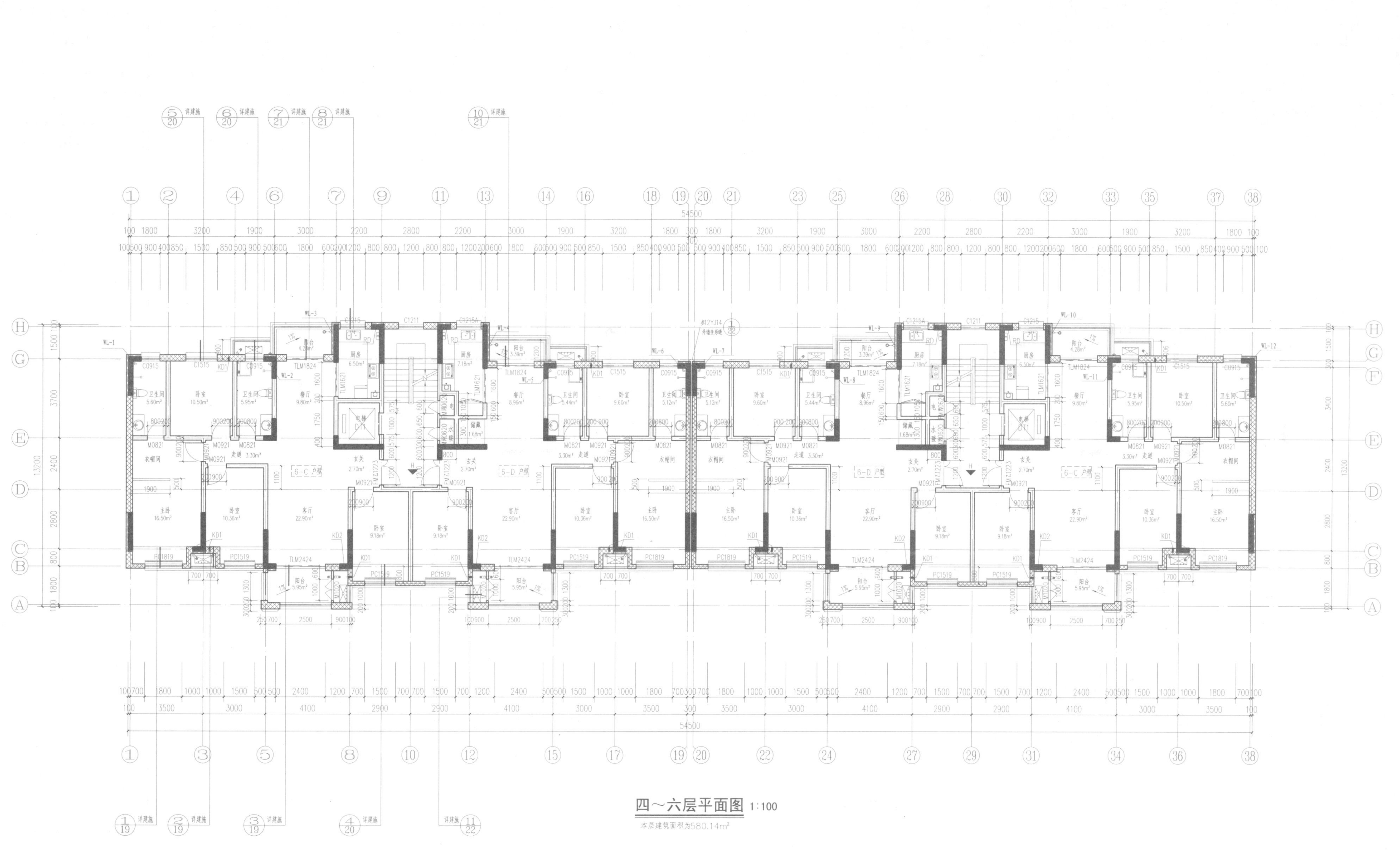

四～六层平面图 1:100

本层建筑面积为580.14m²

注：1. 凡本层未定位的空调板及门窗尺寸等户内不详尺寸参见户型放大平面图建施 17。

2. 墙体楼板的设备留洞未注明者详见各专业施工图。

3. 阳台标高除注明外低于楼面 30mm，卫生间标高低于楼面 30mm。

4. 有地漏的房间、阳台，向地漏位置找 1%坡。

5. ⊠为室外空调机。◻冰箱、◻洗衣机、室内洁具等活动家具仅为示意。有洗衣机的阳台排水详见水施。

6. 凡空调板与装饰线脚冲突时，线脚断开。

7. 阳台无地漏时排水详见水施。

8. 雨水管接入室外雨水管网。

9. 水暖井、电井做 200 高 C20 素混凝土门槛。

标高/一览表

| 层数 | 建筑标高 | 结构标高 |
|---|---|---|
| 4F | 8.850 | 8.790 |
| 5F | 11.800 | 11.740 |
| 6F | 14.750 | 14.690 |


XXXX综合设计研究院有限公司

建筑工程甲级 XXXXXX

城乡规划乙级 XXXXXX

传真：XXXX-XXXXXXXX

网址：Http://www.XXXXX.com

邮编：450002

地址：河南省郑州市XXXXXX


合作单位：

| 会签栏 | |
|---|---|
| 总 图 | |
| 建 筑 | |
| 结 构 | xxxxx |
| 给排水 | xxxx |
| 暖 通 | xxxxxx |
| 电 气 | xxxxxxx |

印签栏

图册主要图纸未加盖出图专用章者无效

| | |
|---|---|
| 审 定 | |
| 审 核 | xxxxxx |
| 项目负责人 | xxxxxx<br>xxxxxx |
| 专业负责人 | xxxxxx |
| 校 对 | xxxxxx |
| 设 计 | xxxxxx |
| 制 图 | xxxxxx |

| | |
|---|---|
| 建设单位 | xxx置业有限公司 |
| 项目名称 | xxxxxxxxxxxx花园里 |
| 子项名称 | 6#楼 |
| 项目编号 | xxxx-xxxxx-6 |
| 图 名 | 四～六层平面图 |

| | | | |
|---|---|---|---|
| 专 业 | 建 筑 | 阶 段 | 施工图 |
| 图 号 | 1-1-09 | 总 数 | 22张 |
| 版 次 | 第01版 | 日 期 | |

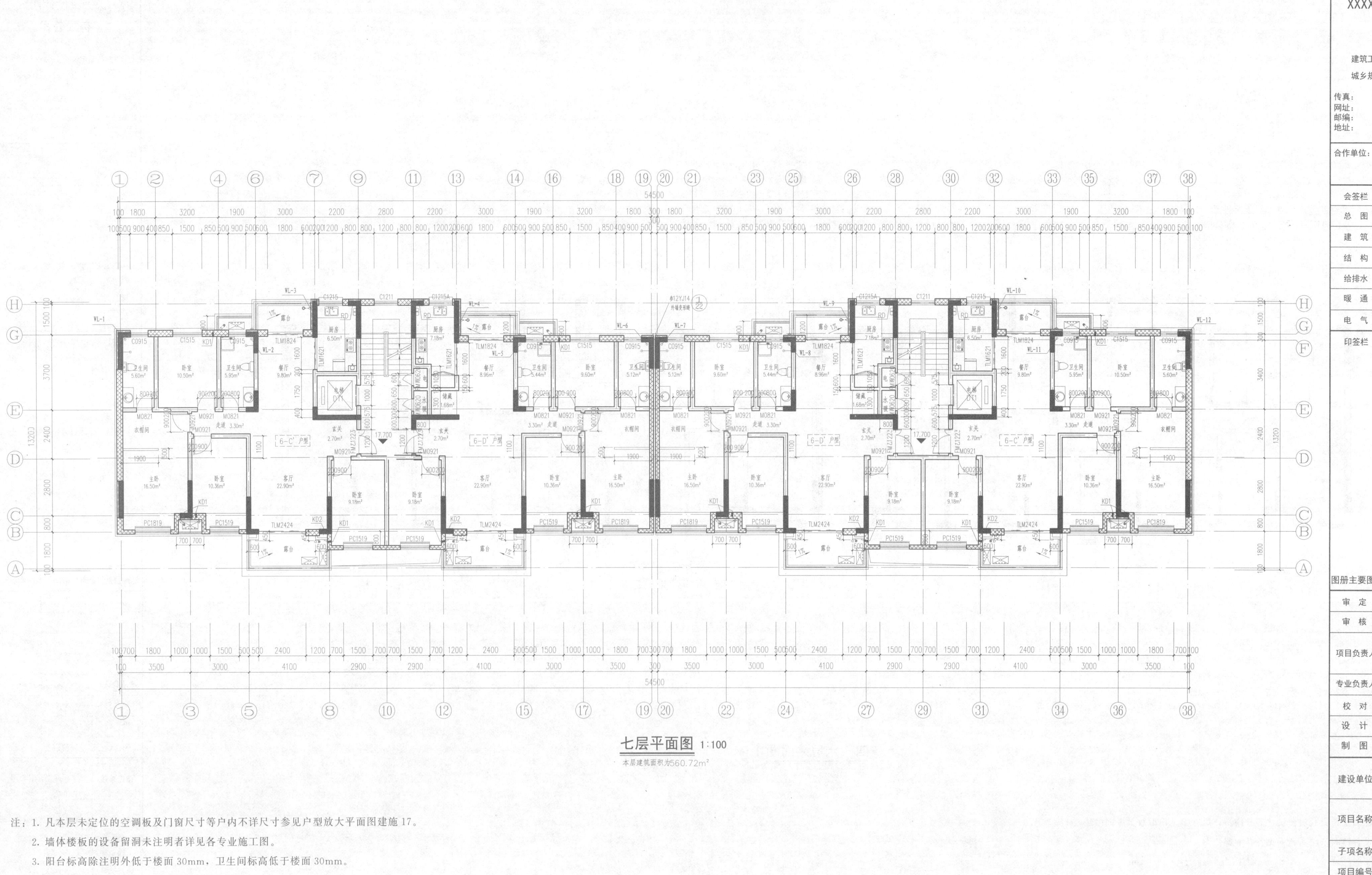


七层平面图 1:100

本层建筑面积为560.72m²

注：1. 凡本层未定位的空调板及门窗尺寸等户内不详尺寸参见户型放大平面图建施 17。

2. 墙体楼板的设备留洞未注明者详见各专业施工图。

3. 阳台标高除注明外低于楼面 30mm，卫生间标高低于楼面 30mm。

4. 有地漏的房间、阳台，向地漏位置找 1%坡。

5. ⊠为室外空调机。□冰箱、□洗衣机、室内洁具等活动家具仅为示意。有洗衣机的阳台排水详见水施。

6. 凡空调板与装饰线脚冲突时，线脚断开。

7. 阳台无地漏时排水详见水施。

8. 雨水管接入室外雨水管网。

9. 水暖井、电井做 200 高 C20 素混凝土门槛。

标高 H 一览表

| 层数 | 建筑标高 | 结构标高 |
|---|---|---|
| 7F | 17.700 | 17.640 |

XXXX综合设计研究院有限公司

建筑工程甲级 XXXXXX

城乡规划乙级 XXXXXX

传真：XXXX-XXXXXXXX

网址：Http://www.XXXXX.com

邮编：450002

地址：河南省郑州市XXXXXX

合作单位：

会签栏

| 总 图 | | |
|---|---|---|
| 建 筑 | | |
| 结 构 | xxxxx | |
| 给排水 | xxxx | |
| 暖 通 | xxxxxx | |
| 电 气 | xxxxxxx | |

印签栏

图册主要图纸未加盖出图专用章者无效

| 审 定 | | |
|---|---|---|
| 审 核 | xxxxxx | |
| 项目负责人 | xxxxxx | |
| | xxxxxx | |
| 专业负责人 | xxxxxx | |
| 校 对 | xxxxxx | |
| 设 计 | xxxxxx | |
| 制 图 | xxxxxx | |

| 建设单位 | xxx置业有限公司 |
|---|---|
| 项目名称 | xxxxxxxxxxxx花园里 |
| 子项名称 | 6#楼 |
| 项目编号 | xxxx-xxxxx-6 |
| 图 名 | 七层平面图 |

| 专 业 | 建 筑 | 阶 段 | 施工图 |
|---|---|---|---|
| 图 号 | 1-1-10 | 总 数 | 22张 |
| 版 次 | 第01版 | 日 期 | |

# 课题 2.3　多层单元住宅立面图

建筑立面图为建筑外垂直面正投影可视部分，是展示建筑物外貌特征及外墙面装饰的工程图样，是建筑施工图纸进行高度控制与外墙装修的技术依据。

一个建筑物一般应该绘出每一侧的立面图，但是，当各侧面为较简单或相同的立面时，可以画出主要的立面图。当建筑物有曲线或折线形的侧面时，可以将曲线或折线形的立面绘成展开立面图，以使各部分反映实形。

## 2.3.1　应知应会部分

### 2.3.1.1　制图标准要求

（1）定位轴线：建筑立面图中，一般应标出立面图两端的定位轴线及编号，并注意与平面图中的编号一致，但当立面转折较复杂时可用展开立面表示，此时应准确注明转角处的轴线编号。

（2）图线：立面图的外形轮廓用粗实线绘制；室外地坪线用 1.4 倍的加粗实线绘制；门窗洞口、檐口、阳台、雨篷、台阶等用中实线绘制；其余的，如墙面分隔线、门窗格子、雨水管以及引出线等均用细实线绘制。

（3）尺寸标注与标高：建筑立面图中，一般仅标注必要的竖向尺寸和标高，该标高指相对标高，即相对于首层室内主要地面（标高值为零）的标高；尺寸标注中尺寸数值的单位为毫米，而标高的单位为米。

（4）外墙装修做法：外墙面根据设计要求可选用不同的材料及做法，在图面上，外墙表面分格线应表示清楚，各部分面材及色彩应选用带有指引线的文字进行说明。

### 2.3.1.2　建筑工程图示要求

（1）立面图（施工图）中不得加绘阴影和配景（如树木、车辆、人物等）。

（2）立面图应表示出投影方向可见的建筑物在室外地坪以外的全貌，包括室外地坪线、建筑外轮廓及主要建筑结构和建筑构造部件的位置，包括台阶、门窗、雨棚、阳台、室外楼梯、外墙面、柱、屋顶形状、外墙装饰线脚、墙面分格线以及其他装饰构件等投影方向可见的任何构件。（注意：建筑外轮廓线与轴线不重合，立面表示的是建筑外侧墙体的外侧轮廓）

（3）立面图应表示出高度方向详细全面的尺寸标注及标高，包括：建筑总高度；各楼层高度及标高；外墙留洞（如外墙门窗洞口）应标注尺寸及标高或高度尺寸及定位关系尺寸。表现在图纸上，主要表达：

① 建筑立面图外围三道尺寸：从内到外分别为，门窗及建筑细部尺寸（包含详细尺寸及定位），层高尺寸，建筑总高度；

② 外部尺寸表达不完全的门窗及建筑构造的详细尺寸和定位；

③ 楼层标高以及关键控制标高的标注，如女儿墙、檐口标高等。

（4）关于建筑高度计算，《建筑设计防火规范》（2018 年版）规定建筑高度的计算应符合下列规定：建筑屋面为坡屋面时，建筑高度应为建筑室外设计地面至其檐口与屋脊的平均高度；建筑屋面为平屋面（包括有女儿墙的平屋面）时，建筑高度应为建筑室外设计地面至其屋面面层的高度。

（5）立面图还需表示出图名、比例、详图索引符号等。施工图立面图图名以立面图两端的定位轴线来命名；用索引符号索引出墙身大样详图、外墙装饰装修做法等。

## 2.3.2　实训练习

### 2.3.2.1　填空题

（1）从图中可知，该外墙装饰做法有________种，分别为____________________________。

（2）图中标注的梁的高度尺寸为________。

（3）根据所给立面图判断住宅楼高度为________；建筑层数为________；屋顶的形式为________；室内外高差为________。

（4）立面图的常用比例是________，小型建筑但较复杂时可用________，图形较大但可表示清楚时可用________。

（5）建筑立面图中，一般只标出________的定位轴线及编号。立面转折较复杂时可用展开立面表示，但应准确注明________的轴线编号。

### 2.3.2.2　问答题

（1）施工图立面图的图名如何命名？

（2）立面图主要标注哪些部位的标高？

（3）立面图表达的主要内容有哪些？

### 2.3.2.3　综合题

阅读下面的立面图，并回答下列问题：

（1）分析所给图中外墙各部位的装修材料和装饰做法。

（2）分析所给立面图中高度方向详细全面的尺寸标注包括哪些。

（3）抄绘本住宅建筑立面图。

XXXX综合设计研究院
有限公司
建筑工程甲级 XXXXXX
城乡规划乙级 XXXXXX
传真： XXXX-XXXXXXXX
网址： Http://www.XXXXX.com
邮编： 450002
地址： 河南省郑州市XXXXXX
合作单位：
会签栏
总 图
建 筑
结 构 xxxxx
给排水 xxxx
暖 通 xxxxxx
电 气 xxxxxxx
印签栏
图册主要图纸未加盖出图专用章者无效
审 定
审 核 xxxxxx
项目负责人 xxxxxx xxxxxx
专业负责人 xxxxxx
校 对 xxxxxx
设 计 xxxxxx
制 图 xxxxxx
建设单位 xxx置业有限公司
项目名称 xxxxxxxxxxxx花园里
子项名称 6#楼
项目编号 xxxx-xxxxx-6
图 名 ①~㊳轴立面图
专 业 建 筑 阶 段 施工图
图 号 1-1-13 总 数 22张
版 次 第01版 日 期
①~㊳轴立面图 1:100
图例：
紫金麻石材：规格600mm×800mm（错“工”字缝安装，缝宽10mm，银灰色缝），门厅及地面600mm高处勒角
紫金麻岩彩真石漆：错“工”字缝，缝宽10mm，咖啡色缝
米黄色真石漆：黑水泥填缝，横向分缝，缝宽10mm，间距750mm
咖啡色外墙涂料

XXXX综合设计研究院
有限公司
建筑工程甲级 XXXXXX
城乡规划乙级 XXXXXX
传真： XXXX-XXXXXXXX
网址： Http://www.XXXXX.com
邮编： 450002
地址： 河南省郑州市XXXXXX
合作单位：
会签栏
总 图
建 筑
结 构 xxxxx
给排水 xxxx
暖 通 xxxxxx
电 气 xxxxxxx
印签栏
图册主要图纸未加盖出图专用章者无效
审 定
审 核 xxxxxx
项目负责人 xxxxxx xxxxxx
专业负责人 xxxxxx
校 对 xxxxxx
设 计 xxxxxx
制 图 xxxxxx
建设单位 xxx置业有限公司
项目名称 xxxxxxxxxxxx花园里
子项名称 6#楼
项目编号 xxxx-xxxxx-6
图 名 ㊳～①轴立面图
专 业 建 筑 阶 段 施工图
图 号 1-1-14 总 数 22张
版 次 第01版 日 期
㊳～①轴立面图 1:100
图例：
紫金麻石材：规格600mm×800mm(错“工”字缝安装，缝宽10mm，银灰色缝)，门厅及地面600 mm 高处勒角
紫金麻岩彩真石漆：错“工”字缝，缝宽10mm，咖啡色缝
米黄色真石漆：黑水泥填缝，横向分缝，缝宽10mm，间距750mm
咖啡色外墙涂料

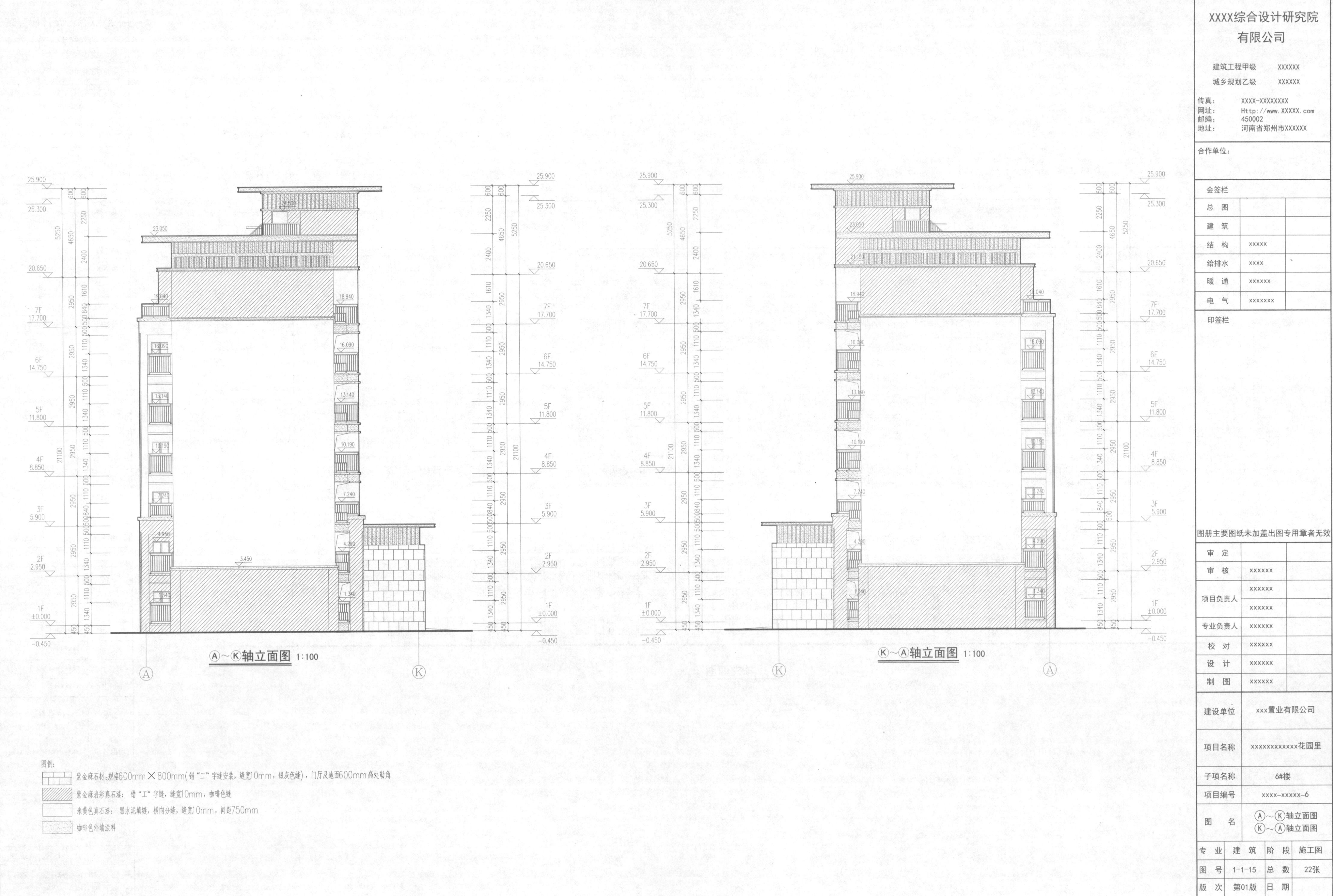

XXXX综合设计研究院
有限公司
建筑工程甲级 XXXXXX
城乡规划乙级 XXXXXX
传真： XXXX-XXXXXXXX
网址： Http://www.XXXXX.com
邮编： 450002
地址： 河南省郑州市XXXXXX
合作单位：
会签栏
总 图
建 筑
结 构 xxxxx
给排水 xxxx
暖 通 xxxxxx
电 气 xxxxxxx
印签栏
图册主要图纸未加盖出图专用章者无效
审 定
审 核 xxxxxx
项目负责人 xxxxxx xxxxxx
专业负责人 xxxxxx
校 对 xxxxxx
设 计 xxxxxx
制 图 xxxxxx
建设单位 xxx置业有限公司
项目名称 xxxxxxxxxxxx花园里
子项名称 6#楼
项目编号 xxxx-xxxxx-6
图 名 Ⓐ～Ⓚ轴立面图 Ⓚ～Ⓐ轴立面图
专 业 建 筑 阶 段 施工图
图 号 1-1-15 总 数 22张
版 次 第01版 日 期
Ⓐ～Ⓚ轴立面图 1:100
Ⓚ～Ⓐ轴立面图 1:100
图例:
紫金麻石材:规格600mm×800mm(错“工”字缝安装，缝宽10mm，银灰色缝)，门厅及地面600mm高处勒角
紫金麻岩彩真石漆： 错“工”字缝，缝宽10mm，咖啡色缝
米黄色真石漆： 黑水泥填缝，横向分缝，缝宽10mm，间距750mm
咖啡色外墙涂料

# 课题 2.4　多层单元住宅剖面图

建筑剖面图是假想用一个或多个垂直外墙轴线的铅垂剖切面将建筑剖开，拿走剖切平面和观察者之间的部分，对剩余部分做正投影所得的正投影图即为建筑剖面图，图内应包括剖切平面剖到及剖切平面没有剖到但投影方向可见的建筑构造以及必要的尺寸、标高等。它主要表示建筑各部分的高度、层数、建筑空间的组合利用，以及建筑剖面图中的结构、构筑关系、垂直方向的分层情况、各层楼地面及屋顶的构造做法和相关的尺寸、标高等。

## 2.4.1　应知应会部分

### 2.4.1.1　制图标准要求

（1）室内外地坪线用加粗实线表示，在剖面图中一般不画材料图例符号，被剖切平面剖切到的墙、梁、板等轮廓线用粗实线表示，没有被剖切到但可见的部分用细实线表示，被剖切到的钢筋混凝土梁、板涂黑。

（2）剖切位置应选在层高不同、层数不同、内外部空间比较复杂、具有代表性的部位，建筑空间局部不同处以及平面、立面均表达不清的部位，可绘制局部剖面图。

（3）剖切到或可见的主要结构和建筑构造部件，如室外地面、底层地（楼）面、地坑、地沟、各层楼板、夹层、平台、吊顶、屋架、屋顶、出屋顶烟囱、天窗、挡风板、檐口、女儿墙、爬梯、门、窗、外遮阳构件、楼梯、台阶、坡道、散水、平台、阳台、雨篷、洞口及其他装修等可见的内容。

（4）标注主要结构和建筑构造部件的标高，如地面、楼面（含地下室）、平台、雨篷、吊顶、屋面板、屋面檐口、女儿墙顶、高出屋面的建筑物、构筑物及其他屋面特殊构件等的标高，室外地面标高。

（5）建筑总高度系指由室外地面至平屋面挑檐口上皮或女儿墙顶面或坡屋面挑檐口下皮的高度。坡屋面檐口至屋脊高度单独标注，屋顶上的水箱间、电梯机房、排烟机房和楼梯出口小间等局部升起的高度不计入总高度，可另行标注。当室外地面有变化时，应以剖面所在处的室外地面标高为准。

### 2.4.1.2　建筑工程图示要求

（1）建筑剖面图需要表达出剖切平面剖到的以及没有剖到但投影方向可见的主要结构及建筑构造部件，如室内外地面、楼板层、屋顶层、内外墙、楼梯、门窗洞口，台阶、雨棚等剖到或可见构件的位置、形状、相互关系，建筑物内部的分层情况及层高，水平方向的分隔。

（2）建筑剖面图高度方向详细全面的尺寸及标高标注，包括：建筑总高度，各楼层高度，外墙留洞（如外墙门窗洞口）应标注尺寸及标高或高度尺寸及定位关系尺寸，楼层数及楼层标高以及关键控制标高的标注（如女儿墙、檐口标高等）。外部尺寸表达不完全的门窗及建筑构造的详细尺寸及定位，还需在剖面图内部表达出来。

（3）如需索引详图，需要表达出相应节点构造详图索引符号，索引出详图，原则上要求准确、易于查找。

（4）剖面图需要表示出墙、柱轴线和对应编号以及相应尺寸。

（5）剖面图需要表示图名、比例。建筑施工图中建筑剖面图的命名以首层平面图中剖切符号两端编号来进行命名。

（6）建筑剖面图一般不表达地面以下的基础。墙身只画到基础即用断开线断开。有地下室时剖切面应绘制至地下室底板下的基土，其以下部分可不表示。

## 2.4.2　实训练习

### 2.4.2.1　填空题

（1）房间净高与层高的关系为____________。

（2）被剖切平面剖切到的墙、梁、板等轮廓线用____________表示，被剖切到的钢筋混凝土梁、板用____________表示。

（3）剖面中标高系指建筑____________的标高，否则应加以注说明，如楼面为____________标高，屋面为____________标高。

（4）剖面图通过____________索引出详图。

### 2.4.2.2　问答题

（1）建筑剖面图剖切位置的选择和剖面图数量的确定依据是什么？

（2）简述建筑剖面图的图示特点。

### 2.4.2.3　综合题

阅读下列某住宅剖面图，并回答以下问题：

（1）该建筑总共几层？室内外高差为多少？

（2）该建筑总高度是指室外地坪至楼梯间最顶端的距离吗？

（3）抄绘此住宅建筑剖面图。

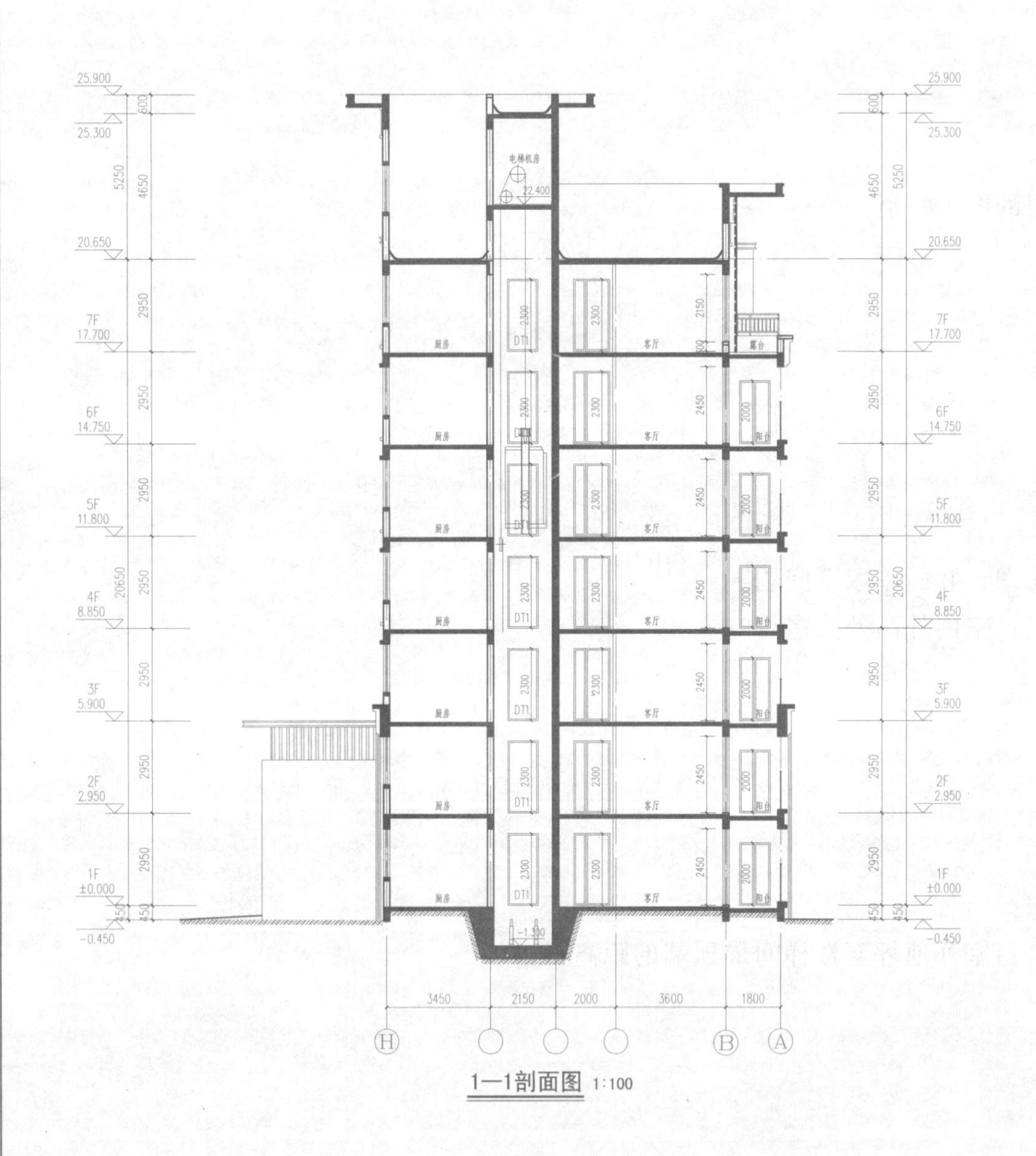


注：1. 本工程外门窗采用白色中空玻璃（5mm+12mmA+5mm）。

2. 面积大于 1.5 平方米的窗玻璃或玻璃底边高最终装修面小于 900mm 的落地窗，七层及七层以上的外开窗均采用安全玻璃。

3. 开启扇加隐形纱窗，内平开窗、外悬窗可开启扇均不配装纱窗扇，预留具备用户自行安装纱扇的条件。

4. 户内夹板门二次装修由业主自理。

5. 窗台距地高度小于 900mm 百叶窗，应采取加固防护措施，百叶端头锚固应满足允许水平荷载标准值 0.5kN/m。

6. 本工程中所有外开窗和推拉窗，应采取加强牢固窗扇、防脱落的措施。

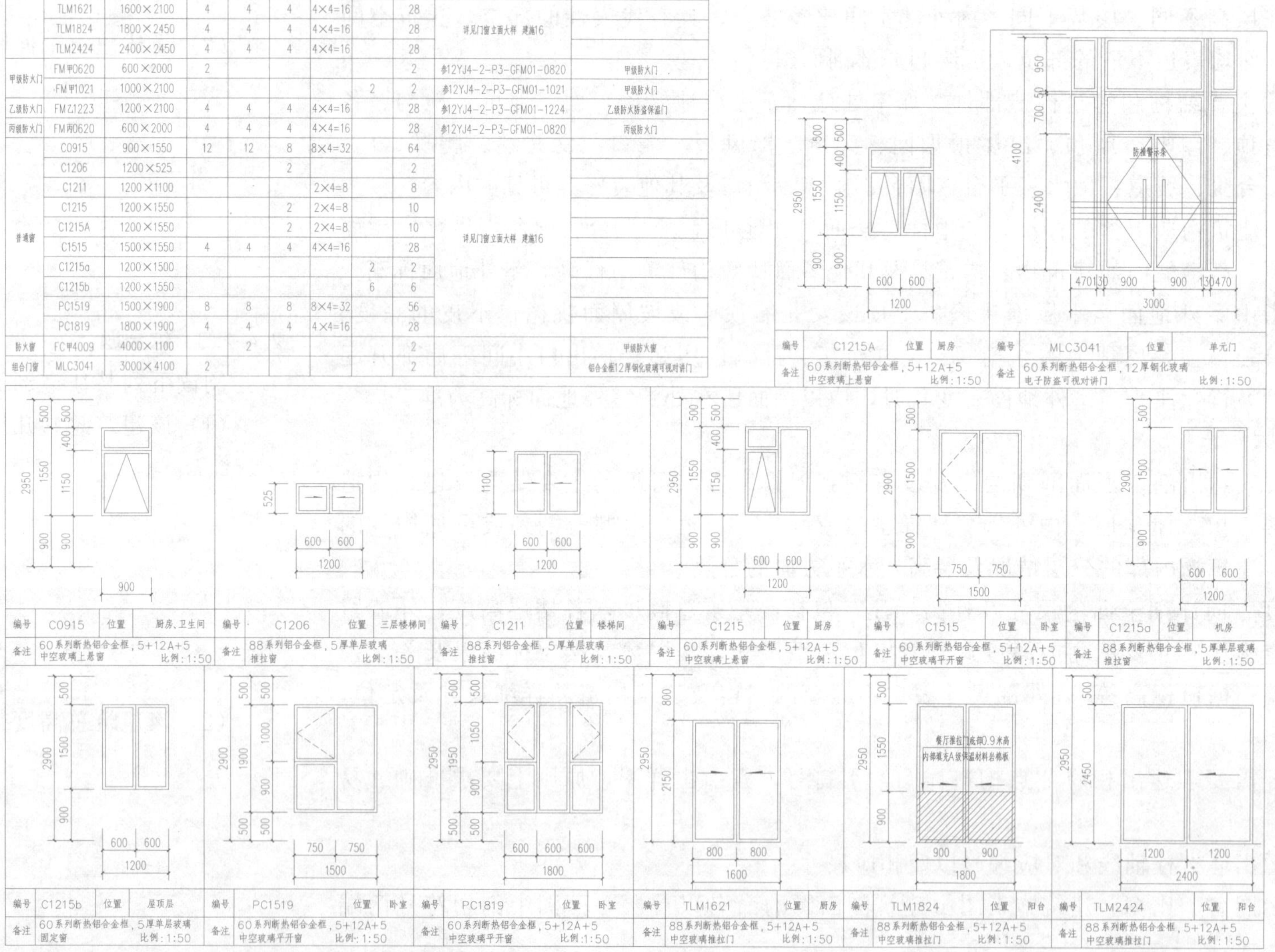

门窗表

| 类型 | 设计编号 | 洞口尺寸/(mm×mm) | 数量 1F | 2F | 3F | 4F～7F | 机房层 | 合计 | 选用图集 | 备注 |
|---|---|---|---|---|---|---|---|---|---|---|
| 普通门 | M0821 | 800×2100 | 8 | 8 | 8 | 8×4=32 | | 56 | 参12YJ4-1-P78-PM-0821 | |
| | M0921 | 900×2100 | 16 | 16 | 16 | 16×4=64 | | 112 | 参12YJ4-1-P78-PM-0921 | |
| | M1020 | 1000×2000 | 4 | 4 | 4 | 4×4=16 | | 28 | 参12YJ4-1-P78-PM-1221 | |
| | M1221 | 1200×2100 | | | | | 2 | 2 | 参12YJ4-1-P78-PM-1221 | 成品钢质门(从内外均可手动打开) |
| | TLM1621 | 1600×2100 | 4 | 4 | 4 | 4×4=16 | | 28 | 详见门窗立面大样 建施16 | |
| | TLM1824 | 1800×2450 | 4 | 4 | 4 | 4×4=16 | | 28 | | |
| | TLM2424 | 2400×2450 | 4 | 4 | 4 | 4×4=16 | | 28 | | |
| 甲级防火门 | FM甲0620 | 600×2000 | 2 | | | | | 2 | 参12YJ4-2-P3-GFM01-0820 | 甲级防火门 |
| | FM甲1021 | 1000×2100 | | | | | 2 | 2 | 参12YJ4-2-P3-GFM01-1021 | 甲级防火门 |
| 乙级防火门 | FM乙1223 | 1200×2100 | 4 | 4 | 4 | 4×4=16 | | 28 | 参12YJ4-2-P3-GFM01-1224 | 乙级防火防盗保温门 |
| 丙级防火门 | FM丙0620 | 600×2000 | 4 | 4 | 4 | 4×4=16 | | 28 | 参12YJ4-2-P3-GFM01-0820 | 丙级防火门 |
| 普通窗 | C0915 | 900×1550 | 12 | 12 | 8 | 8×4=32 | | 64 | 详见门窗立面大样 建施16 | |
| | C1206 | 1200×525 | | | 2 | | | 2 | | |
| | C1211 | 1200×1100 | | | | 2×4=8 | | 8 | | |
| | C1215 | 1200×1550 | | | 2 | 2×4=8 | | 10 | | |
| | C1215A | 1200×1550 | | | 2 | 2×4=8 | | 10 | | |
| | C1515 | 1500×1550 | 4 | 4 | 4 | 4×4=16 | | 28 | | |
| | C1215a | 1200×1500 | | | | | 2 | 2 | | |
| | C1215b | 1200×1550 | | | | | 6 | 6 | | |
| | PC1519 | 1500×1900 | 8 | 8 | 8 | 8×4=32 | | 56 | | |
| | PC1819 | 1800×1900 | 4 | 4 | 4 | 4×4=16 | | 28 | | |
| 防火窗 | FC甲4009 | 4000×1100 | | 2 | | | | 2 | | 甲级防火窗 |
| 组合门窗 | MLC3041 | 3000×4100 | 2 | | | | | 2 | | 铝合金框12厚钢化玻璃可视对讲门 |

| XXXX综合设计研究院有限公司 | |
|---|---|
| 建筑工程甲级 | XXXXXX |
| 城乡规划乙级 | XXXXXX |
| 传真： | XXXX-XXXXXXXX |
| 网址： | Http://www.XXXXX.com |
| 邮编： | 450002 |
| 地址： | 河南省郑州市XXXXXX |
| 合作单位： | |
| 会签栏 | |
| 总图 | |
| 建筑 | |
| 结构 | xxxxx |
| 给排水 | xxxx |
| 暖通 | xxxxxx |
| 电气 | xxxxxxx |
| 印签栏 | |
| 图册主要图纸未加盖出图专用章者无效 | |
| 审定 | |
| 审核 | xxxxxx |
| 项目负责人 | xxxxxx<br>xxxxxx |
| 专业负责人 | xxxxxx |
| 校对 | xxxxxx |
| 设计 | xxxxxx |
| 制图 | xxxxxx |
| 建设单位 | xxx置业有限公司 |
| 项目名称 | xxxxxxxxxxxxx花园里 |
| 子项名称 | 6#楼 |
| 项目编号 | xxxx-xxxxx-6 |
| 图名 | 1—1剖面图 门窗详图 门窗表 |

| 专业 | 建筑 | 阶段 | 施工图 |
|---|---|---|---|
| 图号 | 1-1-16 | 总数 | 22张 |
| 版次 | 第01版 | 日期 | |

# 课题 2.5　多层单元住宅外墙详图

外墙详图是建筑剖面的局部放大图，表达墙体与地面、楼面、屋面的构造连接以及檐口、门窗顶、窗台、勒脚、防潮层、散水、明沟的尺寸、材料、做法等构造情况，它是砌墙、室内外装修、门窗安装、编制施工预算以及材料估算的重要依据，其中许多可以直接引用或参见相应的标准图。

## 2.5.1　应知应会部分

### 2.5.1.1　制图标准要求

（1）凡在平面、立面、剖面或文字说明中无法交代或交代不清的建筑构配件和建筑构造均需用较大比例的详图表示，而外墙详图则是表达外墙身重点部位构造做法的详图。

（2）建筑外墙详图，宜按直接正投影法绘制。

（3）建筑外墙详图的常用比例为：1∶1、1∶2、1∶5、1∶10、1∶15、1∶20、1∶25、1∶30、1∶50。

（4）建筑外墙详图可根据图纸表达需要，从平面图、立面图、剖面图的相应部位通过索引符号索引出来。

（5）详图需绘出详图符号，应与被索引图样上的索引符号相对应。

### 2.5.1.2　建筑工程图示要求

（1）表达出与外墙墙身相接处屋面、楼层、地面和檐口的构造、楼板与墙的连接、门窗过梁、窗台、勒脚、散水、内外墙节点等处的构造情况，是墙身施工的重要依据。

（2）表达出室内外装饰方面的构造、线脚做法等。

（3）详图在绘制时要求大比例、全尺寸、详细说明，保证清楚表达各细部构造的形状、大小、材料、做法。

（4）通常在多层房屋中，墙身详图绘制时，若各层情况一样时，可只画底层、顶层或加一个中间层表示，一般从上到下连续画完。

（5）对于不典型的零星部位，可以作为节点详图就近画在平面图、立面图、剖面图旁，无需绘入墙身大样系列中。

（6）建筑外墙详图因为绘制比例较大，各部分的构造如结构层、面层的构造均应详细表达出来，并画出相应图例符号。

（7）建筑外墙详图标高主要标注以下部位：地面、楼面、屋面、女儿墙或檐口顶面、室外地面。

## 2.5.2　实训练习

### 2.5.2.1　填空题

（1）从 1-1-19 图纸上各详图可判断建筑室外标高为__________，首层层高为__________。

（2）从 1-1-19 图纸上各详图可判断主要墙体厚度为__________，阳台比客厅低__________。

（3）1-1-19 图纸上③号详图墙体对应建筑平面图相应部位的轴号为__________。

（4）1-1-19 图纸上各详图的绘图比例为__________。

（5）综合前面各图，寻找 1-1-19 图纸上①号详图对应索引符号在编号为__________的图纸上。

（6）从详图中可判断各层楼板材料为__________。

（7）建筑详图的图示特点为__________、__________、__________。

### 2.5.2.2　问答题

（1）简述外墙详图的简化画法。

（2）详图索引符号及详图符号在施工图绘制时是如何进行前后对应的？

（3）简述建筑详图的标高和尺寸表示特点。

### 2.5.2.3　综合题

（1）系统叙述详图索引符号及详图符号的表示方法。

（2）解释 1-1-19 图纸上 ① 号详图中各索引符号的意思，并指出所对应的详图。

（3）归纳建筑外墙详图的主要图示内容及深度要求。

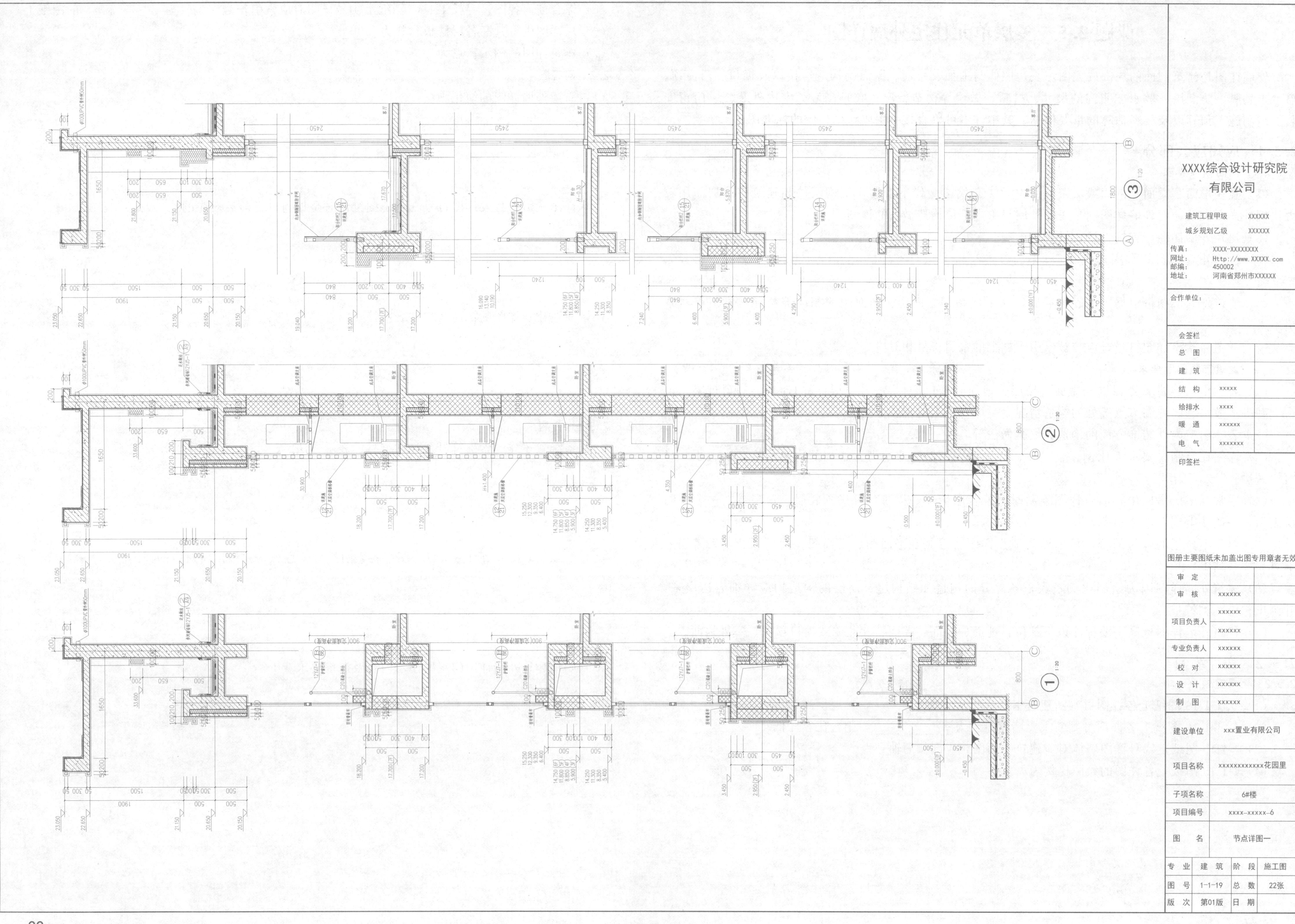
XXXX综合设计研究院
有限公司
建筑工程甲级 XXXXXX
城乡规划乙级 XXXXXX
传真： XXXX-XXXXXXXX
网址： Http://www.XXXXX.com
邮编： 450002
地址： 河南省郑州市XXXXXX
合作单位：
会签栏
总 图
建 筑
结 构 xxxxx
给排水 xxxx
暖 通 xxxxxx
电 气 xxxxxxx
印签栏
图册主要图纸未加盖出图专用章者无效
审 定
审 核 xxxxxx
项目负责人 xxxxxx xxxxxx
专业负责人 xxxxxx
校 对 xxxxxx
设 计 xxxxxx
制 图 xxxxxx
建设单位 xxx置业有限公司
项目名称 xxxxxxxxxxxxx花园里
子项名称 6#楼
项目编号 xxxx-xxxxx-6
图 名 节点详图一
专 业 建 筑 阶 段 施工图
图 号 1-1-19 总 数 22张
版 次 第01版 日 期

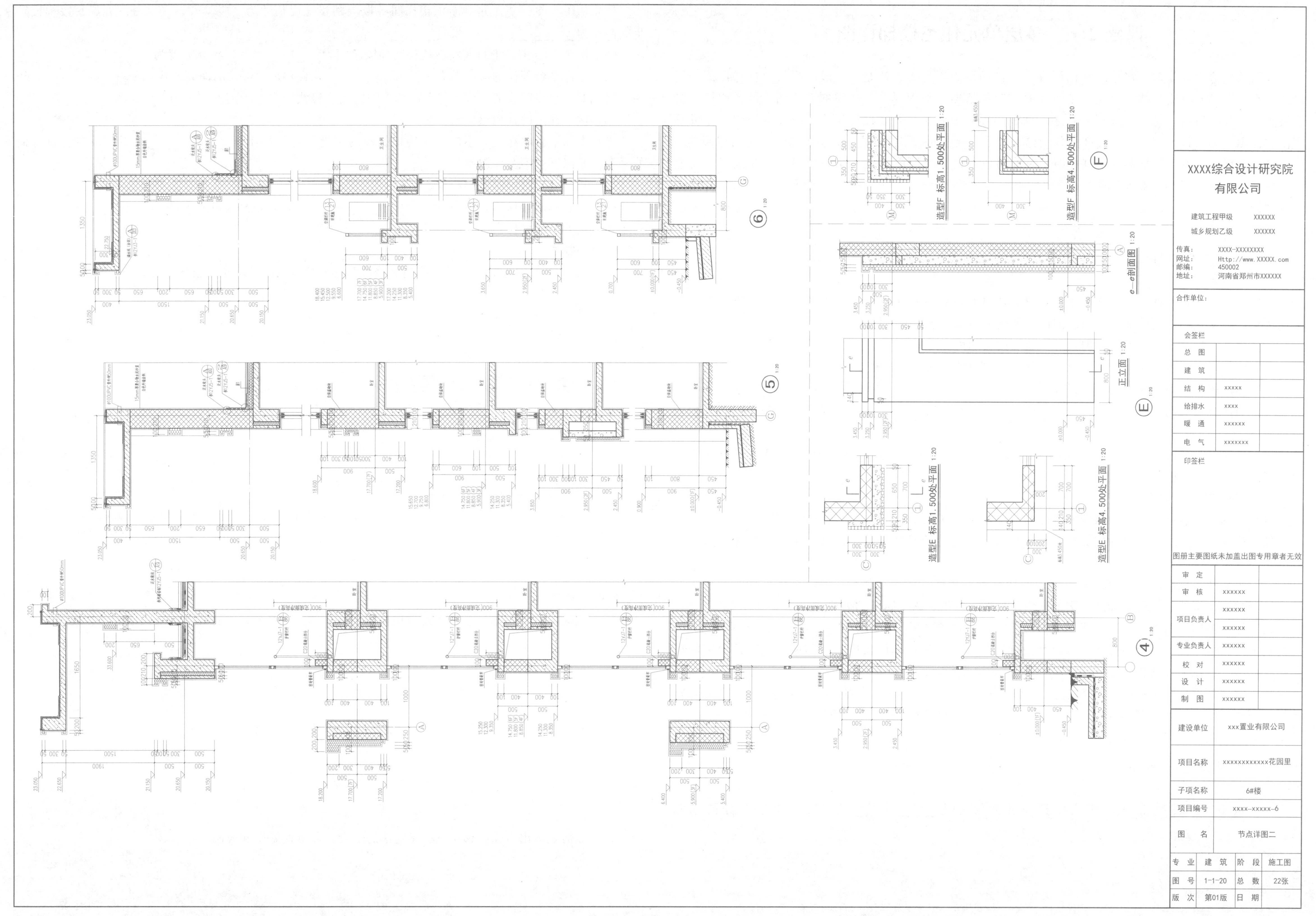
XXXX综合设计研究院
有限公司
建筑工程甲级 XXXXXX
城乡规划乙级 XXXXXX
传真: XXXX-XXXXXXXX
网址: Http://www.XXXXX.com
邮编: 450002
地址: 河南省郑州市XXXXXX
合作单位:
会签栏
总 图
建 筑
结 构 xxxxx
给排水 xxxx
暖 通 xxxxxx
电 气 xxxxxxx
印签栏
图册主要图纸未加盖出图专用章者无效
审 定
审 核 xxxxxx
项目负责人 xxxxxx xxxxxx
专业负责人 xxxxxx
校 对 xxxxxx
设 计 xxxxxx
制 图 xxxxxx
建设单位 xxx置业有限公司
项目名称 xxxxxxxxxxxx花园里
子项名称 6#楼
项目编号 xxxx-xxxxx-6
图 名 节点详图二
专 业 建 筑 阶 段 施工图
图 号 1-1-20 总 数 22张
版 次 第01版 日 期
造型F 标高1.500处平面 1:20
造型F 标高4.500处平面 1:20
e—e剖面图 1:20
正立面 1:20
造型E 标高1.500处平面 1:20
造型E 标高4.500处平面 1:20

# 课题 2.6　多层单元住宅楼梯详图

楼梯的构造比较复杂，在建筑平面图和建筑剖面图中不易表达清楚，一般需要另绘楼梯详图。楼梯详图表示楼梯的组成和结构形式，楼梯详图一般包括楼梯平面详图、楼梯剖面详图、楼梯栏杆、扶手做法、踏步防滑做法等。楼梯栏杆扶手做法、踏步防滑做法，若在设计说明中有详细说明，也可不在楼梯详图中再另行说明。同一楼梯的各图样一般尽量画在同一张图纸内，以方便施工人员对照阅读。

楼梯平面图是各层楼梯的水平剖视图，其剖切位置位于本层向上走的第一梯段内，在该层窗台上和休息平台下的范围。楼梯剖面图是用假想的垂直剖切平面，通过各层的一个梯段和门窗洞口，将楼梯垂直剖切，向另一侧未剖切到的楼梯方向做投影所得的剖面图，其剖切位置和剖视方向需在楼梯一层平面图上标出。

## 2.6.1　应知应会部分

### 2.6.1.1　制图标准要求

(1) 楼梯详图是根据工程性质及复杂程度，所选择绘制的在平面图、立面图、剖面图或文字说明中无法交代或交代不清的楼梯平面图、剖面图及楼梯局部构造的放大图。

(2) 楼梯及栏杆扶手的形式和梯段踏步数应按实际情况绘制。

(3) 楼梯平面详图在绘制时应注意区分首层、中间层及顶层平面的不同。

(4) 底层楼梯平面应注明剖切位置及剖视方向。

(5) 为区分楼梯的上、下走向，一般会把剖切处用倾斜的折断线表示，并用箭头表示楼梯段的上、下走向。

(6) 中间平台的深度，不应小于楼梯梯段的宽度，且不得小于 1200mm；对不改变行进方向的平台，其深度可不受此限制。

### 2.6.1.2　建筑工程图示要求

(1) 楼梯间在表示时应标注出墙或者柱的定位轴线，方便查询该楼梯在房屋中的位置。

(2) 楼梯详图要求表示楼梯的类型、结构形式、各部位的尺寸及装饰装修做法等，是楼梯施工放样的主要依据。

(3) 平面图、剖面图比例宜一致，以便对照阅读，栏杆、扶手、踏步防滑等图样比例宜大些，方便表达清楚详细构造，也可从标准图集上索引出栏杆、扶手、踏步防滑的做法。

(4) 楼梯平面详图中应标注如下尺寸：楼梯间的开间和进深尺寸、楼梯平台的宽度、梯段的宽度、梯井的宽度、楼地面和平台的标高，以及其他细部尺寸。通常把梯段长度尺寸与踏面数、踏面宽的尺寸一起表达，关系为：踏步宽度×(踏步个数－1)＝梯段宽度。

(5) 楼梯剖面详图图示内容一般包括：踏步高度及个数，楼梯平台的标高，各楼层、地面标高。楼梯剖面详图尺寸标注一般表示两道尺寸，一道尺寸是用梯段高度尺寸与踏步高度和个数一起表达，即踏步高度×踏步个数＝梯段高度；一道尺寸为楼层尺寸。

## 2.6.2　实训练习

### 2.6.2.1　填空题

(1) 从 1-1-18 图纸上可判断该楼梯间开间尺寸为__________，二层～十层部分的进深为__________。

(2) 从 1-1-18 图纸上可判断该楼梯间各楼层踏步宽度尺寸为__________，三～五层每段梯段踏步的高度为__________，个数为__________。

(3) 从 1-1-18 图纸上可判断该楼梯间梯段净宽为__________，梯井宽度为__________。

(4) 楼梯平台部位的净高不应小于__________，楼梯梯段部位的净高不应小于__________，楼梯梯段最低、最高踏步的前缘线与顶部凸出物的内边缘线的水平距离不应小于 300mm。

(5) 楼梯详图的常用绘图比例为__________。

(6) 中间平台的深度，不应小于楼梯梯段的宽度，且不得小于__________，对不改变行进方向的平台，其深度可不受此限制。

(7) 我国规定每段楼梯的踏步数应在__________步。

(8) 一般室内楼梯的栏杆高度不应小于__________米，室外楼梯栏杆不应小于__________米，高层建筑室外楼梯栏杆高度不应小于__________米。

### 2.6.2.2　问答题

(1) 根据设计说明（一）“八、室内装修”简述栏杆、扶手及踏步防滑的做法。

(2) 简述楼梯详图在绘制时的简化画法。

(3) 简要叙说楼梯详图一般包括的内容。

### 2.6.2.3　综合题

(1) 根据 1-1-18 图纸内容，系统叙说楼梯剖面详图的标高及尺寸标注的内容要求和深度要求。

(2) 系统叙说楼梯平面详图尺寸标注的内容要求及深度要求。

(3) 如何表示出所绘楼梯在整栋建筑中的位置，以方便施工和查阅？

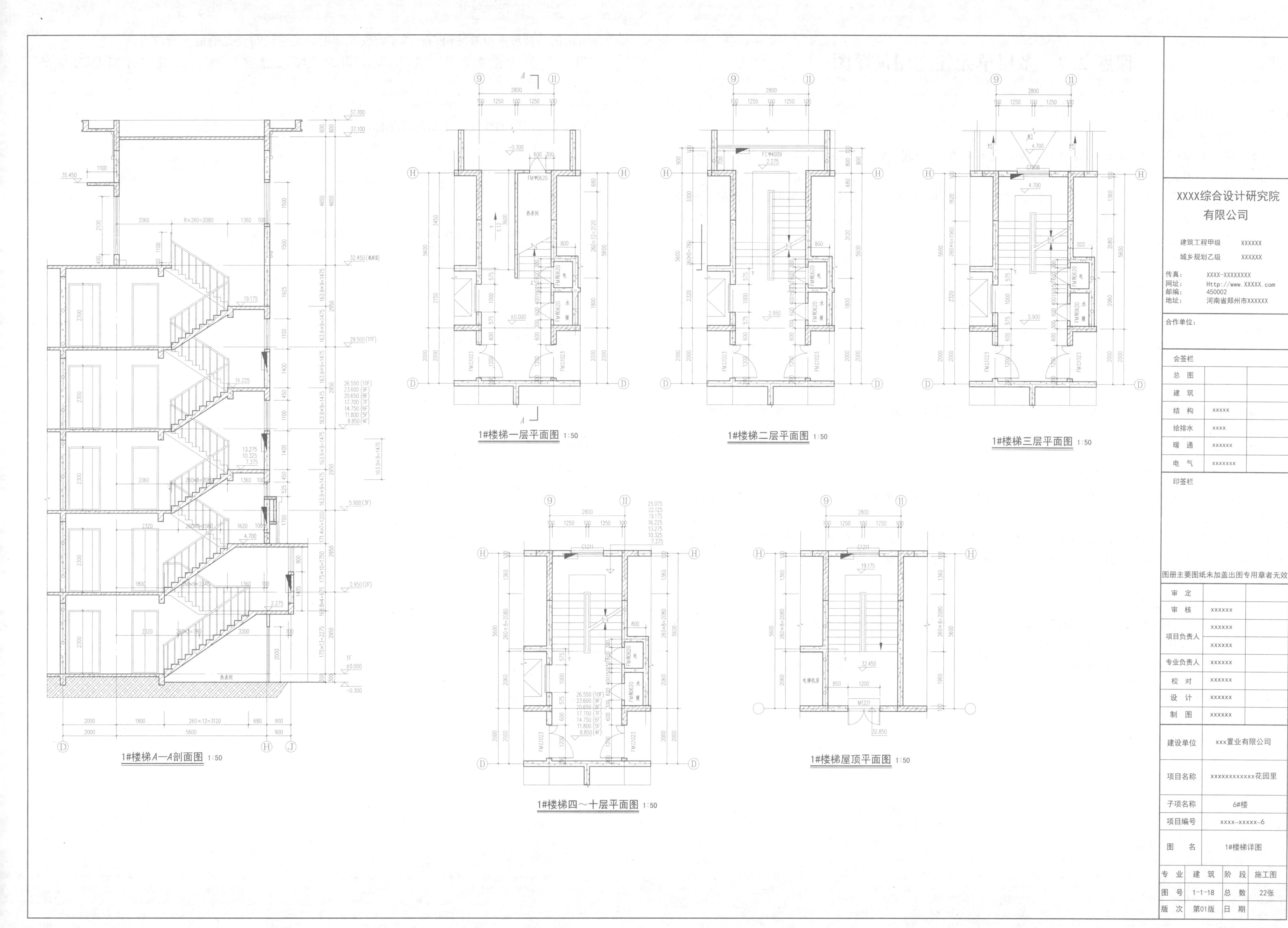
1#楼梯A—A剖面图 1:50
1#楼梯一层平面图 1:50
1#楼梯二层平面图 1:50
1#楼梯三层平面图 1:50
1#楼梯四～十层平面图 1:50
1#楼梯屋顶平面图 1:50
XXXX综合设计研究院有限公司
建筑工程甲级 XXXXXX
城乡规划乙级 XXXXXX
传真： XXXX-XXXXXXXX
网址： Http://www.XXXXX.com
邮编： 450002
地址： 河南省郑州市XXXXXX
合作单位：
会签栏
总 图
建 筑
结 构 xxxxx
给排水 xxxx
暖 通 xxxxxx
电 气 xxxxxxx
印签栏
图册主要图纸未加盖出图专用章者无效
审 定
审 核 xxxxxx
项目负责人 xxxxxx xxxxxx
专业负责人 xxxxxx
校 对 xxxxxx
设 计 xxxxxx
制 图 xxxxxx
建设单位 xxx置业有限公司
项目名称 xxxxxxxxxxxx花园里
子项名称 6#楼
项目编号 xxxx-xxxxx-6
图 名 1#楼梯详图
专 业 建 筑 阶 段 施工图
图 号 1-1-18 总 数 22张
版 次 第01版 日 期

# 课题 2.7　多层单元住宅屋顶详图

## 2.7.1　应知应会部分

### 2.7.1.1　制图标准要求

（1）屋顶平面可以按不同的标高分别绘制，也可以画在一起，但应注明不同标高。复杂时多用前者，简单时多用后者。

（2）屋面平面应有女儿墙、檐口、天沟、坡向、雨水口、屋脊（分水线）、变形缝、楼梯间、水箱间、电梯间、天窗及挡风板、屋面上人孔、检修梯、室外消防楼梯、其他构筑物、必要的详图索引符号及标高等；表述内容单一的屋面可缩小比例绘制。

（3）在屋面平面图中可以只标注两端和有变化处，以及供构配件定位的轴线编号及相间尺寸。

### 2.7.1.2　建筑工程图示要求

（1）应根据当地的气候条件、暴雨强度、屋面汇流分区面积等因素，确定雨水管的管径和数量。每一独立屋面的落水管数量不宜少于两个。高处屋面的雨水允许排到低处屋面上，汇总后再排除。

（2）当一部分为室内，另一部分为屋面时，应注意室内外交接处（特别是门口处）的高差与防水处理。例如：室内外楼板结构面即使是同一标高，但因屋面找坡、保温、隔热、防水的需要，此时门口处的室内外均应增加踏步，或者做门槛防水。其高度应能满足屋面泛水节点的要求。

（3）屋面排水设计。由于屋面排水天沟常削弱保温效果，因此在寒冷地区亦在屋面多向找坡形成汇水线，使雨水直接流入水落口。但当屋面平面形状复杂或水落口位置不规律时，绘制汇水线的难度也较大。

当屋面四周有女儿墙时，一般做法如下。

无论内排水还是外排水，屋面的排水坡向均宜与女儿墙垂直或平行，以便于施工；排水坡向应以2%为主，以利于排水；当为外排水时，建议屋面的绝大部分为2%坡度的主坡，仅沿女儿墙根据水落口位置增做0.5%～1%的辅坡，即可形成汇水线。此法排水顺畅、施工方便、绘图简单。当然，也可选用一种坡度（2%）绘制，但较为复杂。当为内排水时，首先应使水落口的位置尽量有规律，这样无论采用一种坡度（2%）还是采用加辅坡（0.5%～1%）的两种坡度，汇水线的形成均较为简单，施工也较方便，否则将很复杂。

（4）当选用一种坡度（2%）以及坡向垂直或平行女儿墙时，汇水线与女儿墙的夹角应为45°，同一水落口的汇水线相互垂直。如任意连接汇水线，则无法保证坡度均为2%。

（5）当两水落口的标高和排水坡度相同时，其分水线必然在两水落口连线的中分线上。

## 2.7.2　实训练习

### 2.7.2.1　填空题

（1）平屋面排水，排水坡度一般为__________。

（2）当选用一种坡度以及坡向垂直或平行女儿墙时，汇水线与女儿墙的夹角应为__________。

（3）当一部分为室内，另一部分为屋面时，应注意室内外交接处（特别是门口处）的__________。

### 2.7.2.2　问答题

（1）屋面平面图中轴线及尺寸如何简化标注？

（2）对于选用一种坡度的内排水屋面，其汇水线的形成有何规律？

（3）屋顶排水管道数量与分布情况怎么确定？

### 2.7.2.3　综合题

阅读下面屋面详图，并回答以下问题。

（1）此屋面主要排水坡度为多少？

（2）此屋面排水采取的是哪种排水方式（外排水还是内排水）？

（3）抄绘此屋顶平面图。

XXXX综合设计研究院有限公司

建筑工程甲级 XXXXXX
城乡规划乙级 XXXXXX

传真： XXXX-XXXXXXXX
网址： Http://www.XXXXX.com
邮编： 450002
地址： 河南省郑州市XXXXXX

合作单位：

| 会签栏 | |
|---|---|
| 总 图 | |
| 建 筑 | |
| 结 构 | xxxxx |
| 给排水 | xxxx |
| 暖 通 | xxxxxx |
| 电 气 | xxxxxxx |

印签栏

图册主要图纸未加盖出图专用章者无效

| | |
|---|---|
| 审 定 | |
| 审 核 | xxxxxx |
| 项目负责人 | xxxxxx<br>xxxxxx |
| 专业负责人 | xxxxxx |
| 校 对 | xxxxxx |
| 设 计 | xxxxxx |
| 制 图 | xxxxxx |
| 建设单位 | xxx置业有限公司 |
| 项目名称 | xxxxxxxxxxxx花园里 |
| 子项名称 | 6#楼 |
| 项目编号 | xxxx-xxxxx-6 |
| 图 名 | 机房层平面图 |

| | | | |
|---|---|---|---|
| 专 业 | 建 筑 | 阶 段 | 施工图 |
| 图 号 | 1-1-11 | 总 数 | 22张 |
| 版 次 | 第01版 | 日 期 | |

**机房层平面图** 1:100

本层建筑面积为45.14m²

注：1. 墙体楼板的设备预留洞未注明的详见各专业施工图。
2. FM甲1021可由外开启，平时落锁。

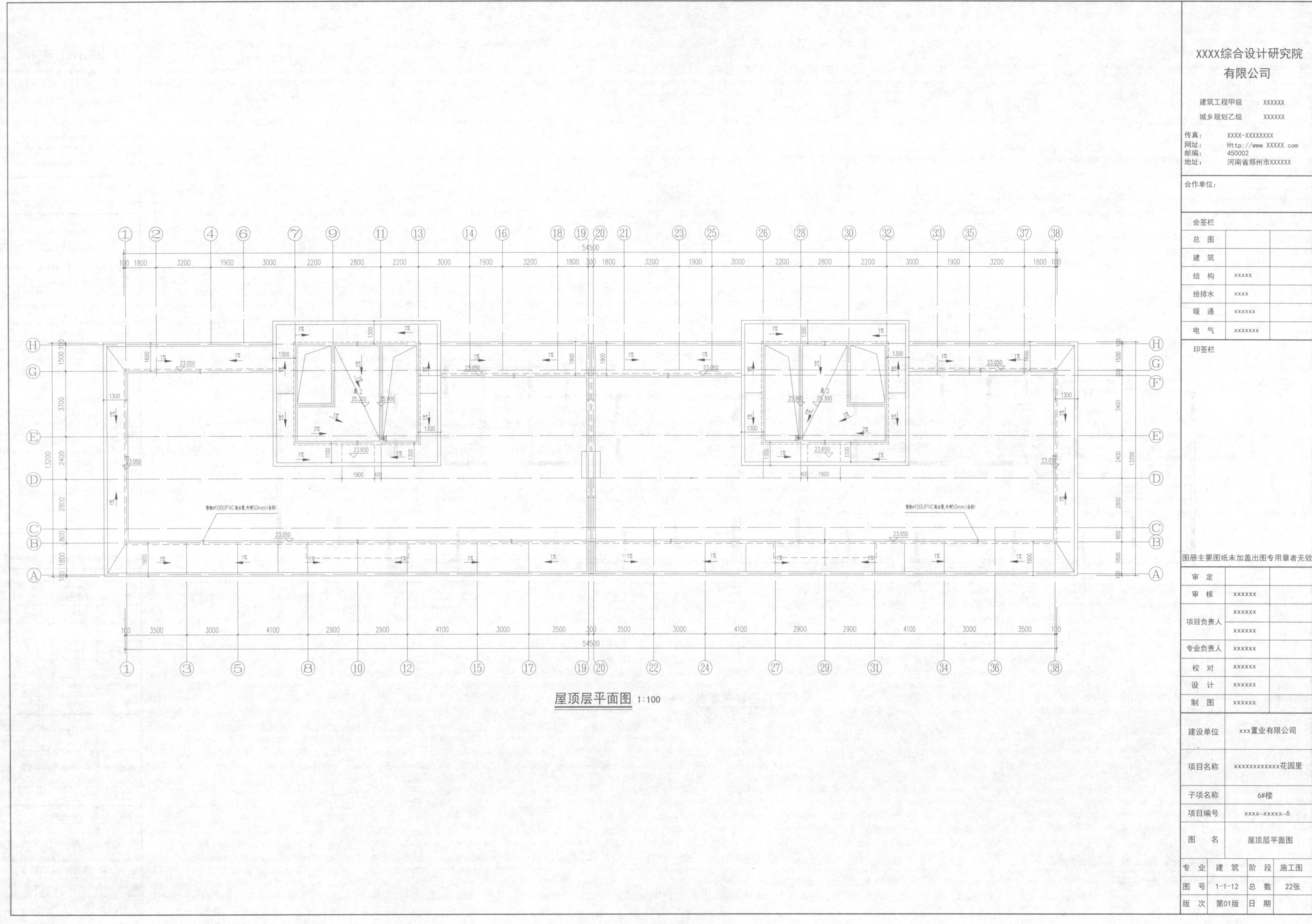
XXXX综合设计研究院有限公司
建筑工程甲级 XXXXXX
城乡规划乙级 XXXXXX
传真: XXXX-XXXXXXXX
网址: Http://www.XXXXX.com
邮编: 450002
地址: 河南省郑州市XXXXXX
合作单位:
会签栏
总图
建筑
结构 XXXXX
给排水 XXXX
暖通 XXXXXX
电气 XXXXXXX
印签栏
图册主要图纸未加盖出图专用章者无效
审定
审核 XXXXXX
项目负责人 XXXXXX XXXXXX
专业负责人 XXXXXX
校对 XXXXXX
设计 XXXXXX
制图 XXXXXX
建设单位 XXX置业有限公司
项目名称 XXXXXXXXXXXX花园里
子项名称 6#楼
项目编号 XXXX-XXXXX-6
图名 屋顶层平面图
专业 建筑 阶段 施工图
图号 1-1-12 总数 22张
版次 第01版 日期
屋顶层平面图 1:100
54500
23.050
23.650
25.900
25.300
1%
2%
13200

# 课题 2.8　多层单元住宅门窗详图

## 2.8.1　应知应会部分

### 2.8.1.1　制图标准要求

（1）门窗立面的绘制顺序为：先画樘，再画开启扇及开启线。

（2）门窗开启扇的绘制图例可详见《建筑制图标准》（GB/T 50104—2010）。

（3）在门窗高度和宽度方向应标注洞口尺寸和分格尺寸。

（4）门窗详图说明最好直接写在相关的门窗图内或门窗表的附注内，也可以写在首页的设计说明中。

（5）门窗立面均系外视图。旋转开启的门窗，用实开启线表示外开，虚开启线表示内开。开启线交角处表示旋转轴的位置，以此可以判断门窗的开启形式，如平开、上悬、下悬、中悬、立转等；对于推拉开启的门窗则用在推拉窗上画箭头表示开启方向；固定扇只画窗樘不画窗扇。

（6）弧形窗及转折窗应绘制展开立面。

### 2.8.1.2　建筑工程图示要求

（1）门窗立面表示方法有三种，一般采用粗实线画樘，用细线画扇和开启线，做到简繁适度，樘扇分明；用双细实线代替粗实线画樘，图面精细美观，常用于大比例的图纸；用粗实线画樘，细实线画开启线，不画窗扇，可用于小比例的图纸，如玻璃幕墙立面图。

（2）门窗立面尺寸的标注。门窗立面尺寸的标注应标注三道尺寸，即洞口尺寸、制作总尺寸与安装尺寸、分樘尺寸。但一般将其简化为两道尺寸，即洞口尺寸和分格尺寸。

① 弧形窗或转折窗的洞口尺寸应标注展开尺寸，并宜加画平面示意图，注出半径或分段尺寸。

② 转折窗的制作总尺寸应分段标注。中间部分注窗轴线总尺寸。

③ 若对拼樘位置无明确要求时，分格尺寸可以仅表示立面划分，制作时由厂家调整和确定拼樘位置、节点构造，以方便加工和安装。

（3）特殊的或非标准的门、窗、幕墙等应有构造详图，如属另行委托设计加工者，要绘制里面分格图，对开启面积大小和开启方式，与主体结构的连接方式、预埋件、用料材质、颜色等作出规定。

（4）常用的门窗框料有木材、铝合金、塑钢、彩色钢板、实腹钢门窗料。

（5）门窗详图说明。说明最好直接写在相关的门窗图内或门窗表的附注内，也可以写在首页的设计说明中，说明应包括以下内容。

① 门窗立樘位置；

② 外门窗附纱与否，纱的材料与形式（平开、卷轴、固定挂扇等）；

③ 玻璃的颜色［透明（白）色、宝蓝、翠绿、茶色等］与材质［浮法玻璃、净片、镀膜、钢化、夹胶、防火、中空等］；

④ 框的材质与颜色、框料断面尺寸、玻璃厚度及构造节点，详见各种标准图册或由厂家确定；

⑤ 对特殊构造节点的要求，如通窗在楼层或墙壁之间的防火、隔声处理，以及与主体结构的连接等；

⑥ 外门窗的抗风压、气密、水密、保温、隔声性能要求；

⑦ 其他制作及安装要求和注意事项，如门窗制作尺寸应放样并核实无误后方可加工。

## 2.8.2　实训练习

### 2.8.2.1　填空题

（1）窗的代码：推拉窗为________，外开窗为________。

（2）门由________、________、________、________等部分组成。

（3）常用________来准确表达门的开启方式。

（4）旋转开启的门窗，用________开启线表示外开，________开启线表示内开。

（5）门窗立面尺寸的标注一般简化为两道尺寸，即________尺寸和________尺寸。

### 2.8.2.2　问答题

（1）窗洞口大小的确定方法有哪些？窗的位置布置应注意哪几点？

（2）简述住宅门的常用宽度值。

（3）门窗详图的用途是什么？

（4）外开、内开、上悬、下悬、中悬、立转、外开滑轴、推拉等不同开启形式的窗立面如何表示？

### 2.8.2.3　综合题

阅读下图，回答以下问题。

（1）该门窗详图中绘制了几种形式的门窗？

（2）图中门窗编号如 C0915、C1206 等名称是根据门窗的什么尺寸来确定的？

注：1. 本工程外门窗采用白色中空玻璃（5mm＋12A＋5mm）。

2. 面积大于1.5平方米的窗玻璃或玻璃底边离最终装修面小于900mm的落地窗，七层及七层以上的外开窗均采用安全玻璃。

3. 开启扇加隐形纱窗，内平开窗、外悬窗可开启扇均不配装纱窗扇，预留具备用户自行安装纱扇的条件。

4. 户内夹板门由二次装修，业主自理。

5. 窗台距地高度小于900mm百叶窗，应采取加固防护措施，百叶端头锚固应满足允许水平荷载标准值0.5kN/m。

6. 本工程中所有外开窗和推拉窗，应采取加强牢固窗扇、防脱落的措施。

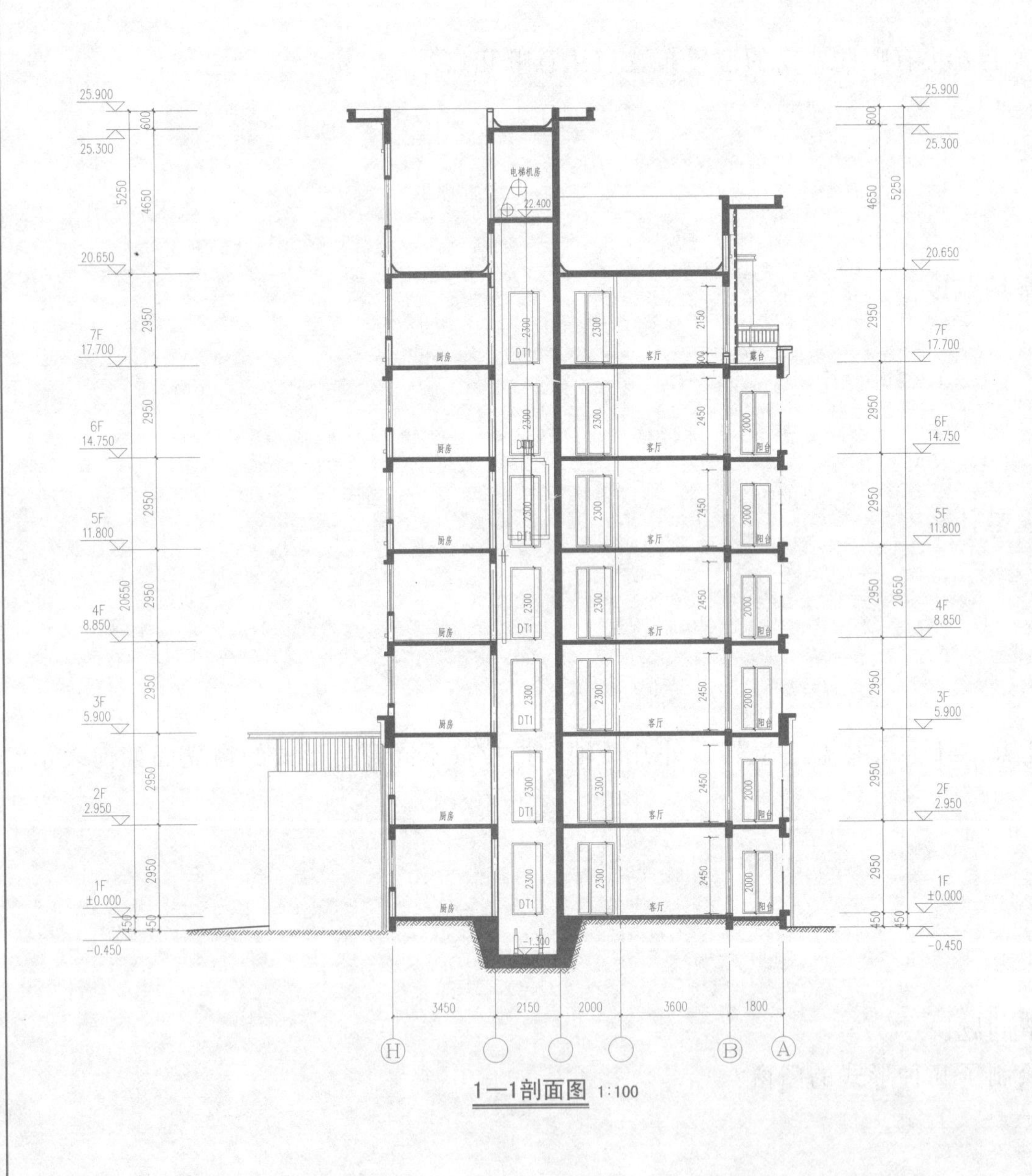

1—1剖面图 1:100

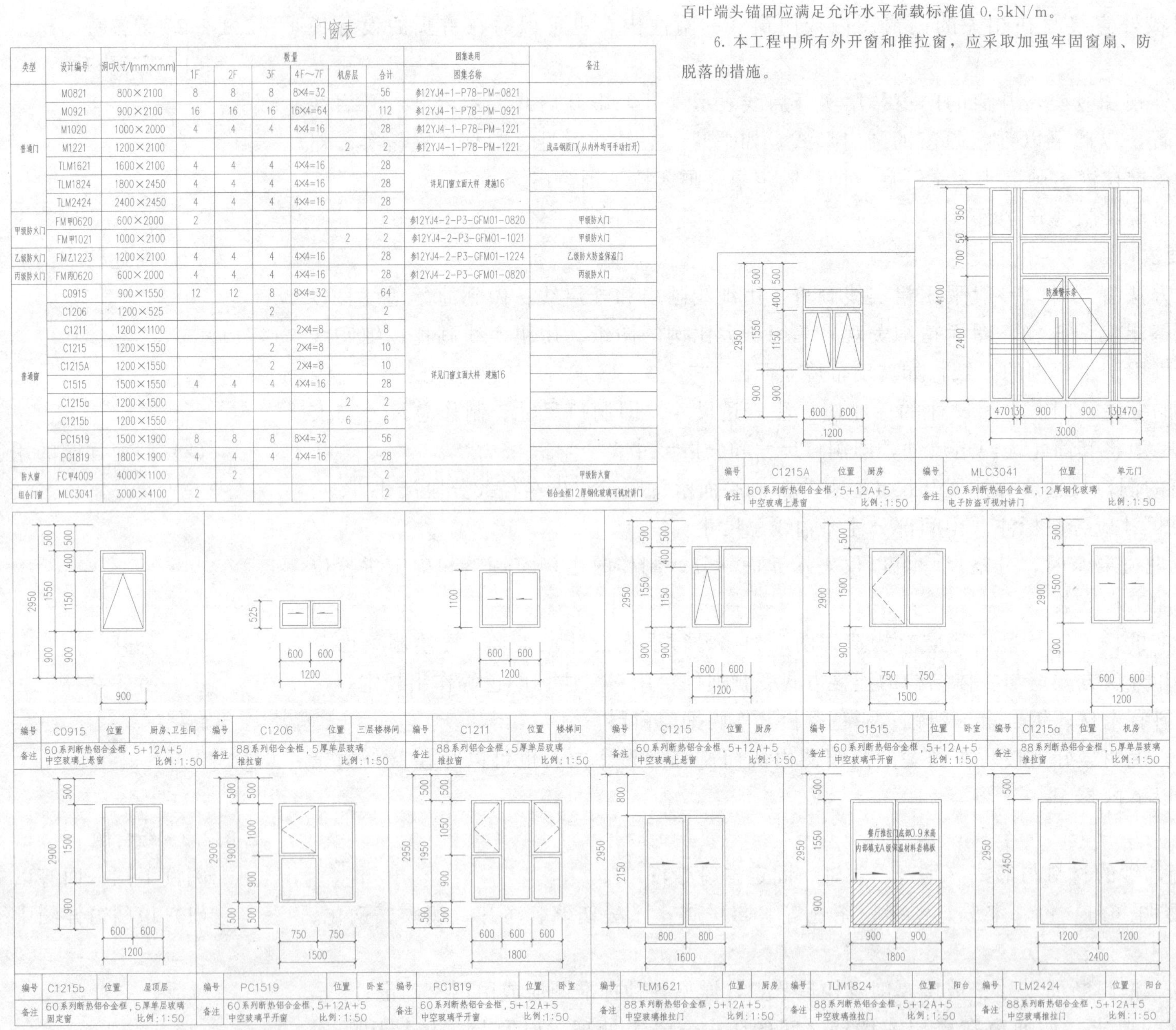

门窗表

| 类型 | 设计编号 | 洞口尺寸/(mm×mm) | 数量 | | | | | | 图集选用 | 备注 |
|---|---|---|---|---|---|---|---|---|---|---|
| | | | 1F | 2F | 3F | 4F～7F | 机房层 | 合计 | 图集名称 | |
| 普通门 | M0821 | 800×2100 | 8 | 8 | 8 | 8×4=32 | | 56 | 参12YJ4-1-P78-PM-0821 | |
| | M0921 | 900×2100 | 16 | 16 | 16 | 16×4=64 | | 112 | 参12YJ4-1-P78-PM-0921 | |
| | M1020 | 1000×2000 | 4 | 4 | 4 | 4×4=16 | | 28 | 参12YJ4-1-P78-PM-1221 | |
| | M1221 | 1200×2100 | | | | | 2 | 2 | 参12YJ4-1-P78-PM-1221 | 成品钢质门(从内外均可手动打开) |
| | TLM1621 | 1600×2100 | 4 | 4 | 4 | 4×4=16 | | 28 | 详见门窗立面大样 建施16 | |
| | TLM1824 | 1800×2450 | 4 | 4 | 4 | 4×4=16 | | 28 | | |
| | TLM2424 | 2400×2450 | 4 | 4 | 4 | 4×4=16 | | 28 | | |
| 甲级防火门 | FM甲0620 | 600×2000 | 2 | | | | | 2 | 参12YJ4-2-P3-GFM01-0820 | 甲级防火门 |
| | FM甲1021 | 1000×2100 | | | | | 2 | 2 | 参12YJ4-2-P3-GFM01-1021 | 甲级防火门 |
| 乙级防火门 | FM乙1223 | 1200×2100 | 4 | 4 | 4 | 4×4=16 | | 28 | 参12YJ4-2-P3-GFM01-1224 | 乙级防火防盗保温门 |
| 丙级防火门 | FM丙0620 | 600×2000 | 4 | 4 | 4 | 4×4=16 | | 28 | 参12YJ4-2-P3-GFM01-0820 | 丙级防火门 |
| 普通窗 | C0915 | 900×1550 | 12 | 12 | 8 | 8×4=32 | | 64 | 详见门窗立面大样 建施16 | |
| | C1206 | 1200×525 | | | 2 | | | 2 | | |
| | C1211 | 1200×1100 | | | | 2×4=8 | | 8 | | |
| | C1215 | 1200×1550 | | | 2 | 2×4=8 | | 10 | | |
| | C1215A | 1200×1550 | | | 2 | 2×4=8 | | 10 | | |
| | C1515 | 1500×1550 | 4 | 4 | 4 | 4×4=16 | | 28 | | |
| | C1215a | 1200×1500 | | | | | 2 | 2 | | |
| | C1215b | 1200×1550 | | | | | 6 | 6 | | |
| | PC1519 | 1500×1900 | 8 | 8 | 8 | 8×4=32 | | 56 | | |
| | PC1819 | 1800×1900 | 4 | 4 | 4 | 4×4=16 | | 28 | | |
| 防火窗 | FC甲4009 | 4000×1100 | | 2 | | | | 2 | | 甲级防火窗 |
| 组合门窗 | MLC3041 | 3000×4100 | 2 | | | | | 2 | | 铝合金框12厚钢化玻璃可视对讲门 |


XXXX综合设计研究院有限公司

建筑工程甲级 XXXXXX

城乡规划乙级 XXXXXX

传真： XXXX-XXXXXXXX

网址： Http://www.XXXXX.com

邮编： 450002

地址： 河南省郑州市XXXXXX


| 合作单位： | |
|---|---|
| 会签栏 | |
| 总 图 | |
| 建 筑 | |
| 结 构 | xxxxx |
| 给排水 | xxxx |
| 暖 通 | xxxxxx |
| 电 气 | xxxxxxx |
| 印签栏 | |

图册主要图纸未加盖出图专用章者无效

| | | | |
|---|---|---|---|
| 审 定 | | | |
| 审 核 | xxxxxx | | |
| 项目负责人 | xxxxxx | | |
| | xxxxxx | | |
| 专业负责人 | xxxxxx | | |
| 校 对 | xxxxxx | | |
| 设 计 | xxxxxx | | |
| 制 图 | xxxxxx | | |
| 建设单位 | xxx置业有限公司 | | |
| 项目名称 | xxxxxxxxxxxxx花园里 | | |
| 子项名称 | 6#楼 | | |
| 项目编号 | xxxx-xxxxx-6 | | |
| 图 名 | 1—1剖面图 门窗详图 门窗表 | | |
| 专 业 | 建 筑 | 阶 段 | 施工图 |
| 图 号 | 1-1-16 | 总 数 | 22张 |
| 版 次 | 第01版 | 日 期 | |

# 单元③

# 民用建筑结构施工图实训

**知识点**

多层单元住宅基础平面图、结构平面图、钢筋混凝土构件详图、楼梯结构图、混凝土结构施工图平面整体表示方法。

**学习目标**

通过该单元的学习，使学生能够掌握多层住宅结构施工图的识图方法，掌握民用住宅结构构成特点和施工图的常用表达方法，熟悉建筑结构制图标准和钢筋混凝土结构构造的相关内容。

结构是承受建筑物重量的骨架体系，主要由梁、板、柱、墙体、屋架、支撑、基础等部件组成，这些部件称为结构构件。结构设计即根据建筑各方面的要求，进行结构选型和构件布置，再通过力学计算，决定房屋各承重构件（梁、墙、柱及基础等）的材料、形状、大小以及内部构造等并将设计结果绘成图样，用以指导施工（如施工放线、混凝土浇筑及梁、板的安装等），这种图样称为结构施工图，简称“结施”。换句话说，结构施工图就是表达建筑物承重构件的布置、形状、尺寸、材料、构造及其相互关系的图样。

结构施工图包括下列内容。

（1）结构设计说明。包括：抗震设计与防火要求，地基与基础、地下室、钢筋混凝土各结构构件、砖砌体、后浇带与施工缝等部分适用的材料类型、规格、强度等级，施工注意事项等。很多设计单位已把上述内容一一详列在一张“结构说明”图纸上供设计者选用。

（2）结构平面图。一般建筑物主要包括：①基础平面图，工业建筑还有设备基础布置图；②楼层结构平面布置图，工业建筑还包括柱网、吊车梁、柱间支撑、联系梁布置等；③屋面结构平面图，包括屋面板、天沟板、屋架、天窗架及支撑系统布置等。

（3）构件详图。主要包括：①梁、板、柱及基础结构详图；②楼梯结构详图；③屋架结构详图。

（4）其他详图。如挑檐、雨篷等详图。

## 课题 3.1 多层单元住宅基础图

基础是位于建筑物底层地面以下，承受着房屋全部荷载的结构构件，它将荷载传递到下面的地基，是建筑物地面以下的主要承重构件。基础是建筑物的重要组成部分，在建筑结构中起着上承下传的作用。在房屋建筑中，基础的构造形式一般包括条形基础、独立基础、桩基础等。

基础图是表示建筑物基础的平面布置和详细构造的图样。它是施工放线、开挖基槽、砌筑基础的依据。其一般包括基础平面图和基础详图。

### 3.1.1 应知应会部分

#### 3.1.1.1 制图标准要求

（1）基础平面图

基础平面图是假想用一个水平剖切面，沿室内地面与基础之间将建筑物剖开，移去上部的房屋结构及其周围土层，向下所作出的水平正投影图。它主要表示基础的平面布置以及墙、柱与轴线的关系，为施工放线、开挖基槽或基坑和砌筑基础提供依据。

① 基础平面图的图示方法。在基础平面图中只需画出基础墙、基础梁、柱以及基础底面的轮廓线。基础墙、基础梁的轮廓线为粗实线，基础底面的轮廓线为细实线，柱子的断面一般涂黑，基础细部的轮廓线通常省略不画，各种管线及其出入口处的预留孔洞用虚线表示。

② 基础平面图的主要内容。

a. 图名、比例一般与对应建筑平面图一致。

b. 纵横向定位轴线及编号、轴线尺寸须与对应建筑平面图一致。

c. 基础墙、柱的平面布置，基础底面形状、大小及其与轴线的关系。

d. 基础梁的位置、代号。

e. 基础编号、基础断面图的剖切位置线及其编号。

f. 条形基础边线。每一条基础最外边的两条实线表示基础底的宽度。

g. 基础墙线。每一条基础最里边两条粗实线表示基础与上部墙体交接处的宽度，一般同墙体宽度一致，凡是有墙垛、柱的地方，基础应加宽。

h. 施工说明。即所用材料的强度等级、防潮层做法、设计依据以及施工注意事项等。

（2）基础详图

基础详图是假想用一个垂直的剖切面在指定的位置剖切基础所得到的断面图。它主要反映单个基础的形状、尺寸、材料、配筋、构造以及基础的埋置深度等详细情况。基础详图要用较大的比例（如1∶20）绘制。

① 基础详图的图示方法。不同构造的基础应分别画出其详图。当基础构造相同，而仅部分尺寸不同时，也可用一个详图表示，但需标出不同部分的尺寸。基础断面图的边线一般用粗实线画出，断面内应画出材料图例；若是钢筋混凝土基础，则只画出配筋情况，不画出材料图例。

② 基础详图的图示内容。

a. 图名为剖断编号或基础代号及其编号，如1—1或J1，比例较大，如1∶20。

b. 定位轴线及其编号与对应基础平面图一致。

c. 基础断面的形状、尺寸、材料以及配筋。

d. 室内外地面标高及基础底面的标高。

e. 基础墙的厚度、防潮层的位置和做法。

f. 基础梁或圈梁的尺寸及配筋。

g. 垫层的尺寸及做法。

h. 施工说明等。

#### 3.1.1.2 建筑工程图示要求

（1）基础平面图

① 图示比例一般为1∶100或1∶200，定位轴线及编号与房屋建筑平面相同。

② 墙（或柱）的边线用粗线，基础底边线用细实线。习惯上不画大放脚的水平投影。

③ 基础梁不同断面的剖切符号应分别编号。

④ 尺寸标注主要标注纵向及各轴线之间的距离、轴线到基础底边和墙边的距离以及基坑宽和墙

厚等。

⑤ 图中注写必要的文字说明，如混凝土、砖、砂浆的强度等级，基础埋置深度。

⑥ 设备较复杂的房屋，在基础平面图上还要配合采暖通风图、给排水管道图、电气设备图等，用虚线画出管沟、设备孔洞等位置，注明其内径、宽、深尺寸和洞底标高。

（2）基础详图

① 基础详图常用1：20或1：50的比例，并要求尽可能与基础平面图画在同一张图纸上，以便对照施工。定位轴线及编号与基础平面图相对应。

② 图中应标明基础底面线、室内外地坪标高位置线。基础断面轮廓应标注基础高、宽尺寸，基坑线一般不表示出来。

③ 基础砖墙、大放脚断面和防潮层应在图中分别表示。

④ 标出室内地面、室外地坪、基础底面标高和其他尺寸。

⑤ 书写有关混凝土、砖、砂浆的强度和防潮层材料及施工技术要求等说明。

### 3.1.2 实训练习

#### 3.1.2.1 填空题

（1）基础图是________________的图样，它的作用是________，一般包括________。

（2）基础平面图中，基础墙、基础梁的轮廓线为________，基础底面的轮廓线为________，各种管线及其出入口处的预留孔洞用________表示。

（3）基础图的施工说明一般包括__________________________________________________等。

（4）结构施工图就是________________________的图样，其作用是________________________。

（5）建筑结构按所使用的材料来分类，可以分为________、________、________和________。

（6）建筑结构按承重结构类型划分为________、________、________和________等。

（7）构件代号WB、QL、KZ、JCL各代表________、________、________、________。

（8）为了突出表示钢筋的配置状况，在构件的立面图和断面图上，轮廓线用中粗线或细实线画出，图内不画材料图例，而用在立面图钢筋用________线型表示。断面图中钢筋用________线型表示。

#### 3.1.2.2 问答题

（1）基础图主要包括什么内容？各自的主要图示内容是什么？

（2）每组相同的钢筋、箍筋或环筋，可以用什么简化表示方法？

（3）建筑工程中常用的钢筋的表示方法是什么？

（4）钢筋的弯钩有哪些形式？试用图形表示出来。

（5）结构施工图包括的内容有什么？

#### 3.1.2.3 综合题

阅读下面的基础图，并回答下面的问题。

（1）本工程结构类型是________，楼板类型为________，基础类型是________，其埋置深度为________mm，基础材料是____________，垫层厚度是____________，材料是____________。

（2）本工程混凝土强度等级有________________，构件的保护层厚度有________________。

（3）基础平面图中DJP01表示____________，250/150表示________________。

（4）筏板基础采用的钢筋分布有________________。

（5）基础的膨胀加强带宽度为________，采用的混凝土强度为________，其作用为________。

（6）符号⌀16@200表示的意义是________________________________。

（7）在2#图纸上抄绘下面的基础结构平面布置图，注意选用合适的比例和线宽。

# 结构设计总说明

## 一、工程概况

本工程为××县建业一品花园里6＃楼，位于××县××路北侧。本工程地上七层，建筑高度21.100m，室内外高差为0.45m。

本工程为剪力墙结构。主楼采用筏板基础，门厅柱采用独立基础，本工程主体结构嵌固于基础顶。

本工程主楼与裙房结构均为一般不规则。

## 二、建筑结构的安全等级及设计使用年限

建筑结构安全等级：二级。

设计使用年限：50年。

建筑抗震设防类别：丙类。

地基基础设计等级：乙级。

本工程属于多层建筑，其剪力墙、框架抗震等级为四级。抗震构造措施按6度及四级采用。

耐火等级：地上二级。

## 三、自然条件

（1）基本风压：$W_a=0.45\mathrm{kN/m^2}$。地面粗糙度类别：B类。

（2）基本雪压：$S_a=0.30\mathrm{kN/m^2}$。

（3）场地地震基本烈度：6度。

抗震设防烈度：6度（0.05$g$）。

设计地震分组：第二组。

建筑场地类别：Ⅲ类。

（4）场地工程地质条件：

① 本工程基础设计依据河南省交通规划设计研究院股份有限公司二〇一八年七月提供的"××县建业一品花园里项目岩土工程勘察报告（详勘阶段）"进行设计。项目区在地貌类型及区划中属于黄河冲积平原。

② 地下水：勘察期间，实测地下水稳定水位在水位埋深9.0～12.8m，标高约48.0～49.8m。地下水位主要受大气降水的影响，水位年变化幅度在3.0m左右。结合区域水文地质资料，近年来场地内地下水最高水位地面下2.5m，抗浮设防水位标高为57.5m。在判定水、土对混凝土结构的腐蚀性时，环境类型为Ⅱ类。

③ 场地土类型：中软场地土。

④ 地基基础：依据河南省交通规划设计研究院股份有限公司二〇一八年七月提供的"××县建业一品花园里项目岩土工程勘察报告（详勘阶段）"，建议主楼采用"筏板基础＋CFG桩复合地基"，门厅柱采用天然地基独立基础。

## 四、本工程高程

6＃楼±0.000标高相对的绝对高程为62.300m。绝对高程在施工前需与总图核对，无误后方可施工。

## 五、本工程设计遵循的标准、规范、规程

《建筑工程抗震设防分类标准》（GB 50223—2008）

《建筑结构可靠性设计统一标准》（GB 50068—2018）

《建筑结构荷载规范》（GB 50009—2012）

《建筑抗震设计规范》（2016年版）（GB 50011—2010）

《建筑地基基础设计规范》（GB 50007—2011）

《混凝土结构设计规范》（2015年版）（GB 50010—2010）

《建筑地基处理技术规范》（JGJ 79—2012）

《混凝土外加剂应用技术规范》（GB 50119—2013）

《建筑工程设计文件编制深度规定》（2016年版）

《混凝土结构工程施工质量验收规范》（GB 50204—2015）

《住宅工程质量常见问题防治技术规程》（DBJ41/T070—2014）

《地下工程防水技术规范》（GB 50108—2008）

《CRB600H高强钢筋应用技术规程》（DBJ41/T167—2017）

## 六、设计采用的均布荷载标准值

| 部位 | 活荷载/（kN/m²） | 部位 | 活荷载/（kN/m²） |
|---|---|---|---|
| 屋面（上人） | 2.0 | 卧室、餐厅、厨房 | 2.0 |
| 屋面（不上人） | 0.5 | 楼梯、前室、合用前室、走道 | 3.5 |
| 阳台、卫生间 | 2.5 | 电梯机房 | 7.0 |

## 七、本工程设计计算所采用的计算程序

（1）结构计算：《多层及高层建筑结构空间有限元分析与设计软件》SATWE（V3.2版本）。

（2）基础计算：《独基条基钢筋混凝土地基梁桩基础和筏板基础设计软件》JCCAD（V3.2版本）。

## 八、地基基础

（1）基础：本工程主楼采用筏板基础，门厅采用独立基础。

（2）开挖基槽时，不应扰动土的原状结构。

（3）非自然放坡开挖时，基坑护壁应由有相应设计施工资质的单位做专门设计。

（4）机械开挖时应按有关规范要求进行，坑底应保留300mm厚的土层用人工开挖。

（5）基槽（坑）开挖到底后，应进行基槽（坑）验槽。当发现地质条件与勘察报告和设计文件不一致，须会同勘察、施工、设计、建设、监理单位共同协商研究处理。

（6）混凝土基础底板下（除注明外）设100mm厚C15素混凝土垫层，每边宽出基础边100mm。

（7）基坑回填土及位于设备基础、地面、散水、踏步等基础之下的回填土采用二八灰土，必须分层夯实，每层虚铺厚度不大于250mm，压实系数不小于0.95。压实试验检验合格后方可进行下一层回填，严禁采用建筑垃圾、淤泥质土、湿陷性黄土回填。

（8）基础施工完成且竖向构件施工至室外地坪标高以上后，应尽早回填至室外设计标高，房间内及散水外同时回填。

（9）沉降观测：

① 本工程按规范要求设沉降观测点，建筑变形测量等级为三等。在本工程施工阶段应专人定期观测，每施工一层做一次沉降观测，施工完毕后第一年内每隔三个月观测一次，

XXXX综合设计研究院有限公司

建筑工程甲级 XXXXXX
城乡规划乙级 XXXXXX

传真：XXXX-XXXXXXXX
网址：Http://www.XXXXX.com
邮编：XXXX
地址：河南省XXXX市XXXX号

合作单位：

会签栏：总图 / 建筑 / 结构 / 给排水 / 暖通 / 电气

印签栏

图册主要图纸未加盖出图专用章者无效

审定 / 审核 / 项目负责人 / 专业负责人 / 校对 / 设计 / 制图

| 建设单位 | xxx置业有限公司 |
|---|---|
| 项目名称 | xxxxxx花园里 |
| 子项名称 | 6#楼 |
| 项目编号 | xxxx-xxxxx-6 |
| 图名 | 结构设计总说明 |

| 专业 | 结构 | 阶段 | 施工图 |
|---|---|---|---|
| 图号 | | 总数 | 33张 |
| 版次 | 第01版 | 日期 | |

# 结构设计总说明

施工完毕后第二年内每隔六个月观测一次，施工完毕第三年以后每年观测一次，直至沉降稳定为止。各观测日期数据应记录并绘成图表存档，如发现异常情况应通知有关单位。

② 建筑变形测量过程中发生下列情况之一时，应立即实施安全预案，同时应提高观测频率或增加观测内容：变形量或变形速率出现异常变化；变形量或变形速率达到或超出变形预警值；开挖面或周边出现塌陷、滑坡；建筑本身或其周边环境出现异常；由于地震、暴雨、冻融等自然灾害引起的其他变形异常情况。

（10）开挖深度超过 5m（含 5m）的基坑设计及施工方案须经深基坑工程专家委员会组织评审并通过，开挖深度超过 3m（含 3m）的基坑工程施工应符合《危险性较大的分部分项工程安全管理规定》，并应保证工程施工安全，保证工程周边环境安全。

（11）基槽开挖后应进行基槽检验，合格后方可进入下一步施工，地基载荷试验检验报告应有一份交设计单位存档。基槽开挖过程中遇到异常情况，应通知勘察、设计单位协商解决。

（12）基础大体积混凝土施工应合理选择混凝土配合比，选择水化热低的水泥、掺入适量的粉煤灰和外加剂、控制水泥用量，并做好养护和测温工作。混凝土中心与外表温度的差值≤25℃，表面与大气温度的差值≤20℃，温度梯度≤3℃/d，养护时间≥14d。

（13）基坑土方开挖应严格按设计要求进行，不得超挖。基坑周边堆载不得超过 $10kN/m^2$。土方开挖完成验槽合格后应立即施工垫层，对基坑进行封闭，防止水浸和暴露，并应及时进行地下结构施工。

**九、主要结构材料**

结构材料的强度标准值应具有不小于 95%的保证率，未经设计单位同意，不得进行材料代换。

（1）现浇结构混凝土强度等级

① 本工程混凝土全部采用商品预拌混凝土，应按产品使用说明进行严格养护，以防混凝土构件收缩裂缝的产生和开展。

② 主要混凝土构件强度等级、防水混凝土的抗渗等级见下表：

**混凝土强度等级、防水混凝土的抗渗等级**

| 序号 | 构件名称及范围 | 混凝土强度等级 | 防水混凝土抗渗等级 |
|---|---|---|---|
| 1 | 基础垫层 | C15 | 无 |
| 2 | 电梯基坑的侧壁挡土墙及其范围内基础 | C30 | 抗渗等级 P6 |
| 3 | 基础、剪力墙、连梁、框架柱、楼层梁、板、楼梯 | C30 | 无 |
| 4 | 雨篷等外露构件、钢筋混凝土女儿墙栏板 | C30 | 无 |
| 5 | 构造柱、过梁、圈梁及与圈梁同时浇筑的节点 | C25 | 无 |

③ 混凝土耐久性的具体要求见下表：

| 环境类别 | 最大水胶比 | 最低强度等级 | 最大氯离子含量/% | 最大碱含量/($kg/m^3$) | 备注 |
|---|---|---|---|---|---|
| 一 | 0.60 | C20 | 0.30 | 不限制 | 氯离子含量系指其占水泥用量的百分率 |
| 二 a | 0.55 | C25 | 0.20 | 3.0 | |
| 二 b | 0.50(0.55) | C30(C25) | 0.15 | | |
| 三 a | 0.45(0.50) | C35(C30) | 0.15 | | |
| 三 b | 0.40 | C40 | 0.10 | | |

④ 混凝土保护层厚度见下表，其中：

a. 基础底面及地下室底板：钢筋保护层厚度 50mm（从垫层顶面算起）。

b. 地下室的外墙、有覆土的地下室顶板及水池侧墙（含边缘构件）迎水面的钢筋保护层厚度 50mm。

**混凝土保护层厚度**

| 环境类别 | 板、墙、壳/mm | 梁、柱、杆/mm |
|---|---|---|
| 一 | 15 | 20 |
| 二 a | 20 | 25 |
| 二 b | 25 | 35 |
| 三 a | 30 | 40 |
| 三 b | 40 | 50 |

注：1. 混凝土强度等级不大于 C25 时，表中保护层厚度数值应增加 5mm。
2. 钢筋混凝土基础宜设置混凝土垫层，基础中钢筋的混凝土保护层厚度应从垫层顶面算起，且不应小于 50mm。

（2）钢筋及钢材

① 钢筋采用 HPB300 级（Φ），HRB400 级（Φ），CRB600H 级（$Φ^{RH}$）。

② 钢板采用 Q235-B 的应符合现行国家标准《碳素结构钢》（GB/T 700—2006）；Q345-B 钢应符合现行国家标准《低合金高强度结构钢》（GB/T 1591—2018）。

③ 吊钩、吊环均采用 Q235-B 圆钢筋，不得采用冷加工钢筋。

**十、钢筋接头与锚固**

（1）本工程边缘构件、框架梁的纵筋接长均采用等强机械连接或等强对接焊接长。接头位置应避开梁、柱端箍筋加密区范围，当无法避开梁、柱端箍筋加密区时，应采用机械连接接头，接头面积百分率不得超过 50%。机械连接等级为Ⅰ级。

（2）钢筋连接优先选用机械连接，然后是搭接和焊接。CRB600H 钢筋应采用绑扎搭接。

（3）钢筋搭接的最小长度详见 16G101-1 第 60～61 页，且不能小于 300mm。

（4）位于同一连接区段内的受拉钢筋接头面积百分率：当钢筋为绑扎搭接时，对梁、板、墙类构件不大于 25%，对柱类构件不大于 50%；当钢筋为机械连接或焊接时，对梁、板、墙、柱类构件均不应大于 50%。

（5）框架梁、柱纵筋，剪力墙水平筋、竖向筋，构造边缘构件纵筋的连接构造和锚固要求均详见 16G101-1。

（6）钢筋的最小锚固长度详见 16G101-1 第 58 页，且不能小于 250mm。

**十一、钢筋混凝土结构构造**

（1）现浇楼板、屋面板的构造要求

① 双向板（或异形板）钢筋的放置，短向钢筋置于外层，长向置于内层；现浇板施工时，应采取措施保证钢筋位置。跨度≥4m 的板施工支模时，施工单位根据需要按板跨度的 2/1000 起拱。

② 板下部钢筋应伸至梁中心线且大于 10 倍钢筋直径；板上部筋不得在支座处搭接。

③ 各板角负筋，纵横两向必须重叠设置成网格状，构造要求见 16G101-1。

④ 边梁与板面有高差时，板钢筋锚固大样详见结施-3。图中所标负筋长度为从梁边或墙边计算的净长度，详见结施-3。

XXXX综合设计研究院有限公司

建筑工程甲级 XXXXXX
城乡规划乙级 XXXXXX

传真：XXXX-XXXXXXXX
网址：Http://www.XXXXX.com
邮编：XXXX
地址：河南省XXXX市XXXX号

合作单位：

会签栏

| 总图 | | |
|---|---|---|
| 建筑 | | |
| 结构 | | |
| 给排水 | | |
| 暖通 | | |
| 电气 | | |

印签栏

图册主要图纸未加盖出图专用章者无效

| 审定 | | |
|---|---|---|
| 审核 | | |
| 项目负责人 | | |
| 专业负责人 | | |
| 校对 | | |
| 设计 | | |
| 制图 | | |

| 建设单位 | xxx置业有限公司 |
|---|---|
| 项目名称 | xxxxxx花园里 |
| 子项名称 | 6#楼 |
| 项目编号 | xxxx-xxxxx-6 |
| 图名 | 结构设计总说明 |

| 专业 | 结构 | 阶段 | 施工图 |
|---|---|---|---|
| 图号 | | 总数 | 33张 |
| 版次 | 第01版 | 日期 | |

# 结构设计总说明

⑤ 未注明的现浇板负筋的架立筋单向板按下表选用，且分布筋面积不应小于板受力筋面积的15%。双向板楼面为Φ6@250，屋面及外露构件为Φ6@200。

| 板厚/mm | 90 | 100 | 110 | 120 | 130 | 140 | 150 |
|---|---|---|---|---|---|---|---|
| 分布筋 | Φ6@200 | Φ6@180 | Φ6@170 | Φ6@150 | Φ6@140 | Φ6@120 | Φ6@100 |

⑥ 凡在板上砌隔墙时，应在墙下板内底部增设加强筋（图纸中另有要求除外）。当板跨 $L\leqslant1500$ 时为2Φ14；当板跨 $1500<L<2500$ 时为3Φ14；当板跨 $L\geqslant2500$ 时为3Φ16，且锚固于两端支座内。

⑦ 板、墙内钢筋如遇洞口，当 $D\leqslant300$mm 时，钢筋绕过洞口，不需截断（$D$ 为洞口宽或洞口直径），见结施-3中图10-1；当 $D>300$mm 时，钢筋于洞口边可截断并弯曲锚固，在洞边另增设加强钢筋，见结施-3中图10-2。

⑧ HJB板厚100mm，$\Phi^{RH}8$@200双层双向配置，待管道安装后逐层封堵，高一等级的微膨胀混凝土局部浇筑。

⑨ 板内埋设管线时，所铺设管线应放在板底钢筋之上、板上部钢筋之下，且管线的混凝土保护层不小于30mm。板上部应增设Φ6@150宽450钢筋网带。

（2）现浇混凝土梁

① 跨度≥4m的梁施工支模时，施工单位根据需要按梁跨度的2/1000起拱。

② 除图中注明的梁上开洞外，不得在梁上随意开洞。

③ 悬挑梁长度≥1500mm时，设两道抗剪鸭筋，为4Φ14，见结施-3中图10-4；其他构造要求做法详见16G101-1第92页。屋面从混凝土墙出挑的悬挑梁钢筋锚固构造按结施-3中图10-12施工。

④ 当钢筋长度不足时，框架梁上部通长钢筋应在跨中 $l_n/3$（$l_n$ 为净度）范围连接。框架梁纵筋在支座锚固做法详见国标16G101-1第84～85页，次梁纵筋锚固做法见第89～90页。

⑤ 梁箍筋为四肢箍时，应采用外大箍内小箍的形式，箍筋末端弯钩构造详见国标16G101-1第62页；框架梁端箍筋加密区范围、附加箍筋、梁侧面纵向构造钢筋详见国标16G101-1第88、90页。

⑥ 悬挑构件及跨度大于8m的梁、板底模，当混凝土强度达到100%时方可拆除。

⑦ 梁上穿梁套管位置详见梁施工图，构造详见结施-3中图10-7。水电等设备管道竖直埋设在梁内时，埋管沿梁长度方向单列布置时，管外径 $d<b/6$（$b$ 为梁宽）；双列布置时，$d<b/12$；埋管最大直径 $d\leqslant50$mm，构造详见结施-3中图10-8。

⑧ 梁其他构造详见国标16G101-1，非框架梁的上部纵向钢筋在端支座的锚固平直段应伸至端支座对边后弯折，且平直段长度 $\geqslant0.35l_{ab}$，弯折段投影长度 $15d$（$d$ 为纵向钢筋直径），施工钢筋排布详见18G901-1。

（3）剪力墙构造要求：

① 剪力墙身水平钢筋、竖向钢筋构造见国标16G101-1及本工程剪力墙详图。

② 剪力墙或其他混凝土墙开圆洞口时，洞口补强筋构造见结施-3中图10-10。

③ 当门窗洞顶与连梁梁底标高有高差时，除注明外，过梁断面及配筋详见结施-3中图10-11。

④ 剪力墙水平钢筋位于外侧，竖向钢筋位于内侧（地下室外墙除外），剪力墙水平、竖向分布筋均为双排。

⑤ 剪力墙插筋在筏板中锚固构造详见国标16G101-3第64页。

（4）框架柱和节点的构造要求

① 框架柱纵向钢筋构造详见国标16G101-1第63～64页，箍筋加密区范围、箍筋弯钩构造、复合箍筋方式详见国标16G101-1第59、65页。

② 柱插筋在筏板内的锚固详见国标16G101-3第66页。

③ 柱其他构造详见国标16G101-1，施工钢筋排布详见18G901-1。

## 十二、其他要求

（1）采用标准图，重复使用图或通用图时，均应按所用图集要求进行施工。

（2）未经设计单位同意，不得进行材料代换。

（3）电梯井道四壁墙应保持垂直，井道净尺寸误差按铅垂线所示尺寸在±25mm以内，前墙按铅垂线±13mm以内。其余尺寸误差均须在±25mm以内。

（4）悬挑构件需待混凝土设计强度达到100%方可拆除底模。

（5）施工期间不得超负荷堆放建材和施工垃圾，特别注意梁板上集中负荷时对结构受力和变形的不利影响。

（6）当梁与柱斜交时，梁的纵向钢筋应放样下料，满足钢筋锚固长度的要求。

（7）墙、梁上穿洞时均需预埋钢套管，套管壁厚不得小于6mm，所有预埋钢套管之间的净距不得小于一倍管径且不小于150mm。

（8）所有结构构件（梁、板、柱、剪力墙）表面不得开设沟槽，此举会影响结构的耐久性和安全性。

（9）混凝土填充墙的混凝土强度等级同相连剪力墙混凝土强度等级。混凝土填充墙和结构剪力墙体混凝土浇筑时应交替、分段、对称进行，避免竖向柔性连接件移位、变形。柔性连接件安装必须横平竖直，必须经过验收后方可浇筑混凝土，混凝土浇筑完成后对柔性连接缝质量进行复查。拉缝材料必须固定牢固，且在安装过程严禁随意切割。水平拉缝材料在楼层混凝土浇筑完毕后且混凝土未初凝前安放，并及时安放相应的插筋。

## 十三、其他注意事项

（1）本图纸中尺寸除注明外，标高以米为单位，其他均以毫米为单位。

（2）楼梯栏杆、门窗安装及建筑所需之预埋件均详见建施图或建施中所选用的标准图集。

（3）工程施工前应通看各专业图纸，做到各节点对应，如有疑问应及时联系设计单位进行处理。

（4）电梯订货应符合本工程图纸的要求，预留孔洞及预埋件应符合样本的要求。

（5）设备基础待业主定货后，按定货样本复核设计无误后再进行施工。

（6）所有外露铁件均应除锈，刷防锈漆二道，面漆的材料和颜色见建施图。

（7）本说明未明确事宜，各单项设计说明已有要求的，以单项设计说明为准；各单项设计说明与本说明不符之处，以单项设计说明为准；本说明及各单项设计说明中未尽事宜，均以国家现行有关规范及规程为准。

XXXX综合设计研究院有限公司

建筑工程甲级　XXXXXX

城乡规划乙级　XXXXXX

传真：XXXX-XXXXXXXX

网址：Http://www.XXXXX.com

邮编：XXXX

地址：河南省XXXX市XXXX号

合作单位：

| 会签栏 | | |
|---|---|---|
| 总　图 | | |
| 建　筑 | | |
| 结　构 | | |
| 给排水 | | |
| 暖　通 | | |
| 电　气 | | |

印签栏

图册主要图纸未加盖出图专用章者无效

| 审　定 | | |
|---|---|---|
| 审　核 | | |
| 项目负责人 | | |
| 专业负责人 | | |
| 校　对 | | |
| 设　计 | | |
| 制　图 | | |

| 建设单位 | xxx置业有限公司 | | |
|---|---|---|---|
| 项目名称 | xxxxxx花园里 | | |
| 子项名称 | 6#楼 | | |
| 项目编号 | xxxx-xxxxx-6 | | |
| 图　名 | 结构设计总说明 | | |
| 专　业 | 结　构 | 阶　段 | 施工图 |
| 图　号 | 1-2-33 | 总　数 | 33张 |
| 版　次 | 第01版 | 日　期 | |

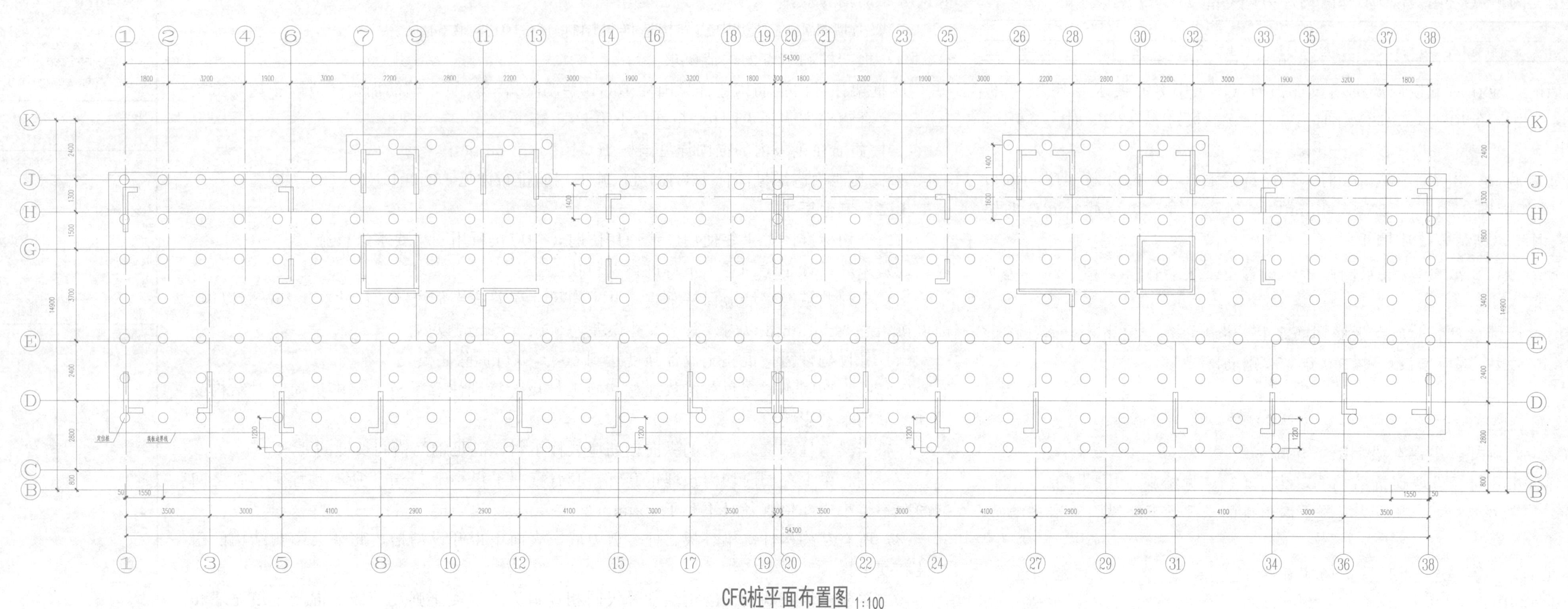


## CFG桩平面布置图 1:100

桩：○

注：1. 地基处理依据为××××设计研究院股份有限公司 2018 年 7 月提供的《××××项目岩土工程勘察报告（详勘阶段）》。

2. 采用 CFG 桩，正方形布桩，桩间距未注明处均为 1.60m，桩径 $D$=400mm，有效桩长 10.0m，且桩端进入第 2 层粉质黏土的深度不小于 4800mm，施工前先试桩，试桩总数不少于 3 组。要求桩处理后的复合地基承载力特征值 $f_{spk}$ 不小于 180kPa。单桩承载力特征值不小于 260kN。

3. 桩体混凝土的强度等级为 C25。施工垂直度偏差不应大于 1%，桩位偏差不应大于 0.40 倍桩径。

4. 施工前应作试桩，以检验施工工艺并提供施工参数，同时应通过现场复合地基载荷试验以确定 CFG 桩复合地基承载力特征值和单桩承载力特征值。工程桩应与试桩的成桩工艺一致，并按《建筑地基处理技术规范》（JGJ 79—2012）中的有关规定执行。桩顶混凝土超浇部分高 0.5m，待基础施工时凿掉。

5. 桩应在龄期 28d 后进行低应变检测成桩质量，检测量不低于桩总数的 10%。

6. 桩在龄期 28d 后应进行静载荷试验，复合地基静载荷试验和单桩静载荷试验的数量不应少于总桩数的 1%，且每个单体工程的复合地基和单桩静载荷试验的试验数量均应少于 3 组（本工程复合地基静载荷试验数量 3 处，单桩静载荷试验数量 3 根）。

7. 混凝土垫层下铺设 200mm 厚级配砂石垫层（3∶7/粗砂∶碎石），其中碎石最大粒径不应大于 30mm，褥垫伸出基础边缘不小于 200mm，砂石褥垫层的夯填度（夯实后的褥垫层厚度与虚铺厚度的比值）不大于 0.9。

8. 施工单位应按试桩的工艺及参数确定合理的施工方案，防止施工中出现地面塌陷、裂缝等影响周边建筑及道路管线现象。施工过程中加强质量监督，确保桩的施工质量。

9. 当进行冬季施工时，混合料入孔温度不得低于 5℃，对桩头和桩间土应采取保温措施。

10. 施工质量检验应检查施工记录、混合料坍落度、桩数、桩位偏差、褥垫层厚度、夯填度和桩体试块抗压强度等。

11. CFG 桩应进行强度及桩身完整性检验。

12. 清土和截桩时，应采用小型机械或人工剔除等措施，不得造成桩顶标高以下桩身断裂或桩间土扰动。

13. 未及之处应严格按照现行的《建筑地基处理技术规范》执行。

14. 本工程基础持力层位于第一层粉土层，由于桩顶位于自然地面以上，应先换填再打桩，具体换填方案为：先将地表杂土清除干净且至第 1 层原状土，−3.650m 标高以下回填土采用 3∶7 灰土，分层回填夯实，每层虚铺厚度不大于 250mm，压实系数不小于 0.97，承载力特征值不得低于 120kPa。−3.650m 标高以上 0.8m 范围内采用素土分层夯实回填，素土每层虚铺厚度不大于 300mm，压实系数不小于 0.95。换填垫层的施工质量检验应分层进行，并应在每层的压实系数符合设计要求后铺填上层，采用环刀法检验垫层的施工质量，取样点应选择位于每层垫层厚度的 2/3 深度处。基础下垫层检验点数量每 $50m^2$ 不应少于 1 个点。

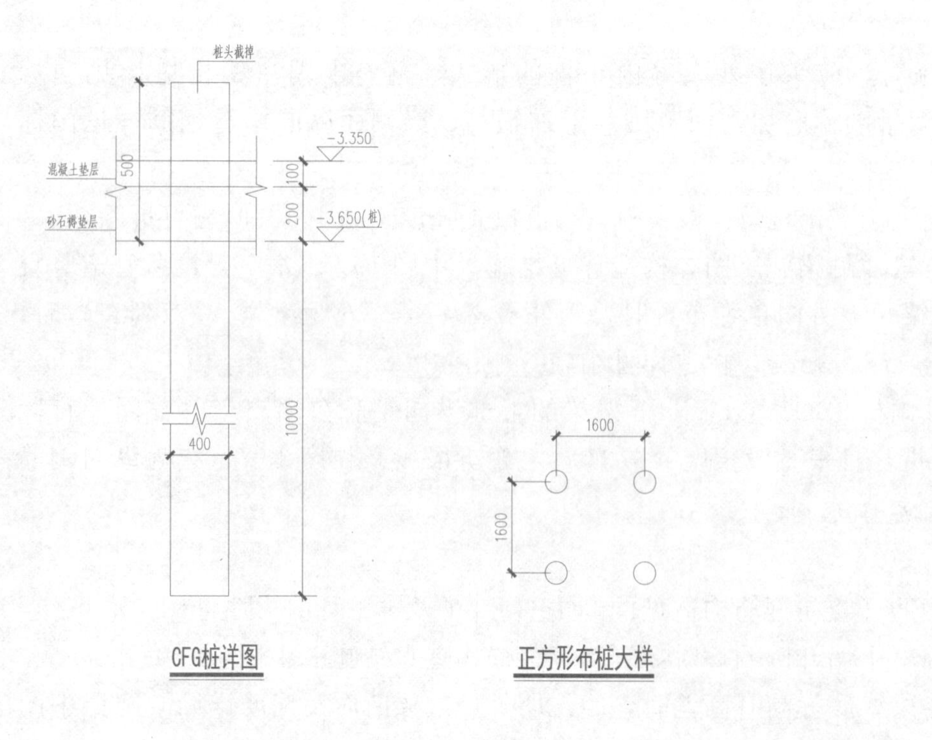


CFG桩详图　　正方形布桩大样

XXXX综合设计研究院
有限公司

建筑工程甲级 XXXXXX
城乡规划乙级 XXXX

传真： XXXX-XXXXXX
网址： Http://www.XXXX.com
邮编： XXXX
地址： 河南省XXXXXXX号

合作单位：

会签栏

| 总　图 | |
|---|---|
| 建　筑 | |
| 结　构 | |
| 给排水 | |
| 暖　通 | |
| 电　气 | |

印签栏

| 审　定 | |
|---|---|
| 审　核 | |
| 项目负责人 | |
| 专业负责人 | |
| 校　对 | |
| 设　计 | |
| 制　图 | |
| 建设单位 | xxx置业有限公司 |
| 项目名称 | xxxxxxx花园里 |
| 子项名称 | 6#楼 |
| 项目编号 | |
| 图　名 | CFG桩平面布置图 |

| 专　业 | 结　构 | 阶　段 | 施工图 |
|---|---|---|---|
| 图　号 | 1-2-06 | 总　数 | 33张 |
| 版　次 | 第01版 | 日　期 | |

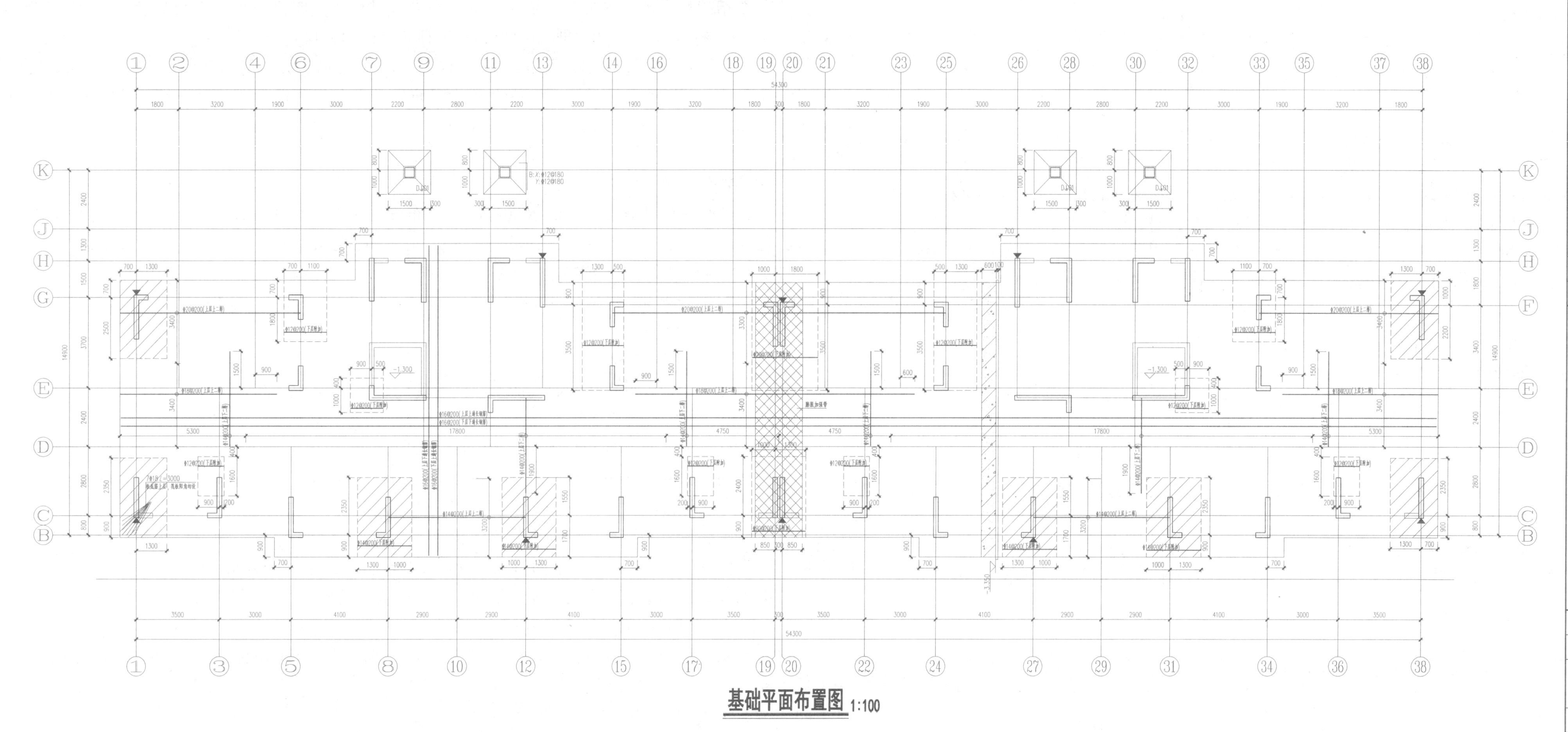

## 基础平面布置图 1:100

注：1. 地基处理依据为××××设计研究院股份有限公司 2018 年 7 月提供的《××××项目岩土工程勘察报告（详勘阶段）》。主楼采用 CFG 桩＋筏板基础，以第 2 层粉质黏土为桩端持力层，以第 1 层粉土为基础持力层，复合地基承载力特征值 180kPa。

2. 本工程主楼筏板基础和独立基础混凝土等级 C30，垫层 C15，主受力钢筋等级 HRB400（$\Phi$）。

3. 基础筏板上的预留插筋同墙配筋。基础钢筋保护层厚度为 50mm。

4. 图中[图例]所示区域筏板厚 700mm，其他区域筏板板厚未注明处均为 600mm，未注明筏板和独立基础底标高均为－3.350m。

5. 施工单位在施工前应进行边坡支护设计，施工过程中应按规范对边坡及周边进行监测，做到信息化施工，发现异常情况及时处理。

6. 基础筏板构造做法及平面表示法注写方式详见 16G101-3，筏板端部钢筋构造选自 16G101-3 第 89 页，墙身竖向分布钢筋和边缘构件与柱纵向钢筋在基础中的构造详见 16G101-3 第 64、65、66 页；筏板边缘封边构造详见 16G101-3 第 93 页中详图（b），侧面构造纵筋为$\Phi$10@200。

7. 筏板板顶、板底通长钢筋均为双向$\Phi$16@200，图中二排钢筋均为附加钢筋，基础筏板上的预留插筋同墙配筋。图中下层附加钢筋与通长钢筋（$\Phi$16@200）隔一布一。

8. ▼表示沉降观测点的位置。

9. 本工程因基础超长，基础混凝土掺入膨胀抗裂剂及设置膨胀加强带，膨胀加强带部位的最小限制膨胀率为 $3.5\times10^{-4}$，其他带外部位最小限制膨胀率为 $2.5\times10^{-4}$，具体掺量由厂家试验确定，膨胀加强带用 C35 混凝土同两侧混凝土一起浇筑。

10. 电梯基坑底部采用 C25 素混凝土回填至－1.300m。

11. 未尽事宜应按现行有关规范和规程的要求严格执行。

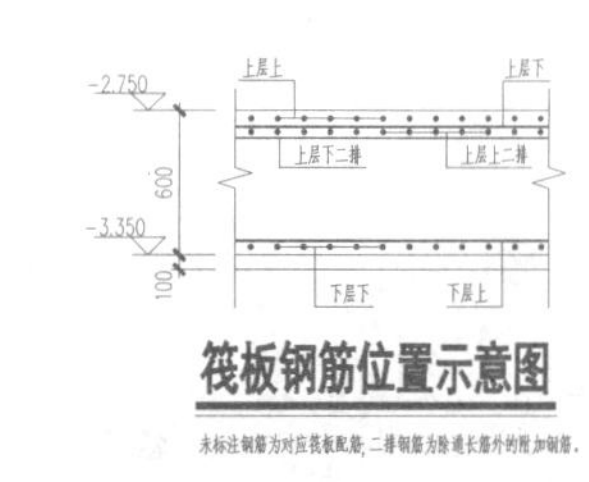

筏板钢筋位置示意图

XXXX综合设计研究院有限公司

建筑工程甲级 XXXXX
城乡规划乙级 XXXXX

传真：XXXX-XXXXXX
网址：Http://www.XXXX.com
邮编：XXXXX
地址：河南省郑州市XXXX号

合作单位：

会签栏

| 总图 | |
|---|---|
| 建筑 | |
| 结构 | |
| 给排水 | |
| 暖通 | |
| 电气 | |

印签栏

| 审定 | |
|---|---|
| 审核 | |
| 项目负责人 | |
| 专业负责人 | |
| 校对 | |
| 设计 | |
| 制图 | |
| 建设单位 | xxx置业有限公司 |
| 项目名称 | xxxxxxx花园里 |
| 子项名称 | 6#楼 |
| 项目编号 | |
| 图名 | 基础平面布置图 |

| 专业 | 结构 | 阶段 | 施工图 |
|---|---|---|---|
| 图号 | 1-2-06 | 总数 | 33张 |
| 版次 | 第01版 | 日期 | |

# 课题 3.2 多层单元住宅结构平面图

结构平面图表示房屋各层承重结构构件布置情况，是表达建筑物位于地面以上部分的图样。民用建筑一般采用砖石混合结构和钢筋混凝土结构，其结构平面图一般包括楼层结构平面图和屋顶结构布置平面图。

## 3.2.1 应知应会部分

### 3.2.1.1 制图标准要求

（1）楼层结构平面图

楼层结构平面图是用来表示各楼层结构构件（如墙、梁、板、柱等）的平面布置情况，以及现浇混凝土构件构造尺寸与配筋情况的图纸，是建筑结构施工时构件布置、安装的重要依据。楼层结构布置图的形成是假想沿楼面（只有结构层，未做面层）将建筑物水平剖切后所得的楼面的水平投影。它反映出每层楼面上板、梁及楼面下层的门窗过梁布置以及现浇楼面板的构造和配筋情况。

（2）楼层结构平面图的图示方法

楼层结构平面图中墙身的可见轮廓用中粗线表示，被楼板挡住而看不见的墙、柱和梁的轮廓用中虚线表示。有时为了画图方便，习惯上也把楼板下的不可见轮廓线，由虚线改画成细实线，这是一种镜像投影法。钢筋混凝土柱断面用涂黑表示，梁的中心位置用粗点划线表示。

① 结构平面图的定位轴线必须与建筑平面图一致。

② 对于承重构件相同的楼层，可只画一个结构平面图，该图为标准层结构平面图。

③ 楼梯间的结构布置，一般在结构平面图中不予表示，只用双对角线表示，楼梯间这部分内容在楼梯详图中表示。

④ 楼层上各种梁、板、柱构件，在图上都用规定的代号和编号标记，查看代号、编号和定位轴线就可以了解各种构件的位置和数量。

⑤ 预制构件的代号、型号与编号标注方法如下：

矩形截面过梁的编号［选自国家建筑标准设计图集 G322-1～4，即《钢筋混凝土过梁》(2013 年合订本)］。

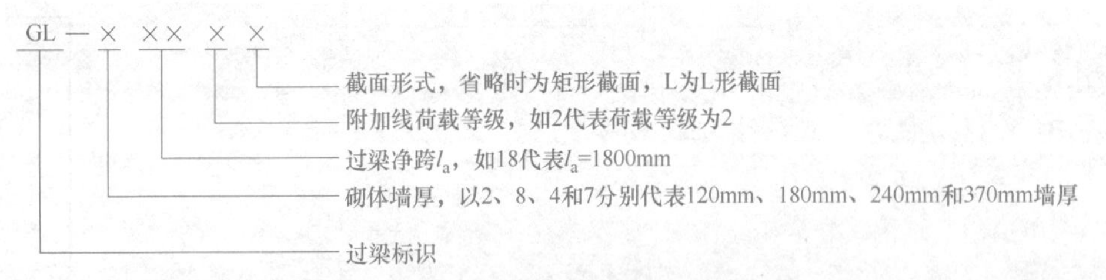


如 GL-4181 表示该过梁宽度（墙厚）为 240mm，过梁净跨为 1800mm，1 级荷载。

预应力混凝土空心板的编号（选自河南省工程建设标准设计 02 系列结构标准设计图集 02YG201《预应力混凝土空心板》）。

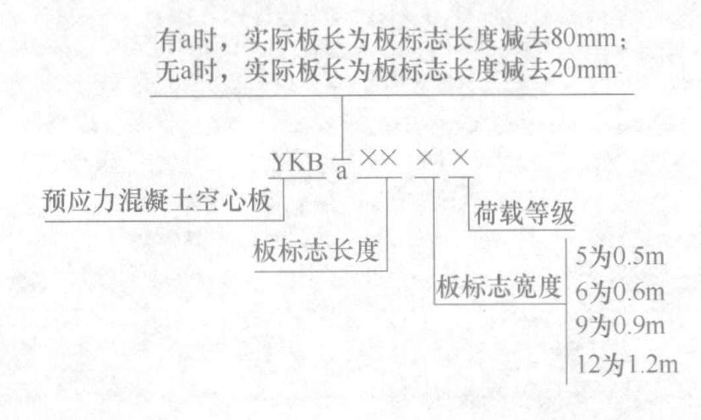


如 2YKB-4591 表示两块预应力混凝土空心板，此板的板跨 4500mm（实际板长 4480mm），板宽 900mm（实际板宽 890mm），1 级荷载。

⑥ 预制板在平面图中的布置一般有两种方式。

a. 在每个结构单元中分块画出，并注写数量及型号。对于预制板的铺设方式相同的单元，用相同的编号如甲、乙等表示，而不一一画出每个单元楼板的布置。

b. 在每个结构单元范围内画一对角线表示，并沿着对角线方向注明预制板的数量和代号。对于相同铺设区域，只需作对角线，并注明相同板号。这种方式表示方便，应用较多。

⑦ 现浇板平面图的主要内容为板的配筋详图，表示出受力筋、分布筋和其他构造钢筋的配置情况，并注明编号、规格、直径、间距等。每种规格的钢筋只画出一根，按其形状画在相应位置上。配筋相同的楼板，只需将其中一块板的配筋画出，其余各块分别在该楼板范围内画一对角线，并注明相同板号。

（3）屋顶结构布置平面图

屋顶结构布置平面图是表示屋面承重构件平面布置的图样。屋顶的结构形式有时会与楼层不同，但其图示内容和表达方法与楼层结构平面图基本相同，因此在识读屋顶平面布置图时要注意结构建筑施工图来区别屋顶哪些构件和楼层结构构件不同，其主要的作用是什么。

### 3.2.1.2 建筑工程图示要求

（1）楼层结构平面图

① 现浇钢筋混凝土楼层结构平面图的主要内容。

a. 图名应和结构构件的编号一致，能反映图示的内容。比例一般采用 1∶100 或 1∶200，如果结构形式比较简单也可采用较大比例。

b. 定位轴线及其编号、间距尺寸应与建筑图一致。

c. 在图名的下方常标注现浇板的厚度，板顶的结构标高在图中合适位置标注。有时也在结构设计说明中注明板的厚度和标高。

d. 板的配筋情况：板的受力钢筋和分布钢筋在平面图中表示，用粗实线表示钢筋的形状，钢筋的断面用涂黑的圆表示，对于构造钢筋的情况一般需在设计说明或附注中表明。

e. 必要的设计详图或有关说明，通过结构设计说明或板的施工说明，明确板的材料及等级。

② 预制板楼层结构平面图的主要内容。

a. 图名表示楼层结构的具体位置，一般以二层结构平面图或者采用标准层结构平面图。比例采用较小的比例，如 1∶100 或 1∶200 等。

b. 与建筑平面图相一致的定位轴线及编号。

c. 墙、柱、梁、板等构件的位置及代号和编号。

d. 预制板的跨度方向、数量、型号或编号和预留洞的大小及位置。

e. 轴线尺寸及构件的定位尺寸。

f. 详图索引符号及剖切符号。

g. 文字说明。

（2）常用构件代号

在楼层结构平面图中，常需要注明构件的代号。构件的代号通常以构件名称的汉语拼音第一个大写字母表示。常用结构构件的代号见表 3-1。

（3）钢筋的等级

钢筋按其强度和品种分成不同的等级。常见的热轧钢筋有以下几种。

表 3-1 常用构件的代号

| 序号 | 名　称 | 代号 | 序号 | 名　称 | 代号 | 序号 | 名　称 | 代号 |
|---|---|---|---|---|---|---|---|---|
| 1 | 板 | B | 15 | 吊车梁 | DL | 29 | 基础 | J |
| 2 | 屋面板 | WB | 16 | 圈梁 | QL | 30 | 设备基础 | SJ |
| 3 | 空心板 | KB | 17 | 过梁 | GL | 31 | 桩 | ZH |
| 4 | 槽形板 | CB | 18 | 连系梁 | LL | 32 | 柱间支撑 | ZC |
| 5 | 折板 | ZB | 19 | 基础梁 | JL | 33 | 垂直支撑 | CC |
| 6 | 密肋板 | MB | 20 | 楼梯梁 | TL | 34 | 水平支撑 | SC |
| 7 | 楼梯板 | TB | 21 | 檩条 | LT | 35 | 梯 | T |
| 8 | 盖板或沟盖板 | GB | 22 | 屋架 | WJ | 36 | 雨篷 | YP |
| 9 | 挡雨板或檐口板 | YB | 23 | 托架 | TJ | 37 | 阳台 | YT |
| 10 | 吊车安全走道板 | DB | 24 | 天窗架 | CJ | 38 | 梁垫 | LD |
| 11 | 墙板 | QB | 25 | 框架 | KJ | 39 | 预埋件 | M |
| 12 | 天沟板 | TGB | 26 | 刚架 | GJ | 40 | 天窗端壁 | TD |
| 13 | 梁 | L | 27 | 支架 | ZJ | 41 | 钢筋网 | W |
| 14 | 屋面梁 | WL | 28 | 柱 | Z | 42 | 钢筋骨架 | G |

注：1. 预制钢筋混凝土构件、现浇钢筋混凝土构件、钢构件和木构件，一般可直接采用本表中的构件代号。在设计中，当需要区别上述构件的种类时，应在图纸中加以说明。

2. 预应力钢筋混凝土构件代号，应在构件代号前加注“Y-”，如 Y-DL 表示预应力钢筋混凝土吊车梁。

① Ⅰ级钢筋。光圆钢筋，外形光圆，用符号Φ表示，材料为普通碳素钢。

② Ⅱ级钢筋。外形为螺纹或人字纹，用符号Φ表示，材料为 16 锰硅钢。

③ Ⅲ级钢筋。外形为螺纹或人字纹，用符号Φ表示，材料为 25 锰硅钢。

④ Ⅳ级钢筋。用代号Φ表示。

此外，还有冷拔低碳钢丝$\Phi^b$ 等。

（4）钢筋的分类及作用

钢筋混凝土构件中钢筋是根据结构计算或构造要求而进行配置的，这些钢筋的形状和作用各不相同，按钢筋在构件中所起的作用不同，可以分为以下几种。

受力筋：承受拉力、压力或扭矩的主要受力钢筋，也称纵筋或主筋。承受拉力的钢筋称为受拉筋；承受压力的钢筋称为受压筋；承受扭矩的钢筋称为抗扭钢筋。

箍筋：也称为钢箍，主要是用来固定受力钢筋位置，加强纵向受力钢筋的稳定，并且能够承担剪力和扭矩的作用。一般根据构件的外形形状可以做成矩形箍和圆形箍，在梁、柱中经常要配置箍筋。

架立筋：一般常用于钢筋混凝土梁类构件内，其主要作用是固定箍筋位置，并与受力筋一起构成钢筋骨架。有时也可以承受部分拉力、压力。

分布筋：一般常用于钢筋混凝土板类构件中，与受力筋垂直布置，将荷载均匀地传递给受力钢筋，并与板内受力筋一起构成钢筋骨架而配置的钢筋。

其他钢筋：因构造要求或施工安装需要而配置的钢筋。如预埋件的锚固筋、布置在高断面梁侧面的腰筋、钢筋混凝土墙中起拉结作用的拉筋等。

（5）钢筋的图示方法

为了突出表示钢筋的配置状况，在构件的立面图和断面图上，轮廓线用中粗线或细实线画出，图内不画材料图例，而用粗实线（在立面图）和黑圆点（在断面图）表示钢筋，并要对钢筋加以说明标注。具体的表示方法和画法如表 3-2、表 3-3 所示：

表 3-2 一般钢筋的表示方法

| 编　号 | 名　称 | 图　例 | 说　明 |
|---|---|---|---|
| 1 | 钢筋横断面 | | |
| 2 | 无弯钩的钢筋端部 | | 下图为长短筋投影重叠时短钢筋的端部用 45°斜划线表示 |
| 3 | 带半圆形弯钩的钢筋端部 | | |
| 4 | 带直钩的钢筋端部 | | |

续表

| 编　号 | 名　称 | 图　例 | 说　明 |
|---|---|---|---|
| 5 | 带丝扣的钢筋端部 | | |
| 6 | 无弯钩的钢筋搭接 | | |
| 7 | 带半圆弯钩的钢筋搭接 | | |
| 8 | 带直钩的钢筋搭接 | | |
| 9 | 套管接头（花篮螺丝） | | |
| 10 | 接触对焊（闪光焊）的钢筋接头 | | |
| 11 | 单面焊接的钢筋接头 | | |
| 12 | 双面焊接的钢筋接头 | | |

表 3-3 钢筋的画法

| 序　号 | 说　明 | 图　例 |
|---|---|---|
| 1 | 在平面图中配置双层钢筋时，底层钢筋弯钩应向上或向左，顶层钢筋则向下或向右 | |
| 2 | 配双层钢筋的墙体，在配筋立面图中，远面钢筋的弯钩应向上或向左，而近面钢筋则向下或向右（CM-近面，YM-远面） | |
| 3 | 如在断面图中不能清楚表示钢筋布置，应在断面图外面增加钢筋大样图 | |
| 4 | 图中所示的箍筋、环筋，如布置复杂，应加画钢筋大样及说明 | |
| 5 | 每组相同的钢筋、箍筋或环筋，可以用粗实线画出其中一根来表示，同时用横穿的细线表示其余的钢筋、箍筋或环筋，横线的两端带斜短划线表示该号钢筋的起止范围 | |

## 3.2.2 实训练习

### 3.2.2.1 填空

（1）民用建筑混合结构平面图一般包括____________平面图和____________平面图。

（2）楼层结构布置图的形成是________________________________水平投影。它反映出每层楼面________________________________的情况。楼层结构平面图的作用是________________________________。

（3）结构平面图中墙身的可见轮廓用________线型表示，被楼板挡住而看不见的墙、柱和梁的轮廓用________线型表示。钢筋混凝土柱断面用________表示，梁的中心位置用________线型表示。

（4）构件代号 GL-4181 表示________________________________。

（5）钢筋混凝土楼板根据其施工方式的不同，可分为________、________和________三种。根据其传力方式的不同，可分为________和________。

3.2.2.2 问答题

（1）简要介绍预制板在平面图中的两种布置方式的异同。

（2）叙述现浇板和预制板楼层结构平面图主要表达内容。

（3）常用构件代号都有哪些？其表示方法是什么？

（4）结构平面图中钢筋的表示方法是什么？

（5）绘制出结构平面图中配置双层钢筋的图示方法。

3.2.2.3 综合题

阅读下面的三层结构平面图，并回答下面的问题。

（1）本楼层承重结构是________，楼板的种类有________和________两种。

（2）图中$\Phi^{RH}8@150$代表____________。

（3）①～③轴线之间楼板的钢筋配置情况，其中受力钢筋为________________，分布钢筋为______________。

（4）在2＃图纸上抄绘下面的结构平面图，注意采用合适的比例、线型和线宽。

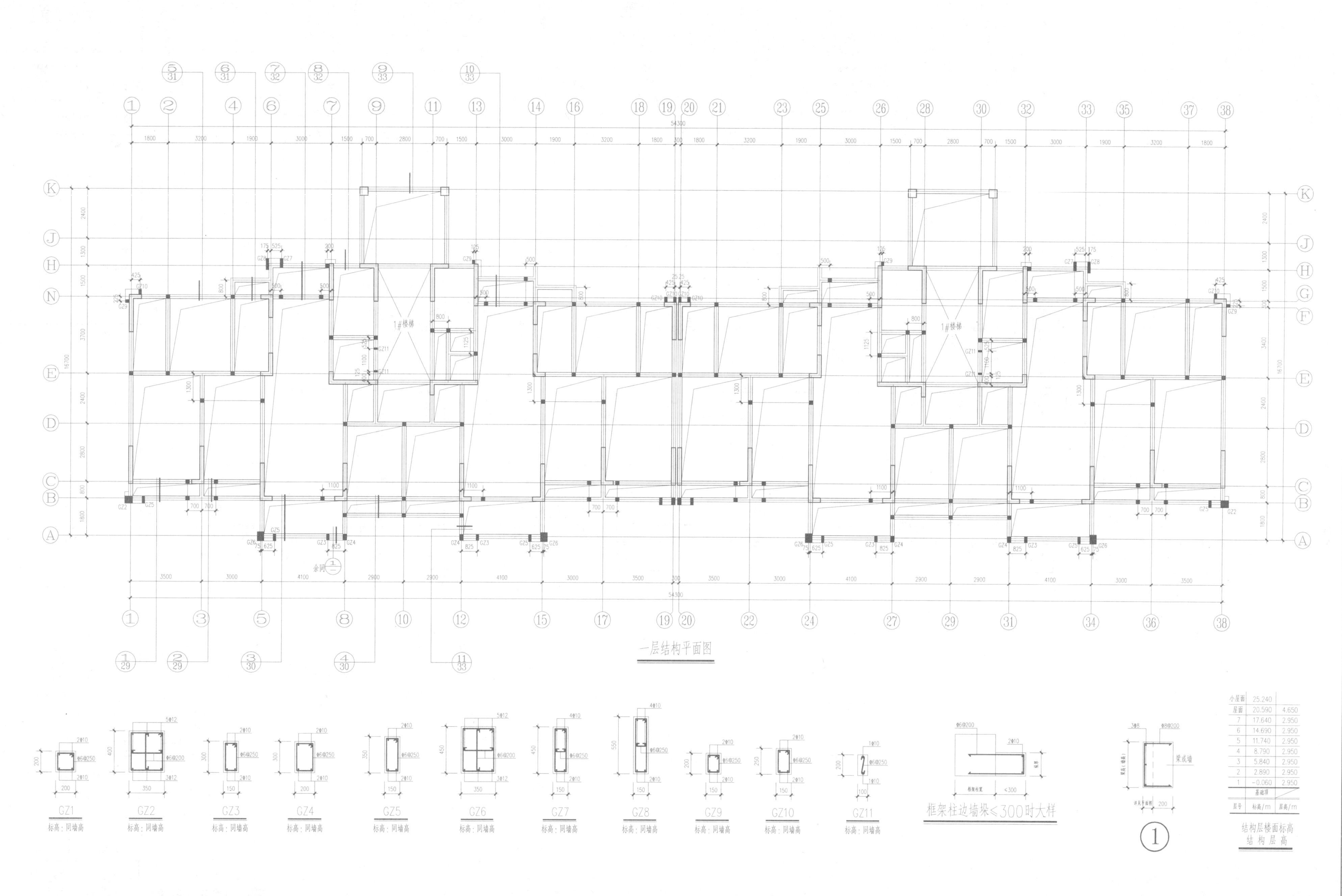


| 层号 | 标高/m | 层高/m |
|---|---|---|
| 小屋面 | 25.240 | |
| 屋面 | 20.590 | 4.650 |
| 7 | 17.640 | 2.950 |
| 6 | 14.690 | 2.950 |
| 5 | 11.740 | 2.950 |
| 4 | 8.790 | 2.950 |
| 3 | 5.840 | 2.950 |
| 2 | 2.890 | 2.950 |
| 1 | −0.060 | 2.950 |
| | 基础顶 | |

结构层楼面标高
结构层高

注：1. 未定位的梁居轴线中或梁边平墙（柱）边。
2. 图中板顶标高未注明的均同楼层结构标高 $H$，厨房烟道尺寸及定位配合建筑施工。
3. 图中未注明构造柱均为GZ1，构造柱位于墙体端部或纵横墙交接处，构造柱位置应结合建筑图确定。

XXXX综合设计研究院有限公司

建筑工程甲级 XXXXXXXX
城乡规划乙级 XXXX

传真：XXXX-XXXXXXXX
网址：Http://www.XXXX.com
邮编：XXXX
地址：河南省XXXX市XXXX号

合作单位：

| 会签栏 | | |
|---|---|---|
| 总 图 | | |
| 建 筑 | | |
| 结 构 | | |
| 给排水 | | |
| 暖 通 | | |
| 电 气 | | |

印签栏

| 审 定 | |
|---|---|
| 审 核 | |
| 项目负责人 | |
| 专业负责人 | |
| 校 对 | |
| 设 计 | |
| 制 图 | |
| 建设单位 | xxx置业有限公司 |
| 项目名称 | xxxxxx花园里 |
| 子项名称 | 6#楼 |
| 项目编号 | xxxx-xxxxx-6 |
| 图 名 | 一层结构平面图 |

| 专 业 | 结 构 | 阶 段 | 施工图 |
|---|---|---|---|
| 图 号 | 1-2-16 | 总 数 | 33张 |
| 版 次 | 第01版 | 日 期 | |

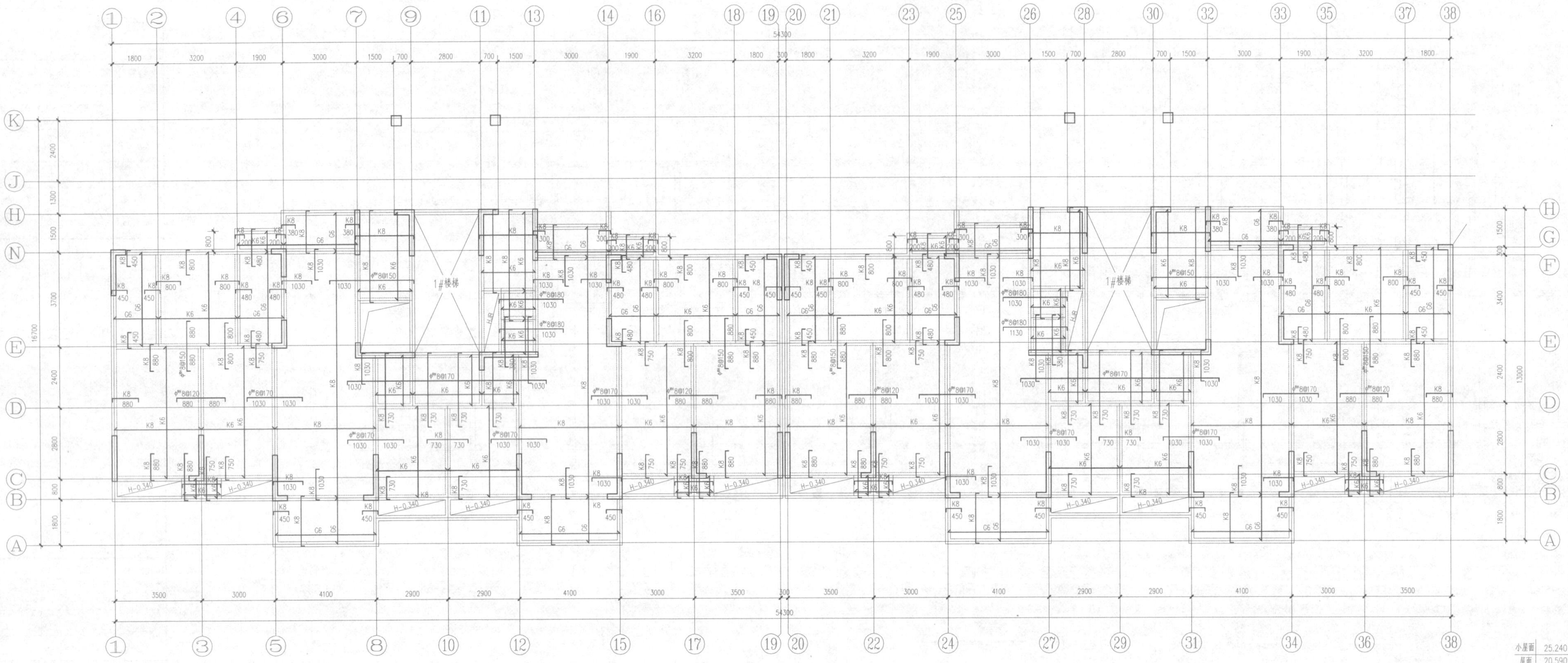

XXXX综合设计研究院
有限公司

建筑工程甲级 XXXXXXXX
城乡规划乙级 XXXX

传真： XXXX-XXXXXXXX
网址： Http://www.XXXX.com
邮编： XXXX
地址： 河南省XXXX市XXXX号

合作单位：

会签栏

| 总图 | | |
|---|---|---|
| 建筑 | | |
| 结构 | | |
| 给排水 | | |
| 暖通 | | |
| 电气 | | |

印签栏

二层结构平面图

| 小屋面 | 25.240 | |
|---|---|---|
| 屋面 | 20.590 | 4.650 |
| 7 | 17.640 | 2.950 |
| 6 | 14.690 | 2.950 |
| 5 | 11.740 | 2.950 |
| 4 | 8.790 | 2.950 |
| 3 | 5.840 | 2.950 |
| 2 | 2.890 | 2.950 |
| 1 | -0.060 | 2.950 |
| | 基础顶 | |
| 层号 | 标高/m | 层高/m |

结构层楼面标高
结构层高

| 审定 | | |
|---|---|---|
| 审核 | | |
| 项目负责人 | | |
| 专业负责人 | | |
| 校对 | | |
| 设计 | | |
| 制图 | | |

| 建设单位 | xxx置业有限公司 |
|---|---|
| 项目名称 | xxxxxx花园里 |
| 子项名称 | 6#楼 |
| 项目编号 | xxxx-xxxxx-6 |
| 图名 | 二层结构平面图 |

| 专业 | 结构 | 阶段 | 施工图 |
|---|---|---|---|
| 图号 | 1-2-18 | 总数 | 33张 |
| 版次 | 第01版 | 日期 | |

注：1. 板厚、板顶标高、板附加钢筋、构造柱布置、尺寸定位详见结构模板图。
2. 图中 K6 表示$\Phi^{RH}6@180$；图中 G6 表示$\Phi^{RH}6@200$；K8 表示$\Phi^{RH}8@200$。

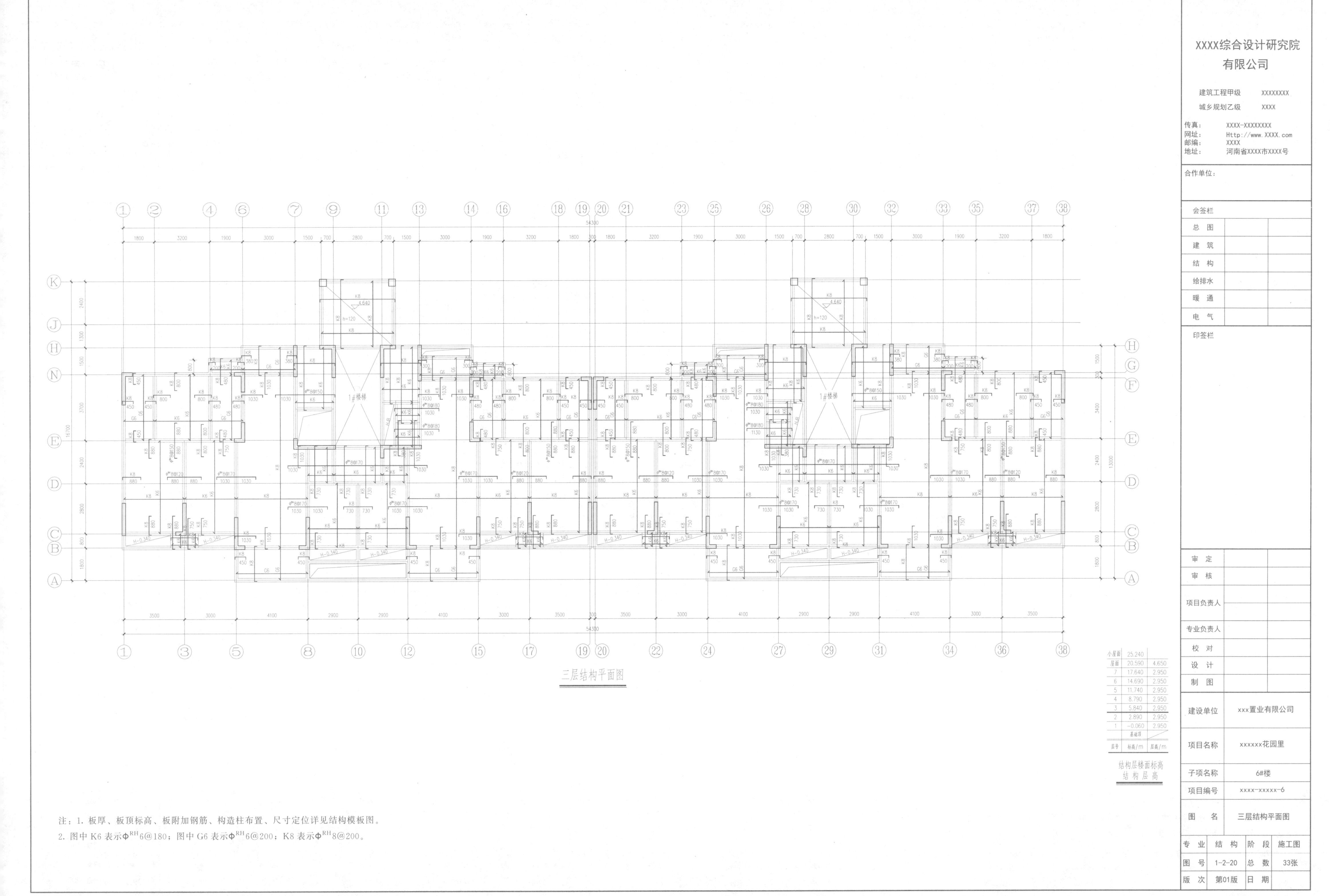
XXXX综合设计研究院有限公司
建筑工程甲级 XXXXXXXX
城乡规划乙级 XXXX
传真： XXXX-XXXXXXXX
网址： Http://www.XXXX.com
邮编： XXXX
地址： 河南省XXXX市XXXX号
合作单位：
会签栏
总 图
建 筑
结 构
给排水
暖 通
电 气
印签栏
1#楼梯
三层结构平面图
小屋面 25.240
屋面 20.590 4.650
7 17.640 2.950
6 14.690 2.950
5 11.740 2.950
4 8.790 2.950
3 5.840 2.950
2 2.890 2.950
1 -0.060 2.950
基础顶
层号 标高/m 层高/m
结构层楼面标高
结构层高
注：1. 板厚、板顶标高、板附加钢筋、构造柱布置、尺寸定位详见结构模板图。
2. 图中 K6 表示Φ^RH6@180；图中 G6 表示Φ^RH6@200；K8 表示Φ^RH8@200。
审 定
审 核
项目负责人
专业负责人
校 对
设 计
制 图
建设单位 xxx置业有限公司
项目名称 xxxxxx花园里
子项名称 6#楼
项目编号 xxxx-xxxxx-6
图 名 三层结构平面图
专 业 结 构
阶 段 施工图
图 号 1-2-20
总 数 33张
版 次 第01版
日 期

四～六层结构平面图

| 层号 | 标高/m | 层高/m |
| --- | --- | --- |
| 小屋面 | 25.240 | |
| 屋面 | 20.590 | 4.650 |
| 7 | 17.640 | 2.950 |
| 6 | 14.690 | 2.950 |
| 5 | 11.740 | 2.950 |
| 4 | 8.790 | 2.950 |
| 3 | 5.840 | 2.950 |
| 2 | 2.890 | 2.950 |
| 1 | -0.060 | 2.950 |
| | 基础顶 | |

结构层楼面标高
结 构 层 高

注：1. 板厚、板顶标高、板附加钢筋、构造柱布置、尺寸定位详见结构模板图。
2. 图中 K6 表示$\Phi^{RH}6$@180；图中 G6 表示$\Phi^{RH}6$@200；K8 表示$\Phi^{RH}8$@200。

XXXX综合设计研究院有限公司

建筑工程甲级 XXXXXXXX
城乡规划乙级 XXXX

传真：XXXX-XXXXXXXX
网址：Http://www.XXXX.com
邮编：XXXX
地址：河南省XXXX市XXXX号

合作单位：

| 会签栏 | | |
| --- | --- | --- |
| 总 图 | | |
| 建 筑 | | |
| 结 构 | | |
| 给排水 | | |
| 暖 通 | | |
| 电 气 | | |

印签栏

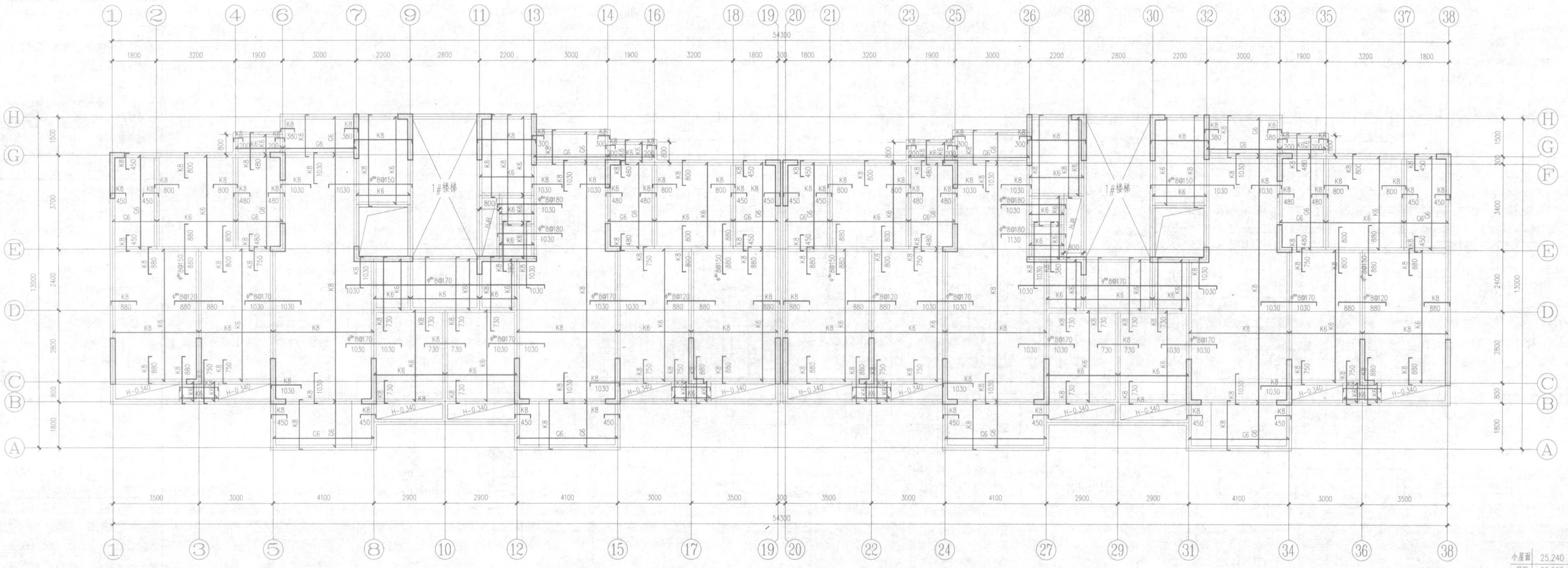

| 审 定 | |
| --- | --- |
| 审 核 | |
| 项目负责人 | |
| 专业负责人 | |
| 校 对 | |
| 设 计 | |
| 制 图 | |
| 建设单位 | xxx置业有限公司 |
| 项目名称 | xxxxxx花园里 |
| 子项名称 | 6#楼 |
| 项目编号 | xxxx-xxxxx-6 |
| 图 名 | 四～六层结构平面图 |

| 专 业 | 结 构 | 阶 段 | 施工图 |
| --- | --- | --- | --- |
| 图 号 | 1-2-22 | 总 数 | 33张 |
| 版 次 | 第01版 | 日 期 | |

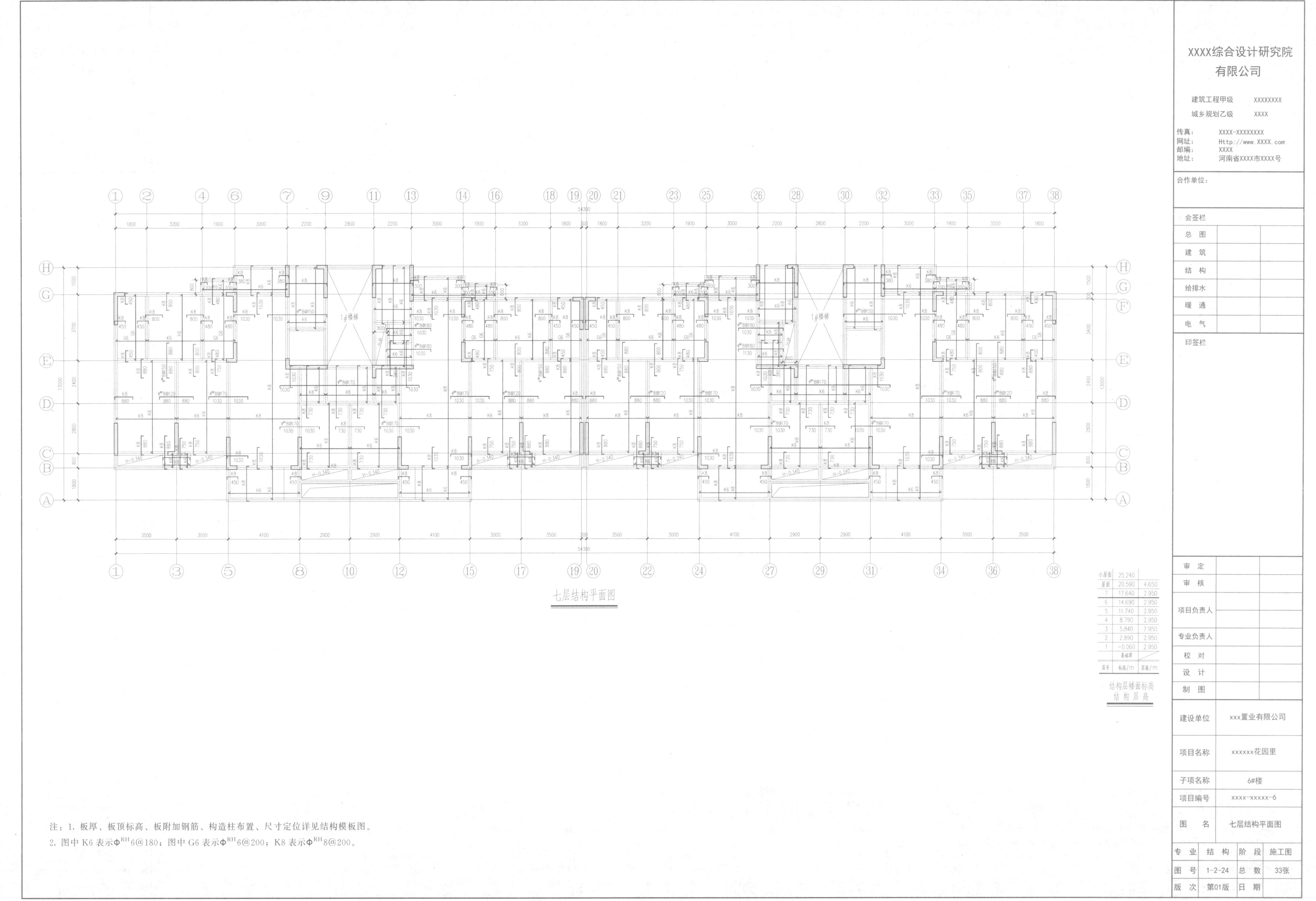


| 层号 | 标高/m | 层高/m |
| --- | --- | --- |
| 小屋面 | 25.240 | |
| 屋面 | 20.590 | 4.650 |
| 7 | 17.640 | 2.950 |
| 6 | 14.690 | 2.950 |
| 5 | 11.740 | 2.950 |
| 4 | 8.790 | 2.950 |
| 3 | 5.840 | 2.950 |
| 2 | 2.890 | 2.950 |
| 1 | -0.060 | 2.950 |
| | 基础顶 | |

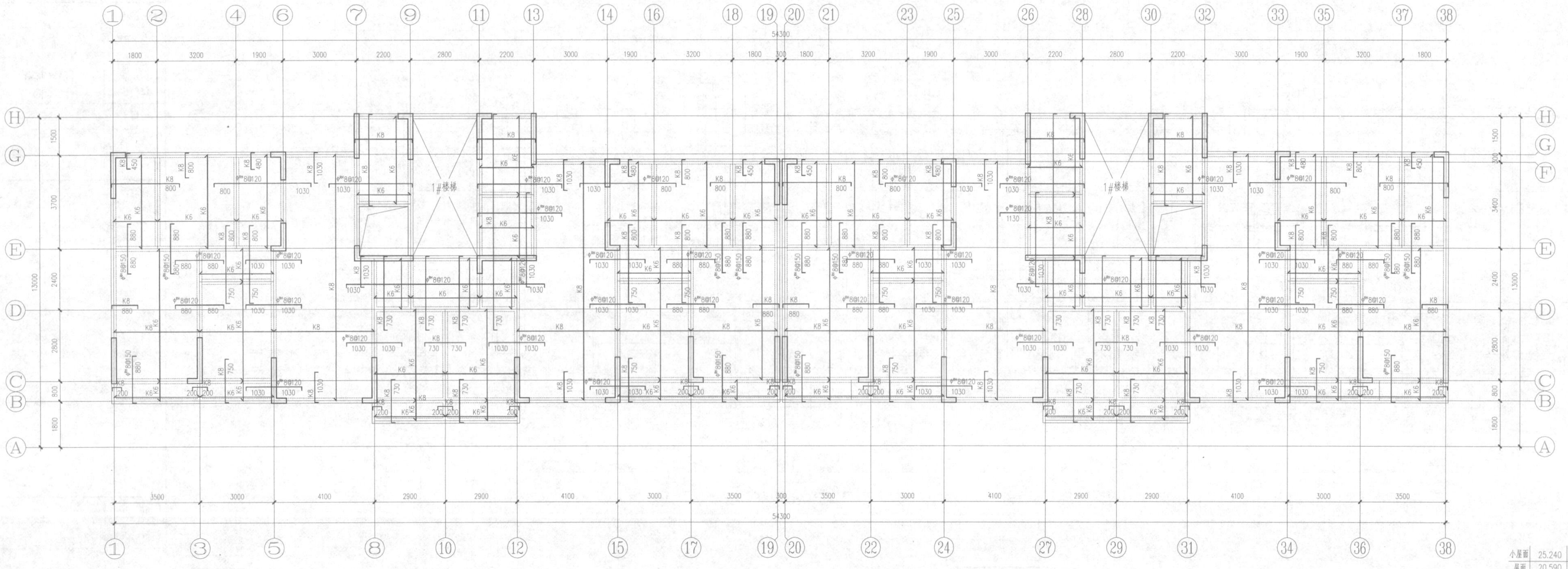

屋面结构平面图

| 小屋面 | 25.240 | |
|---|---|---|
| 屋面 | 20.590 | 4.650 |
| 7 | 17.640 | 2.950 |
| 6 | 14.690 | 2.950 |
| 5 | 11.740 | 2.950 |
| 4 | 8.790 | 2.950 |
| 3 | 5.840 | 2.950 |
| 2 | 2.890 | 2.950 |
| 1 | -0.060 | 2.950 |
| | 基础顶 | |
| 层号 | 标高/m | 层高/m |

结构层楼面标高
结构层高

注：1. 板厚、板顶标高、板附加钢筋、构造柱布置、尺寸定位详见结构模板图。

2. 图中K6表示$\Phi^{RH}6@180$；图中G6表示$\Phi^{RH}6@200$；K8表示$\Phi^{RH}8@200$。

XXXX综合设计研究院有限公司

建筑工程甲级 XXXXXXXX
城乡规划乙级 XXXX

传真：XXXX-XXXXXXXX
网址：Http://www.XXXX.com
邮编：XXXX
地址：河南省XXXX市XXXX号

合作单位：

会签栏

| 总图 | | |
|---|---|---|
| 建筑 | | |
| 结构 | | |
| 给排水 | | |
| 暖通 | | |
| 电气 | | |

印签栏

| 审定 | |
|---|---|
| 审核 | |
| 项目负责人 | |
| 专业负责人 | |
| 校对 | |
| 设计 | |
| 制图 | |

| 建设单位 | xxx置业有限公司 |
|---|---|
| 项目名称 | xxxxxx花园里 |
| 子项名称 | 6#楼 |
| 项目编号 | xxxx-xxxxxx-6 |
| 图名 | 屋面结构平面图 |

| 专业 | 结构 | 阶段 | 施工图 |
|---|---|---|---|
| 图号 | 1-2-26 | 总数 | 33张 |
| 版次 | 第01版 | 日期 | |

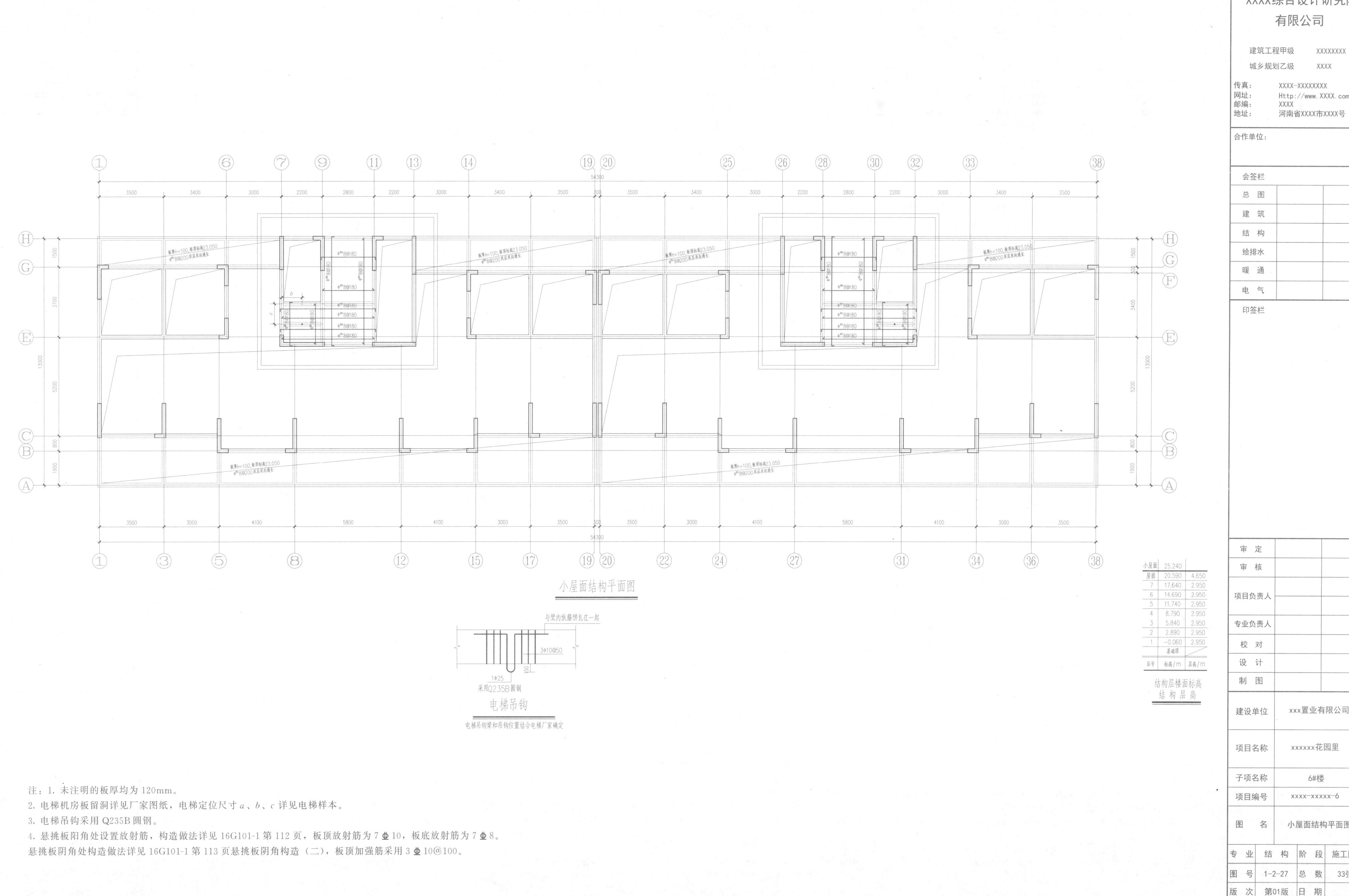


| 层号 | 标高/m | 层高/m |
|---|---|---|
| 小屋面 | 25.240 | |
| 屋面 | 20.590 | 4.650 |
| 7 | 17.640 | 2.950 |
| 6 | 14.690 | 2.950 |
| 5 | 11.740 | 2.950 |
| 4 | 8.790 | 2.950 |
| 3 | 5.840 | 2.950 |
| 2 | 2.890 | 2.950 |
| 1 | −0.060 | 2.950 |
| | 基础顶 | |

结构层楼面标高
结 构 层 高

注：1. 未注明的板厚均为 120mm。
2. 电梯机房板留洞详见厂家图纸，电梯定位尺寸 $a$、$b$、$c$ 详见电梯样本。
3. 电梯吊钩采用 Q235B 圆钢。
4. 悬挑板阳角处设置放射筋，构造做法详见 16G101-1 第 112 页，板顶放射筋为 7 Φ 10，板底放射筋为 7 Φ 8。
悬挑板阴角处构造做法详见 16G101-1 第 113 页悬挑板阴角构造（二），板顶加强筋采用 3 Φ 10@100。

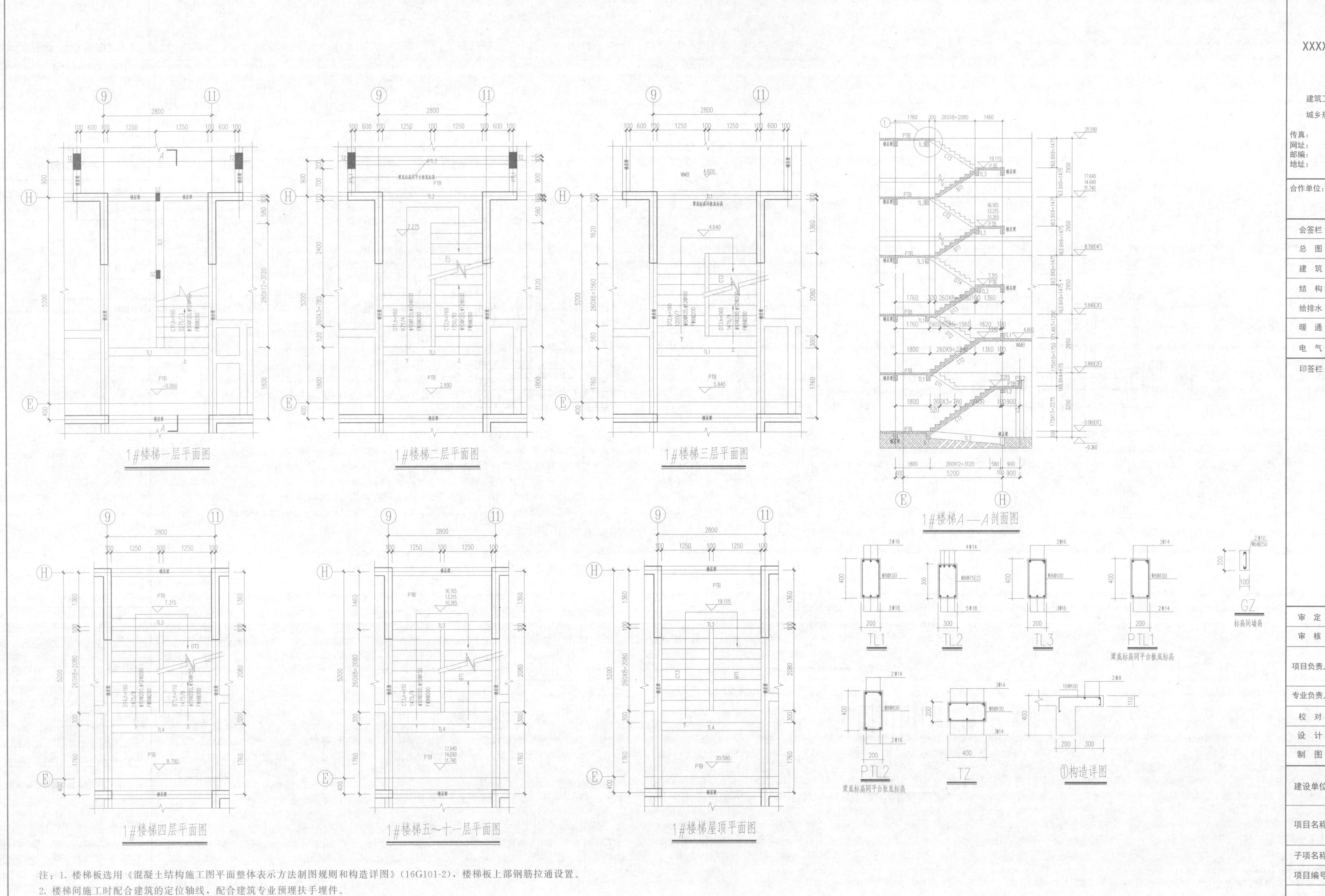


注：1. 楼梯板选用《混凝土结构施工图平面整体表示方法制图规则和构造详图》（16G101-2），楼梯板上部钢筋拉通设置。
2. 楼梯间施工时配合建筑的定位轴线，配合建筑专业预埋扶手埋件。
3. 主次梁交接处主梁两侧附加箍筋均为每边3根，间距50mm，附加箍筋直径，肢数同主梁箍筋。
4. 与梯柱、剪力墙相连的梁，按楼层框架梁的构造要求施工。
5. 图中PTB板厚100mm，配筋为双层双向⏀8@200。
6. 本楼中2#楼梯与1#楼梯为镜像关系，可参照1#楼梯进行制作。

# 课题 3.3　钢筋混凝土构件详图

房屋建筑结构中钢筋混凝土构件主要包括梁、板、柱和屋架等，结构构件类型和布置情况可以通过结构平面图表示出来，然而对于它们的形状、大小、材料、构造和连接情况等则需要分别画出各承重构件的结构详图来表示。钢筋混凝土结构详图是钢筋加工制作、混凝土浇筑的基本依据。一般情况，钢筋混凝土构件详图主要包括模板图、配筋图和钢筋表三部分。

## 3.3.1　应知应会部分

### 3.3.1.1　制图标准要求

（1）模板图

模板图即是表示构件的外形大小及预埋件的位置和尺寸等，作为制作、安装模板和预埋件的依据。模板图一般多用于构件复杂、预埋件繁多的钢筋混凝土结构，模板图一般采用细实线绘制。

（2）配筋图

钢筋混凝土构件制作完成之后，其内部的钢筋是隐蔽的，为了表达其内部钢筋的配置情况，把混凝土假想成透明体，显示构件中钢筋配置情况的图样称为配筋图，主要表达组成骨架的各号钢筋的形状、直径、位置、长度、数量、间距等，必要时，还要画成钢筋详图（也称抽筋图）。

配筋图一般包括立面图、断面图和钢筋详图。立面图是假想构件为一透明体而画出的一个纵向正投影图，它主要表明钢筋的立面形状及其上下排列的情况。在立面图中，构件立面轮廓线用细实线表示，钢筋用粗实线表示。图中箍筋只反映出其侧面（一条线），当它的类型、直径、间距均相同时，可只画出其中一部分。

断面图是构件的横向剖切投影图，它能表示出钢筋的上下和前后排列、箍筋的形状及与其他钢筋的连接关系。断面图中，构件的轮廓线采用细实线表示，钢筋的横断面用涂黑的圆点表示，箍筋用粗实线表示。一般在构件断面形状或钢筋的数量、位置发生变化之处，都要画一断面。剖切位置通常位于支座和跨中，并在立面图中画出剖切位置线，断面图中不再画出材料图例。

钢筋详图是指在构件的配筋较为复杂时，把其中的各号钢筋分别“抽”出来，在立面图附近用同一比例将钢筋的形状画出，同一编号的钢筋只画一根，并详细注写出钢筋的编号、级别、直径、数量（或间距）及各段长度与总长度的图样。其主要作用是钢筋施工下料和编制工程预算的主要依据。

（3）钢筋表

为了便于钢筋下料、制作和预算，通常在每张图纸中都有钢筋表。钢筋表的内容包括钢筋名称，钢筋简图，钢筋规格、长度、数量和质量等。利用钢筋表可以方便地识读配筋图，而且对于编制工程预算有一定的辅助作用。

（4）钢筋的标注

钢筋的标注应包括钢筋的编号、数量（或间距）、代号、直径及所在位置，通常是沿钢筋的长度标注或标注在钢筋的引出线上。标注方法如图 3-1。简单的构件，钢筋可不编号。板的配筋和梁、柱的箍筋一般是标注其间距，不注数量。具体标注方式常用以下两种方式。

① 标注钢筋的级别、根数和直径。例如 2Φ10——分别表示钢筋根数（2 根）、Ⅰ级钢筋（Φ）、钢筋直径（10mm）。

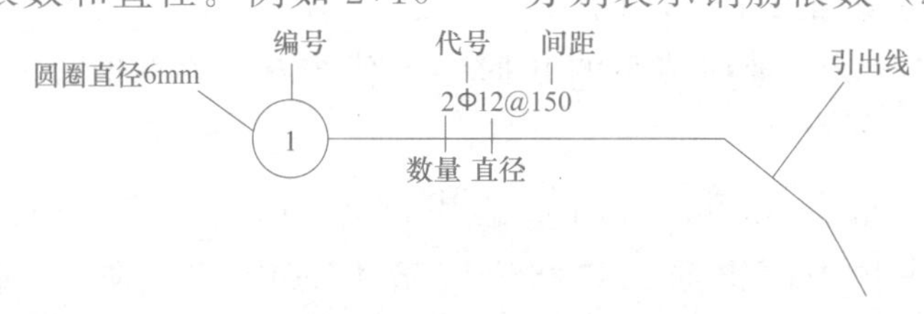


图 3-1　钢筋的标注符号

② 标注钢筋的数量、级别、直径和相邻钢筋中心距离。例如 10Φ8@200——分别表示钢筋根数（10 根）、Ⅰ级钢筋（Φ）、钢筋直径（8mm）、相等中心距离符号、相邻钢筋中心距（200mm）。

（5）钢筋混凝土结构详图的识读

① 钢筋混凝土梁结构详图。钢筋混凝土梁可以分为现浇和预制两大类，对于建筑工程中常用的梁有过梁、圈梁、楼板梁、框架梁、楼梯梁、雨篷梁等。一般情况下梁的截面形式有矩形、T 形、工形等，梁结构详图一般包括配筋图和钢筋表，复杂的梁还需要模板图和预埋件图。下面以一框架梁为例说明详图的读图方法（图 3-2）。

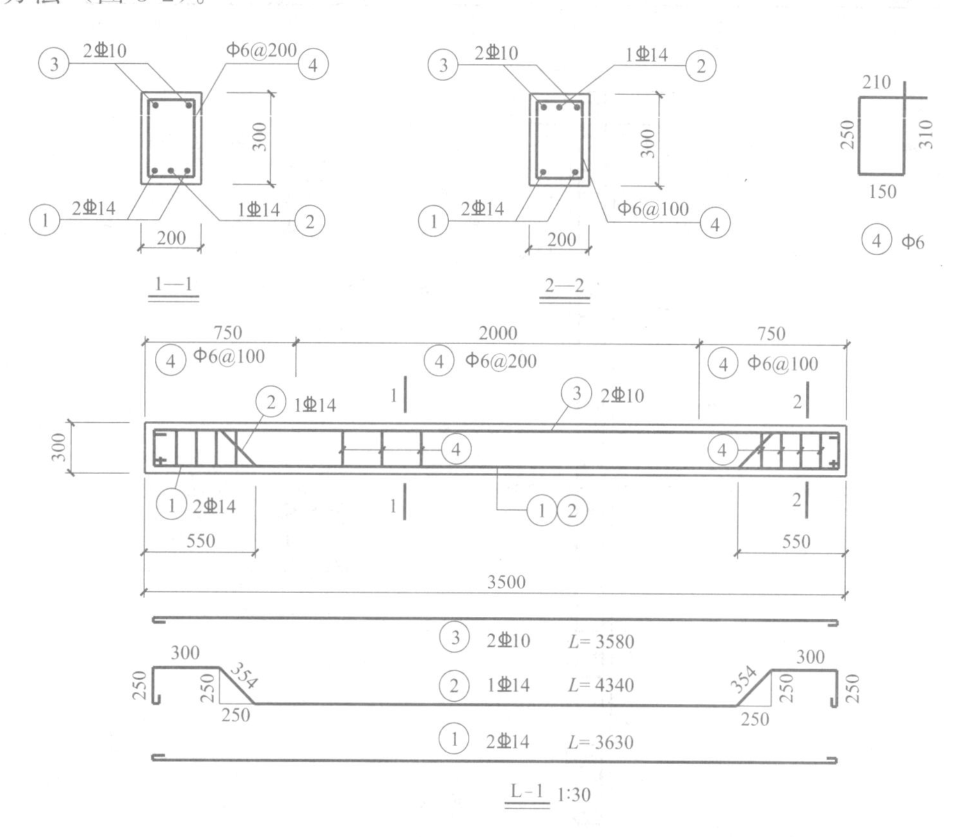


图 3-2　钢筋混凝土梁结构详图

读图时先看图名，再看立面图和断面图，后看钢筋详图和钢筋表。从图名 L-1 可以得知该梁的编号为一号梁，比例为 1∶30。梁的外形和尺寸可以结合立面图和断面图知道：此梁为矩形断面的现浇梁，断面尺寸为宽 200mm、高 300mm、梁长 3500mm。由于此梁的结构形式简单，梁的模板图和立面图重合在一起画出，其配筋情况如下：梁的上部钢筋为 2 根直径 10mm 的Ⅲ级钢筋；中部为箍筋④，钢筋直径为 6mm，分布间距为 200mm，梁的两端 750mm 钢筋加密，分布间距为 100mm；下部为①筋，2 根直径为 14mm 的Ⅲ级钢筋。②筋为弯起筋，在距梁的端部各 550mm 处，由梁的下部弯至梁的上部。钢筋沿梁的横向布置情况可以从梁的断面图得知：梁的中部 1—1 断面表明上部③筋在梁的角部布置，下部①筋和②筋均匀布置，其中②筋在梁横断面的中间位置；梁的端部 2—2 断面表明②筋在支座位置处由梁下部弯至上部，其余配筋与中部相同。

立面图下方是钢筋详图，其表示了每种钢筋的编号、数量、直径和各段的设计长度和总尺寸以及弯起角度。通常梁高小于 800mm 时弯起角度为 45°，大于 800mm 时为 60°。由图 3-2 可知，①、②和③筋的总长度分别为 3630mm、4340mm 和 3580mm。而④箍筋的详图布置在断面图的右边，主要是为了图面布局均匀，图中可知④箍筋为双肢箍，各段的设计长度如图 3-2 所示。此外，为了便于编制施工预算、统计用料，通常还列出钢筋表，说明构件的名称、数量、钢筋编号、钢筋简图、钢筋规格、直径、长度、数量、重量和总重量等，如表 3-4 所示。

表 3-4 钢筋表

| 构件名称 | 构件数 | 钢筋编号 | 钢筋简图 | 钢筋规格 | 长度/mm | 每件根数/根 | 总根数/根 | 重量/kg |
|---|---|---|---|---|---|---|---|---|
| L—1 | 1 | 1 | | Φ14 | 3630 | 2 | 2 | 8.78 |
| | | 2 | | Φ14 | 4340 | 1 | 1 | 5.25 |
| | | 3 | | Φ10 | 3580 | 2 | 2 | 4.42 |
| | | 4 | | Φ6 | 920 | 25 | 25 | 5.11 |
| | | | | | | | 钢筋总重 | 23.6 |

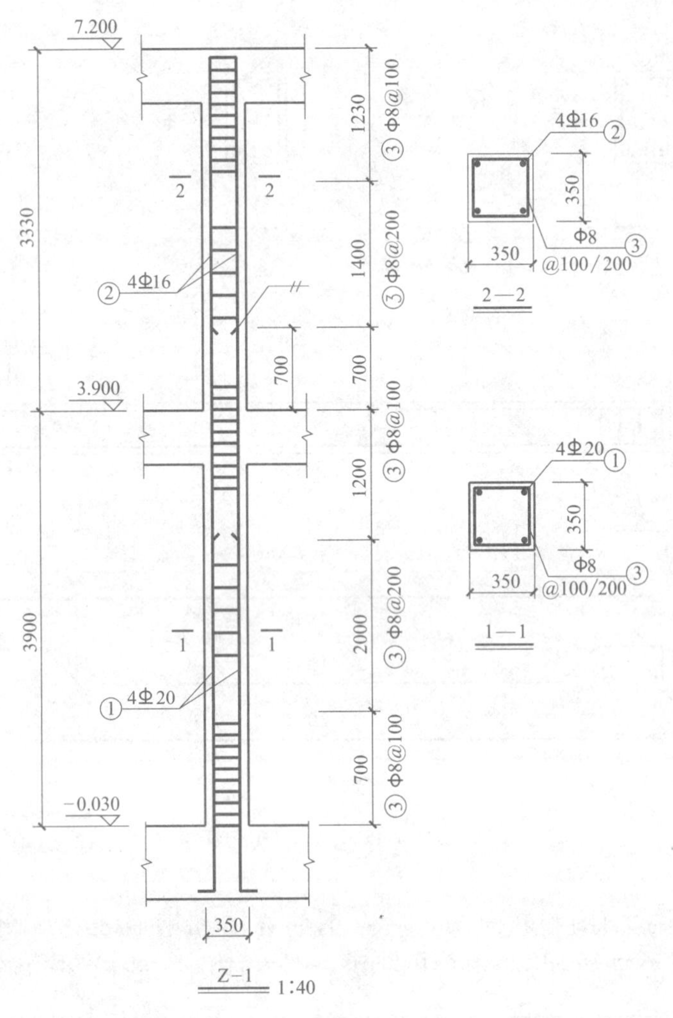


图 3-3 柱结构详图

② 钢筋混凝土柱结构详图。建筑工程中钢筋混凝土柱梁常用的类型有框架柱、框支柱、梁上柱、墙上柱等。柱常用的截面形式有矩形、圆形、H 形等。图 3-3 为现浇钢筋混凝土柱 Z-1 的结构详图。从图中可以看出，该柱从−0.030m 起到标高 7.200m 止，柱的形状为正方形，断面尺寸 350mm×350mm。由 1—1 断面可知，柱 Z-1 下部受力钢筋为 4 根直径为 20mm 的Ⅱ级钢筋，其下端锚固在基础上，具体构造见独立基础详图。由 2—2 断面可知，柱 Z-1 上部受力钢筋为 4 根直径为 16mm 的Ⅱ级钢筋，在楼层位置处和下部受力钢筋连接，具体连接方式参考构造详图或节点详图。柱的箍筋为Φ8@100/200，加密区范围分别在基础上部 700mm；楼层上方 700mm，下方 1200mm；屋面板下部 1230mm。

对于简单的钢筋混凝土柱结构详图，只利用配筋图和断面图基本上就可以表达清楚，而对于复杂的钢筋混凝土柱，比如工业厂房结构的钢筋混凝土柱，除画出其配筋图外，还要画出其模板图和预埋件详图，有时候还需要画出钢筋表。

③ 钢筋混凝土板结构详图。建筑工程常用的板类型包括楼面板、屋面板和悬挑板等，板结构详图包括配筋图、断面图和钢筋详图，复杂的板结构还需要绘制板的局部构造详图等。钢筋混凝土板结构详图的识读和楼层结构平面布置图相似，其实板结构详图可以看成楼层结构平面布置图的局部放大图，相关的识读方法可以参考楼层结构平面布置图部分相关内容。

#### 3.3.1.2 建筑工程图示要求

（1）混凝土结构施工图平面整体表示方法

将结构构件的尺寸和配筋等情况，整体地直接表达在各类构件的结构平面布置图上，再与标准构造详图相配合，就构成一套完整的结构施工图。采用平面整体表示方法绘制的结构平面图，称为平法施工图。一般平法施工图均需与标准图集配套使用。

采用平面整体表示方法绘制的结构平面图与传统结构平面图不同。传统结构平面图是在一张图上反映该层所有承重构件的平面布置情况，另外绘制详图来表示构件的详细信息；平法施工图是分别绘制柱、梁、板的结构平面布置图，并直接在其上表达构件的详细信息。平面整体表示法减少了传统将构件从结构平面布置图中索引出来，再逐个绘制配筋详图的烦琐过程，从而使结构设计表达得更方便、全面、准确，大大简化了绘图过程。

（2）柱平法施工图的识读

柱平法施工图是在柱平面布置图上，采用截面注写方式或列表注写方式，只表示柱的截面尺寸和配筋等具体情况的平面图。它主要表达了柱的代号、平面位置、截面尺寸、与轴线的几何关系和配筋等具体情况。

① 柱的平面表示方法。

a. 截面注写方式。

（a）截面注写方式是指在分标准层绘制的柱平面布置图的柱截面上，分别在同一编号的柱中选择一个截面，以直接注写截面尺寸和配筋具体数值的方式来表达柱平法施工图。

（b）按表 3-5 的规定进行编号，从相同编号的柱中选择一个截面，按另一种比例原位放大绘制柱截面配筋图，并在各配筋图上进行编号后再注写截面尺寸 $b\times h$、角筋或全部纵筋（当纵筋采用一种直径且能够表示清楚时）、箍筋的具体数值以及在柱截面配筋图上标注柱截面与轴线关系的 $b_1$、$b_2$ 和 $h_1$、$h_2$ 的具体数值。当纵筋采用两种直径时，须再注写截面各边中部筋的具体数值（对于采用对称配筋的矩形截面柱，可仅在一侧注写中部筋，对称边省略不注）。

（c）在截面注写方式中，如柱的分段截面尺寸和配筋均相同，仅分段截面与轴线关系不同时，可将其编为同一柱号，但此时应在未画配筋的柱截面上注写该柱截面与轴线关系的具体尺寸。

b. 列表注写方式。列表注写方式是在柱平面布置图上，分别在同一编号的柱中，选择一个或几个截面标注与轴线关系的几何参数代号，通过列表注写柱号、柱段起止标高、几何尺寸（包括柱截面对轴线的偏心情况）与配筋具体数值，并配以各种柱截面形状及其箍筋类型图说明箍筋形式的方式。

列表注写方式具体包括以下内容。

（a）注写柱编号。编号由类型代号和序号组成，不同类型柱编号见表 3-5。

（b）注写各段柱的起止标高。通常自柱根部往上，以变截面位置或截面未变但配筋改变处为界分段注写。框架柱和框支柱的根部标高是指基础顶面的标高，梁上柱的根部标高是指梁顶面标高，剪力墙上柱的根部标高有两种情况：当柱纵筋锚固在墙顶面时，其根部标高为墙顶面标高；当柱与剪力墙重叠一层时，其根部标高为墙顶面往下一层的结构层楼面标高。

（c）注写柱截面尺寸 $b\times h$ 及与轴线关系的几何参数代号 $b_1$、$b_2$ 和 $h_1$、$h_2$ 的具体数值。其中，$b=b_1+b_2$，$h=h_1+h_2$。

（d）注写柱纵筋。纵筋一般分角筋、截面 $b$ 边中部钢筋和 $h$ 边中部钢筋，这些参数需分别注写（采用对称配筋的可仅注写一侧中部钢筋，对称边省略不写）。当为圆柱时，表中角筋一栏注写全部纵筋。

表 3-5 柱编号

| 柱类型 | 代号 | 序号 |
| --- | --- | --- |
| 框架柱 | KZ | ×× |
| 框支柱 | KZZ | ×× |
| 芯柱 | XZ | ×× |
| 梁上柱 | LZ | ×× |
| 剪力墙上柱 | QZ | ×× |

(e) 注写箍筋类型号。具体工程所设计的各种箍筋的类型图，须画在表的上部或图中适当的位置，并在其上标注与表中相对应的 $b$、$h$ 和类型号。

(f) 注写箍筋。包括钢筋级别、直径与间距。标注时，用“/”区分箍筋加密区与非加密区长度范围内的不同间距。

② 识图步骤。

a. 查看图名、比例。

b. 核对轴线编号及其间距尺寸是否与建筑图、基础平面图相一致。

c. 与建筑图配合，明确各柱的编号、数量及位置。

d. 通过结构设计说明或柱的施工说明，明确柱的材料及等级。

e. 根据柱的编号，查阅截面标注图或柱表，明确各柱的标高、截面尺寸以及配筋情况。

f. 根据抗震等级、设计要求和标准构造详图（在“平法”标准图集中），确定纵向钢筋和箍筋的构造要求，如纵向钢筋的连接方式、搭接长度、弯折要求、锚固要求、箍筋加密区的范围等。

(3) 梁平法施工图的识读

梁平法施工图是在梁平面布置图上，采用平面注写方式或截面注写方式，只标注梁的截面尺寸、配筋等具体情况的平面图。它主要表达了梁的代号、平面位置、偏心定位尺寸、截面尺寸、配筋和梁顶面标高高差的具体情况。

① 梁平法施工图表示方法。

a. 平面注写方式。平面注写方式是指在梁平面布置图上，分别在每一种编号的梁中选择一根梁，在其上注写截面尺寸和配筋具体数值。

梁平面注写方式包括集中标注和原位标注。集中标注表达梁的通用数值，原位标注表达梁的特殊数值。当梁的某部位不适用集中标注中的某项数值时，则在该部位将该项数值原位标注。在图纸中，原位标注取值优先。

集中标注时，用索引线将梁的通用数值引出，在跨中集中标注一次，其内容有下列几项，自上而下分行注写。

(a) 第一行注写梁的编号和截面尺寸。编号由梁的类型代号、序号、跨数和有无悬挑代号几项组成。梁的类型代号见表 3-6。悬挑代号由 A 和 B 两种，A 表示一端悬挑，B 表示两端悬挑。截面尺寸注写宽×高，位于编号的后面。

表 3-6 梁的编号

| 梁类型 | 代号 | 序号 | 跨数及是否带有悬挑 |
| --- | --- | --- | --- |
| 楼层框架梁 | KL | ×× | (××)、(××A)或(××B) |
| 屋面框架梁 | WKL | ×× | (××)、(××A)或(××B) |
| 框支梁 | KZL | ×× | (××)、(××A)或(××B) |
| 非框架梁 | L | ×× | (××)、(××A)或(××B) |
| 悬挑梁 | XL | ×× | (××)、(××A)或(××B) |
| 井字梁 | JZL | ×× | |

(b) 第二行注写箍筋的级别、直径、间距及肢数。加密区与非加密区的不同间距和肢数用“/”分隔。

(c) 第三行注写梁上部和下部通用纵筋的根数、级别和直径。上部纵筋和下部纵筋两部分中间用“;”隔开，前面是上部纵筋，后面是下部纵筋。当一排纵筋的直径不同时，注写时用“+”相连，将角部纵筋写在前面，如 2Φ20+1Φ18 表示两边为 2 根Φ20 的钢筋，中间为 1 根Φ18 的钢筋。无论上部还是下部钢筋，当为多排时，用“/”将各排纵筋自上而下分开，如 6Φ20 4/2 表示上一排纵筋为 4 根Φ20 的钢筋，下一排纵筋为 2 根Φ20 的钢筋。

(d) 第四行注写梁中部构造或抗扭纵筋（当梁中有时）的根数、级别和直径。构造钢筋前加符号“G”表示，抗扭钢筋前加符号“N”表示，接续注写设置在梁两个侧面的总配筋值，且对称配置。例如 G4Φ10 表示梁的两个侧面共配置 4 根直径为 10mm 的纵向构造筋，每侧各配置 2Φ10 钢筋；如 N2Φ20 表示梁的两个侧面共配置 2 根直径为 20mm 的纵向抗扭筋，每侧各配置 1Φ20 钢筋。构造钢筋也可不标注，按标准构造详图施工。

(e) 第五行注写梁顶面标高高差。梁顶面标高高差是指相对于结构层楼面标高的高差值。有高差时，需将其写入括号内，无高差时不注写。当梁的顶面高于所在结构层的楼面标高时，其标高高差为正值，反之为负值。例如：(−0.050) 表示梁顶面标高相对于结构层楼面低 0.05m。即当结构层的楼面标高为 14.95m 时，则表示该层该梁顶面标高为 14.90m。

当在梁上集中标注的内容不适用于某跨或某悬挑部分时，则将不同数值原位标注在该跨或该悬挑部分。原位标注时，需注意以下几点。

(a) 当梁中间支座两边的上部纵筋相同时，可仅在支座的一侧标注，另一边省略不注；否则，须在两侧分别标注。

(b) 附加箍筋和吊筋直接画在平面图的主梁支座处，与主梁的方向一致，用引线引注总配筋数值。当多数附加箍筋或吊筋相同时，可在梁平法施工图上统一注明，少数不同的，在原位引注。施工时，附加箍筋或吊筋的几何尺寸采用标准构造详图。

b. 截面注写方式。截面注写方式是在分层绘制的梁平面布置图上，分别在不同编号的梁中各选择一根梁，用单边剖切符号引出配筋图，并在其上注写截面尺寸和配筋具体数值的方式。具体来讲，就是对梁按规定进行编号，从相同编号的梁中，选择一根梁，先将单边剖切符号画在梁上，再画出截面配筋详图，在配筋详图上直接标注截面尺寸，并采用引出线方式标注上部钢筋、下部钢筋、侧面钢筋

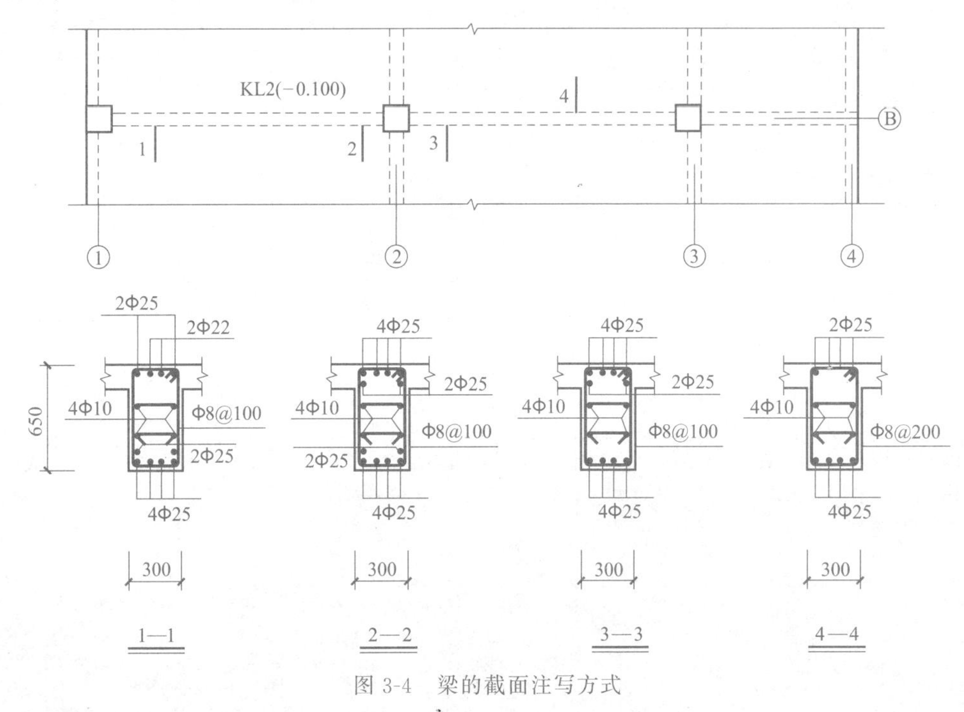

图 3-4 梁的截面注写方式

和箍筋的具体数值。当某梁的顶面标高与结构层的楼面标高不同时，应在梁编号后注写梁顶面标高高差，如图3-4所示。截面注写方式可以单独使用，也可与平面注写方式结合使用。

② 识图步骤。

a. 查看图名、比例。

b. 核对轴线编号及其间距尺寸是否与建筑图、基础平面图、柱平面图相一致。

c. 与建筑图配合，明确各梁的编号、数量及位置。

d. 通过结构设计说明或梁的施工说明，明确梁的材料及等级。

e. 明确各梁的标高、截面尺寸及配筋情况。

f. 根据抗震等级、设计要求和标准构造详图（在"平法"标准图集中有），确定纵向钢筋、箍筋和吊筋的构造要求，如纵向钢筋的连接方式、搭接长度、弯折要求、锚固要求，箍筋加密区的范围，附加箍筋和吊筋的构造等。

## 3.3.2 实训练习

### 3.3.2.1 填空题

（1）房屋建筑结构中钢筋混凝土构件结构详图主要包括________、________和________三部分，其主要作用是________________________________。

（2）模板图是表示________________________________的图样，其作用是________。

（3）配筋图一般包括________________________________、________________________________和钢筋详图；钢筋详图是表示________________________________的图样，其作用是________________________。

（4）钢筋的标注应包括________、________、________、________、________；钢筋标注10Φ8@200表示________________________________________________。

（5）钢筋混凝土梁的平面注写方式包括________标注和________标注；当两者不相适应时，________标注取值优先。

（6）柱的平法施工图注写式，柱的类型KZ代表____________，KZZ代表____________，QZ代表________，LZ代表________。

### 3.3.2.2 问答题

（1）什么情况下需要画出钢筋表？表中一般包括什么内容？其作用是什么？

（2）简要叙述钢筋混凝土结构详图的识读方法。

（3）平法的概念是什么？其和传统的制图规则有什么区别？其优越性表现在哪里？

（4）柱平法的截面注写方式怎么表示？

（5）柱平法的列表注写方式怎么表示？

（6）钢筋混凝土柱平法施工图识图步骤是什么？

（7）梁的集中标注包括的内容有哪些？

（8）梁的原位标注包括的内容有哪些？其注意要点是什么？

（9）简要叙述梁的截面注写和传统的梁断面图有什么异同。

（10）梁的平法施工图的识读步骤是什么？

3.3.2.3 综合题

（1）识读下面的现浇钢筋混凝土板的详图（图 3-5），并回答问题：

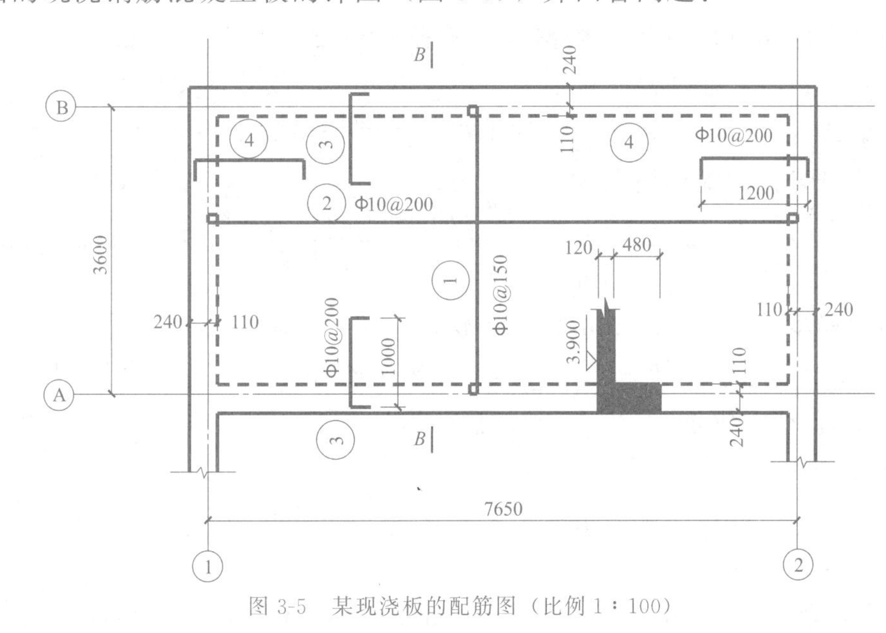


图 3-5 某现浇板的配筋图（比例 1∶100）

① 该现浇板的支撑方式是________________，其板厚为________ mm，板顶标高为____________ m，该板在计算时按________（单向板还是双向板）处理。

② 板的受力钢筋是横向____________，纵向____________。支座处的钢筋构造为____________。

③ 板中钢筋的种类共有____________种，其具体配置方式是____________________。

（2）阅读前面的四、五层结构平面布置图，回答问题：

① 楼层现浇混凝土构件有________、________和____________，其中现浇板位于________位置，现浇梁位于____________。

② 图中 HJB 表示____________________。

# 课题 3.4 多层单元住宅楼梯结构图

楼梯结构详图包括楼梯结构平面图、楼梯结构剖面图和楼梯构件详图（楼梯配筋图）。

## 3.4.1 应知应会部分

### 3.4.1.1 制图标准要求

（1）楼梯结构平面图

楼梯结构平面图为水平剖面图，是表明各构件如楼梯梁、楼梯板、平台板、楼梯间门窗过梁等的平面布置、代号、大小、平台板的配筋及结构标高等的图样。

楼梯结构平面图应分层画出，当中间几层的结构布置与构造和构件类型完全相同时，用一个标准层楼梯结构平面图表示，一般底层与其他各层不尽相同，所以底层需简单画出。

（2）楼梯结构剖面图

楼梯结构剖面图是表示楼梯间的各种构件的竖向布置和构造情况的图样。剖面图中楼层、梁底等标高，一般标注结构标高。在楼梯结构剖面图中，应标注出轴线编号和尺寸、梯段的外形尺寸和层高尺寸以及室内、外地面、楼梯平台板上表面和楼梯横梁底面的结构标高等。看楼梯剖视图时，应根据其编号对照楼梯底层结构平面图上剖切符号的剖切位置与剖视方向，想象剖切到的梯段、平台的位置与走向、未剖切到的可见的另一梯段的走向等。

楼梯结构剖面图上，除了要标注代号、说明各构件的竖向布置外，还要标注梯段、平台梁等构件的结构高度及平台面、平台梁底的结构标高（所谓结构高度和结构标高是指不包括面层厚度的构件裸高度和裸标高）。平台梁底注有结构标高，有时在平台板底也注标高，这是为施工方便而采取的标注方式。现浇钢筋混凝土构件的底标高主要供模板工定位模板用，而装配式钢筋混凝土构件的底标高则是供砌砖工在吊装构件前砌筑构件底座砌体或梁垫、圈梁等定位用。

（3）楼梯构件详图（楼梯配筋图）

在楼梯结构剖面图中，由于比例较小，构件连接处钢筋重影，无法详细表示各构件配筋时，可以用较大的比例画出每个构件的配筋图，即构件详图。一般来说，现浇钢筋混凝土楼梯的配筋图，外形尺寸详细，可兼作模板图，故又称为楼梯构件详图。楼梯构件详图的表示方法与钢筋混凝土梁、板详图的表示方法基本相同，主要是表示构件内的钢筋配置情况。

### 3.4.1.2 建筑工程图示要求

（1）楼梯结构平面图的主要内容

① 楼梯结构平面图常用比例为 1∶50，根据需要也可用 1∶40、1∶30 等。

② 楼梯结构平面图应表示出楼梯板和楼梯梁的平面布置、构件代号、尺寸及结构标高。多层房屋应画出底层结构平面图、中间层结构平面图和顶层结构平面图。

③ 楼梯结构平面图中的轴线编号应与建筑施工图对应一致。剖切符号一般只在底层结构平面图中标出。楼梯平面图中的不可见轮廓线画细虚线，可见轮廓线画细实线，剖到的砖墙轮廓线用中粗实线表示。

（2）楼梯结构剖面图的主要内容

① 楼梯结构剖面图常用比例为 1∶50，根据需要也可用 1∶40、1∶30、1∶25、1∶20 等。

② 楼梯结构剖面图表示楼梯承重构件的竖向布置、构造和连接情况。一般构件包括踏步板、楼梯梁、楼梯平台的预制板和过梁等。

③ 在楼梯结构剖面图中，应注出楼层高度、楼梯平台结构标高以及梁底结构标高。

（3）现浇混凝土板式楼梯平面整体表示方法

板式楼梯平法施工图（以下简称楼梯平法施工图）系在楼梯平面布置图上采用平面注写方式表达。楼梯平面布置图，应按照楼梯标准层，采用适当比例集中绘制，或按标准层与相应标准层的梁平法施工图一起绘制在同一张图上。楼梯的平面注写方式，即是在楼梯平面布置图上注写截面尺寸和配筋具体数值的方式来表达楼梯平法施工图。

平面注写内容，包括集中标注和外围标注。集中标注表达梯板的类型代号及序号、梯板的竖向几何尺寸和配筋；外围标注表达梯板的平面几何尺寸以及楼梯间的平面尺寸。其平面注写内容根据楼梯的类型不同也略有不同，这里只介绍两种楼梯类型 AT 和 BT 的平法表示，其他的类型可以参考相关书籍。

AT 型楼梯为两梯梁之间的一跑矩形梯板全部由踏步段构成，即踏步段两端均以梯梁为支座；BT 型楼梯为两梯梁之间的一跑矩形梯板由低端平板和踏步段构成，两部分的一端各自以梯梁为支座。

AT 型楼梯平面注写方式：集中注写的内容有 4 项，第 1 项为梯板类型代号与序号，第 2 项为梯板厚度，第3项为踏步段总高度 $H_s=h_s\times(m+1)$，式中 $h_s$ 为踏步高，$m+1$ 为踏步数目，第4项为梯板配筋；梯板的分布钢筋注写在图名的下方。外围标注表达梯板的平面几何尺寸以及楼梯间的平面尺寸。

BT型楼梯平面注写方式与AT型基本相同，唯一的区别是BT型楼梯两端各有一平台板，在楼梯平面图中要将楼层、层间平台板进行平法表示，其平面注写方式如下。

在板中部注写的内容有4项：①平台板代号与序号PTB××；②平台板厚度 $h$；③平台板下部短跨方向配筋（S配筋）；④平台板下部长跨方向配筋（L配筋），S配筋与L配筋用斜线分隔。

在板内四周原位注写的内容为构造配筋与伸入板内的长度。平台板的分布钢筋继楼梯板分布钢筋之后注写在图名的下方。

## 3.4.2 实训练习

### 3.4.2.1 填空题

（1）楼梯结构平面图为________，是表明____________________图样。

（2）楼梯结构剖面图是________________________________的图样。

（3）楼梯构件详图是____________________________________的配筋图。

（4）一般来说，现浇钢筋混凝土楼梯的________图，外形尺寸详细，可兼作模板图，故又称为楼梯构件详图。

（5）楼梯构件详图的表示方法主要是表示____________________。

### 3.4.2.2 问答题

（1）简述楼梯结构平面图的主要内容。

（2）简述楼梯结构剖面图的主要内容。

（3）楼梯平面注写内容中集中标注和外围标注各自的表示方法是什么？

### 3.4.2.3 综合题

阅读下面的楼梯结构施工图，回答以下问题。

（1）由标准层楼梯平面图可以读出，楼梯段水平投影长度为________mm，宽度为________mm，楼梯井宽度为________mm，休息平台的宽度为________mm，该楼梯类型为________。

（2）楼梯的支承形式为________，按照楼梯平法表示其楼梯类型为____________。

（3）标准层楼梯休息平台的配筋情况为：长度方向为____________钢筋，间距为________mm；宽度方向为________钢筋，间距为________mm；平台板四边的负弯矩钢筋为________________钢筋，间距为________mm；平台板厚________mm。

（4）地下室楼梯段踏步高________mm，步级数为________阶，梯板的厚度为________mm；梯板的分布钢筋为____________，间距为________mm；支承楼梯间的TZ的断面尺寸中，长为________mm，宽为________mm，受力钢筋为________，箍筋为________。

（5）楼梯间雨篷板的配筋：纵向受力钢筋为____________，间距________mm；横向受力钢筋为____________，间距________mm；板支座钢筋为________，间距________mm。板的厚度为________mm，板顶面标高为________m。

（6）L4的钢筋配置情况：梁的断面尺寸为____mm×____mm，梁的顶面标高为____m；上部通长钢筋为________，下部通长钢筋为________；箍筋为________，间距________mm，为____肢箍。

（7）楼梯AT2的楼梯板厚____mm，踏步段总高度为____mm，梯板的受力钢筋为________，间距为____mm，支座负筋为________，间距为____mm。

（8）试根据楼梯构件详图画出BT楼梯板钢筋构造详图。

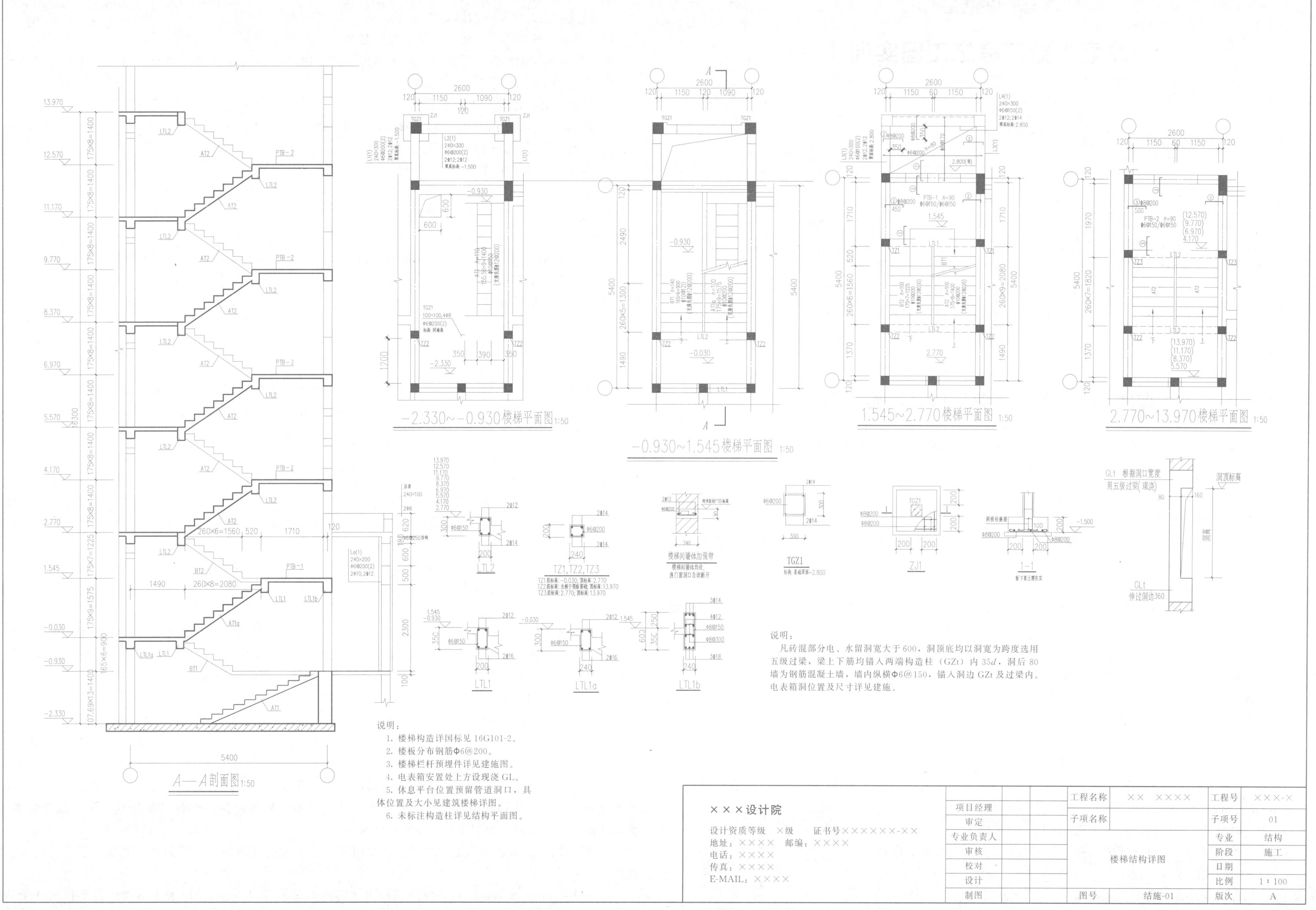
A—A剖面图 1:50
−2.330~−0.930楼梯平面图 1:50
−0.930~1.545楼梯平面图 1:50
1.545~2.770楼梯平面图 1:50
2.770~13.970楼梯平面图 1:50
LTL2
TZ1,TZ2,TZ3
楼梯间墙体加强带
TGZ1
ZJ1
1—1
LTL1
LTL1a
LTL1b
GLt 根据洞口宽度用五级过梁(现浇)
说明：
凡砖混部分电、水留洞宽大于600，洞顶底均以洞宽为跨度选用五级过梁，梁上下筋均锚入两端构造柱（GZt）内35d，洞后80墙为钢筋混凝土墙，墙内纵横Φ6@150，锚入洞边GZt及过梁内。电表箱洞位置及尺寸详见建施。
说明：
1. 楼梯构造详国标见16G101-2。
2. 楼板分布钢筋Φ6@200。
3. 楼梯栏杆预埋件详见建施图。
4. 电表箱安置处上方设现浇GL。
5. 休息平台位置预留管道洞口，具体位置及大小见建筑楼梯详图。
6. 未标注构造柱详见结构平面图。
×××设计院
设计资质等级 ×级 证书号××××××-××
地址：×××× 邮编：××××
电话：××××
传真：××××
E-MAIL：××××
项目经理
审定
专业负责人
审核
校对
设计
制图
工程名称 ×× ××××
子项名称
楼梯结构详图
图号 结施-01
工程号 ×××-×
子项号 01
专业 结构
阶段 施工
日期
比例 1：100
版次 A

# 单元④

# 单层工业厂房施工图实训

由于生产工艺条件的不同，工业厂房按层数分为单层厂房、多层厂房与混合式厂房。这里主要讲述单层工业厂房施工图的识读。单层工业厂房是目前采用比较多的建筑类型。

单层工业厂房（排架结构）的主要构造组成一般分为承重构件与围护构件两部分。承重构件即重要的结构构件，一般包括基础、排架柱、屋架（屋面梁）、基础梁、吊车梁、连系梁等；围护构件即非承重构件，一般包括外墙（外墙板）、抗风柱、屋面板、门窗、天窗等。

单层工业厂房全套施工图，一般包括总图、建筑施工图、结构施工图、设备施工图、工艺流程设计图及有关文字说明。建筑施工图包括平面图、立面图、剖面图和详图；结构施工图主要包括基础结构图、结构布置图、屋面结构图和节点构件详图等；设备施工图包括水、暖、电、工艺设备等施工图。这里只介绍建筑施工图与结构施工图。

## 课题 4.1　单层工业厂房建筑施工图

单层工业厂房建筑施工图主要包括平面图、立面图、剖面图、详图及设计说明等。

### 4.1.1　应知应会部分

#### 4.1.1.1　制图标准要求

（1）单层厂房平面图图示内容及识图要点

工业厂房建筑施工图与民用建筑施工图在图示原理和图示方法上基本相同，但由于工业建筑与民用建筑在构造上有较大的差异，图样形式上也有一些不同，单层工业厂房施工图的图示内容和识读方法也不同。

单层工业厂房平面图主要表达厂房的平面形状、平面位置及有关尺寸。其主要图示内容及识图要点如下。

① 了解图名、比例。比例常采用 1∶100、1∶150 或 1∶200。

② 理解厂房的类型，平面形状、布置，吊车出入口，坡道等。

③ 掌握图线规定，如吊车梁用点划线等。

④ 掌握定位轴线，相关尺寸的标注。

⑤ 了解详图索引、剖切符号、指北针及有关说明等。

（2）单层厂房立面图图示内容及识图要点

单层厂房建筑立面图主要是表达厂房外形、外部构件竖向布置及其相关尺寸等。其主要图示内容及识图要点如下。

① 了解图名、比例。比例常采用 1∶100、1∶150 或 1∶200。

② 其外形简洁，了解外墙装饰做法、门窗、坡道、雨水管、爬梯等。

③ 掌握图线规定（同民用建筑）。

④ 掌握尺寸及各主要部位标高标注。

⑤ 两端定位轴线、详图索引等。

⑥ 识读时要对应平面图核对相关内容。

（3）单层厂房剖面图图示内容及识图要点

单层厂房建筑剖面图主要是表达厂房结构形式、内部构造构件竖向布置及其相关尺寸等。其主要图示内容及识图要点如下。

① 了解图名、比例。比例常采用 1∶100、1∶150 或 1∶200。

② 理解厂房内部构造构件竖向布置情况及其相互关系。

③ 掌握图线规定（同民用建筑）。

④ 掌握尺寸及各主要部位标高标注。

⑤ 了解定位轴线、详图索引等。

⑥ 剖面图的识读要对应平、立面图核对相关内容。

（4）厂房详图

工业建筑的详图一般包括檐口、屋面节点详图，墙、柱节点详图等。从这些图样上可以详细地看到它们所在的位置及其构造情况，其读图方法同一般民用建筑，此处不再赘述。

#### 4.1.1.2　建筑工程图示要求

（1）平面图

① 由于厂房的功能不同，厂房结构可能是高低跨度不同的，平面图不能反映的结构形式应该结合剖面图（或立面图）表示出来。

② 平面图的纵向轴线间距一般是屋架的跨度，屋架多为标准结构形式，其跨度一般符合建筑模数 3m 的要求。横向轴线是柱的中心线，其位置一般是柱的中心线，但在山墙两侧一般是柱子外侧边线。

③ 平面图中根据厂方的功能，可以一部分用民用建筑平面图表示辅助用房，另外一部分用厂房平面图表示工业建筑部分。

④ 车间内常设置桥式吊车，在平面图中用图例表示，注明吊车起重量和轨距。

⑤ 尺寸标注和民用建筑平面图一样，沿长宽两个方向分别标注三道尺寸：最里一道尺寸表示外墙上门窗洞口大小和定位尺寸，属细部尺寸；中间一道尺寸表示定位轴线尺寸，属定位尺寸；最外道尺寸表示厂房的总长或总宽尺寸，属总尺寸。

⑥ 除此之外，对于细部构造还需用索引符号表示详图位置，用指北针表明建筑方向，剖切符号表示剖面图的剖切位置和剖视方向等。

（2）立面图

厂房立面图和民用建筑立面图基本相同，同样包括正立面图、背立面图、侧立面图等，反映了厂房的整个外貌形状和屋顶、门窗、雨篷、台阶及雨水管等细部的形状和位置。特别值得注意的是对于厂房结构立面的天窗、外墙中悬窗的位置和型式以及外墙一侧的钢楼梯的构造。

（3）剖面图和详图

① 厂房剖面图分为横剖面图和纵剖面图，但在单层厂房建筑设计中，一般不画纵剖面图。

② 剖面图重点表示厂房内部的柱、吊车梁断面及屋架、天窗架、屋面板及墙门窗等构配件的相互关系。

③ 需标注各部位（天窗、柱子、门窗洞口等）竖向尺寸；标高需要注明屋顶、柱顶、门窗顶、室外地坪等的标高，特别是屋架下弦底面（或柱顶）和吊车轨顶标高，这些尺寸是确定生产设备位置、操作和检修所需空间以及起重机高度的重要参考。

④ 对于剖面图表达不清楚的地方，需要用索引符号索引详图位置，其分类、画法、表示的含义与民用建筑一样。

⑤ 单层厂房一般都要绘制墙身剖面详图（构造简单的可以不画），用来表示墙体各部位的详细构

造、尺寸标高以及室内外装修；除此之外，对于有室内检修钢梯的厂房结构，需要利用详图表示钢梯的位置、构造做法和主要尺寸等。

### 4.1.2 实训练习

#### 4.1.2.1 填空题

（1）单层工业厂房（排架结构）的主要承重构件，一般包括________、________、________、________、________、________等。

（2）单层工业厂房全套施工图的组成，一般包括________、________、________、________、________及________。

（3）单层工业厂房建筑施工图内容主要包括________、________、________、________及________等。

（4）单层工业厂房建筑平面图主要表达________、________及________等；建筑立面图主要表达________、________及________等。建筑剖面图主要是表达________、________及________等。

（5）工业建筑的详图一般包括________、________、________等。

（6）单层厂房建筑平面图的纵向轴线间距一般表示________，横向轴线是柱的中心线，一般表示________。

（7）单层厂房建筑平面图的尺寸标注沿长宽两个方向分别标注三道尺寸：最里道尺寸表示________；中间一道尺寸表示____________；最外道尺寸表示____________。

（8）厂房剖面图分为____________，但在单层厂房建筑设计中，一般不画____________。

#### 4.1.2.2 问答题

（1）单层工业厂房平面图的主要图示内容及识图要点是什么？

（2）单层厂房立面图图示内容及识图要点是什么？

（3）单层厂房剖面图图示内容及识图要点是什么？

（4）单层厂房建筑详图一般都有哪些？

#### 4.1.2.3 综合题

识读下面的厂房建筑施工图，回答问题。

（1）该厂房结构的形式是______________________，承重结构主要材料是____________，建筑高度是________m。

（2）从平面图可知，该厂房的总长为________m，总宽为________m；厂房的纵向定位轴线为________，横向定位轴线为________，柱距为________m，跨度为________m。抗风柱的柱距为________m和________m两种。

（3）平面图中，门的种类共有________种，窗的种类有________种。在东侧山墙的抗风柱之间的门符号表示________________。

（4）厂房内设有桥式起重机，其中Ⓑ～Ⓒ轴线之间的一台桥式起重机最大起重吨位为________t，轨道间距为________m，轨顶标高为________m。

（5）厂房西侧室外标高为________m，在房间室内地面的坡度为________，室内地面四周设有地沟，其沟底的坡度为________。房屋室外设有散水，宽度为________，每隔________设置伸缩缝一道。

（6）由立面图可以看到，立面装修的做法分别为________、________、________三种，其中外墙面具体的做法是________________________________。

（7）从南立面图可知，窗 C12615 表示________________，其中悬窗的顶面和地面标高分别为________和________，窗 C6040 按开关方式属于____________种类。

（8）从西立面图可知，进出口大门门洞顶和雨篷底的标高分别为________m 和________m。室外地坪标高为________，檐口标高________，门口坡道的坡度为________。

（9）厂房剖面图的识读，1—1 剖面剖切位置在______________________，从图中可以看出，中部桥式起重机梁支座顶面标高为________m，跨度为________m，厂房中柱之间设有________连接结构。

（10）外檐沟做法符号表示______________________，厂房屋面采用________材料，屋面的支撑结构形式____________，其屋顶的排水形式属于____________。

# 建筑设计总说明

**一、设计依据**

1.1 依据甲、乙双方签定的设计合同，甲方所提供的设计资料，设计任务书及已认可的设计方案。

1.2 依据现行国家有关规范、规定及标准。

《建筑设计防火规范》(2018 年版)(GB 50016—2014)

《工业企业设计卫生标准》(GBZ1—2010)

《建筑物防雷设计规范》(GB 50057—2010)

《机械工业厂房建筑设计规范》(GB 50681—2011)

其他工程建设标准强制性条文

1.3 各有关专业提供的资料。

**二、项目概况**

2.1 建筑名称：新建安装车间。

2.2 建筑地点：×××市×××路×××号。

2.3 建设单位：××××××集团有限责任公司。

2.4 车间总建筑面积：9769.33m$^2$。

2.5 建筑分类：该工程为单层戊类厂房；耐火等级为二级；屋面防水等级为Ⅱ级；工程等级为一级。

2.6 建筑檐口高度：14.6m。

2.7 建筑功能：装配车间。

2.8 建筑主要结构形式：钢结构。

2.9 设计使用年限：50 年，抗震设防烈度为 7 度。

**三、尺寸及位置**

3.1 本工程的总平面位置及本工程室内地面标高±0.000 所相对的绝对标高详见总平面位置图。

3.2 本工程标高以 m 为单位，其他尺寸以 mm 为单位。

**四、墙体工程**

4.1 图中凡钢柱，其尺寸及定位详见结构施工图，图中所有砖墙标号及砂浆标号详见结施。墙身预留洞口，见建筑及各专业施工图。

4.2 图中除注明者外，轴线居柱中、居墙中或平柱内外皮。

4.3 ±0.000 以下基础部分墙体材料见结构施工图。

4.4 主厂房车间部分 1.2m 以下为 240mm 混凝土多孔砖砖墙，1.2m 以上为双层压型彩板外墙面。压型彩板墙外层板采用 0.53mm 厚镀铝锌 YX35-125-750 型压型钢板，内板采用 0.4mm 厚 YX28-205-820 型乳白色镀锌压型钢板。

4.5 砖墙墙身防潮层：在室内地坪下约 60mm 处做 20mm 厚 1：2 水泥砂浆内加 3%～5%防水剂的墙身防潮层（在此标高为钢筋混凝土构造，或下为砌石构造时可不做），在室内地坪变化处防潮层应重叠，并在高低差埋土一侧墙身做 20mm 厚 1：2 水泥砂浆防潮层，如埋土侧为室外，还应刷 15mm 厚聚氨酯防水涂料（或其他防潮材料）。

**五、屋面工程**

5.1 车间的屋面为“双层彩钢板＋保温层（75mm 厚玻璃丝棉）”，屋面防水等级为Ⅱ级。

5.2 压型钢板屋面及墙体未详之处见 01J925-1《压型钢板、夹芯板屋面及墙体建筑构造》及 06J925-2《压型钢板、夹芯板屋面及墙体建筑构造（二）》。

5.3 屋面排水组织见屋顶平面图。外排雨水斗、雨水管采用 UPVC 管材，雨水管的直径均为 *DN*100mm。

5.4 其余未注明做法见“装修构造表”。

**六、门窗**

6.1 门窗大样所注尺寸为洞口尺寸，门窗加工及安装单位对实际门窗洞口尺寸及数量须对照门窗表到现场核验、校准无误后，方可下料制作及安装。

6.2 除注明外，所有外门立樘于墙外皮，内门立樘与开启方向与墙内皮平齐，所有窗立樘均居墙中（厂房大门里外均设防撞柱）。

6.3 门窗预埋在墙或柱内的木、铁构件，应做防腐、防锈处理，连接时需在与铝材接触处加设塑料或橡胶垫片。

6.4 变压器室外窗内衬不大于 10mm×10mm 网格的钢丝网。

6.5 各种混凝土的预留预埋均应在土建施工中预留预埋。

6.6 厂房所有窗户均采用铝合金窗，铝合金外窗采用透明浮法中空玻璃（5mm＋10mm＋5mm）。

6.7 外窗性能指标：气密性 4 级；空气渗透量≤1.5m$^3$/(m·h)；中性能窗，一等品。所有订制的门窗要求严格进行抗风压计算，满足安全使用要求。

6.8 所有五金选用优质材料，均按其相应标准图配套选用，门锁及把手安装前应由甲方根据实际情况确定式样及规格。

6.9 所有内窗台粉刷材料等同于砖墙墙身涂料，内窗台面须高出外窗台面 20mm。

6.10 所有多孔砖外墙窗台，均应设混凝土现浇压顶，压顶厚度为 80mm 厚，压顶配筋 3Φ6 通长，箍筋Φ6@200，C25 混凝土浇筑。

**七、室内外装饰工程**

7.1 内外装修材料的选用及工程做法详见“装修构造表”，外墙装修材料使用部位详见立面图。

7.2 内外装修材料须提供的产品样品和制作的施工样板由设计单位及业主共同选定。

7.3 所有混凝土面做粉刷前均须先刷含胶水泥浆一道，混凝土面油渍严重者应用碱液清洗。

7.4 砖墙面层喷涂或油漆须待粉刷基层干燥后进行。

7.5 所有管道及施工洞待设备安装完毕后均应以不燃材料堵实。

7.6 所有金属外露管道均做油漆，颜色按各专业要求。

7.7 所有露明吊挂、支撑钢杆件、预埋铁等铁件均需镀锌或刷防锈漆两道。

7.8 所有木构件均先打腻子，刷 S52-41 米黄色聚氨酯面漆两次，埋入木料均满涂防腐嗅油。凡靠墙木构件、木门樘等材料均应事先涂刷防腐剂或氟化钠两道。

**八、防水防潮工程**

8.1 本套设计文件防水工程设计采用国家建筑标准设计图集，施工中必须严格按照各分项中设计要点的要求。

| ×××建筑设计院 | | | | 工程名称 | | ×××安装车间 | |
|---|---|---|---|---|---|---|---|
| 审定 | | 方案 | | 建筑设计总说明 | | 设计号 | ×××× |
| 总工程师 | | 设计 | | | | 图别 | 建施 |
| 注册师 | | 制图 | | | | 图号 | 1 |
| 审核 | | 校对 | | | | 专业张数 | 4 |
| 项目负责人 | | 专业负责人 | | 第1张 | 共4张 | 日期 | |

# 建筑设计总说明

8.2　车间屋面防水等级为Ⅱ级。

8.3　屋面墙体防水施工时详细节点做法：彩板屋面外檐沟及女儿墙泛水做法见06J925-2第27页节点4和第40页节点15。

8.4　所有防水涂料涂层应在涂层完全固化成膜后，经质检人员检查防水层质量合格，方可进行下一道工序施工。

**九、建筑配件做法**

钢梯、栏杆及扶手做法参见02J401第41页。

**十、室外工程**

10.1　室外散水的做法见05YJ9-1第51页节点3，散水尺寸详见平面图。

10.2　坡道做法见05YJ9-1第53页节点10，坡道尺寸详见平面图。

**十一、彩色复合压型钢板的其他说明**

11.1　彩色复合压型钢板参见国标01J925-1及06J925-2进行施工。

11.2　由于压型钢板的节点详图因各生产厂家的板型不同而异，因此本工程有关彩色复合压型钢板的节点详图，必须在生产厂家认可后方可施工，生产厂家必须保证施工后不漏水，如果生产厂家对有关彩色复合压型钢板的节点详图有异议，应由生产厂家对节点图进行修改，由甲方设计单位认可后方可施工，且生产厂家保证施工后不漏水。

11.3　彩色复合压型钢板的铺设要注意常年风向，横向搭接方向宜与常年风向一致。

11.4　彩色复合压型钢板的板肋搭接处，在两肋之间要加设密封胶条。

11.5　彩色复合压型钢板安装上所需密封胶均为不腐蚀金属构件的单组分聚氨酯密封胶，注意不允许含有硅、硒成分。

**十二、其他**

12.1　设计中选用的标准图，不论采用局部节点，还是全部详图，均应全面配合该标准图施工。

12.2　所有内外装修材料大面积施工前，须做出样板，经建设、设计人员同意后方可施工。

12.3　本工程所用所有原材料、成品、半成品均应为合格产品，并应符合国家规定的环保要求。

12.4　施工时必须与结构、水、电、暖、通风专业配合。凡预留洞穿墙、板、梁及预埋件位置等须对照结构，设备施工图确定准确无误后，方可施工。

12.5　如施工中发现材料做法厚度与材料做法表或通用图集中做法不一致，可在设计方认可的条件下，对其中垫层或混凝土找坡层厚度作适当增减。

12.6　本设计除特别注明者外，尺寸均以毫米为单位，标高以米为单位。除特别标明处外，所有尺寸标注到轴线或结构表面。

12.7　防水材料应选用国家住房和城乡建设部推荐产品，除图纸明确选用的材料外，如若改变应由甲乙双方共同协商调研后，根据防水性能择优选用。

12.8　设计中不详之处应及时和设计单位协商，解决后方可施工。

装修构造表

| 名称 | 序号 | 选用标准图及材料 | 适用部位 |
|---|---|---|---|
| 屋面 | 屋1 | 06J925-2屋4A(360°直立缝锁边连接) | 主厂房 |
| 地面 | 地1 | 50mm厚C30细石混凝土，做耐磨地坪，6m×6m切割缝<br>150mm厚C20混凝土(在有地轨处和组装区)<br>300mm厚3∶7灰土<br>素土夯实 | 所有地面 |
| 外墙 | 外墙1 | 06J925-2　墙3A(保温层50mm厚玻璃丝棉) | 1.2m以上墙面 |
|  | 外墙2 | 05YJ1　外墙25 | 1.2m以下墙面 |
| 踢脚 | 踢脚1 | 05YJ1　踢1(水泥砂浆踢脚) | 所有踢脚 |
| 漆 | 漆1 | 木基层清理、除污、打磨等<br>刮腻子、磨光<br>底油一遍<br>调和漆二遍(米黄色) | 所有木制品 |
|  | 漆2 | 清理金属面除锈<br>防锈漆或红丹一遍<br>刮腻子、磨光<br>调和漆二遍(白色) | 所有金属栏杆 |

门窗表

| 类型 | 设计编号 | 洞口尺寸/(mm×mm) | 数量 | 图集名称 | 备注 |
|---|---|---|---|---|---|
| 门 | M1521 | 1500×2100 | 2 | 参05YJ4-1　89页　1PM-1521 | 平开门 |
|  | TLM8060 | 8000×6000 | 4 | 参03J611-4　18页　-7878 | 推拉门 |
|  | TLM9060 | 9000×6000 | 2 | 参03J611-4　18页　-9078 | 推拉门 |
| 窗 | C6040 | 6000×4000 | 32 | 详见建施4 | 铝合金推拉组合窗 |

| ×××建筑设计院 | | | | 工程名称 | | ×××安装车间 | |
|---|---|---|---|---|---|---|---|
| 审定 | | 方案 | | 建筑设计总说明 | | 设计号 | ×××× |
| 总工程师 | | 设计 | | | | 图别 | 建施 |
| 注册师 | | 制图 | | | | 图号 | 1 |
| 审核 | | 校对 | | | | 专业张数 | 4 |
| 项目负责人 | | 专业负责人 | | 第1张 | 共4张 | 日期 | |

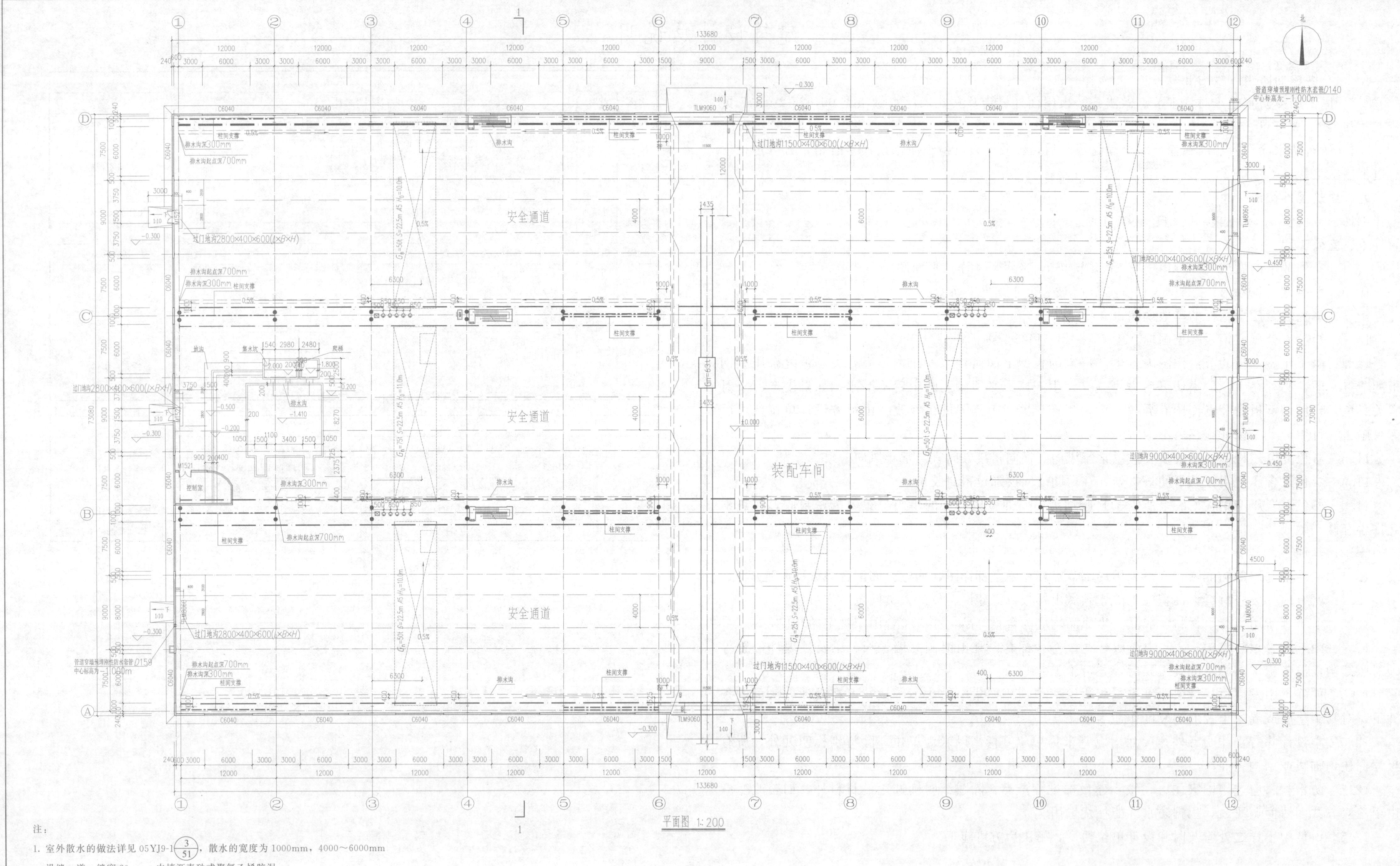


注：

1. 室外散水的做法详见 05YJ9-1 $\frac{3}{51}$，散水的宽度为 1000mm，4000～6000mm 设缝一道，缝宽 20mm，内填沥青砂或聚氯乙烯胶泥。
2. 坡道详见 05YJ9-1 $\frac{10}{53}$，所有坡道坡度均为 10%，两侧均宽出门洞 500mm。
3. 屋面检修梯做法参见 02J401 第 81 页节点 TDWb-144。
4. 外墙做法参见 01J925-1 $\frac{38}{39}$。
5. 地沟做法参见 02J331 $\frac{-}{11}$（宽度为 400mm，深度为 800mm），盖板做法参见 02J331 $\frac{3}{74}$。

| ×××建筑设计院 | | | | 工程名称 | ×××安装车间 | |
|---|---|---|---|---|---|---|
| 审定 | | 方案 | | 平面图 | 设计号 | ×××× |
| 总工程师 | | 设计 | | | 图别 | 建施 |
| 注册师 | | 制图 | | | 图号 | 2 |
| 审核 | | 校对 | | | 专业张数 | 4 |
| 项目负责人 | | 专业负责人 | | 第 2 张　共 4 张 | 日期 | |

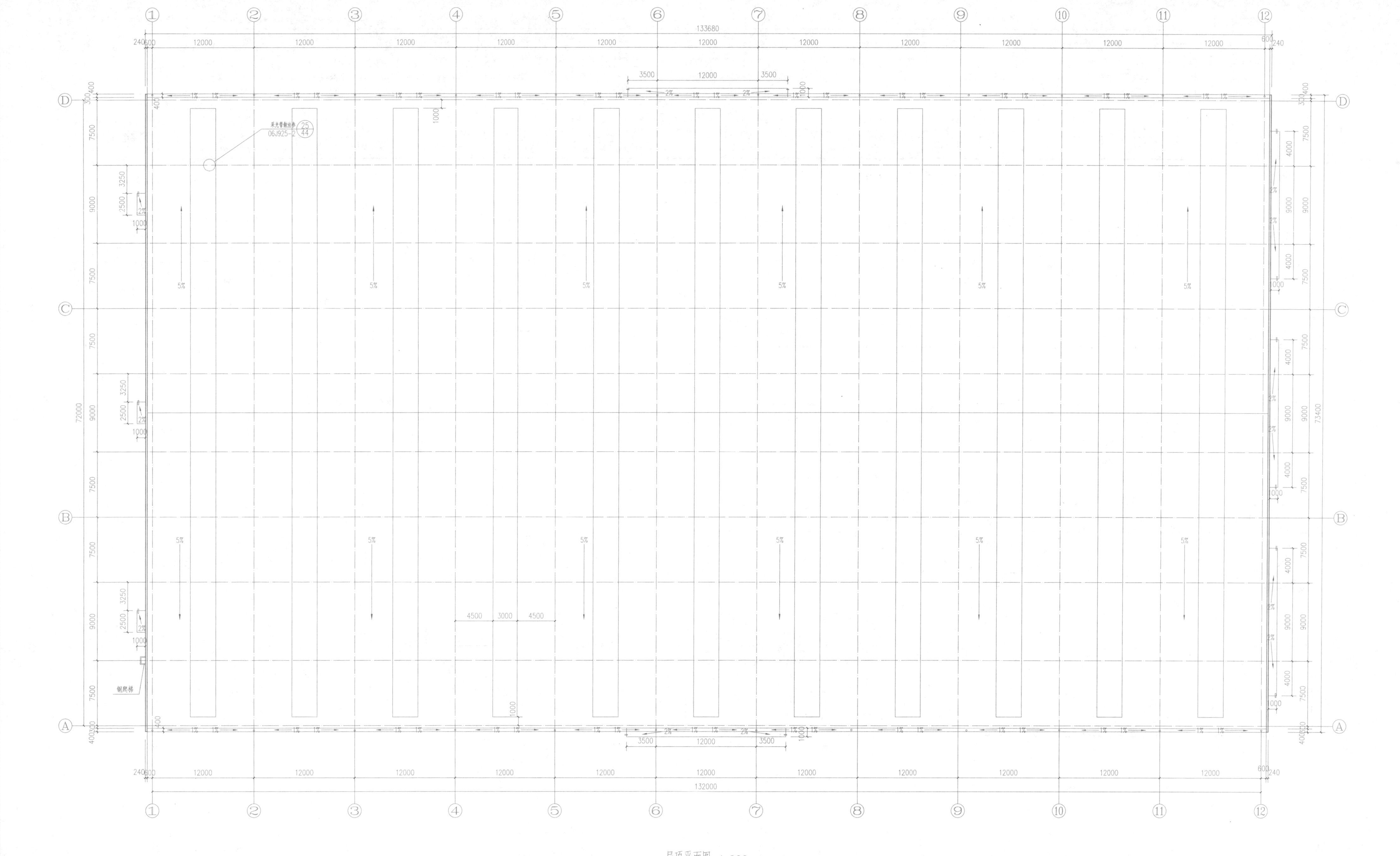


屋顶平面图 1:200

注：

1. 雨篷定位详见屋顶平面图，所有雨篷外挑出墙面 1000mm；雨篷过水孔用 $\phi$50PVC 管外伸 100mm；压型钢板雨篷做法参照 01J925-1$\frac{\text{一}}{42}$。
2. 雨水管选用 $\phi$100 硬质 PVC 管。
3. 外檐沟做法参见 06J925-2$\frac{5}{27}$。
4. 雨水管穿雨篷做法参见 06J925-1$\frac{\text{一}}{37}$。

| ×××建筑设计院 | | | | 工程名称 | ×××安装车间 | |
|---|---|---|---|---|---|---|
| 审　定 | | 方　案 | | 屋顶平面图 | 设计号 | ×××× |
| 总工程师 | | 设　计 | | | 图　别 | 建施 |
| 注册师 | | 制　图 | | | 图　号 | 3 |
| 审　核 | | 校　对 | | | 专业张数 | 4 |
| 项目负责人 | | 专业负责人 | | 第 3 张　共 4 张 | 日　期 | |

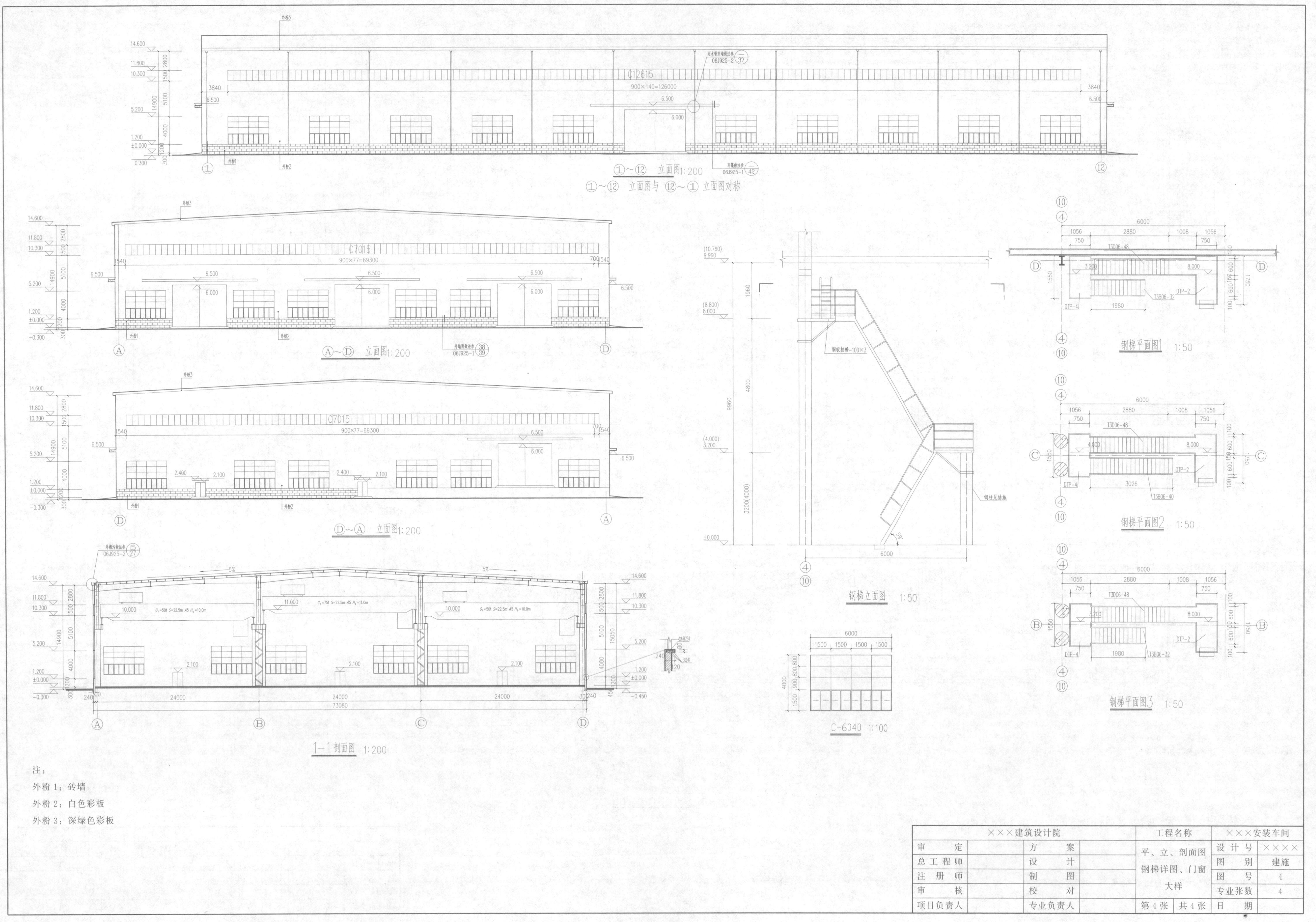

①～⑫ 立面图 1:200
①～⑫ 立面图与 ⑫～① 立面图对称
C12615
900×140=126000
Ⓐ～Ⓓ 立面图 1:200
C7015
900×77=69300
Ⓓ～Ⓐ 立面图 1:200
1-1 剖面图 1:200
24000
73080
钢梯立面图 1:50
钢梯平面图 1:50
钢梯平面图2 1:50
钢梯平面图3 1:50
C-6040 1:100
注：
外粉 1：砖墙
外粉 2：白色彩板
外粉 3：深绿色彩板
×××建筑设计院
审定
总工程师
注册师
审核
项目负责人
方案
设计
制图
校对
专业负责人
工程名称
平、立、剖面图
钢梯详图、门窗
大样
第 4 张 共 4 张
×××安装车间
设计号 ××××
图别 建施
图号 4
专业张数 4
日期

# 课题 4.2　单层工业厂房结构施工图

单层工业厂房通常采用钢筋混凝土排架结构，即由屋架、柱子和基础组成若干个横向的平面排架，再由屋面板、吊车梁、连系梁等纵向构件连成空间整体。为了保证厂房空间结构的整体稳定性和荷载的可靠传递，根据需要厂房中还设置柱间支撑、屋盖支撑等，使单层厂房构成完整的空间结构体系。

单层工业厂房大多是通过安装预制构件形成厂房的骨架，墙体仅起围护作用。厂房的主要构件中很多构件详图都可通过标准图集来选用，所以它的图纸数量一般不大。单层工业厂房结构施工图主要包括基础结构图、结构布置图、屋面结构图和节点构件详图等。

## 4.2.1　应知应会部分

### 4.2.1.1　制图标准要求

（1）基础结构图

单层工业厂房基础结构图包括基础平面图、基础详图和文字说明三部分。基础平面图反映基础的平面布局、基础和基础梁的布置、编号和尺寸等。基础详图表示出了基础的形状、全部尺寸、配筋情况及基础之间或基础与其他构件的连接情况。

由于单层工业厂房的竖向承重构件采用钢筋混凝土柱子，因此柱下通常采用钢筋混凝土独立基础，一般为杯形基础。厂房的外墙大多是自承重围护墙，一般不单独设置条形基础，而且将墙砌筑在基础梁上，基础梁搁置在杯形基础的杯口上。基础平面图主要反映杯形基础、基础梁或墙下条形基础的平面位置，以及它们与定位轴线之间的相对关系。

基础平面图的图示特点、主要内容及识图方法如下。

① 在基础平面图中，只画出其轮廓线，独立基础的底面外形是可见轮廓线，用中实线表示。至于基础的细部轮廓线可省略不画，这些细部的形状，将具体反映在基础详图中。

② 看纵横定位轴线编号。通过纵横向定位轴线，可知道有多少基础，基础间的定位轴线尺寸是多少。定位轴线的编号要与建筑平面图对照，看是否一致，如有矛盾应立即修改达到统一。

③ 看基础平面形状、大小、尺寸及与轴线的关系。

④ 看基础位置和代号，根据代号可以查看基础详图。

⑤ 看基础平面图中的剖切位置线，可以了解基础断面图的种类、数量及其分布位置，以便与基础详图相对照阅读。

⑥ 看图中的施工说明。

（2）基础详图

基础详图是柱下独立基础做垫层、支模板、绑扎钢筋、浇筑混凝土施工用的。一般情况下基础详图包括平面图和剖面图，其图示内容和特点如下。

① 平面图、剖面图比例常用 1∶20、1∶30、1∶50 等比例绘制。

② 平面图表示基础的外形尺寸、每一阶的尺寸、杯口和柱子的尺寸。剖面图主要表示基础的埋置深度、高度尺寸以及每阶的高度和杯口的深度。

③ 平面图中常利用局部剖视图表示基础钢筋的平面布置情况，包括纵横向钢筋的数量型号、直径和间距。剖面图则表示基础钢筋的立面布置情况以及柱子和基础的节点连接方式等。

④ 图中常出现详图索引符号和剖面符号，用以表示其局部详细构造。

基础详图识读方法如下。

① 看图名、比例。

② 看基础断面图中轴线及其编号。

③ 看基础断面各部分详细尺寸和室内外地面、基础底面的标高。

④ 看基础配筋。

⑤ 看施工说明。

（3）结构布置图

梁、板、柱等结构构件布局图表示厂房屋盖以下、基础以上全部构件的布置情况，包括柱、柱间支撑、吊车梁、连系梁等构件的布置。通常将这些构件画在同一结构布置图上。

① 柱。厂房中的各个柱子，由于生产工艺要求和承受的荷载以及所布置位置不同，在构件布置图中采用不同的编号来加以区别。虽然厂房中某些柱子的截面、配筋都相同，但由于柱子所处的位置和与之连接的其他构件不同，所以柱子上设置的预埋件的数量和位置也不同。

② 柱间支撑。单层工业厂房设置柱间支撑的主要目的是提高厂房的纵向刚度和稳定性，在水平方向传递吊车的水平推力和山墙传来的风荷载。牛腿柱分为以牛腿表面为分界面的上柱和下柱，柱间支撑亦分为上柱柱间支撑和下柱柱间支撑。

③ 吊车梁。单层工业厂房设有桥式吊车的起重设备，需要在柱子牛腿上设有吊车梁。吊车梁沿纵向柱列布置。

④ 连系梁。连系梁是沿厂房纵向柱列设置的用以增强厂房纵向刚度，并传递风荷载和承担部分围护墙体荷载的结构体。对于有些中小型的单层工业厂房，还可以用圈梁兼作连系梁和窗过梁。

（4）屋面结构图

屋面结构图主要表明屋架、屋盖支撑系统、屋面板、天窗结构构件等的平面布置情况。一般屋架用粗单点长划线表示。各种构件都要在其上注明代号和编号。

（5）节点构件详图

工业厂房建筑构件，目前已有国家通用标准图集选用。如钢筋混凝土梯形屋架 04G314，该图集有 15m 跨度和 18m 跨度两种屋架详图，除总说明屋架的模板图、配筋图、配筋节点详图、预制腹杆详图、预埋件详图、屋架钢材明细表、屋架构造及檐口钢筋明细表等外，还有屋架上弦支撑平面布置图、上弦水平支撑详图、钢系杆详图、竖向支撑详图等，需要时可查找相应的标准图。这里不再过多介绍。

在识读工业厂房施工图时，识读方法和民用建筑施工图大同小异，要坚持“先文后图、先图外后图内、先次要后主要、先地物后地貌、先整体后局部”的原则，由外向里、由大到小、由粗到细逐步细化识读，直至读懂全部内容。

### 4.2.1.2　建筑工程图示要求

（1）基础图

① 单层工业厂房的基础多为现浇钢筋混凝土杯形基础，用结构构件代号 J-×（×是基础的编号）来表示；其辅助建筑的基础多为毛石砌筑的条形基础，图中只需画出墙身轮廓线和基坑开挖边线，无需编号。

② 当房屋底层平面中有较大的门洞时，为了防止在地基反力作用下引起室内地面开裂，通常在门洞处的条形基础上设置基础梁。基础平面图中基础梁的代号为 JL（或称为地梁 DL）。除了设置基础梁外，如果地基条件较差，为了协调基础之间的不均匀沉降，根据设计需要设置地圈梁，代号为 JQL。

③ 钢筋混凝土独立基础结构详图中可以采用一部分绘独立基础外形轮廓，另一部分绘出内部钢筋的配置情况。基础内钢筋形状、直径、间距和级别等在图中注明。基础钢筋的保护层厚度用示意图表示时，需另表示出垫层的厚度，不必画材料图例线。

④ 在基础详图中，尺寸标注要齐全，需注明定位轴线到基础边缘的尺寸以及基础的长度、宽度和高度尺寸。此外还应标注基础顶面的标高和基础底面的标高。

⑤ 独立基础详图中的线型，立面图中用中粗线表示外轮廓线，用粗实线表示钢筋。剖切到的钢筋

用黑圆点表示。平面图中则用中粗线表示可见轮廓线，用粗实线表示钢筋。

（2）结构布置图

① 厂房结构一般采用排架结构或框架结构，结构平面布置图采用平法表示柱子的位置、型号和钢筋配置情况；对于设置有吊车梁的结构，结构图中用代号 DL 表示吊车梁，有时还需在代号表示其荷载等级和位置，如 DL-5B，其中 5 表示荷载等级，B 表示用于边跨。

② 为了增强结构的稳定性和刚度，当厂房跨度大于 18m、柱高大于 8m 时，应在厂房中设置上、下柱间支撑，柱间支撑的代号为 ZC，其详细结构和尺寸利用详图表示。

③ 单层厂房结构的屋顶常采用钢结构，当采用标准钢屋架时，可以利用标准图来表示，如采用现场制作的钢屋架结构，其屋架详图要表示钢屋架的形式、大小、型钢规格、杆件组合以及连接方法的图样，作为金属结构厂或施工单位制作的依据，一般包括屋架简图（又称为屋架示意图）、屋架详图（包括立面图和节点图）、杆件详图、连接板详图、预埋件详图、钢材用量表、说明。

## 4.2.2 实训练习

### 4.2.2.1 填空题

（1）单层工业厂房结构施工图内容主要包括________、________、________和________。

（2）基础平面图主要反映____________________________等内容，包括________、________和________三部分。

（3）基础详图的用途是________________________________。一般情况下基础详图包括________和________。

（4）结构布置图表示__________________________。一般包括________、________和________。

（5）屋面结构图主要表明________________________________________情况。

（6）基础平面图中基础梁的代号为________，代号 DL 表示________，JQL 表示________。

（7）独立基础详图中的线型，立面图中外轮廓线用________表示，钢筋用________表示，剖切到的钢筋用________表示。

（8）结构图中用代号 DL-5B 表示____________________。

### 4.2.2.2 问答题

（1）简述排架结构单层工业厂房的结构组成。

（2）什么是定位轴线？它和构件尺寸有何关系？

（3）单层厂房钢屋架详图包括什么内容？

（4）简述基础平面图的图示特点、主要内容及识图方法。

（5）简述识读工业厂房结构施工图的方法。

### 4.2.2.3 综合题

识读下面的厂房结构施工图，并回答下列问题。

（1）该厂房的基础结构型式是____________，Ja-1 基础的尺寸为________mm×________mm，其中为了保持基础的整体性，基础之间设置 JL，JL 的断面尺寸为________mm×________mm。

（2）JB-1 基础的长为________mm，宽为________mm，柱子的尺寸为________mm×________mm。基础长度方向钢筋配置________筋，长度________mm，直径为________mm，间距为________mm；宽度方向配置________筋，长度________mm，直径为________mm，间距为________mm。杯形基础的高度为________mm，杯口的深度分别为________mm，杯口标高为________，基础下面铺设________材料垫层，每边宽出基础底面________mm。

（3）该厂房结构设置的支撑杆件系统包括________、________、________、________、________和________。其中 SC，HJ，XZC 分别表示________________________________________。

（4）该厂房屋面结构属于____________屋面，其主要构件包括________、________、________、________、________。其屋面檩条采用____实腹式檩条，檩间拉条采用直径为____mm 的圆钢。

（5）参观当地的一个单层工业厂房，并对照实物查看其施工图图纸，写出参观日志。

（6）识读并绘制所参观的单层工业厂房的建筑施工图与结构施工图。

# 结构设计总说明

1. 一般说明

1.1　本建筑物±0.000对应的绝对标高值及建筑物平面位置见总平面布置图。

1.2　本图中所注尺寸除标高采用米（m）为单位外，其余均以毫米（mm）为单位。

1.3　本工程结构类型为单层门式钢架钢结构，三连续跨厂房。

1.4　本建筑物抗震设防烈度为7（0.15*g*）度，设计地震第一组，抗震设防类别为丙类。

1.5　本建筑物建筑结构安全等级为二级、主体结构设计使用年限为50年。

1.6　本建筑物建筑结构耐火等级为二级，建筑防火类别为戊类，根据《建筑设计防火规范》（2018年版），梁、柱可采用无防火保护的金属结构。

1.7　设计采用国家现行建筑结构规范，结构计算采用PKPM工程系列STS、JCCAD软件进行刚架、基础分析计算（2019年版）。

1.8　本图为钢结构设计图，应由具有钢结构专项设计资质的加工制作单位完成钢结构施工详图并经设计单位审核同意后方可施工。

1.9　本图须经施工图审查通过后方可用于施工，未经技术鉴定或设计许可，不得擅自改变结构的用途和使用环境。

2. 设计依据

2.1　××××研究院提供的《××××集团有限责任公司新建安装车间场地岩土工程勘察报告》。

2.2　主要规范、规程、标准：

(1)《建筑结构可靠性设计统一标准》（GB 50068—2018）

(2)《建筑结构荷载规范》（GB 50009—2012）

(3)《建筑工程抗震设防分类标准》（GB 50223—2008）

(4)《建筑抗震设计规范》（2016年版）（GB 50011—2010）

(5)《混凝土结构设计规范》（2015年版）（GB 50010—2010）

(6)《建筑地基基础设计规范》（GB 50007—2011）

(7)《钢管混凝土结构技术规程》（CECS 28—2012）

(8)《钢结构设计标准》（GB 50017—2017）

(9)《冷弯薄壁型钢结构技术规范》（GB 50018—2002）

(10)《钢结构工程施工质量验收标准》（GB 50205—2020）

3. 荷载取值（活荷载标准值）

3.1　基本风压0.45kN/m$^2$；B类地面粗糙度；基本雪压40kN/m$^2$。

3.2　车间不上人屋面0.5kN/m$^2$。

3.3　其他按《建筑结构荷载规范》（GB 50009—2012）执行。

3.4　吊车荷载。

本工程是依据××××重型机械股份有限公司的吊车资料设计，具体资料见下表。

吊车资料一览表

| 序号 | 整机最大起重量/t | 吊车跨度/m | 吊车台数 | 吊车简图 | 吊车总重/t | 小车重/t | 最大轮压/kN | 工作级别 | 轨道型号 |
|---|---|---|---|---|---|---|---|---|---|
| 1 | 75 | 22.5 | 1台75t+1台50t | 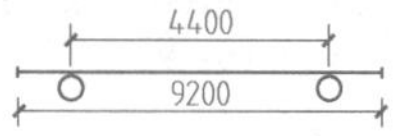 4400<br>9200 | 76.565 | 27.688 | 309 | A5 | QU100 |
| 2 | 50 | 22.5 | 1台50t+1台25t | 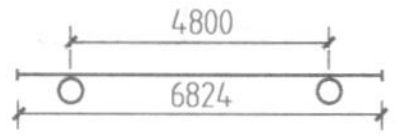 4800<br>6824 | 50.082 | 15.425 | 404 | A5 | QU80 |
| 3 | 25 | 22.5 | | 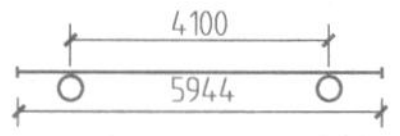 4100<br>5944 | 31.386 | 7.185 | 222 | A5 | |

吊车选用若与设计数据不符时，应及时通知设计人员，复核无误后方可施工。

4. 地基与基础部分设计

4.1　本建筑物基础设计等级为乙级。建筑场地类别为Ⅱ类，场地特征周期为0.35s，属一般场地。

4.2　本场地地基第①层土（新近沉积黄土状粉土）属Ⅰ级轻微非自重湿陷土层。

4.3　本场地地基地下水位较深（埋深约21m），基础设计和施工可不考虑地下水的影响。

4.4　本设计地基采用天然地基，独立基础，基底坐落在第2层（粉土）土层上，并进入该层土不小于200mm，地基承载力特征值$f_{ak}$=190kPa。

4.5　基础两侧应同时进行回填，以防止施工中损坏基础，每层虚铺厚度不应大于250mm，基坑回填土应分层夯实，压实系数不小于0.94。基础作用范围内土层压实系数不小于0.97。

5. 结构材料

5.1　混凝土：独立基础、基础梁均为C30，垫层C10。圈梁等其他构件均为C25。±0.000标高以下的混凝土要求：最小水泥用量275kg/m$^3$，最大水灰比0.55，最大氯离子含量0.2%，最大碱含量3.0kg/m$^3$。

5.2　钢筋：HPB300（Φ）级，HRB335（Φ）级，HRB400（Φ）级。钢筋的强度标准值应具有不小于95%的保证率。受力预埋件的锚筋严禁采用冷加工钢筋。

5.3　预埋件：受力预埋件的锚板或型钢，采用Q235B钢，锚筋采用HPB235级或HRB335级钢筋，不得采用冷加工筋。

5.4　焊条：HPB300级钢用E43，HRB335级钢用E50。

5.5　砌体填充材料：

±0.000以下用240mmMU10蒸压砖，M5.0水泥砂浆。

±0.000以上至1.20m高度用混凝土多孔砖，M5.0混合砂浆。

6. 钢结构部分

6.1　材料要求

| ×××建筑设计院 | | | | 工程名称 | ×××安装车间 | |
|---|---|---|---|---|---|---|
| 审　定 | | 方　案 | | 结构设计总说明 | 设计号 | ×××× |
| 总工程师 | | 设　计 | | | 图　别 | 结施 |
| 注册师 | | 制　图 | | | 图　号 | 1 |
| 审　核 | | 校　对 | | | 专业张数 | 15 |
| 项目负责人 | | 专业负责人 | | 第1张　共15张 | 日　期 | |

6.1.1　图中主框架梁、柱、抗风柱材质为Q345B，吊车梁材质为Q345B，其力学性能和化学成分应符合《低合金高强度结构钢》(GB/T 1591—2018) 的规定。隅撑、拉条材质为Q235 (图中注明者除外)；其力学性能和化学成分除应符合《碳素结构钢》(GB/T 700—2006) 的钢材材料外，还应符合下列要求：

a. 钢材的抗拉强度实测值与屈服强度实测值的比值不应大于1.2；

b. 钢材应有明显的屈服台阶，且伸长率应大于20%；

c. 钢材应有良好的可焊性和合格的冲击韧性。

6.1.2　檩条采用Q345镀锌冷弯薄壁型钢，质量标准应符合《通用冷弯开口型钢》(GB 6723—2017) 的规定。

6.1.3　焊接材料

6.1.3.1　手工焊时，若主体金属为Q235钢，采用E43XX型焊条，其性能应符合《非合金钢及细晶粒钢焊条》(GB/T 5117—2012) 的规定。

6.1.3.2　手工焊时，若主体金属为Q345 (16Mn) 钢时，采用E50XX型焊条，其性能应符合《热强钢焊条》(GB/T 5118—2012) 的规定。

6.1.3.3　当Q235钢与Q345钢焊接时，采用E43XX型焊条。

6.1.3.4　自动焊或半自动焊时采用能符合《熔化焊用钢丝》(GB/T 14957—1994) 规定的焊丝，若主体金属为Q235钢时，采用H08A、H08E焊丝，配合中锰型或高锰型焊剂；若主体金属为Q345 (16Mn) 钢时，采用H08A、H08E焊丝配合高锰型焊剂。

6.1.3.5　当工字形断面翼缘或腹板因板长不够而需对接拼接时，翼缘与腹板的对接焊缝间的相对位置应错开200mm以上，拼接焊缝为二级焊缝。

6.1.4　螺栓材料

6.1.4.1　未注明的普通螺栓均为C级，螺栓、螺母和垫圈采用GB/T 700—2006规定的Q235钢制作，其热处理、制作和技术要求应分别符合GB/T 5780—2016、GB/T 41—2016、GB/T 95—2002的规定。

6.1.4.2　性能为10.9级的摩擦型高强螺栓，宜采用符合国家标准《合金结构钢》(GB/T 3077—2015) 规定的20MnTiB钢或40号钢制成，或采用符合国家标准《钢结构用高强度大六角头螺栓、大六角头螺母、垫圈技术条件》(GB/T 1231—2006) 规定的35VB制成。

6.1.4.3　在高强度螺栓连接范围内，构件的接触面抗滑移系数 $u \geqslant 0.45$，不得污损或刷油漆。

6.2　结构构造、制造与安装

6.2.1　柱子系统

(1) 组合截面柱采用自动焊接，焊缝等级应符合二级焊缝质量标准。

① 组合构件焊缝设计尺寸见附表一。

② 加劲肋焊缝设计尺寸见附表二。

③ 组合构件端板焊缝设计尺寸见附表三。

(2) 对焊接工字形钢截面柱、梁翼缘和腹板的拼接，应采用加引弧板 (其厚度和坡口与母材相同) 的对接焊缝，并保证焊透。翼缘板与腹板的对接焊缝相互错开200mm以上，焊缝质量等级应符合二级焊缝质量标准。焊接钢管焊缝质量等级应符合二级焊缝质量标准。

(3) 构件在运输和安装过程中，应防止碰伤、变形或捆绑钢绳时勒伤，如有损伤、变形应及时修补校正。

(4) 所有构件的制作与安装均应符合GB 50205—2020以及《钢管混凝土结构技术规程》的有关规定。

(5) 制作中应力求构件尺寸及安装位置的准确性，以利于现场安装及焊接。

(6) 为安装方便，柱子上部应设计安装圆钢踏步。

(7) 柱子上浇灌混凝土的孔，孔径约150mm，可在工厂开孔，但不宜将孔板割掉，以免杂物掉进管内。待管内混凝土被振捣密实并达到50%强度以后，方可焊接孔板。

(8) 钢柱中的混凝土由下端 (柱脚之上) 开孔浇入时，须在柱上端肩梁翼缘板上开两个排气孔 (孔径 $d=25\mathrm{mm}$)，具体位置见钢柱详图。

(9) 钢管混凝土双肢柱腹杆两端与柱肢管连接部位详细尺寸须在加工前按足尺寸放样后决定。腹杆不穿入柱肢，二者直接相焊接，焊缝构造如图一所示 (腹杆内不灌混凝土)。

(10) 钢管混凝土柱肢管中浇灌混凝土时加入适量的膨胀剂，使混凝土达到设计强度时不产生收缩，以保证肩梁上翼缘与混凝土紧密结合 (或压力补灌)。

钢管混凝土施工应避免冬季施工，混凝土严格控制水灰比和坍落度，确保施工质量。

钢管运输及吊装时应将其上口封闭，防止异物落入管内。

钢管吊装定位后，须严格控制其偏差，并符合有关规范要求。

钢管内混凝土的浇灌采用有效手段，确保混凝土的密实。

钢管内混凝土的浇灌应按分节要求连续进行，一次浇满。

钢管混凝土的浇灌质量可用敲击钢管的方法进行初步检查，如有异常，则应用超声波检测。对不密实部位，应采用钻孔压浆法进行补强，然后将钻孔补强补焊封固。

6.2.2　吊车梁系统

吊车梁系统必须参照图集05G514-3制造、安装。

6.2.3　屋面系统

(1) 屋面梁等结构，当跨度大于或等于24m时，要求起拱，起拱度为 $L/1000$，$L$ 为梁的跨度。

(2) 屋面梁或托梁翼缘和腹板的对接拼接应与杆件截面等强度。

(3) 焊缝外观检查应符合二级质量标准。

(4) 受拉杆件的对接焊缝，其外观检查和无损检验均应符合二级质量标准。

(5) 组合工字形或T形截面宜采用自动焊焊接。

(6) 为避免屋面梁吊装时产生侧向变形，在吊装时应采用加强措施，当屋面梁就位后，应随即连以支撑。

(7) 采用螺栓连接的部位，待构件安装就位校正后，必须将螺栓丝口打毛或与螺母焊接以防松动。

6.2.4　高强度螺栓的施工要求

(1) 为了使构件紧密地贴合，达到设计要求的摩擦力，贴合面上严禁有电焊、气割溅点、毛刺飞边、尘土及油漆等不洁物质。

(2) 在螺栓的上、下接触面处如有1/20以上的斜度时，应采用垫圈垫平。

(3) 摩擦面宽度120mm范围内不得涂刷底漆，贴合面采用喷砂处理。

(4) 高强度螺栓的孔必须是钻成的。高强螺栓终拧完毕后应及时用油漆封闭。在连接的板缝、螺栓头、螺母、垫圈周围涂防腐腻子封闭。

(5) 除特别注明者外在下列部位应采用10.9级高强螺栓连接：框架结构的梁柱连接，梁梁连接。

(6) 以下部位采用普通螺栓连接：檩条、隅撑。

| ×××建筑设计院 | | | | 工程名称 | | ×××安装车间 | |
|---|---|---|---|---|---|---|---|
| 审　　定 | | 方　　案 | | 结构设计总说明 | | 设 计 号 | ×××× |
| 总工程师 | | 设　　计 | | | | 图　　别 | 结施 |
| 注 册 师 | | 制　　图 | | | | 图　　号 | 1 |
| 审　　核 | | 校　　对 | | | | 专业张数 | 15 |
| 项目负责人 | | 专业负责人 | | 第1张 | 共15张 | 日　　期 | |

(7) 高强螺栓在连接范围内与构件的接触表面不得涂刷油漆或污损。高强螺栓贴面上严禁有电焊、气割、毛刺等不洁物。高强螺栓终拧前严禁雨淋。

6.2.5 钢结构的安装

(1) 钢结构的安装与验收应按照 GB 50205—2020 进行。

(2) 单个构件制作完毕后，应立即编号分类放置。

(3) 结构安装前应对构件进行全面检查，如构件数量、长度、垂直度、平整度等是否符合设计要求和规范要求。

(4) 结构吊装时应采取适当措施以防止产生过大的扭转变形。

(5) 主刚架安装时须及时安装临时风缆绳等可靠措施，以保证结构的稳定性，待建筑的支撑体系包括所有纵向系杆均安装就位后方可拆除。

(6) 所有上部结构的安装必须在下部结构调整就位，并固定好后进行。

6.2.6 钢结构涂装

(1) 钢结构油漆和涂层要求见下表：

| 项目 | | 涂层结构 | | | |
|---|---|---|---|---|---|
| | | 底漆 | 中间漆 | 面漆 | 修补漆 |
| 涂层名称及型号 | | C53-31<br>醇酸红丹防锈漆 | C53-34<br>云铁醇酸防锈漆 | C04-42<br>醇酸磁漆 | 同左各层 |
| 涂层厚度/(μm/层数) | 室内 | 25/1 | 50/2 | 50/2 | 同左各层 |
| | 室外 | 30/1 | 60/2 | 75/3 | |

(2) 钢结构表面处理按照 GB/T 8923.1—2011 标准规定，梁柱系统、吊车梁系统等主要构件需采取喷砂处理，表面需达到 Sa2.5 除锈等级，如所使用钢材为新轧制钢材，钢材全面地覆盖着氧化皮而几乎没有铁锈，可采用手工除锈方法，表面需达到 St3 除锈等级。梯子、栏杆、走台板等次要构件可采用手工除锈，表面均需达到 St2 除锈等级。

(3) 现场焊缝两侧各 50mm 在构件安装前暂不涂漆，待现场安装完毕后，再按上述要求补漆。

(4) 面漆颜色见建筑图。

6.2.7 其他要求

(1) 钢结构的制作、安装和验收等除本说明要求外，并应符合《钢结构工程施工质量验收标准》(GB 50205—2020) 的规定，还要满足业主提出的有关附加的技术要求。

(2) 厂房四角及沿外墙每隔 36m，在柱子上相对室外地面 0.5m 处设沉降观测点。

(3) 钢结构在使用过程中应定期进行油漆维护。

(4) 钢构件表面防护油漆按要求施工。

(5) 位于±0.000 以下的钢结构表面涂刷掺水泥重量 2%的 $NaNO_2$ 水泥砂浆，再用 C15 细石混凝土包至室内地面以上 150mm 处，包脚混凝土厚度为 100mm。

(6) 所有钢构件均应足尺放样，待构件尺寸及螺栓孔直径、位置核对无误后，方可下料施工。

(7) 焊接工作应由取得考试合格证明书的焊工担任。

7. 在施工过程中必须采取确保施工安全及结构稳定的施工措施。

8. 施工时应严格遵守国家现行有关施工验收规范、规程及地方有关技术规定。

附表一 H形组合构件焊缝设计尺寸 单位：mm

| 腹板厚度 | 翼板厚度 | | | |
|---|---|---|---|---|
| | 5~6 | 8~10 | 12~16 | ≥18 |
| 4 | 4 | 4 | 5 | / |
| 5 | 4 | 5 | 6 | / |
| 6 | / | 5 | 6 | 8 |
| 8 | / | 5 | 6 | 8 |
| 10 | / | / | 6 | 8 |
| 12 | / | / | 6 | 8 |

注：1. 腹板厚度 8mm 以上者，均采用双面角焊缝。
2. 对于吊车梁一律采用双面角焊缝，特殊者由设计定。

附表二 加劲肋焊缝设计尺寸 单位：mm

| 加劲肋厚度 | H 形构件厚度 | | | |
|---|---|---|---|---|
| | 5~6 | 6~8 | 10~16 | ≥16 |
| 6 | 4 | 5 | 6 | 6 |
| 8 | 5 | 6 | 6 | 8 |
| 10~12 | 5 | 6 | 8 | 10 |
| 14~18 | / | 8 | 10 | 12 |

注：加劲肋与翼缘采用双面角焊缝；对于加劲肋与腹板的焊缝，当加劲肋兼作支撑连接板时采用双面角焊缝。

附表三 H形构件端板焊缝设计尺寸 单位：mm

| 端板厚度 | 腹板厚度 | | | 翼板厚度 | | |
|---|---|---|---|---|---|---|
| | 4~5 | 6~8 | 10~12 | 5~6 | 8~10 | ≥12 |
| 12 | 5 | 7 | 10 | 6 | 10 | 坡口焊 |
| 16 | 6 | 8 | 10 | 6 | 10 | 坡口焊 |
| 20~22 | 6 | 8 | 10 | 6 | 10 | 坡口焊 |
| 24~26 | / | 8 | 10 | / | 10 | 坡口焊 |
| 28~30 | / | 8 | 10 | / | 10 | 坡口焊 |

注：对于 H 形构件端板焊缝，当翼板厚度为 12mm 以上时，均采用坡口焊缝。其补强角焊缝不宜小于翼板厚度的 1/4。

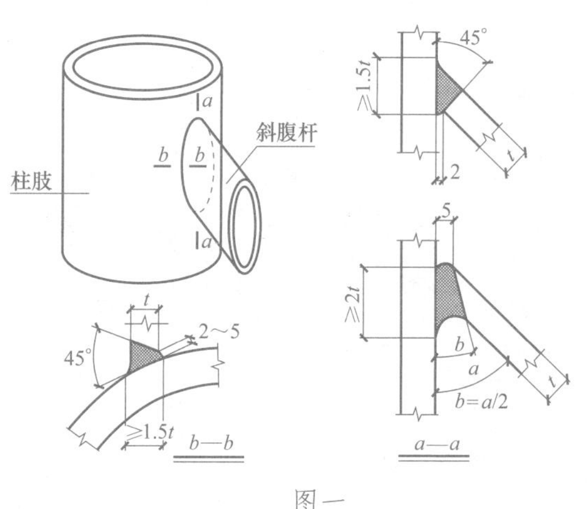


图一

| ×××建筑设计院 | | | | 工程名称 | ×××安装车间 | |
|---|---|---|---|---|---|---|
| 审　定 | | 方　案 | | 结构设计总说明 | 设计号 | ×××× |
| 总工程师 | | 设　计 | | | 图　别 | 结施 |
| 注册师 | | 制　图 | | | 图　号 | 1 |
| 审　核 | | 校　对 | | | 专业张数 | 15 |
| 项目负责人 | | 专业负责人 | | 第 1 张 共 15 张 | 日　期 | |

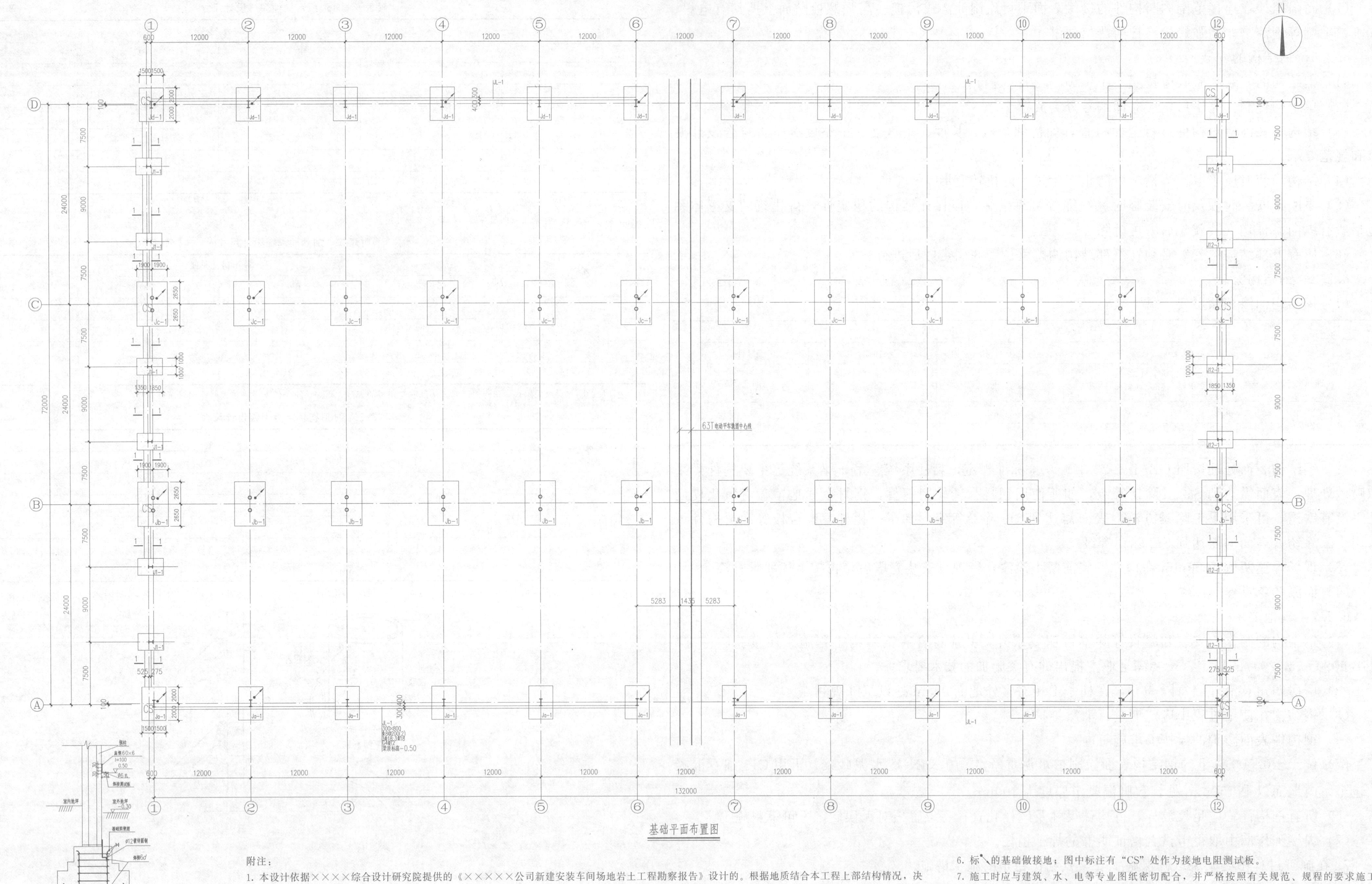


利用钢柱及柱子基础作接地装置示意图

1. 标注 的每个基础钢筋网利用两根不小于ø16 的主筋与通长的连梁内接地主筋焊通，无基础连梁处采用人工接地扁钢焊通。
2. 建筑物四角的柱外侧预埋钢板作为接地电阻测试板，图中标注有"CS"处。

## 基础平面布置图

附注：

1. 本设计依据××××综合设计研究院提供的《×××××公司新建安装车间场地岩土工程勘察报告》设计的。根据地质结合本工程上部结构情况，决定采用天然地基，独立基础，基底坐落在第2层（粉土）土层上，并进入该层土不小于200mm，深度超出基底标高，靠基础短柱调整至设计标高。

2. 主钢柱基底标高为−3.00m，地基承载力特征值 $f_{ak}$=190kPa；±0.000相对应的绝对标高值见总平面图，基础底穿过湿陷量大的第1层土，不需考虑湿陷性影响。基坑开挖后应组织有关单位先进行验槽后施工基础，在施工过程中如遇到不良地质情况应及时与设计院联系协商解决。

3. 钢筋：HPB300（Φ）级，HRB335（Φ）级，HRB400（Φ）级。混凝土：基础、基础梁为C30，垫层为C10。钢筋保护层厚：基础40、基础梁35、地圈梁30。

4. 基础底板边长大于或等于2.5m时，该方向上的钢筋长度可缩短10%，并交错放置。

5. 基础混凝土达到设计强度后方可安装上部钢结构。

6. 标↘的基础做接地；图中标注有"CS"处作为接地电阻测试板。

7. 施工时应与建筑、水、电等专业图纸密切配合，并严格按照有关规范、规程的要求施工，确保工程质量。

| ×××建筑设计院 | | | | 工程名称 | | ×××安装车间 | |
|---|---|---|---|---|---|---|---|
| 审　定 | | 方　案 | | 基础平面布图 | | 设计号 | ×××× |
| 总工程师 | | 设　计 | | | | 图　别 | 结施 |
| 注册师 | | 制　图 | | | | 图　号 | 2 |
| 审　核 | | 校　对 | | | | 专业张数 | 15 |
| 项目负责人 | | 专业负责人 | | 第2张 | 共15张 | 日　期 | |

| 基础编号 | 基础尺寸/mm | | | | | | | | | | | | 基底配筋 | | 短柱配筋 | 基础类型 | 备注 |
|---|---|---|---|---|---|---|---|---|---|---|---|---|---|---|---|---|---|
| | $B$ | $B_1$ | $B_2$ | $L$ | $L_1$ | $L_2$ | $C$ | $d$ | $e$ | $h_1$ | $h_2$ | $h_3$ | ① | ② | ③ | | |
| Ja-1,Jd-1 | 3000 | | | 4000 | | | 950 | 550 | | 300 | 400 | 1000 | Φ14@125 | Φ12@125 | Φ16@200 | ① | $B$ 边平行于轴线Ⓐ |
| Jb-1,Jc-1 | 3800 | | | 5300 | | | 660 | 660 | 1500 | 350 | 450 | 1300 | Φ16@150 | Φ14@150 | Φ16@150 | ② | $B$ 边平行于轴线Ⓐ |
| | | | | | | | | | | | | | | | | | |
| | | | | | | | | | | | | | | | | | |
| J1-1,J12-1 | 2000 | | | 3200 | | | 650 | 400 | | 250 | 350 | 850 | Φ12@125 | Φ12@150 | Φ16@250 | ① | $L$ 边平行于轴线Ⓐ |
| | | | | | | | | | | | | | | | | | |

基础配筋一览表

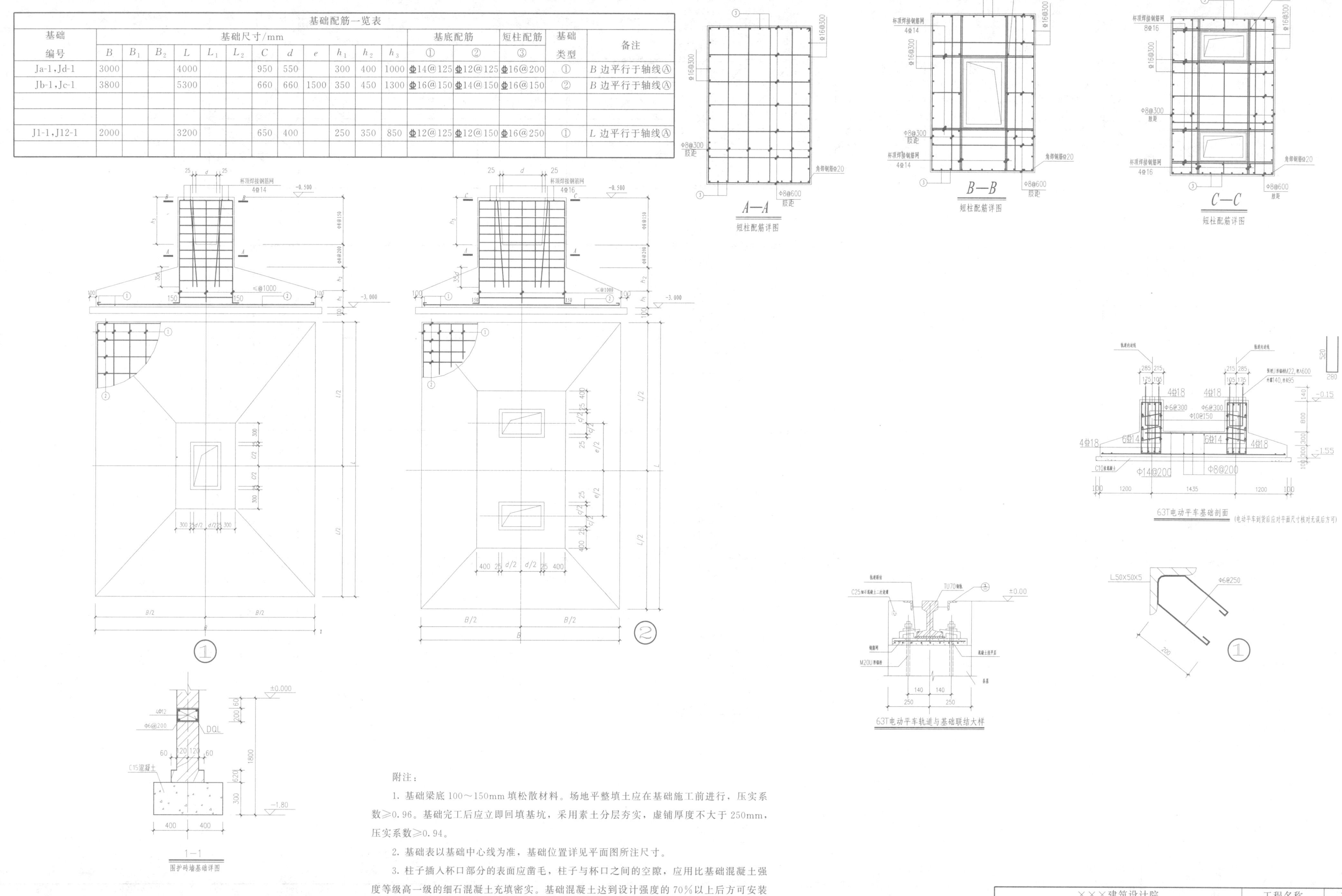


附注：

1. 基础梁底 100～150mm 填松散材料。场地平整填土应在基础施工前进行，压实系数≥0.96。基础完工后应立即回填基坑，采用素土分层夯实，虚铺厚度不大于 250mm，压实系数≥0.94。

2. 基础表以基础中心线为准，基础位置详见平面图所注尺寸。

3. 柱子插入杯口部分的表面应凿毛，柱子与杯口之间的空隙，应用比基础混凝土强度等级高一级的细石混凝土充填密实。基础混凝土达到设计强度的 70%以上后方可安装上部钢结构。

| ×××建筑设计院 | | | | 工程名称 | ×××安装车间 | |
|---|---|---|---|---|---|---|
| 审　定 | | 方　案 | | 基础详图 | 设计号 | ×××× |
| 总工程师 | | 设　计 | | | 图　别 | 结施 |
| 注册师 | | 制　图 | | | 图　号 | 3 |
| 审　核 | | 校　对 | | | 专业张数 | 15 |
| 项目负责人 | | 专业负责人 | | 第3张　共15张 | 日　期 | |

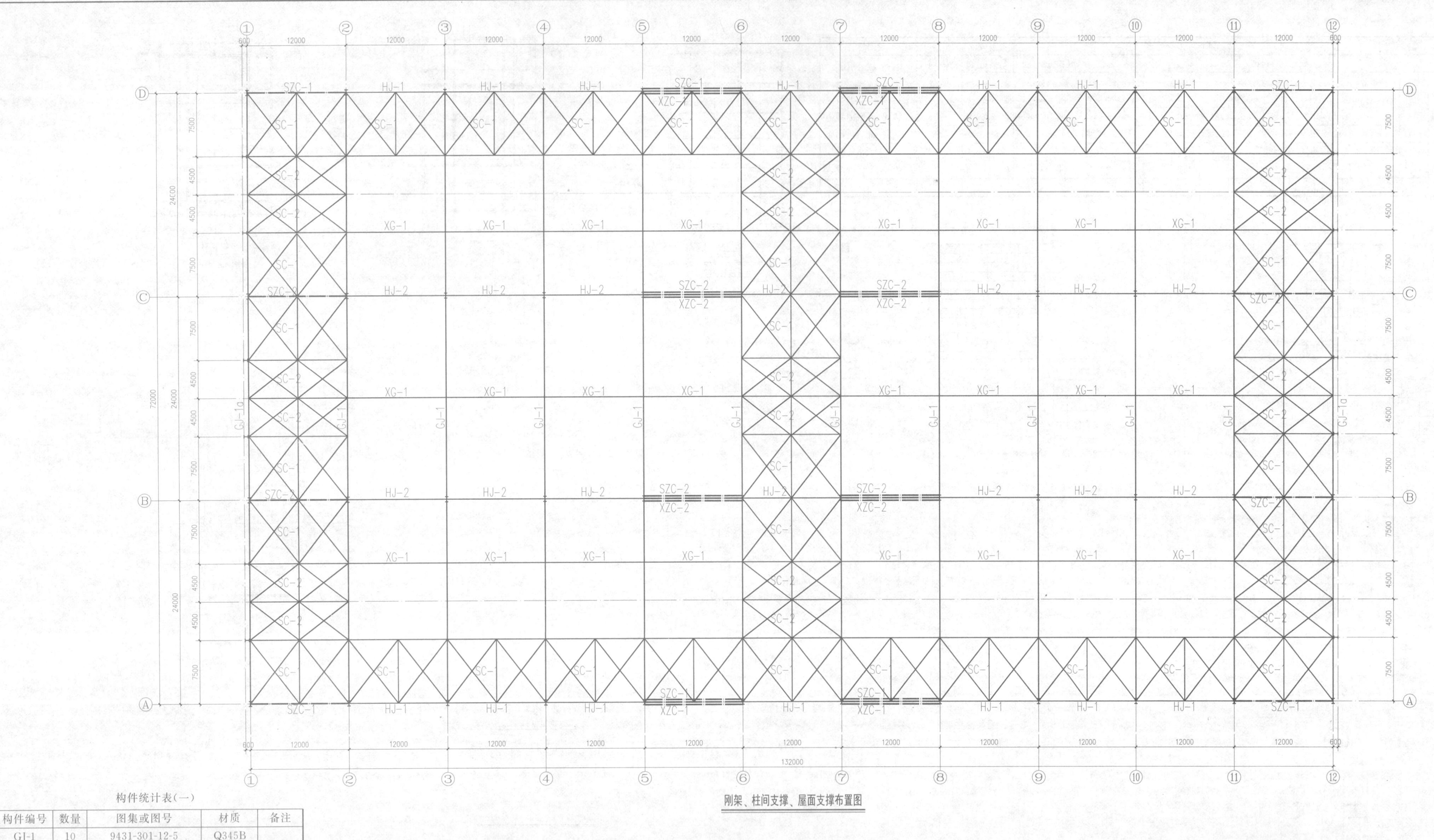


刚架、柱间支撑、屋面支撑布置图

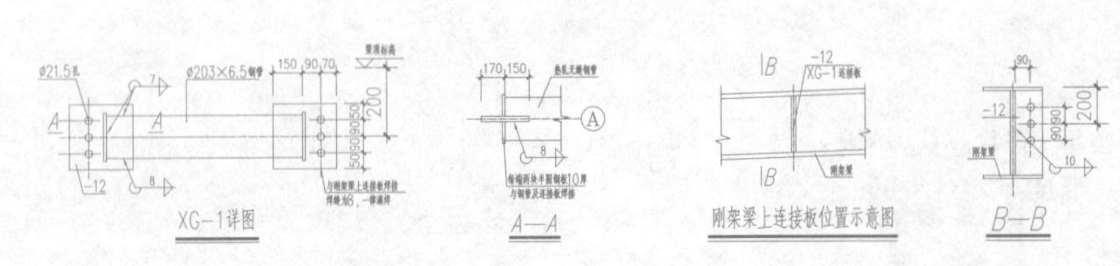


构件统计表(一)

| 构件编号 | 数量 | 图集或图号 | 材质 | 备注 |
|---|---|---|---|---|
| GJ-1 | 10 | 9431-301-12-5 | Q345B | |
| GJ-1a | 2 | 9431-301-12-5 | Q345B | |
| SC-1 | 34 | 9431-301-12-10 | Q235B | |
| SC-2 | 18 | 9431-301-12-10 | Q235B | |
| | | | | |
| HJ-1 | 14 | 9431-301-12-12 | Q235B | |
| HJ-2 | 14 | 9431-301-12-12 | Q235B | |
| | | | | |
| XG-1 | 36 | 9431-301-12-4 | Q235B | |
| | | | | |
| SZC-1 | 8 | 9431-301-12-12 | Q235B | |
| SZC-2 | 8 | 9431-301-12-12 | Q235B | |
| | | | | |
| XZG-1 | 4 | 9431-301-12-10 | Q235B | |
| XZG-2 | 4 | 9431-301-12-11 | Q235B | |

| ×××建筑设计院 | | 工程名称 | ×××安装车间 | |
|---|---|---|---|---|
| 审　定 | 方　案 | 刚架、柱间支撑、屋面支撑布置图 | 设计号 | ×××× |
| 总工程师 | 设　计 | | 图　别 | 建施 |
| 注册师 | 制　图 | | 图　号 | 4 |
| 审　核 | 校　对 | | 专业张数 | 15 |
| 项目负责人 | 专业负责人 | 第4张　共15张 | 日　期 | |

单元⑤

# 建筑给排水施工图实训

给排水系统包括给水系统和排水系统两大部分。给水系统的任务是把水源水经过水质处理、水泵加压、给水管道输配至建筑内的用水设备，以便满足人们生活、消防、生产等用水。排水系统的任务是把人们生活、生产中产生的污（废）水及雨水经过排水管道，达到水质排放标准后进行排放或重复使用。

1. 给水系统组成

给水系统分室外给水系统和室内给水系统两类，室外给水系统把水源水进行水质处理、水泵加压、经给水管道输配至用水设备，而室内给水系统把室外给水管网的水输配到建筑内各种用水设备，满足人们对水的需求。

(1) 室外给水系统的组成

室外给水系统主要由取水构筑物、水处理构筑物、加压泵站、输配水管网和调节构筑物等组成。

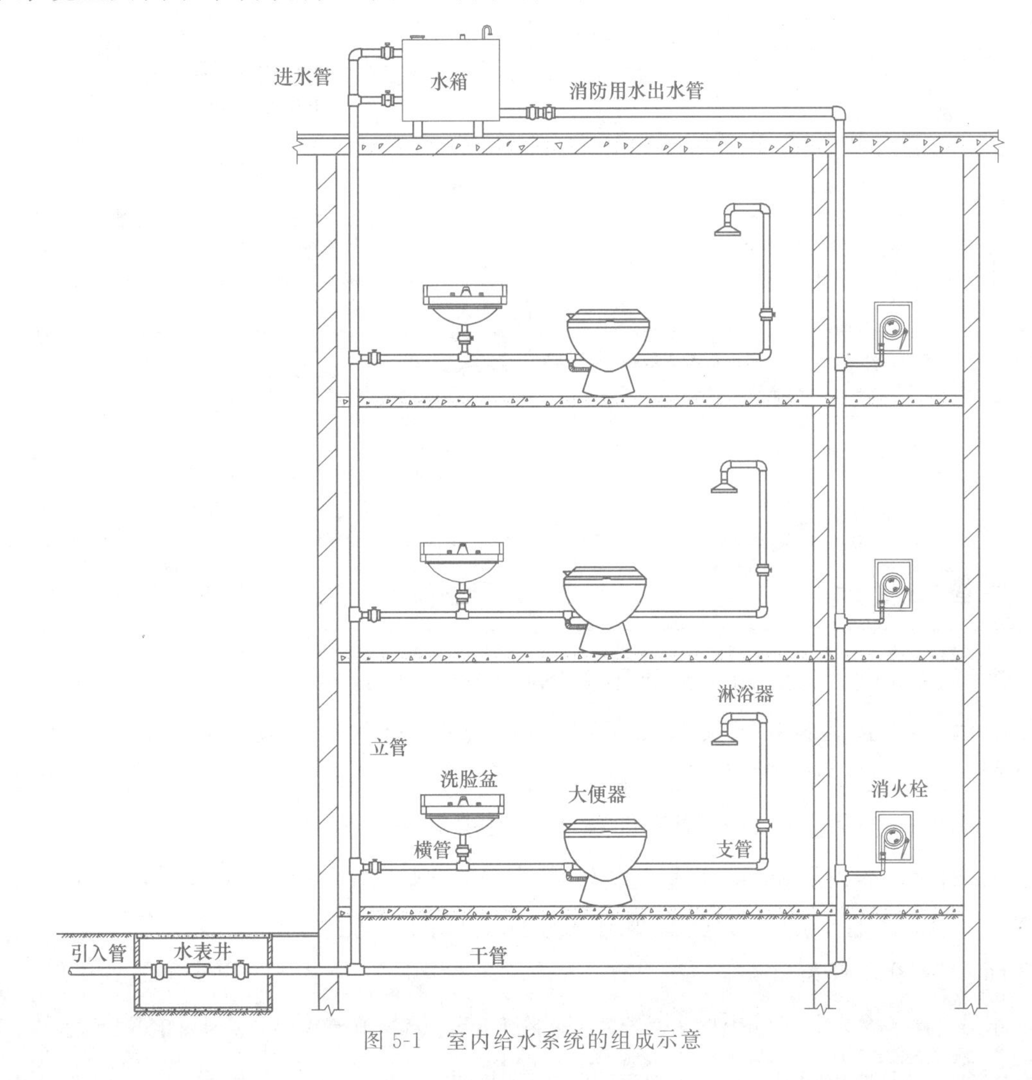


图 5-1 室内给水系统的组成示意

(2) 室内给水系统的组成

室内给水系统一般由引入管、管道系统、给水附件和用水设备、升压与贮水设备、给水局部处理设备等组成，如图 5-1 所示。

① 引入管　引入管是室外与室内给水系统的连接管，又称进户管，其作用是将室外管网的水引入到室内给水系统。引入管上装设水表及阀门（水表前后），通常称为水表节点，用来计量建筑物的室内用水量。

② 管道系统　管道系统由水平干管、垂直的立管、横管及连接卫生器具的支管等组成，其作用是将引入管的水输送到各种卫生器具。

③ 给水附件和用水设备　给水附件是安装在管道及设备上启闭和调节装置的总称，包括配水附件和控制附件。配水附件是用来开启和关闭水流，如装在卫生器具上的配水龙头。控制附件是用来控制水量和关闭水流的各种阀门。

用水设备包括人们生活用水的设备（如洗脸盆、便器、浴盆等）、生产用水设备（如锅炉等）和消防用水设备（如消火栓设备、自动喷水灭火及水幕灭火设备等）。

④ 升压与贮水设备　当室外给水管网的水量或水压不能满足室内用水要求时，应设置升压与贮水设备，常用的有贮水池、高位水箱、水泵和气压给水装置等。

⑤ 给水局部处理设备　建筑物所在地点的水质不符合用水要求或用户要求的水质超出我国现行标准的情况下，需要设置给水深度处理构筑物和设备，如净水设备。

2. 排水系统组成

排水系统分室外排水系统和室内排水系统，室外排水系统把建筑内排出的污（废）水、屋面雨水、地面雨水汇集至室外排水管道，按重力流或压力流（设排水泵）输送至污水处理厂进行水质处理，使其达到所要求的水质进行排放或循环利用，而室内排水系统采用排水管道收集和排除各卫生设备产生的污（废）水并最终排至室外排水管道。

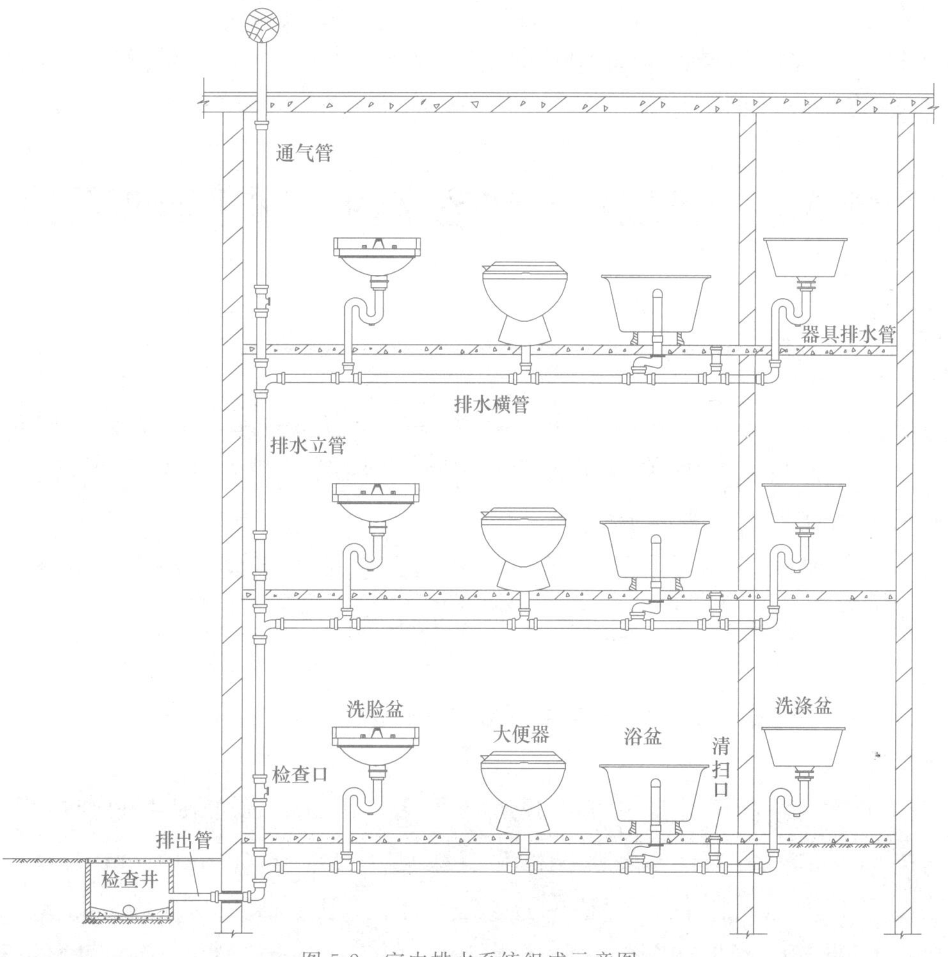


图 5-2 室内排水系统组成示意图

（1）室外排水系统的组成

室外排水系统主要由室外排水管道、排水泵站与泵房、污水处理厂、排放口等组成。

（2）室内排水系统的组成

室内排水系统的组成示意图如图 5-2 所示。

① 受水器　是室内排水系统的起端，用来收集和排除污（废）水的设备，主要指各种卫生器具、收集和排除工业废水的设备和雨水斗等。

② 排水管道　包括器具排水管、排水横管、排水立管、排水干管和排出管。

③ 通气管　是指与大气相通，用于排气而无水流通过的管道。其作用是将管道中的有害气体及臭气排到大气中，以免影响室内环境卫生；防止因气压波动造成水封的破坏；使新鲜空气补入排水管换气，减轻对金属管道的腐蚀；提高排水系统的排水能力。

④ 清通设备　污水中含有杂质，容易堵塞管道，为了清通建筑内排水管道，需在排水管道中设置清通设备。常用的清通设备有检查口、清扫口及室内检查井等。

a. 检查口　通常设置在排水立管上及较长的水平管段上，在建筑物的底层和设有卫生器具的二层以上建筑的最高层排水立管上必须设置，其他各层可每隔两层设置一个；当排水管为塑料排水管时，每 6 层设置 1 个。检查口的设置高度一般距地面 1m。

b. 清扫口　通常设置在排水横管上。

c. 室内检查井　对于不散发有害气体或大量蒸汽的工业废水排水管道，在管道转弯、变径、坡度改变和连接支管处，可在建筑物内设检查井。

⑤ 提升设备　民用建筑的地下室、人防建筑及工业建筑内部标高低于室外地坪的用水设备排放的污（废）水，多数情况下不能以重力流排至室外，必须设置提升设备，以保证顺利地排除污（废）水。

⑥ 局部处理构筑物　常用的局部处理构筑物有化粪池、隔油井、降温池等。实际工程中应针对污水的性质，采用相应的局部处理构筑物。

# 课题 5.1　多层单元住宅室内管网平面布置图

## 5.1.1　应知应会部分

### 5.1.1.1　制图标准要求

给水排水施工图是直接为施工服务的图样，是表达室外给水、室外排水及室内给排水工程设施的结构形状、大小、位置、材料以及有关技术要求的图样，是给水排水工程施工的依据，是设备安装、工程造价计算及施工组织计划的重要依据。

给水排水施工图一般是由基本图和详图组成，基本图包括管道设计平面布置图、剖面图、系统轴测图以及原理图、说明等；详图表明各局部的详细尺寸及施工要求。

给水排水工程图与其他专业图一样，除了要符合投影原理和《房屋建筑制图统一标准》（GB/T 50001—2017）的规定外，还应遵守《建筑给水排水制图标准》（GB/T 50106—2010）的规定，以及国家规定的有关标准、规范。

由于管道一般细而长，断面尺寸比其长度尺寸小得多，因此，施工图中的管道常用单粗线条表示。管道上的配件常用图例表示。给水排水专业图的粗线线宽 $b$ 宜为 0.7mm 或 1mm。

给水排水施工图中的管道及附件、管道的连接、阀门、卫生器具及水池、设备、仪表等，采用统一的图例表示。表 5-1 摘录了《建筑给水排水制图标准》（GB/T 50106—2010）中的部分图例。标准中尚未列出的图例，可自行设置，但需在图纸上专门列出，并加以说明。

表 5-1　给水排水工程图常用图例

| 名称 | 图例 | 备注 | 名称 | 图例 | 备注 |
| --- | --- | --- | --- | --- | --- |
| 给水管 | —— J —— | | 三通连接 | | |
| 废水管 | —— F —— | 可与中水源水管合用 | 四通连接 | | |
| 污水管 | —— W —— | | 管道交叉 | | |
| 雨水管 | —— Y —— | | 室内消火栓 | 平面　系统 | 白色为开启面 |
| 多孔管 | | | 存水弯 | | |
| 管道立管 | XL-1 平面　XL-1 系统 | X 为管道类别；<br>L 为立管；1 为编号 | 闸阀 | | |
| 套管伸缩器 | | | 角阀 | | |
| 方形伸缩器 | | | 截止阀 | $DN \geqslant 50$　$DN<50$ | |
| 波纹管 | | | 止回阀 | | |
| 立管检查口 | | | 浮球阀 | 平面　系统 | |
| 清扫口 | 平面　系统 | | 浴盆 | | |
| 通气帽 | 成品　铅丝球 | | 立式洗脸盆 | | |
| 地漏 | | 通用。如无水封，地漏应加存水弯 | 放水龙头 | | |
| 坐式大便器 | | | 淋浴喷头 | | 左侧为平面图；<br>右侧为系统图 |
| 水表 | | | 水泵接合器 | | |

在对建筑物进行建筑设计，绘制出建筑施工图后，还需进行给水排水设计。给水排水设计时，要根据建筑用水需求选择给水排水方式及系统类别，对管道进行合理布置，再经过水力学计算确定各管道直径及相关参数。凡建筑物内，给水排水管道、设备及卫生器具安装等内容均由给水排水施工图标明，并按国家制图标准绘制成图样，该图样即称为给水排水施工图。

给水排水施工图的基本内容通常包括：设计说明及图例、给水排水管道平面布置图、给水排水管道轴测图（亦称系统图）、管道配件及安装详图（亦称大样图）等内容。

（1）管道平面布置图和管道轴测图

对于给水排水工程，为表达管道和设备在建筑物内的具体布置位置、平面走向与其他管道和设备间的关系等，应绘制管道平面布置图。管道平面布置图所画的范围可大可小，大到一个城市，小到一个房间。为说明一个较大范围的给水排水管道的布置情况就需在该范围的总平面图上，画出各种管道的位置和相关的关系，即平面布置，又称管网总平面布置图，简称平面图。有时为了表示管道的敷设深度和位置，还配以管道的纵、横剖面图及其他施工图。

管道轴测图又称管道系统图，是按建筑制图的斜等轴测图绘制的。主要表达每个系统的管道空间走向、标高、直径、分支和管道附件等，与管道平面图起到互为补充的作用。

在一幢建筑物内的所有用水房间（例如：厨房、卫生间、盥洗室等），均需要安装用水设备并布置给水排水等管道。在房屋平面图上画出卫生设备、盥洗器具等的位置、大小以及给水、排水、热水等管道的平面布置的图样。这种图样称为室内给水排水平面图。

当给水排水管道的进出口数多于一个时，应对进出口系统进行编号。编号按图 5-3 的方法表示：细实线圆（直径为 10mm）和一水平直径，可直接画在管道进出口的端部，或用引出线与引入管或排出管相连。管道类别代号用汉语拼音字母大写表示，如：给水用“J”、排水管用“P”、废水管用“F”、污水管用“W”等。管道进出口的编号，宜用阿拉伯数字顺序编号。

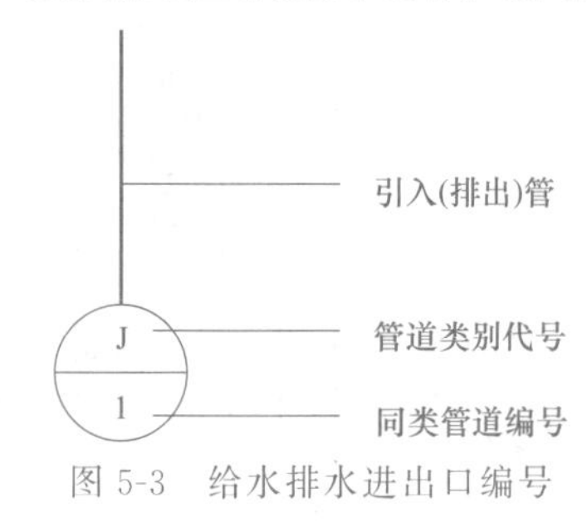

图 5-3　给水排水进出口编号

给水排水立管是指穿过一层或多层的竖向给水排水管道，在平面图上用空心细实线小圆表示，并用引出线注明管道类别代号，例如 JL-1、FL-1、WL-1 等，其中，第一个字母“J、F、W”表示管道类别，“L”表示立管，“1”表示立管编号，如图 5-4 所示。

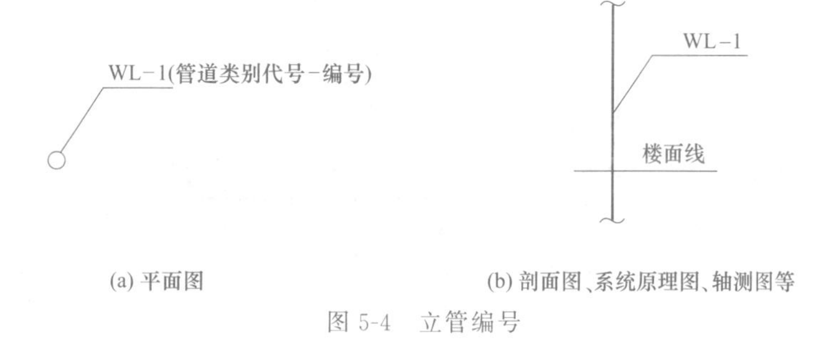

图 5-4　立管编号

（2）管道配件及安装详图

给水排水工程图一般比例比较小，图中细部往往表示不详细。例如管道上的阀门井、水表井、管道穿墙处、排水管道的交汇处及检查井等。需要绘制比例较大的构造图，称为详图。在管道配件及设备安装施工中，对定型产品和标准设计，有相应的标准图指导安装施工的，不必另外绘制图样。

（3）给排水设备图

在给水排水工程施工图中，根据工艺要求需要设置蓄水池、泵房及水处理设施等。因此，要绘制出相应构筑物的施工图和设备安装图。

管道由于所表示的内容不同有三种画法：用投影的方法表示，如图 5-5（a）所示；省去管道壁厚用两根线条表示管道（称为双线绘制法），如图 5-5（b）所示；用单根粗线来表示管道（称为单线绘制法），如图 5-5（c）所示。在平面图和系统图中使用单线绘制法，在详图中用后两种绘制方法。

#### 5.1.1.2　建筑工程图示要求

（1）室内给排水管道施工图布置

布置室内给排水管网，应根据建筑工程的要求考虑下列几点原则。

① 管系选择应使管路最短，并且便于安装和检修。

② 给水立管尽可能靠近用水量大的房间和用水点。

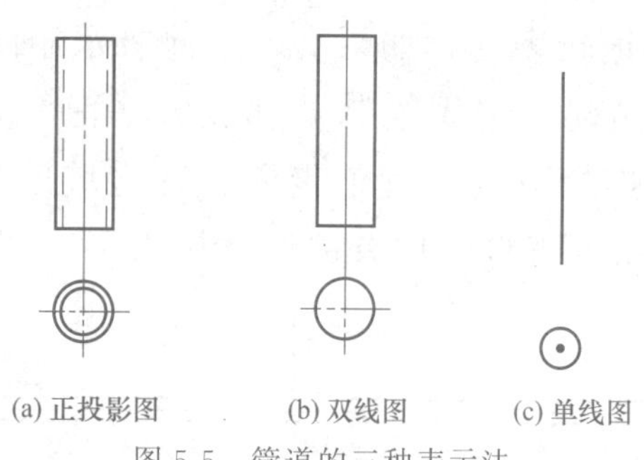

图 5-5　管道的三种表示法

③ 根据室外供水情况（水量和水压）和用水对象，以及消防对给水的要求，室内管网可以布置成环形和树枝形两种。环形供水系统是供水干管成环形，可以设置两处引入管，一般用于用水量大、要求较高的建筑。而树枝形供水系统只有一个引入管，支管布置形状像树枝，用于一般民用建筑。

④ 排水立管应尽量设置在污物、杂质多的卫生设备附近，横管设有坡度、坡向立管。

⑤ 排出管应选最短路径与室外管道连接，连接处应设检查井。

（2）室内给排水施工图的识读

建筑给水排水图的识读过程中，应注意将平面图、系统图与详图相互对照，分清系统分别识读，才能全面掌握设计意图。

① 平面图　平面图主要表明各种卫生器具与给排水管道的平面布置情况。内容包括给水排水、消防给水管道的平面布置，卫生设备及其他用水设备的位置、房间名称、主要轴线编号和尺寸线；给水、排水、消防立管位置及编号、管道位置和直径等；底层平面图中还包括引入管、排出管的位置及建筑物的定位尺寸。

首先应阅读设计说明、连接方式、安装要求等。熟悉图例、符号，明确整个工程给水排水概况、管道材质、连接方式、安装要求等。

然后按供水方向分系统并分层识读。

a. 对照图例、编号、设备材料表明确供水设备的类型、规格数量，明确其在各层安装的平面定位尺寸，同时查清选用标准图号。

b. 明确引入管的入口位置，与入口设备水池、水泵的平面连接位置。

c. 明确给水干管在各层的走向、管道敷设方式、管道的安装坡度、管道的支撑与固定方式。

d. 明确给水立管的位置、立管的类型及编号情况，各立管与干管的平面连接关系。

e. 明确横支管与用水设备的平面连接关系，明确敷设方式。

排水平面图识读方法同给水平面图，识读时应明确排水设备的平面定位尺寸，明确排出管、立管、横管、器具支管、通气管、地面清扫口的平面定位尺寸，各管道、排水设备的平面连接关系。

② 系统图　系统图主要表明管道与卫生设备的空间位置关系，通常也称为给水排水管道系统轴测图。给水与排水系统图宜分别绘制。内容包括建筑楼层标高、层数、室内外建筑平面高差；管道走向、管径、仪表及阀门、控制点标高和管道坡度，各系统编号，立管编号，各楼层卫生设备和工艺用水设备的连接点位置；排水立管上检查口、通气帽的位置及标高。

给水系统图的识读从入口处的引入管开始，沿干管、最远立管、最远横支管和用水设备识读，再按立管编号顺序依次识读各分支系统。如引入管的标高，引入管与入口设备的连接高度；干管的走向、安装标高、坡度、管道标高变化；各条立管上连接横支管的安装标高、支管与用水设备的连接高度；明确阀门、调压装置、报警装置、压力表、水表等的类型、规格及安装标高。

排水系统图识读时应明确各类管道的管径，干管及横管的安装坡度与标高；管道与排水设备的连接方法，排水立管上检查口的位置；通气管伸出屋面的高度及通气管口的封闭要求；管道的防腐、涂色要求。

③ 详图　对于给排水设备及管道较多处，如泵房、水池、水箱间、卫生间、报警阀门、饮水间等，在平面图中因比例关系不能表述清楚时，采用绘制局部放大平面图，通常称为大样图。内容包括设备及管道的平面位置、设备与管道的连接方式、管道走向、管道坡度、管径、仪表及阀门、控制点标高等。常用的卫生器具及设备施工详图可直接套用有关给水排水标准图集。

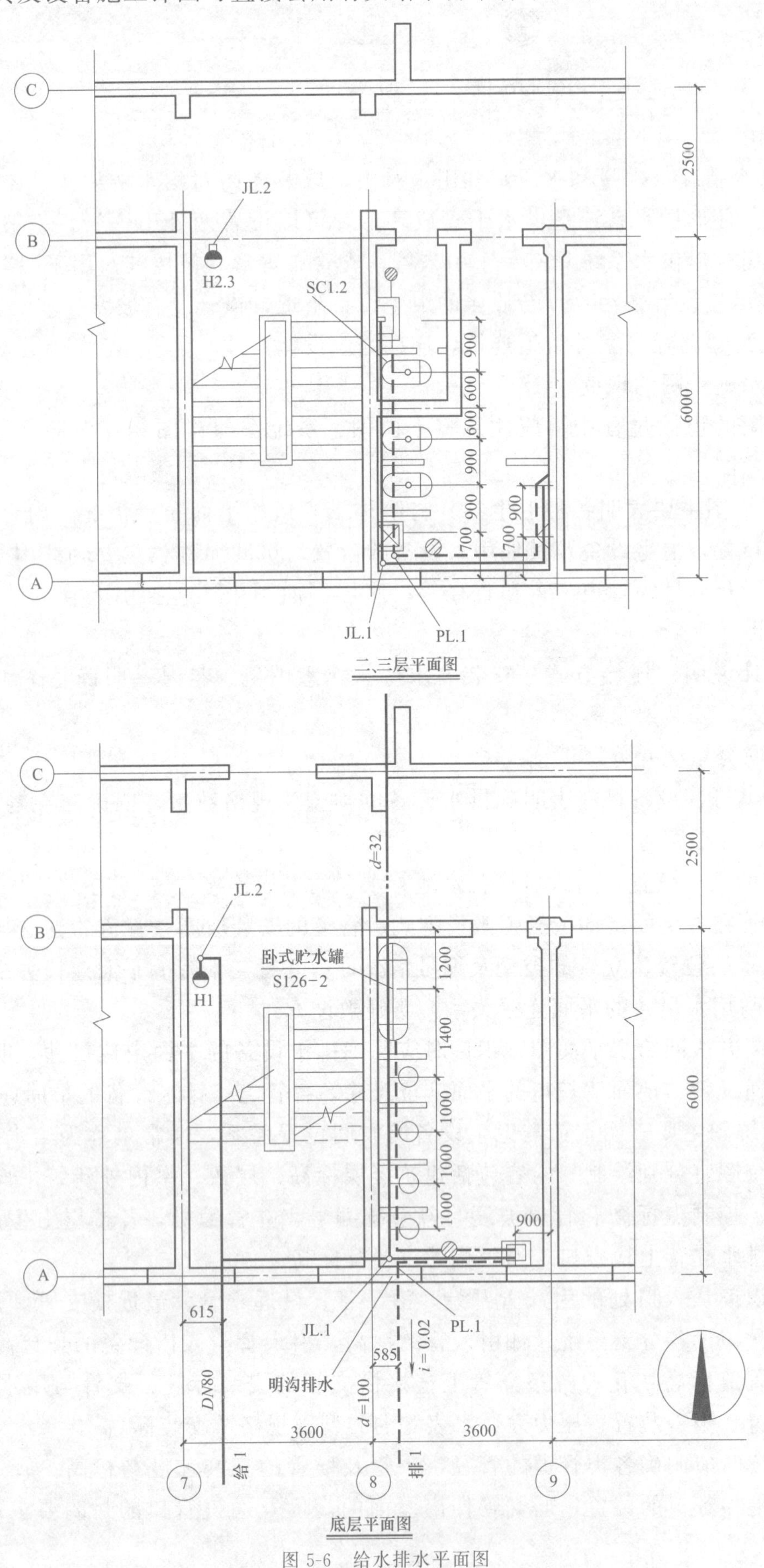

图 5-6　给水排水平面图

详图识读时可参照以上有关平面图、系统图识读方法进行，但应注意将详图内容与平面图及系统图中的相关内容相互对照，建立系统整体形象。

下面以图 5-6、图 5-7、图 5-8 为例来介绍管道工程图的识读。

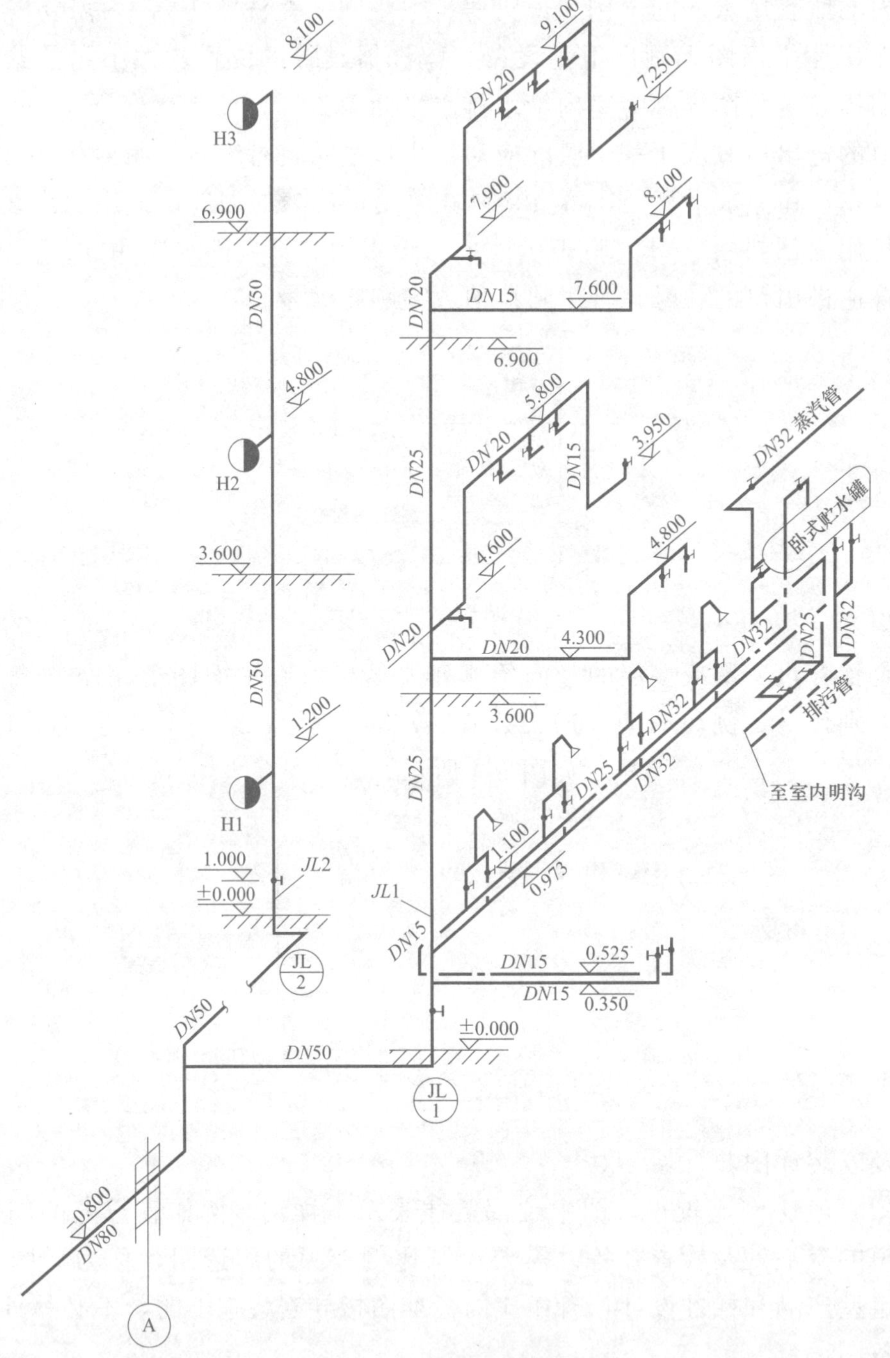

图 5-7　给水系统图

阅读管道施工图一般应遵循从整体到局部，从大到小，从粗到细的原则。对于一套图纸，看图的顺序是先看图纸目录，了解建设工程的性质、设计单位、管道种类，搞清楚这套图纸有多少张、有几类图纸以及图纸编号；其次是看施工图说明、材料表等一系列文字说明；然后把平面图、系统图、详图等交叉阅读。对于一张图纸而言，首先是看标题栏，了解图纸名称、比例、图号、图别等，最后对照图例和文字说明进行细读。

图 5-6、图 5-7、图 5-8 是一栋三层办公楼给排水施工图，从平面图中可以了解建筑物的朝向、基本构造、有关尺寸，掌握各条管线的编号、平面位置、管子和管路附件的规格、型号、种类、数量等；从系统图中可以看清管路系统的空间走向、标高、坡度和坡向、管路出入口的组成等。

通过对管道平面图的识读可知底层有淋浴间，二层和三层有厕所间。淋浴间内设有四组淋浴器，

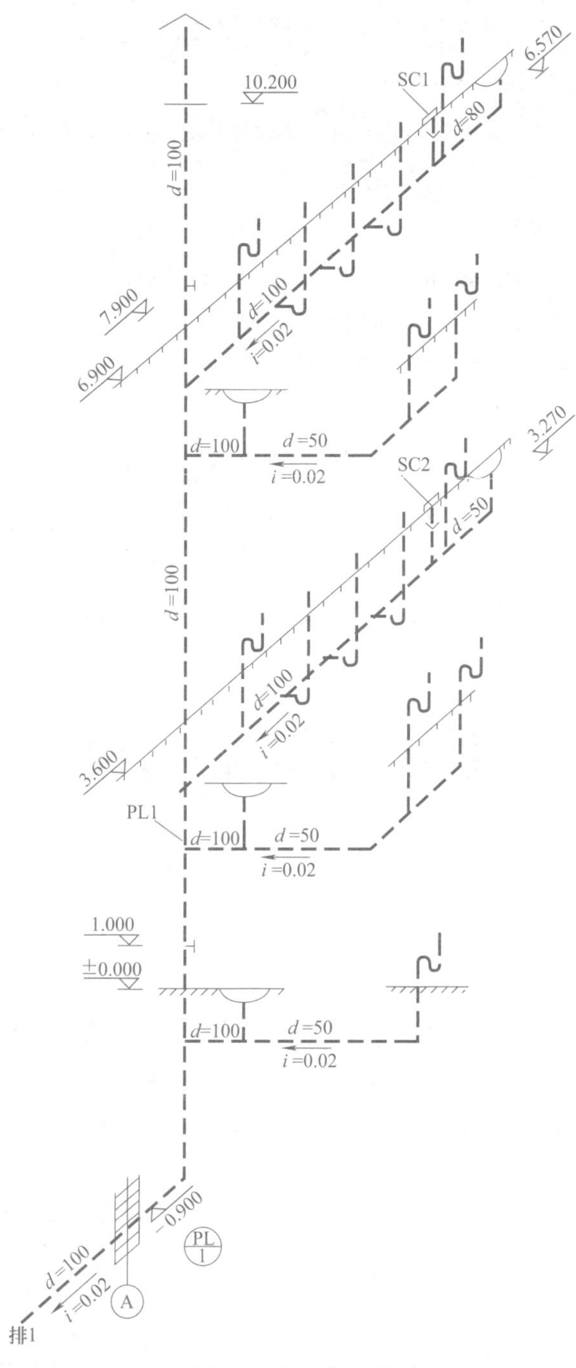


图 5-8 排水系统图

一只洗脸盆，还有一个地漏。二楼厕所内设有高水箱蹲式大便器三套、小便器两套、洗脸盆一只、洗涤盆一只、地漏两只。三楼厕所内卫生器具的布置和数量都与二楼相同。每层楼梯间均设一组消火栓。

给水系统（用粗实线表示）是生活与消防共用下分式系统。给水引入管在 7 号轴线东面 615mm 处，由南向北进屋，管道埋深 0.8m，进屋后分成两路，一路由西向东进入淋浴室，它的立管编号为 JL1，在平面图上是个小圆圈；另一路进屋继续向北，作为消防用水，它的立管编号是 JL2，在平面图上也是一个小圆圈。

JL1 设在 A 号轴线和 8 号轴线的墙角，自底层至标高 7.900m。该立管在底层分两路供水，一路由南向北沿 8 号轴线墙壁敷设，标高为 0.900m，管径 *DN*32mm，经过四组淋浴器进入卧式贮水罐；另一路由西向东沿 A 轴线墙壁敷设，标高为 0.350m，管径 *DN*15mm，送入洗脸盆。在二层楼内也分两路供水，一路由南向北，标高 4.600m，管径 *DN*20mm，接龙头为洗涤盆供水，然后登高至标高 5.800m，管径 *DN*20mm，为蹲式大便器高水箱供水，再返低至标高 3.950m，管径 *DN*15mm，为洗脸盆供水；另一路由西向东，标高 4.300m，至 9 号轴线登高到标高 4.800m 转弯向北，管径 *DN*15mm，为小便斗供水。三楼管路走向、管径、设置高度均与二楼相同。

JL2 设在 B 号轴线和 7 号轴线的楼梯间内，在标高 1.000m 处设闸门，消火栓编号为 H1、H2、H3，分别设于一、二、三层距地面 1.20m 处。

在卧式贮水罐 S126-2 上，有五路管线同它连接：罐端部的上口是 *DN*32mm 蒸汽管进罐，下口是 *DN*25mm 凝结水管出罐（附一组内疏水器和三只阀门组成的疏水装置，疏水装置的安装尺寸与要求详见相关采暖通风国家标准图集），贮水罐底部是 *DN*32mm 冷水管进罐，顶部是 *DN*32mm 热水管出罐，底部还有一路 *DN*32mm 排污管至室内明沟。

热水管（用点划线表示）从罐顶部接出，加装阀门后朝下转弯至 1.100m 标高后由北向南，为四组淋浴器供应热水，并继续向前至 A 轴线墙面朝下至标高 0.525m，然后自西向东为洗脸盆提供热水。热水管管径从罐顶出来至前两组淋浴器为 *DN*32mm，后两组淋浴器热水干管管径 *DN*25mm，通洗脸盆一段管径为 *DN*15mm。

排水系统（用粗虚线表示）在二楼和三楼都是分两路横管与立管相连接：一路是地漏、洗脸盆、三只蹲式大便器和洗涤盆组成的排水横管，在横管上设有清扫口（图面上用 SC1、SC2 表示），清扫口之前的管径为 *d*50mm，之后的管径为 *d*100mm；另一路是两只小便斗和地漏组成的排水横管，地漏之前的管径为 *d*50mm，之后的管径为 *d*100mm。两路管线坡度均为 0.02。底层是洗脸盆和地漏所组成的排水横管，属埋地敷设，地漏之前管径为 *d*50mm，之后为 *d*100mm，坡度 0.02。

排水立管及通气管管径 *d*100mm，立管在底层和三层分别距地面 1.00m 处设检查口，通气管伸出屋面 0.7m。排出管管径 *d*100mm，过墙处标高－0.900m，坡度 0.02。

## 5.1.2 实训练习

### 5.1.2.1 填空题

（1）室内给水系统按供水对象分为________、________和________三类。

（2）室内给水系统由________、________、________、________和________等组成。

（3）建筑内排水系统由________、________、________、________和________等组成。

（4）室内排水系统进出口的编号一般按下图所示：

J / 1　其中 J 表示________，1 表示________。

（5）管道工程图，按管道的图形来分，分为两种：一种是用一根线条画成的管子（件）图，称为________；另一种是用两个线条画成的管子（件）图样，称为________。

（6）画管道斜等轴测图时，当水平管道左右走向时，可选在________轴上或其延长线上绘制管道。

（7）绘制室内给排水工程图时，建筑物的轮廓线和卫生器具用________线、给排水管道用________线表示。

（8）室内给水系统图与室内排水系统图，通常用________图表示。

（9）室内给排水工程图的识读方法：先识读室内给水排水________图，再对照室内给水排水________图识读室内给水系统图和室内排水系统图，然后识读________。

（10）室内给水管道的安装程序为先________，再安装________、立管和支管。

### 5.1.2.2 问答题

（1）室内给水系统的给水方式有哪几种？各自的适用条件是什么？

（2）建筑给排水施工图一般由哪几部分组成？

（3）给水管道的敷设形式有哪两种？各具有哪些特点？

（4）通气管有哪几种类型？

（5）建筑给水系统在什么条件下设置消防水池？

（6）建筑内消火栓系统主要由哪些部分组成？建筑内消火栓系统供水方式有几种？

5.1.2.3　综合题

5.1.2.3.1　画示意图表示水箱的配管。

5.1.2.3.2　识读一幢三层楼房的给排水施工图（图 5-6～图 5-8）。

（1）识读给排水管道平面图

① 这幢建筑物的朝向是________。

② 平面图上只画出________和________的两个部分，其余房间未画出。

③ 一层楼的卫生间内设有________、________和________一只。

④ 二、三层楼的卫生间分为男、女卫生间，其内分别设有：

男卫有________、________各两套，________一个和________一只。

女卫有________、________各一套和________一只。

⑤ 在平面图上指出给水引入管、给水立管、水平干管和支管的位置及管径。

⑥ 在平面图上指出器具排水管、排水横管、排水立管及排出管的位置和管径。

（2）对照平面图识读给水系统轴测图

① 给水引入管的管径为________，相对标高为________ m。

② 一、二、三层水平干管的相对标高各为________ m、________ m 和________ m。它们各在该层楼面或地面之________。

③ 画图说明给水系统轴测图与给排水管道平面图定轴定向的对应关系。

④ 在给水系统轴测图上指出一、二、三层地（楼）面的位置。

⑤ 说明给水立管和水平干管的管径。

⑥ 在给水系统轴测图上，注写出每个支管所连接或供水的卫生器具的名称。

⑦ 说明连接洗脸盆、污水盆和浴盆支管的空间走向。

（3）对照平面图识读排水系统轴测图

① 排出管的管径为________，相对标高为________ m，坡度为________，坡向________。

② 一、二、三层地（楼）面相对标高分别为________ m、________ m 和________ m。

③ 一、二、三层排水横管的坡度为________，坡向________，它们各在该层地（楼）面之________。

④ 排水立管的管径为________，通气管网罩处的相对标高为________ m。

⑤ 画图说明排水系统轴测图与给排水管道平面图定轴定向的对应关系。

⑥ 在排水系统轴测图上，指出检查口和清扫口的位置。

⑦ 在排水系统轴测图上，注写出每个器具排水管所连接卫生器具的名称。

⑧ 说明排水横管的管径。

# 课题 5.2　多层单元住宅室外管网平面布置图

## 5.2.1　应知应会部分

### 5.2.1.1　制图标准要求

（1）室外给水排水施工图

室外给水排水施工图主要表示一个小区范围内的各种室外给水排水管网布置的图样，与室内管道的引入管、排出管相连接，以及管道敷设的坡度、埋深和交接等情况。室外给水排水施工图包括给水排水平面图、管道纵断面图、附属设备的施工图等。在一般工程中，室外给水排水管道较为简单时，可不画出管道纵断面图。

图 5-9 是某单位一幢新建集体宿舍附近的一个小区的室外给水排水平面图，表示了新建集体宿舍附近的给水、污水、雨水管道的布置，及其与新建集体宿舍室内给水排水管道的连接。现结合图 5-9 介绍室外给水排水平面图的图示内容、表达方法。

① 比例　一般采用与建筑总平面图相同的比例，常用 1∶500、1∶200 等，图 5-9 室外给水排水平面图采用 1∶500 比例绘制。范围较大的厂区或小区给水排水平面图可采用 1∶2000、1∶1000 等比例绘图。

② 建筑物及道路、围墙等设施　由于在室外给水排水平面图中，主要反映某个区域范围管道的布置情况。所以在平面图中，应画出原有房屋以及道路、围墙等附属设施，按建筑总平面的图例，用细实线画出轮廓线，新建建筑物则用中实线画出其轮廓线。

③ 管道及附属设备　一般把各种管道，如给水管、排水管、化粪池等附属设备，都画在同一张图纸上。雨水管、水表（流量计）与水表井、检查井、新建的管道均用粗单线表示，如本例中新建给水管用粗实线表示，新建污水管用粗虚线表示，雨水管用粗单点长画线表示。水表井、检查井、化粪池等附属设备则按表 5-1 中的图例绘制。管径及坡度等参数都直接标注在相应管道的旁边：给水管一般采用铸铁管，用公称直径 *DN* 表示；雨水管、污水管一般采用钢筋混凝土管，则用内径 *d* 表示。对于范围和规模不大的小区的室外管道，不必另画排水干管纵剖面图。室外管道应标注绝对标高。

给水管道宜标注管中心标高，由于给水管是压力管且无坡度，往往沿地面敷设，如敷设时为统一埋深，可在说明中列出给水管中心标高。从图中可以看出：从该建筑西南角引入的 *DN*70mm 给水管，沿南墙1m处敷设，中间接一水表，分三根引入管接入屋内，沿管线都不注标高。

排水管道（包括雨水管和污水管）应注出起讫点、转角点、连接点、交叉点、变坡点的标高，排水管道宜注管内底标高。为简便起见，可在检查井处引一指引线，在指引线的水平线上面标注井底标高，水平线下面标注管道种类及编号组成的检查井编号，如W为污水管，Y为雨水管。编号顺序按水流方向，从管上游编向下游。从图5-9中可以看出：污水干管在房屋中部离西墙2m处沿西墙敷设，污水自室内排出管排出室外，用支管分别接入标高为3.18m、3.20m的污水检查井中，检查井用污水干管（$d$150mm）连接，接入化粪池。化粪池采用国家建筑标准图集14SS706中的标准设计，图中用图例表示。雨水干管沿北墙、南墙在离墙2m处敷设。自房屋的东端起有两根雨水和废水干管（雨水和废水用同一条排水管）；一根干管$d$200mm沿南墙敷设，雨水通过支管流入东端的检查井Y6（标高3.00m），经这条干管，流向检查井Y7（标高2.94m），在Y7上接入一支管；$d$200mm干管继续向西，与检查井Y8（标高2.87m）连接，在Y8处再接入一支管。依次类推，在Y9处此干管接入一根废水管后经Y10流入区内干管上的检查井Y11（标高2.72m），另一根沿北墙敷设的雨水干管同样由Y1汇入区内干管上的检查井Y5。由Y5至Y12的管段即为区内干管，管径增大为$d$250mm，该干管向南延伸接至区外。

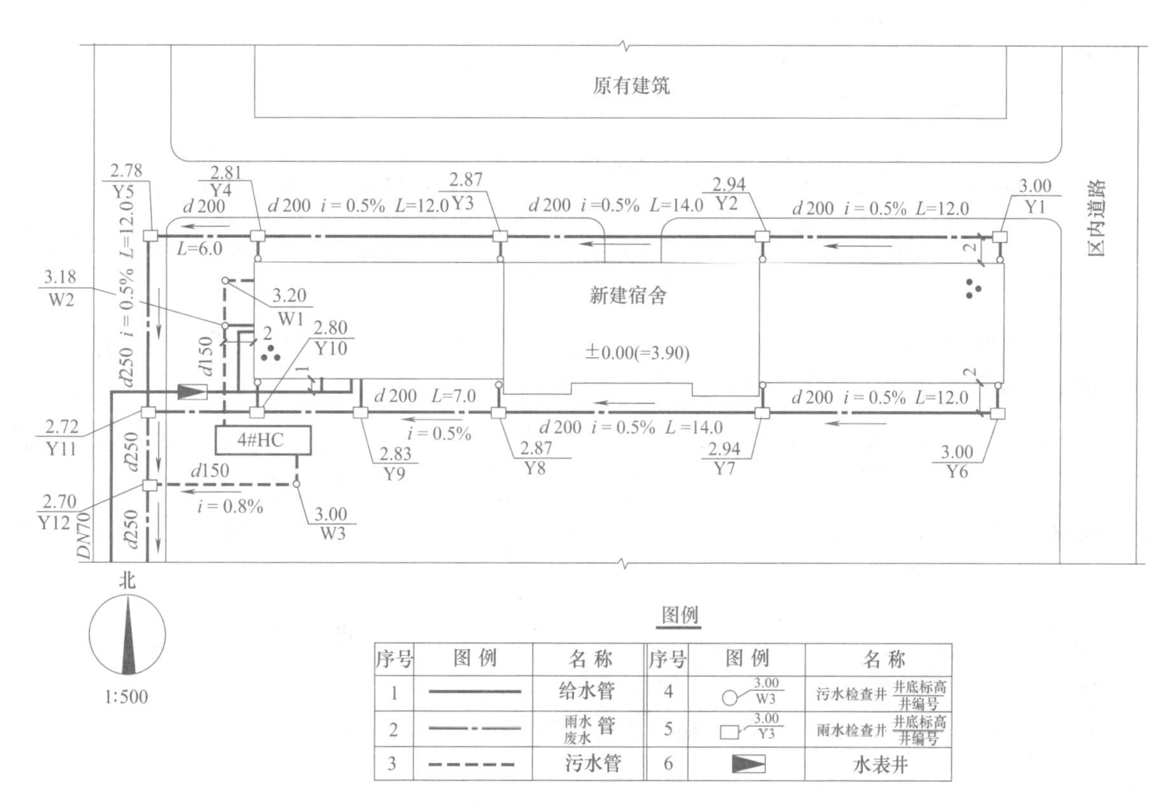


| 序号 | 图例 | 名称 | 序号 | 图例 | 名称 |
|---|---|---|---|---|---|
| 1 | —— | 给水管 | 4 | 3.00/W3 | 污水检查井 井底标高/井编号 |
| 2 | —·— | 雨水 废水 管 | 5 | 3.00/Y3 | 雨水检查井 井底标高/井编号 |
| 3 | - - - | 污水管 | 6 | | 水表井 |

注：±0.00（=3.90）表示相对标高为±0.00，绝对标高为3.90，图中其余标高均为绝对标高。

图5-9 室外给水排水平面图

④ 指北针、图例和说明 如图5-10所示，在室外给水排水平面图中，应画出指北针，标明图例，书写必要的说明，以便于读图和按图施工。

(2) 室外给水排水管道纵剖面图

在一个小区中，若管道种类繁多，布置复杂，则可按管道种类分别绘出每一条街道的沟管平面图（管道不太复杂时，可合并绘制在一张图纸中），还应绘制出管道纵剖面图，以显示路面起伏、管道敷设的埋深和管道交接等情况。图5-11、图5-12是某一街道给水和污水排水管道纵剖面图，现结合图5-13，介绍室外给水排水管道纵剖面的图示内容和表达方法。

① 比例 由于管道的长度方向比直径方向大得多，为了说明地面起伏情况，在纵剖面中，通常竖向、横向采用两种不同比例绘制，例如竖向比例常用1∶200、1∶100，横向比例常用1∶1000、1∶500等。

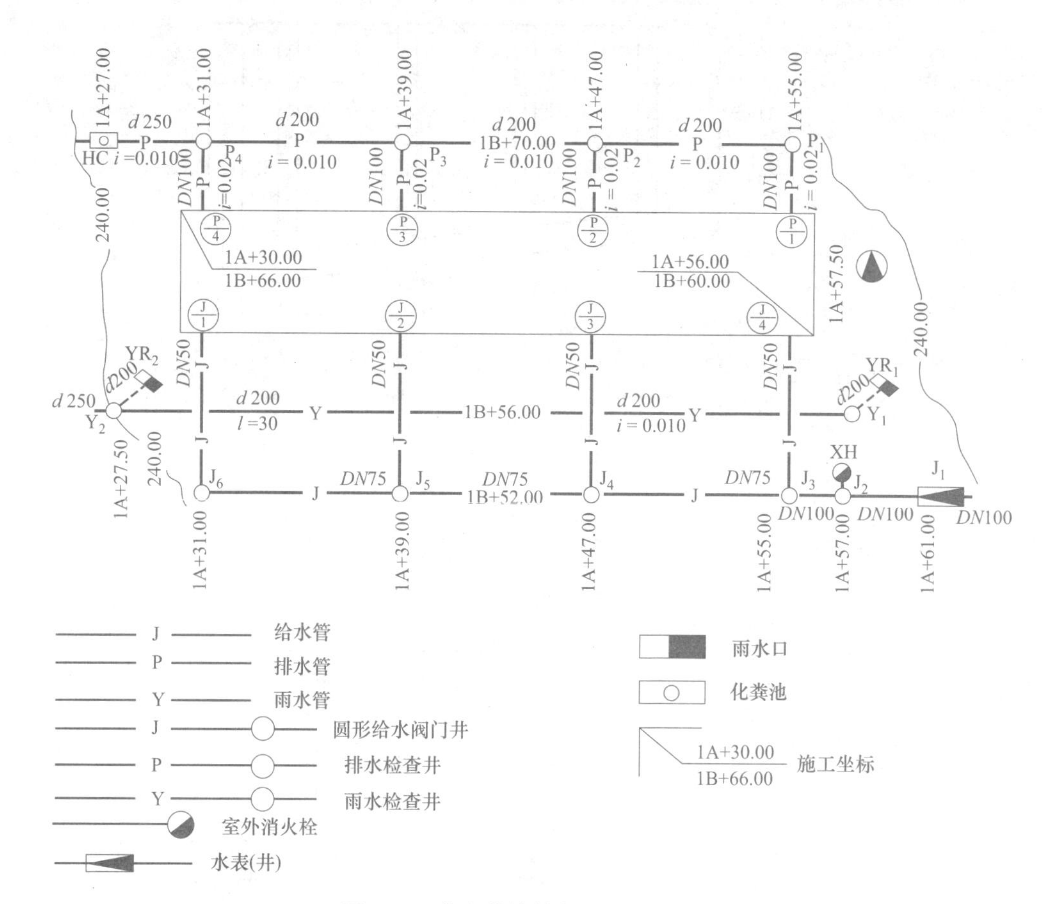


图5-10 某室外给排水平面图及图例

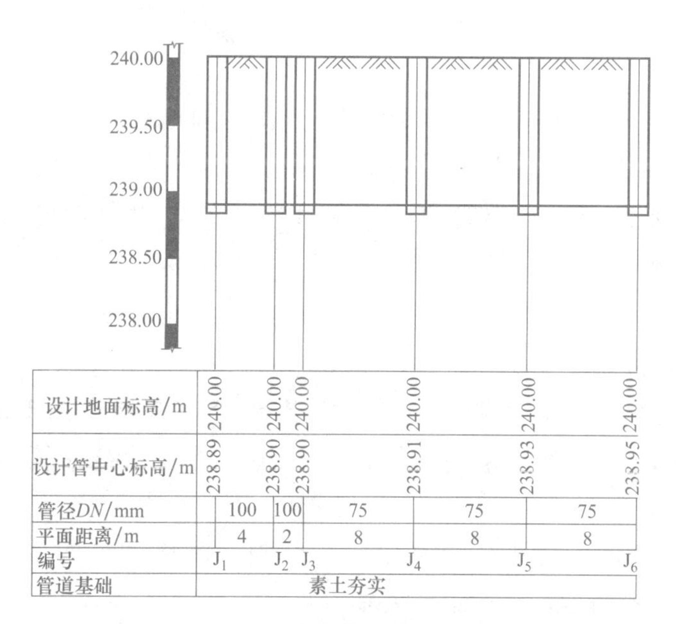

| 设计地面标高/m | 240.00 | 240.00 | 240.00 | 240.00 | 240.00 | 240.00 |
|---|---|---|---|---|---|---|
| 设计管中心标高/m | 238.89 | 238.90 | 238.90 | 238.91 | 238.93 | 238.95 |
| 管径DN/mm | 100 | 100 | 75 | 75 | 75 | |
| 平面距离/m | 4 | 2 | 8 | 8 | 8 | |
| 编号 | $J_1$ | $J_2$ $J_3$ | $J_4$ | $J_5$ | $J_6$ | |
| 管道基础 | 素土夯实 | | | | | |

图5-11 给水管道纵剖面图

② 剖面轮廓线的线型 管道纵剖面图是沿干管轴线铅垂剖切后画出的剖面图，一般压力管宜用单粗实线绘制，重力管道用双粗实线绘制；地面、检查井、其他管道的横断面（不按比例，用小圆圈表示）等，用中实线绘制。

③ 设计数据及相邻管道、设施和建筑物的布置情况 如图5-10所示，所表达的污水干管纵剖面、剖切到的检查井、地面以及其他管道的横断面，都用剖面图的形式表示，图中还在其他管道的横断面处，标注了管道类型的代号、定位尺寸和标高。在剖面图下方，用表格分项列出该干管的各项设计数据，例如设计地面标高、设计管内底标高（这里是指重力管）、管径、水平距离、编号、管道基础等内容。此外，还常在最下方画出管道的平面图，与管道纵剖面图对应，便可补充表达出该污水干管附近

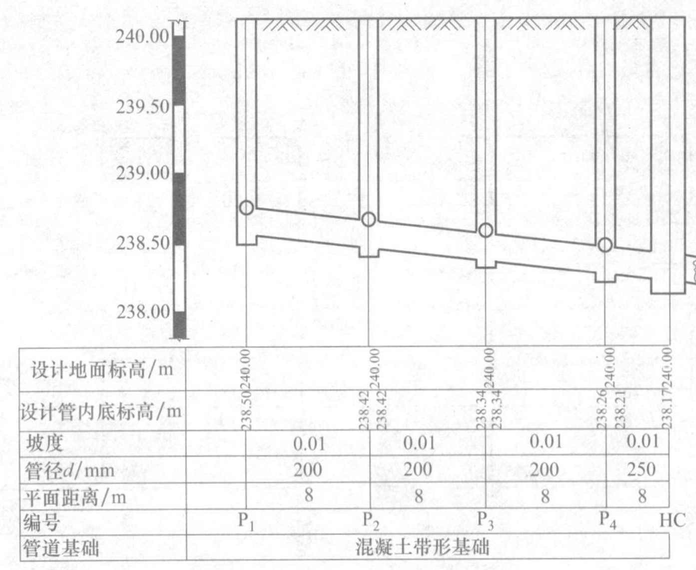


图 5-12　污水排水管道纵剖面图

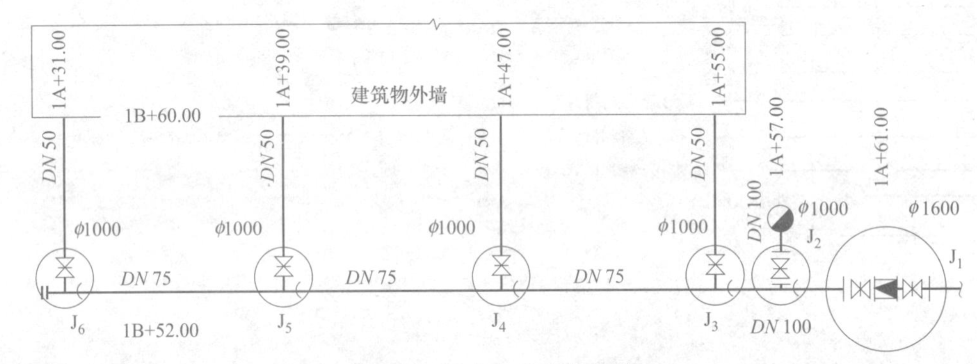


图 5-13　给水管道节点图

的管道、设施和建筑物等情况，除了画出在纵剖面中已表达的这根污水干管以及沿途的检查井外，图中还画出：这条街道下面的给水干管、雨水干管，并标注了这三根干管的管径、它们之间以及与街道的中心线、人行道之间的水平距离；各类管道的支管和检查井，以及街道两侧的雨水井；街道两侧的人行道、建筑物和支弄道口等。

5.2.1.2　**建筑工程图示要求**

（1）室外给排水施工图的内容

① 室外给水排水管道平面图　它表明给水管道、排水管道在地形图上的平面位置，与各建（构）筑物、其他管道的平面距离，标有管道走向、管道上的阀门井、检查井等的位置和型号以及管径、坡度、坡向与标高等。

② 室外给水排水管道剖面图　室外给水排水管道剖面图有横剖面图、纵剖面图，它主要反映管道的埋设深度、坡度坡向及各构筑物的型式与标高等。

③ 管道节点详图　用节点详图反映各交叉点的管与管、管与管件的连接情况。

（2）室外给排水施工图的识读

① 室外给水排水管道平面图　它表示建筑小区内给水排水管道的平面布置情况。如图 5-10 所示为室外给水排水管道平面布置图。

a. 给水管道。通常先读干管，然后读给水支管。

b. 排水管道。识读排水管道时先干管、后支管，按排水检查井的编号顺序依次进行。

c. 雨水管道。先干管后支管，按雨水检查进口编号进行。

② 室外给水排水管道剖面图　室外给水排水管道剖面图分为给水排水管道纵剖面图和给水排水管道横剖面图两种，其中，常用给水排水管道纵剖面图。室外给水排水管道纵剖面图是室外给水排水工程图中的重要图样，它主要反映室外给水排水平面图中某条管道在沿线方向的标高变化、地面起伏、坡度、坡向和管径等情况。这里仅介绍室外给水排水管道纵剖面图的识读。

识读管道纵剖面图时，首先看是哪种管道的纵剖面图，根据纵剖面图中的节点（如阀门井、检查井）编号，对照相应的给水排水平面图，确定所识读的管道纵剖面图是平面图中的哪条管道，其平面位置和方向如何；然后再在该管道纵剖面图的数据表格内查找其管道纵断面图形中各节点的有关数据，配合相应的小区给水排水平面图进行识读。

③ 管道节点详图　在室外给水排水平面图中，对检查井、消火栓井和阀门井以及其内的附件、管件等均不作详细表示。为此，应绘制相应的节点图（图 5-13），以反映本节点的详细情况。

室外给水排水节点图分为给水管道节点图、污水排水管道节点图和雨水管道节点图三种图样。通常需要绘制给水管道节点图，而当污水排水管道、雨水管道的节点比较简单时，可不绘制其节点图。

室外给水管道节点图识读时可以将室外给水管道节点图与室外给水排水平面图中相应的给水管道图对照着看，或由第一个节点开始，顺次看至最后一个节点止。

## 5.2.2　实训练习

5.2.2.1　**填空题**

（1）室外给水排水施工图主要表示________的图样。

（2）室外给排水施工图包括________、________、________等。

（3）给水排水管道平面图包括________、________、________、________等。

（4）室外给水排水管道平面图表明________、________在地形图上的平面位置，与各建（构）筑物、其他管道的________，标有管道走向、管道上的________、________等的位置和型号以及管径、坡度坡向与________等。

（5）室外给水排水管道剖面图有________、________两种，它主要反映管道的________、________及各构筑物的型式与标高等。

（6）室外给水排水管道纵剖面图是________的重要图样，它主要反映室外给水排水平面图中某条管道在沿线方向的________、________、________、________和管径等情况。

（7）室外给水排水平面图中的________、________和________以及其内的附件、管件等均不作详细表示。

（8）室外给水排水节点图分有________、________和________三种图样。

5.2.2.2　**问答题**

（1）室外排水管道（包括雨水管和污水管）应标出哪些部分的标高？为什么？

（2）一份完整的室外给排水图纸由几部分组成？各有何特点？

(3) 为什么室外给水排水管道需要表示出管道的剖面图?

(4) 室外给排水施工图要识读哪些内容?

(5) 简述室外给排水施工图的识读步骤。

(6) 简述室外给水排水管道平面图的识读方法。

(7) 怎样识读室外给排水管道的纵剖面图?

(8) 怎样识读室外给水管道节点详图?

5.2.2.3 **综合题**

(1) 根据图 5-11 可知，给水管道和排水管道的标高标注有哪些不同和要求?

(2) 室外给水排水管道平面图表示方法与室内给水排水管道平面图的表示方法有什么不同?

(3) 仔细观察图 5-13，回答:

① 图中有____种管道。

② 圆形给水阀门井有____个。

③ 圆形污水检查井有____个。

④ 从 $J_3$ 至 $J_6$ 的水平距离是____。

⑤ 图中室外给水管道、室外污水管道和雨水管道的坡度变化有何不同?

(4) 根据图 5-13 的给水管道节点图，回答:

① 图中共表示出了____个节点。

② 各节点之间怎样连接?

③ 节点 $J_6$ 左边的符号代表的含义。

④ $J_1$ 节点代表什么?

⑤ 节点与节点间的管径是多少? 有几种表示方法? 指出来并说明为什么要用不同的管径表示。

(5) 识读某室外给排水管道平面图、排水管道纵剖视图和节点图(图 5-11～图 5-13)。

① 室外给水管网的水源，是从 3 层新建建筑________角的市政给水管接入。给水总管管径为________，它由________向________，又折向________，在新建建筑的________面，平行于外墙敷设。

② 两根给水进户管，按由西向东的顺序管径分别为________和________。

③ 生活污水管道在新建建筑________墙外，平行于外墙敷设。在管路上设有________个检查井，其编号为________。

④ 新建建筑有________个污水排出管，按由西向东的顺序，它们分别排放至________号检查井。

⑤ 新建建筑生活污水由________和________号检查井，排入化粪池后又排入________号检查井而与雨水管汇合。

⑥ 新建建筑室外雨水管网，在楼南面设________个检查井，其编号为________；在楼北面设________个检查井，其编号为________；在楼西面设________个检查井，其编号为________。雨水总管

在楼________面接入市政排水管。

⑦ 各检查井的绝对标高各为多少？用这些数值画图说明生活污水的排放路线。

⑧ 生活污水管网各检查井之间的各段管子的管径各是多少？

# 课题 5.3 多层单元住宅给水排水常见详图

## 5.3.1 应知应会部分

### 5.3.1.1 制图标准要求

给水排水平面图和管道系统图表示了水池、卫生器具、地漏以及管道的布置等情况，而水池、卫生器具的安装及管道的连接，均需有施工详图作为依据。

凡平面布置图、系统图中局部构造因受图面比例限制而表达不完善或无法表达的，为使施工概预算及施工不出现失误，必须绘出施工详图。通用施工详图系列，如卫生器具安装、排水检查井、雨水检查井、阀门井、水表井、局部污水处理构筑物等，均有各种施工标准图，施工详图宜首先采用标准图。

绘制施工详图的比例以能清楚绘出构造为根据选用。施工详图应尽量详细注明尺寸，不应以比例代替尺寸。

室内给排水工程的详图包括节点图、大样图、标准图，主要是管道节点、水表、消火栓、水加热器、卫生器具、管道支架等的安装图及卫生间大样图等。这些图都是根据实物用正投影法画出来的，图上都有详细尺寸，可供安装时直接使用。

常用的卫生设备安装详图，通常套用全国通用给水排水标准图集——《卫生设备安装》（09S304）中的图样，不必另行绘制，只要在施工说明中写明所套用的图集名称及其中的详图图号即可。

详图又称大样图，它表明某些给排水设备或管道节点的详细构造与安装要求。有些详图可直接查阅有关标准图集或室内给排水设计手册，如水表安装详图、卫生设备安装详图等。

安装详图采用的比例较大，一般选用 1∶10、1∶20、1∶30，也可用 1∶5、1∶40、1∶50 等。安装详图必须按施工安装的需要表达得详尽、具体、明确，一般都用正投影的方法绘制，设备的外形可以简化画出，管道用双线表示，安装尺寸也应注写得完整和清晰，主要材料表和有关说明都要表达清楚。在本章所引用的这一幢集体宿舍中的盥洗槽，卫生间内的洗脸盆、蹲便器、淋浴器等安装详图，都套用全国通用给水排水标准图集——《卫生设备安装》（09S304）中的标准图，从标准图中可知卫生器具安装的各种尺寸及参数。在设计和绘制给水排水平面图和管网系统图时，各种卫生器具的进出水管的平面位置和安装高度，必须与安装详图一致。

平面布置图中的管道，无论管径大小一律用同一宽度的粗实线表示。

系统图，一般按斜等轴测图的方法绘制，与坐标轴平行的管道在轴测图中反映实长。

当空间交叉的管道在系统轴测图中相交时，要判别前后、上下的关系，然后按给排水施工图中常用图例交叉管的画法画出，即在下方、后面的要断开。

系统轴测图中给水管道仍用粗实线表示，排水管道用粗虚线表示。

排水管应标出坡度，如在排水管图线上标注为$\xrightarrow{2\%}$，箭头表示坡降方向。

给水系统与排水系统轴测图的画图步骤相似，相同层高的管道尽可能布置在同一张图纸的同一水平线上。

### 5.3.1.2 建筑工程图示要求

在布置和安装卫生器具时，应注意在土建施工的同时要做好预留预埋的工作，根据《建筑给水排水及采暖工程施工质量验收规范》（GB 50242—2002）和全国通用给水排水标准图集——《卫生设备安装》（09S304），建筑工程对管道附件及卫生器具安装有以下要求。

（1）分户水表和卫生器具的型号、规格、质量必须符合设计要求。

（2）卫生器具应有合格证，器具表面应光滑、平整无裂缝、无机械损伤。

（3）水表前应设阀门，两边与管道连接应有活接头。

（4）卫生器具的安装位置应正确，连接卫生器具的排水管管径和最小坡度应符合以上规范的规定，如设计无要求时，应符合规范规定。

（5）为保证卫生器具安装位置精确，必须待土建在卫生间内部初步粉刷完后，再安装卫生器具下部的排水管。

（6）所有与卫生器具相连接的管道应保证排水管和给水管无堵、无漏，管道与器具连接前已完成灌水试验、通球、试气、试压等试验，并已办好隐蔽检验手续。

（7）已完成墙面和地面全部工作内容后，且室内装修基本完成后，卫生器具才能就位安装（除浴缸就位外）。

（8）蹲式大便器应在其台阶砌筑前安装。

在识读建筑给排水图时，应了解各卫生设备及卫生设备给水配件安装高度，可参见有关设备安装图集。

除上所述外，还应细看卫生设备安装详图，坐便器安装详图如图 5-14 所示，洗脸盆安装详图如图 5-15 所示，浴盆安装详图如图 5-16 所示。

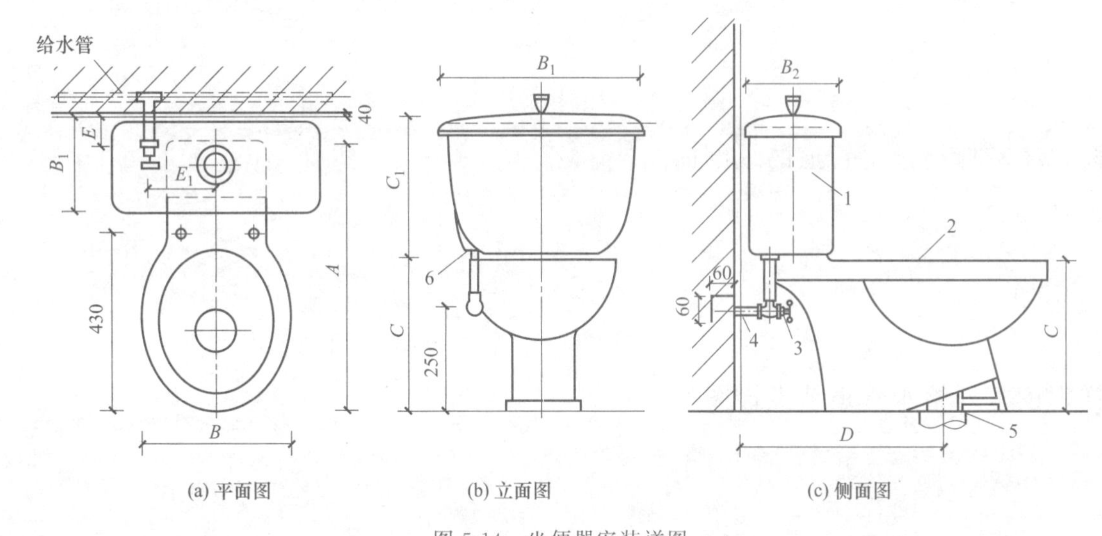


图 5-14 坐便器安装详图

1—低水箱；2—坐便器盖；3—给水角阀；4—给水支管；5—排水器；6—低水箱进水管

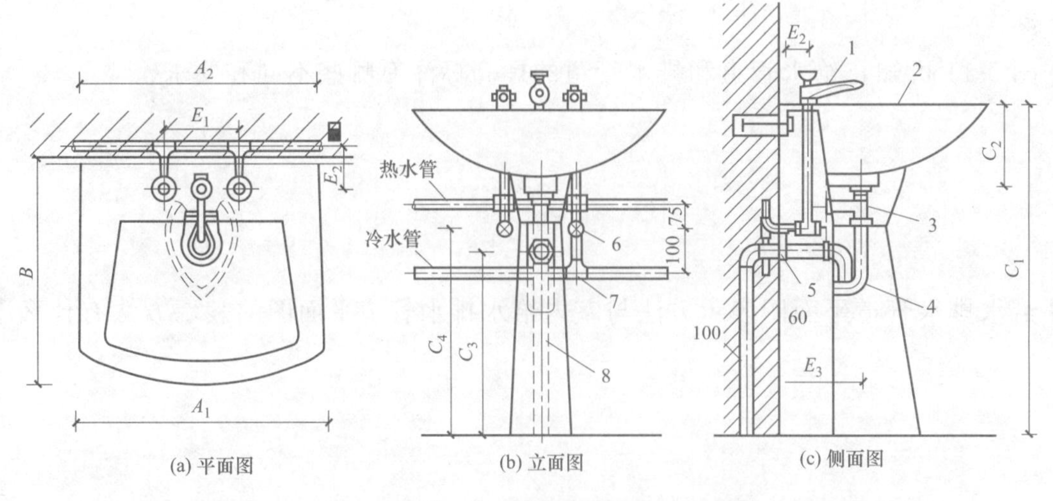


图 5-15 洗脸盆安装

1—水龙头；2—洗脸盆；3—排水口；4—存水弯；5—支架；6—冷水阀；7—三通管；8—排水支管

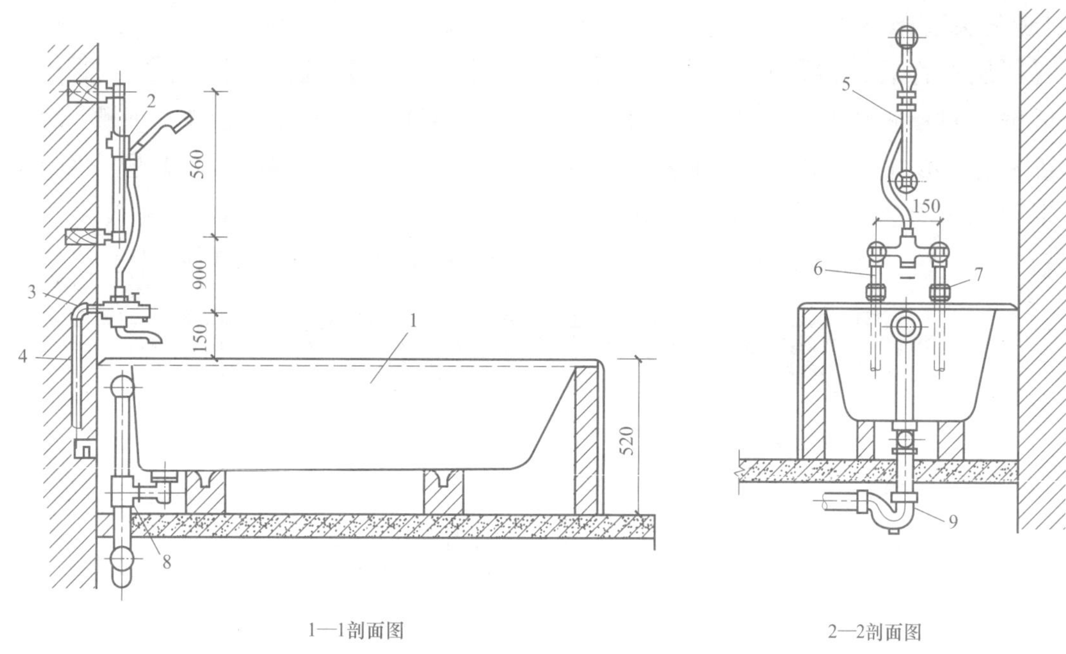


图 5-16　浴盆安装详图

1—浴盆；2—支架；3—给水弯管；4—给水管；5—淋浴器软管；6—热水进水管；7—冷水进水管；8—排水四通；9—存水弯管

总之，识读卫生器具安装详图时，分三个部分详看：一是卫生器具本身位置及固定的安装，二是看卫生设备的进水管（管径、标高、龙头高度），三是看卫生设备的排水管（管径、标高、坡度方向）等。

## 5.3.2　实训练习

### 5.3.2.1　填空题

（1）给水排水平面图和管道系统图表示了________、________、________以及________等情况，而水池、卫生器具的安装及管道的连接，均需有________作为依据。

（2）安装详图必须按________的需要表达得详尽、具体、明确，一般都用________法绘制。

（3）室内给排水工程的详图包括________、________、________，主要是管道节点、水表、消火栓、水加热器、开水炉、卫生器具、套管、排水设备、管道支架等的安装图及________等。

（4）安装详图采用的比例较大，可按需要选用________、________、________，也可用 1∶5、1∶40、1∶50 等。

（5）安装详图必须按施工安装的需要表达得详尽、具体、明确，一般都用________方法绘制。

（6）平面布置图中的管道，无论管径大小一律用________线型表示。

（7）系统轴测图，一般按________原理绘制，________管道在轴测图中反映实长。

（8）当空间交叉的管道在系统轴测图中相交时，要判别________、________的关系，然后按给排水施工图中常用图例交叉管的画法画出，即在下方、后面的要________。

（9）系统轴测图中给水管道仍用________线型表示，排水管道用________线型表示。

（10）排水管应标出坡度，如在排水管图线上标注为$\xrightarrow{2\%}$，箭头表示________。

（11）水表前应设________，两边与管道连接应有________，平整牢固，表前后超过 300mm 时，应________。

（12）所有与卫生器具相连接的管道应保证排水管和给水管无堵、无漏，管道与器具连接前已完成________、________、________、________等试验，并已办好________手续。

### 5.3.2.2　问答题

（1）建筑工程对管道附件及卫生器具安装有哪些要求？

（2）怎样阅读管道施工图？

（3）怎样识读卫生器具安装详图？

（4）建筑工程对管道卫生器具安装有何要求？

（5）简述卫生器具安装的工艺流程。

单元⑥

# 计算机绘图——AutoCAD 基础实训

知识点

多层建筑平面、立面、剖面施工图和详图。

学习目标

通过本单元的学习，使学生能够运用 AutoCAD 命令，初步绘制民用建筑施工图。

利用 AutoCAD 软件绘制建筑施工图与手工绘制图纸的顺序是相同的。遵循这样的手工操作步骤，再辅助以 AutoCAD 绘图命令，可以提高学生的绘图效率，与毕业以后的工作环境接轨，实现上岗即可工作。

## 课题 6.1　民用建筑平面施工图

### 6.1.1　命令要求

利用 AutoCAD 软件绘制建筑平面施工图时同样要先绘轴线，再画墙体，然后开门窗洞口、绘制平面门窗、楼梯、散水台阶等，最后对平面图内符号类对象进行绘制，如标注尺寸、标高、文字、各种符号及详图索引等。通过绘制 1∶100 的某宿舍楼一层平面图，使大家学会相关的基本绘图命令和编辑命令，并掌握一些操作技巧。希望能通过反复训练，达到理解并熟练掌握 AutoCAD 基本命令的目的。

#### 6.1.1.1　准备工作

6.1.1.1.1　创建图形文件

打开 AutoCAD2014，点击【文件】|【保存】命令，弹出【图形另存为】对话框，在【保存于】后面小三角下拉菜单中选择图形所要保存的位置，并将文件名后图名改为“宿舍楼一层平面图”，如图 6-1 所示。

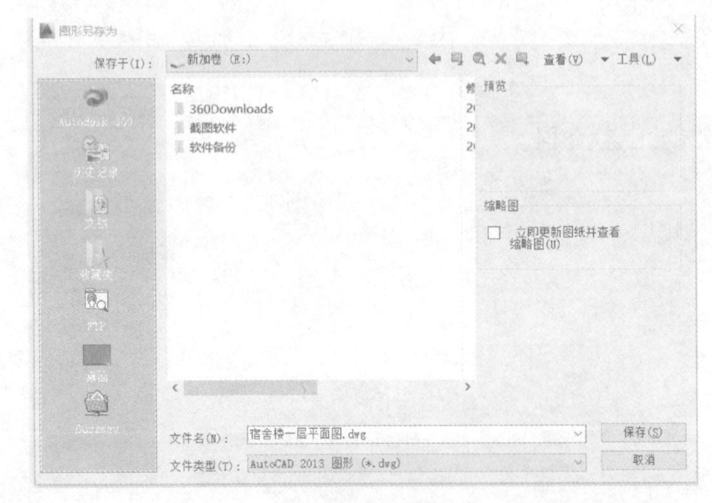


图 6-1　保存图形



6.1.1.1.2　创建图层

(1) 打开【图层特性管理器】对话框　选择菜单栏中【格式】|【图层】命令，即可打开【图层特性管理器】对话框。对话框中自动生成的【0】层是 AutoCAD 固有的，不能改动或删除。

(2) 创建新图层　单击【图层特性管理器】对话框中【新建（N）】按钮，【0】层下面生成一个“图层 1”的新层，将其名称改为“轴线”。再单击【新建（N）】按钮，将生成的新图层名称改为“墙线”。用同样方法依次建立【门窗】、【台阶楼梯】、【柱子】、【室外】、【标注】、【文字】、【辅助】等图层，见图 6-2。

图 6-2　图层特性管理器

(3) 修改各图层颜色　左键单击各图层中的“白色”字样，在弹出的【选择颜色】对话框中选择自己喜欢的颜色来作为该图层的颜色。可参考天正 7.5 专业绘图软件设定的主要图层颜色：轴线——红色、墙线——灰色（9）、门窗——青色、楼梯——黄色、文字——白色，如图 6-3 所示。

| 名称 | 开 | 在... | 锁 | 颜色 | 线型 | 线宽 | 打印样式 | 打 |
|---|---|---|---|---|---|---|---|---|
| 0 | | | | 白色 | Continuous | —— 默认 | Color_7 | |
| 标注 | | | | 绿色 | Continuous | —— 默认 | Color_3 | |
| 辅助 | | | | 品红 | Continuous | —— 默认 | Color_6 | |
| 门窗 | | | | 青色 | Continuous | —— 默认 | Color_4 | |
| 墙线 | | | | 9 | Continuous | —— 默认 | Color_9 | |
| 室外 | | | | 31 | Continuous | —— 默认 | Color_31 | |
| 台阶楼梯 | | | | 黄色 | Continuous | —— 默认 | Color_2 | |
| 文字 | | | | 白色 | Continuous | —— 默认 | Color_7 | |
| 轴线 | | | | 红色 | Continuous | —— 默认 | Color_1 | |
| 柱子 | | | | 白色 | Continuous | —— 默认 | Color_7 | |

图 6-3　设置图层颜色

(4) 修改各图层线型　上面所建图层的默认线型均为 Continuous（实线），但绘图中轴线应是中心线，需将 Continuous 线型换成 CENTER 线型。具体做法：左键单击 Continuous 字样，弹出【线型选择】对话框，点击最下面一行的【加载】按钮，弹出【加载或重载线型】对话框，在可用线型中找到 CENTER 线型，选中后点击【确定】按钮。再在【线型选择】对话框中选中 CENTER 线型后点击【确定】按钮，对话框关闭后会发现【轴线】图层的线型更换为 CENTER 线型，如图 6-4。

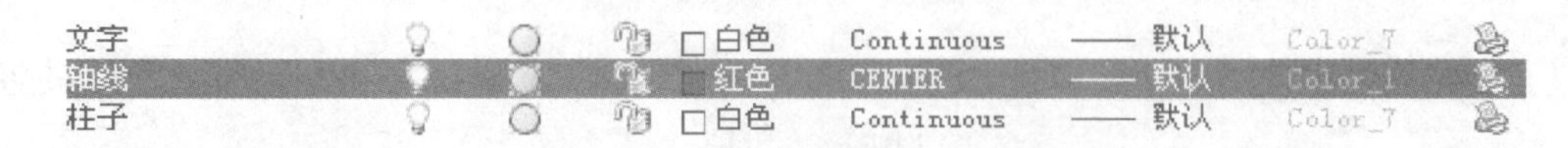


图 6-4　将“轴线”图层线型更换为 CENTER

6.1.1.1.3　设置线型比例

选择菜单栏中的【格式】|【线型】命令，打开【线型管理器】对话框，点击右上角【显示细节】，将该对话框中的【全局比例因子】改为100，与出图比例1∶100保持一致。如图6-5所示。

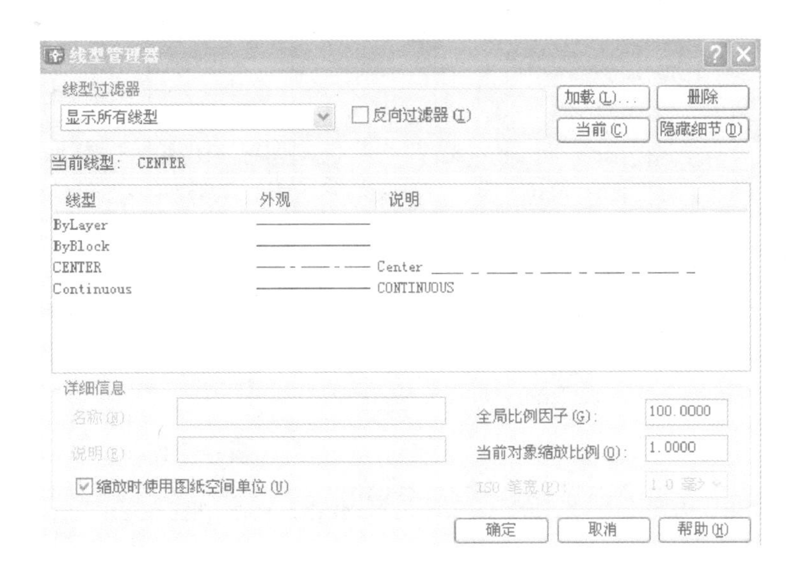

图6-5　设定线型比例

6.1.1.2　**绘制轴网**

6.1.1.2.1　绘制纵向定位轴线A～F

（1）将“轴线”层设为当前层　单击【图层】工具栏上【图层控制】窗口旁边的小黑三角按钮，在下拉列表中选中“轴线”图层，如图6-6所示。

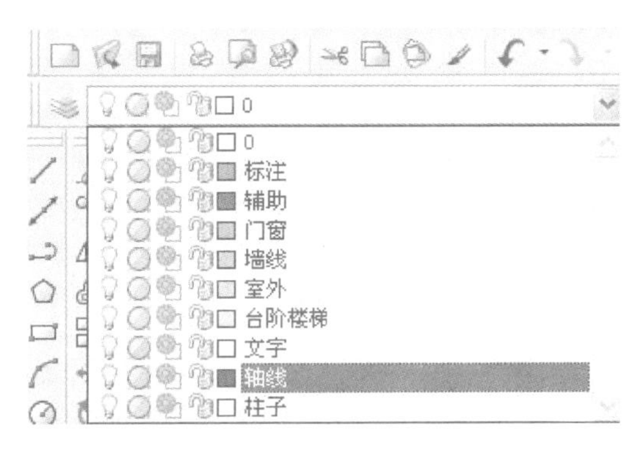

图6-6　设置“轴线”层为当前层

（2）绘制A轴线　先点击F8，打开【正交】命令。单击【绘图】工具栏上的【直线】图标或在命令行中直接输入“L”后按Enter键，启动直线命令。在窗口左下角命令行提示下进行如下操作（以下加粗字体为命令行提示内容）。

**命令：** l LINE

**指定第一点：**在绘图区域左下角任意位置点击鼠标左键，将该点作为A轴线的左端点。

**指定下一点或［放弃（U）］：**水平向右拖动光标，并在命令行中输入“54100”。

**指定下一点或［放弃（U）］：**按Enter键，结束直线命令。这样就画出一条长度为54100mm的水平线，即A轴线。如图6-7所示。

注：若A轴线右端点不可见，可在命令行输入“Z”后按Enter键，再输入“E”后按Enter键，执行【范围缩放】命令，在绘图区即可见完整的A轴线。以后出现图形在绘图区不能完全显示的时候均可使用此命令。在绘图过程中，若操作出错，可马上输入U来取消上次的操作。

（3）生成B～F横向定位轴线

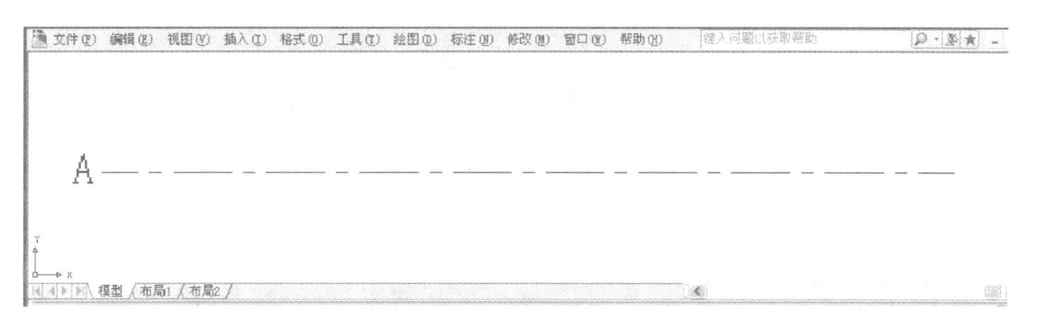

图6-7　绘制A轴线

① 单击【修改】工具栏上的【偏移】图标或在命令行输入“O”并按Enter键，启动【偏移】命令。具体操作步骤如下。

**命令：**o OFFSET

**当前设置：**删除源＝否　图层＝源　OFFSETGAPTYPE＝0。

**指定偏移距离或［通过（T）/删除（E）/图层（L）］＜通过＞：**1200。

**选择要偏移的对象，或［退出（E）/放弃（U）］＜退出＞：**单击鼠标左键选择A轴线。

**指定要偏移的那一侧上的点，或［退出（E）/多个（M）/放弃（U）］＜退出＞：**在A轴线上侧任意位置点击鼠标左键，即生成B轴线。如图6-8所示。

**选择要偏移的对象，或［退出（E）/放弃（U）］＜退出＞：**按Enter键结束该命令。

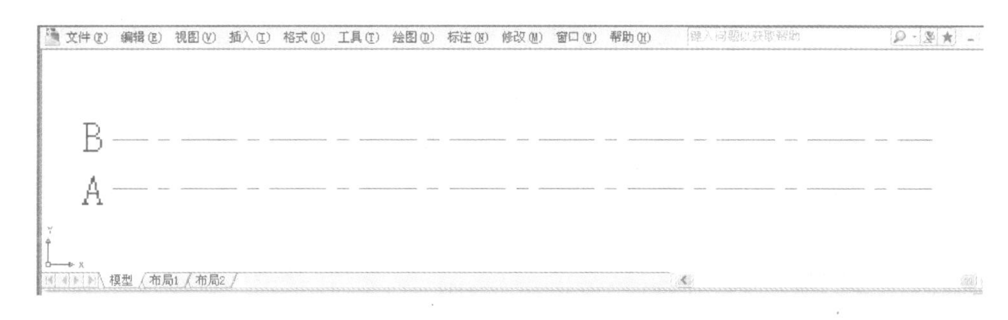

图6-8　用【偏移】命令生成B轴线

② 同样用【偏移】命令分别向上偏移6600mm、2400mm、6600mm、1200mm生成C～F轴线。如图6-9所示。

图6-9　用【偏移】命令生成C～F轴线

6.1.1.2.2　绘制横向定位轴线1～16

（1）绘制1轴线　先点击F3，打开【对象捕捉】命令。单击【绘图】工具栏上的【直线】图标或在命令行中直接输入“L”后按Enter键，启动直线命令。具体操作步骤如下。

命令:l LINE

**指定第一点:**将十字光标放在A轴线左端点,并点击鼠标左键捕捉。

**指定下一点或[放弃(U)]:**将十字光标放在F轴线左端点,并点击鼠标左键捕捉,即生成1轴线。如图6-10所示。

**指定下一点或[放弃(U)]:**按Enter键,结束直线命令。

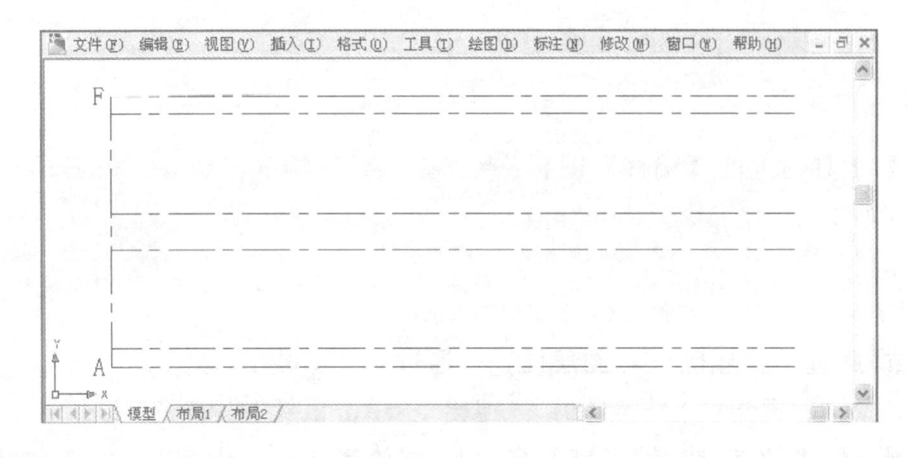


图6-10 绘制1轴线

(2) 绘制2轴线

① 利用【偏移】命令,将1轴线向右偏移3600mm,生成2轴线。

② 单击【修改】工具栏上的【阵列】图标或在命令行输入"Ar"并按Enter键,启动阵列命令。

命令:ARARRAY

**选择对象:**用鼠标左键点击2轴线,按Enter键;

**选择对象:输入阵列类型[矩形(R)/路径(RA)/极轴(PO)]<矩形>:**输入r,按Enter键;

类型二矩形,关联二是。

**选择夹点以编辑阵列或[关联(AS)/基点(B)/计数(cou)/间距(s)/列数(col)/行数(R)/层数(L)/退出(X)]<退出>:**输入col,按Enter键;

**输入列数数或[表达式(E)]〈4〉:**输入12,按Enter键;

**指定列数之间的距离或[总计(T)/表达式(E)]〈1〉:**输入3300,按Enter键;

**选择夹点以编辑阵列或[关联(AS)/基点(B)/计数(cou)/间距(s)/列数(col)/行数(R)/层数(L)/退出(X)]〈退出〉:**输入r,按Enter键;

**输入行数数或[表达式(E)]〈3〉:**输入1,按Enter键;

**指定行数之间的距离或[总计(T)/表达式(E)]〈4500〉:**按Enter键;

**指定行数之间的标高增量或[表达式(E)]〈0〉:**按Enter键;

**选择夹点以编辑阵列或[关联(AS)/基点(B)/计数(cou)/间距(s)/列数(col)/行数(R)/层数(L)/退出(X)]〈退出〉:**按Enter键结束命令,生成效果见图6-11。

③ 再利用【偏移】命令将13轴线向右依次偏移3600mm、3300mm、3300mm生成14~16轴线。如图6-12所示。

6.1.1.2.3 整理轴线

(1) 利用【偏移】命令,将A轴线向下偏移3070mm,生成柱子的横向定位轴线。

(2) 单击【修改】工具栏上的【延伸】图标或在命令行输入"ex"并按Enter键,启动【延伸】命令。具体操作步骤如下。

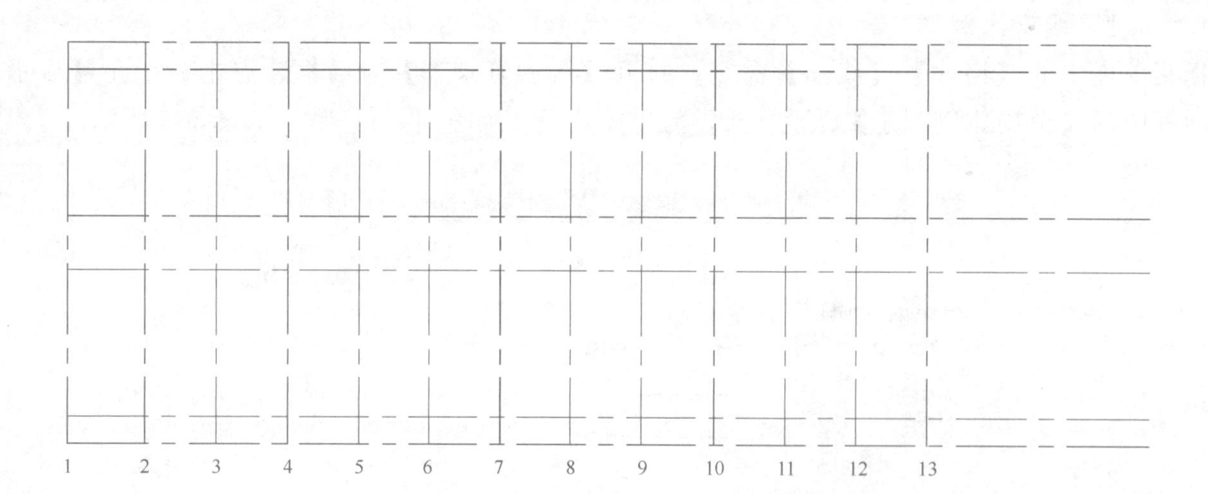


图6-11 【阵列】命令生成3~13轴线

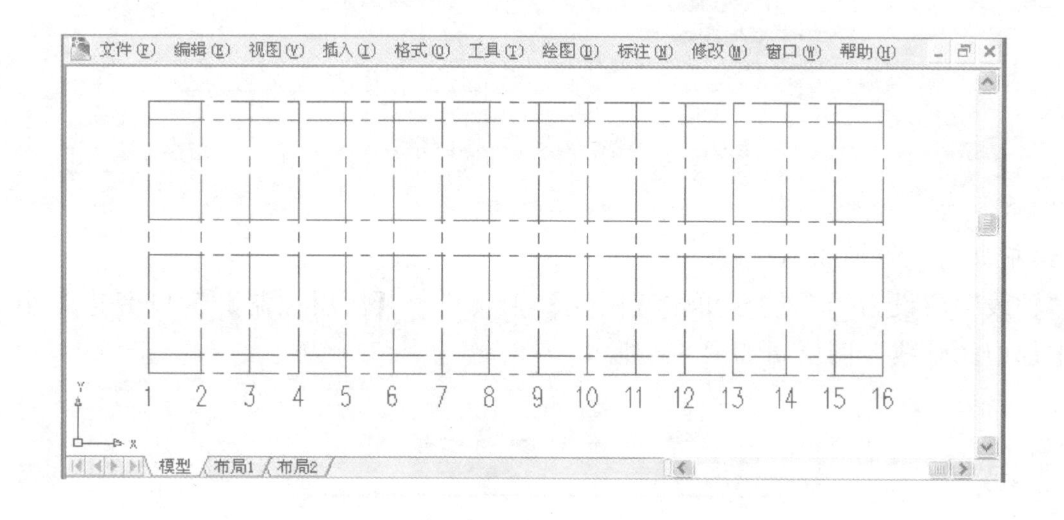


图6-12 【偏移】命令生成14~16轴线

命令:ex EXTEND

**当前设置:**投影=UCS,边=无

**选择边界的边…**

**选择对象:**用鼠标左键单击上面生成的柱子的横向定位轴线。

**选择要延伸的对象,或按住Shift键选择要修剪的对象,或[投影(P)/边(E)/放弃(U)]:**

**对象未与边相交:**用鼠标左键单击8轴线。

**选择要延伸的对象,或按住Shift键选择要修剪的对象,或[投影(P)/边(E)/放弃(U)]:**

**对象未与边相交:**用鼠标左键单击10轴线。

**选择要延伸的对象,或按住Shift键选择要修剪的对象,或[投影(P)/边(E)/放弃(U)]:**

**对象未与边相交:**按Enter键结束该命令。生成如图6-13所示。

(3) 单击【修改】工具栏上的【修剪】图标或在命令行输入"tr"并按Enter键,启动【修剪】命令。具体操作步骤如下。

命令:tr TRIM

**当前设置:**投影=UCS,边=无。

**选择剪切边…**

**选择对象:**按Enter键。

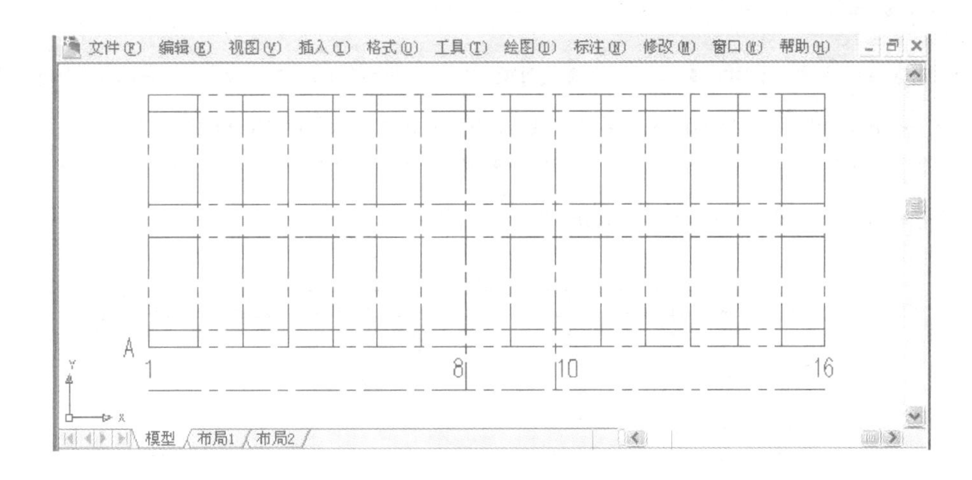


图 6-13 【延伸】命令延伸图形

**选择要修剪的对象,或按住 Shift 键选择要延伸的对象,或[投影(P)/边(E)/放弃(U)]:**单击所有需要修剪的轴线。完成后按 Enter 键结束该命令。最终生成如图 6-14 所示轴网。

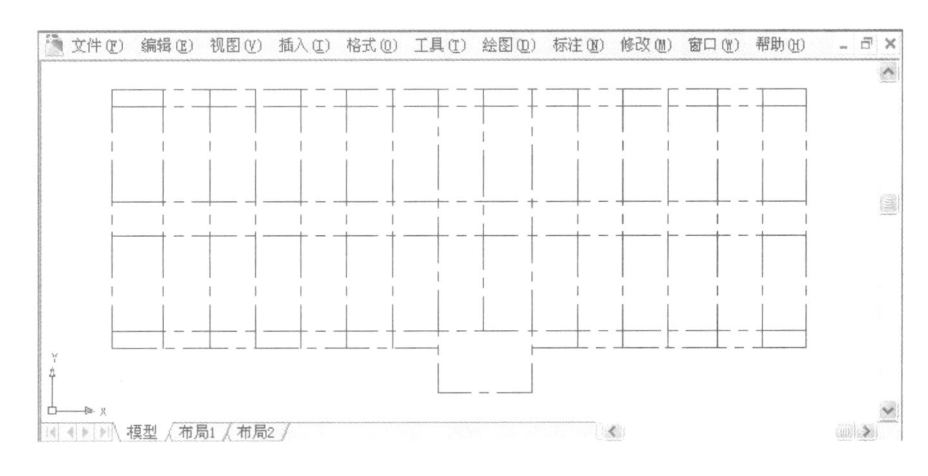

图 6-14 最终轴网

6.1.1.3 绘制墙体

6.1.1.3.1 设置

在图层中选中"墙线",将其设为当前图层。

6.1.1.3.2 用多线命令绘制墙体

(1) 单击菜单栏中的【绘图】|【多线】命令,或在命令行输入"ml"并按 Enter 键,启动【多线】命令。具体操作步骤如下。

**命令:**ml MLINE

**当前设置:**对正=上,比例=20.00,样式=STANDARD。

**指定起点或[对正(J)/比例(S)/样式(ST)]:**j。

**输入对正类型[上(T)/无(Z)/下(B)]<上>:**z。

**当前设置:**对正=无,比例=20.00,样式=STANDARD。

**指定起点或[对正(J)/比例(S)/样式(ST)]:**s。

**输入多线比例<20.00>:**240。

**当前设置:**对正=无,比例=240.00,样式=STANDARD。

**指定起点或[对正(J)/比例(S)/样式(ST)]:**捕捉 A 轴线与 1 轴线的交点。

**指定下一点:**分别依次捕捉外墙所有角点。

**指定下一点或[放弃(U)]:**按字母 C 键闭合墙线。

出现如图 6-15 所示的封闭外墙。

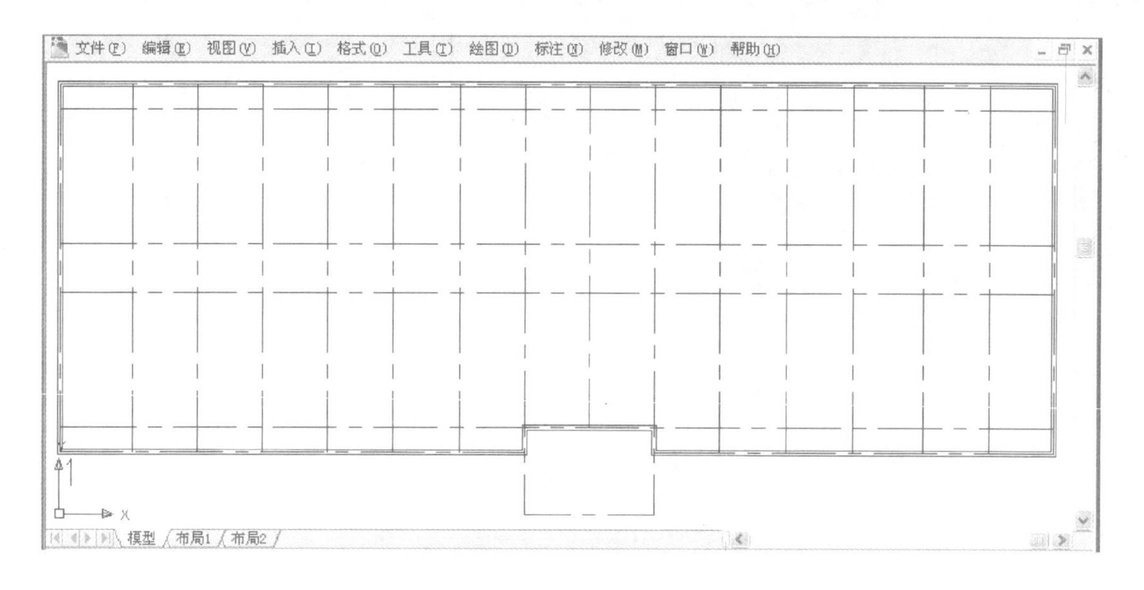

图 6-15 绘制封闭外墙

(2) 按 Enter 键重复使用【多线】命令,在窗口左下角的命令行提示下,依次绘制出建筑内部的所有 240 墙体。

(3) 绘制 120 墙体:单击菜单栏中的【绘图】|【多线】命令,或在命令行输入"ml"并按 Enter 键,启动【多线】命令。具体操作步骤如下。

**命令:**ml MLINE

**当前设置:**对正=上,比例=20.00,样式=STANDARD。

**指定起点或[对正(J)/比例(S)/样式(ST)]:**j。

**输入对正类型[上(T)/无(Z)/下(B)]<上>:**t。

**当前设置:**对正=无,比例=20.00,样式=STANDARD。

**指定起点或[对正(J)/比例(S)/样式(ST)]:**s。

**输入多线比例<20.00>:**120。

**当前设置:**对正=上,比例=120.00,样式=STANDARD。

**指定起点或[对正(J)/比例(S)/样式(ST)]:**捕捉 B 轴线与 2 轴线的交点。

**指定下一点:**捕捉 B 轴线与 7 轴线的交点。

**指定下一点或[放弃(U)]:**按 Enter 键结束该命令。即完成 2 轴线与 7 轴线之间的 120 墙体。

(4) 按 Enter 键重复使用【多线】命令,在窗口左下角的命令行提示下,依次绘制出建筑内部的所有 120 墙体。

6.1.1.3.3 整理墙线

(1) 双击 B 轴线与 2 轴线相交处的横向多线,打开【多线编辑工具】对话框,单击【T 形打开】图标,如图 6-16,具体操作步骤如下。

**命令:**_.mledit

**选择第一条多线:**单击 B 轴线与 2 轴线相交处的横向墙线。

**选择第二条多线:**单击 B 轴线与 2 轴线相交处的纵向墙线。

**选择第一条多线或[放弃(U)]:**按 Enter 键结束该命令。

B 轴线与 2 轴线相交处的纵横向墙线 T 形接头处即被打开,如图 6-17 所示。重复【T 形打开】命令,将所有墙线 T 形接头处打开。

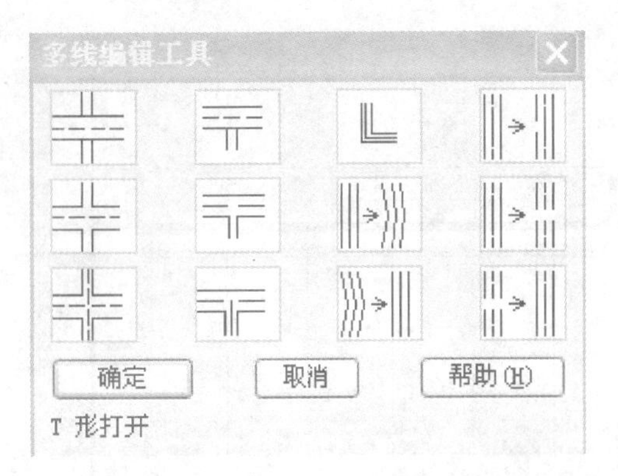


图 6-16　选择 T 形打开

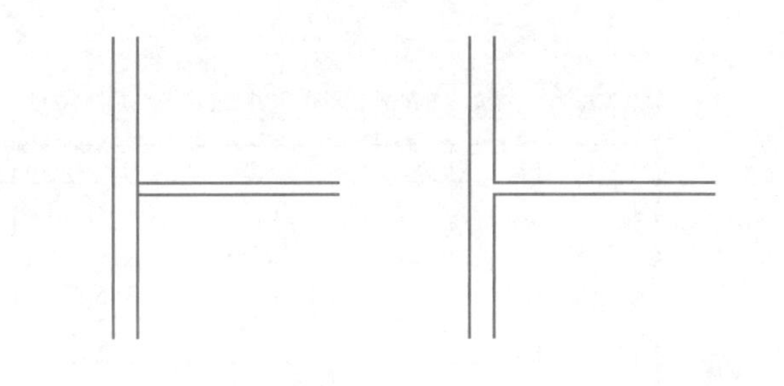

图 6-17　打开多线的 T 形接头

（2）同（1）操作，打开【多线编辑工具】对话框，单击【十字打开】图标，如图 6-18，将所有墙线的十字相交处打开。

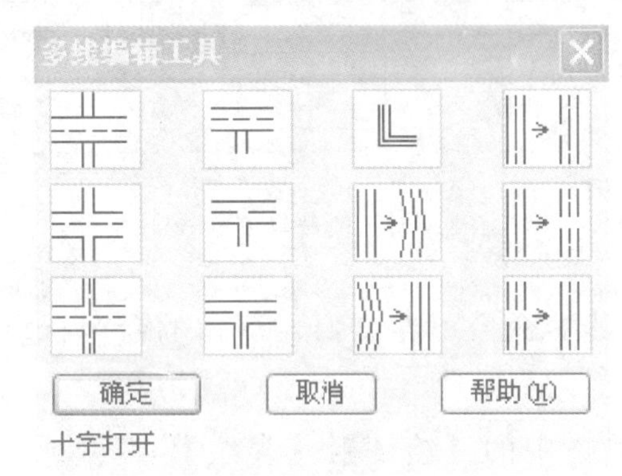


图 6-18　选择十字打开

6.1.1.4　绘制柱子

6.1.1.4.1　设置

在图层中选中“柱子”这一层，将其设为当前图层。

6.1.1.4.2　绘制入口处柱子

单击菜单栏中的【绘图】|【矩形】命令，或在命令行输入“rec”并按 Enter 键，启动【矩形】命令。具体操作步骤如下。

点击 a 点，按 Esc 键退出。

**命令：**rec RECTANG

**指定第一个角点或[倒角(C)/标高(E)/圆角(F)/厚度(T)/宽度(W)]：**@－150，－150。

**指定另一个角点或[尺寸(D)]：**@150，150，按 Enter 键即绘制出一个尺寸为 300mm×300mm 的柱子。

重复【矩形】命令，绘制第二个柱子，如图 6-19 所示。

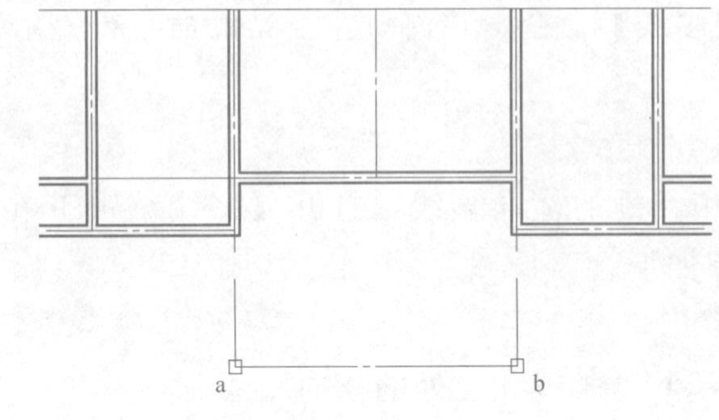


图 6-19　【矩形】命令绘制入口处柱子

6.1.1.5　绘制散水线

6.1.1.5.1　设置

在图层中选中“室外”这一层，将其设为当前图层。

6.1.1.5.2　绘制散水线

（1）单击【绘图】工具栏上的【多段线】图标，或在命令行输入“pl”并按 Enter 键，启动【多段线】命令。依次捕捉所有的外墙角点，最终沿外墙生成一条闭合的多边形。

（2）利用【偏移】命令，将刚完成的闭合多边形向外偏移 1500mm，生成散水线。

（3）利用直线命令，完成如图 6-20 所示坡面交界线。

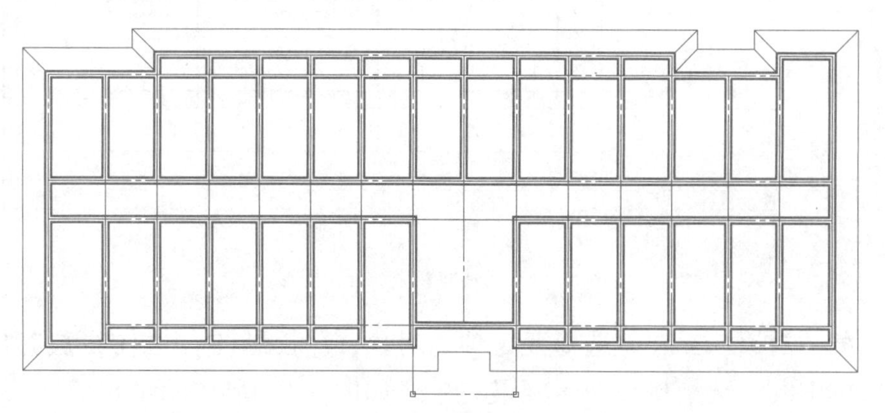

图 6-20　生成散水线和坡面交界线

（4）单击【修改】工具栏上的【删除】图标或在命令行中直接输入“E”后按 Enter 键，启动删除命令具体操作步骤如下。

**命令：**_erase

**选择对象：**选中（1）中生成的闭合多边形。

**选择对象：**按 Enter 键结束该命令。

6.1.1.6　绘制平面门窗

6.1.1.6.1　绘制门窗洞口线

具体操作步骤如下。

（1）将“墙线”图层设为当前层。

（2）分解墙体

**命令：**x EXPLODE

**选择对象：指定对角点：**选中所有墙线。

**选择对象：指定对角点：**按 Enter 键结束该命令。

所有墙体即被分解为线段。

（3）利用相对坐标，将 1 轴线与 A 轴线相交处的内墙交点设为相对坐标原点。具体操作为：双击该内墙交点，再按 Esc 键退出。

（4）【直线】命令绘制①垂线：

**命令：**l LINE

**指定第一点：**输入@930，0。

**指定下一点或[放弃(U)]：**向下垂直拖动鼠标，输入 240。

**指定下一点或[放弃(U)]：**按 Enter 键结束该命令，生成①垂线。

（5）执行【偏移】命令，将刚生成的直线向右偏移 1500mm，生成②垂线。

（6）执行【修剪】命令，将①、②两垂线之间的墙线修剪掉。

出现图 6-21 所示窗洞口。

（7）按照（3）～（6）操作步骤和【阵列】命令生成其他的门窗洞口线。

6.1.1.6.2　绘制平面门

具体操作步骤如下。

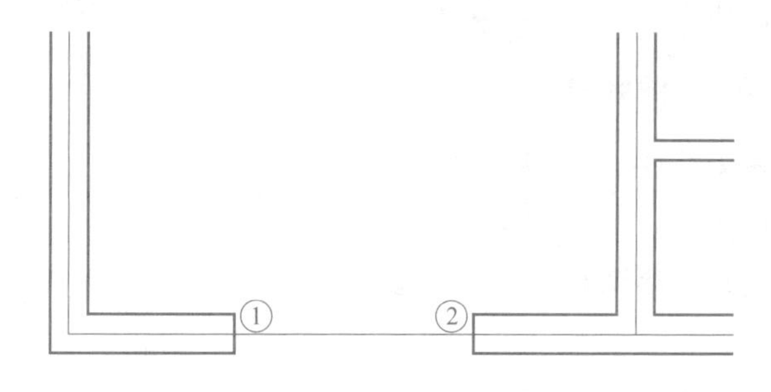


图 6-21　绘制窗洞口线①、②

(1) 将“门窗”图层设为当前层。

(2) 绘制单扇门：单击【绘图】工具栏上的【多段线】图标，或在命令行输入“pl”并按 Enter 键，启动【多段线】命令。具体操作步骤如下。

**命令:**pl PLINE

**指定起点:**捕捉左侧门洞口线的中点，如图 6-22 所示。

**当前线宽为** 0

**指定下一个点或[圆弧(A)/半宽(H)/长度(L)/放弃(U)/宽度(W)]:**w。

**指定起点宽度＜0＞:**50。

**指定端点宽度＜50＞:**50。

**指定下一个点或[圆弧(A)/半宽(H)/长度(L)/放弃(U)/宽度(W)]:**900。

**指定下一点或[圆弧(A)/闭合(C)/半宽(H)/长度(L)/放弃(U)/宽度(W)]:**w。

**指定起点宽度＜50＞:**0。

**指定端点宽度＜0＞:**0。

**指定下一点或[圆弧(A)/闭合(C)/半宽(H)/长度(L)/放弃(U)/宽度(W)]:**a。

**指定圆弧的端点或[角度(A)/圆心(CE)/闭合(CL)/方向(D)/半宽(H)/直线(L)/半径(R)/第二个点(S)/放弃(U)/宽度(W)]:**ce。

**指定圆弧的圆心:**单击左侧门洞口线的中点。

**指定圆弧的端点或[角度(A)/长度(L)]:**单击右侧门洞口线的中点。

**指定圆弧的端点或[角度(A)/圆心(CE)/闭合(CL)/方向(D)/半宽(H)/直线(L)/半径(R)/第二个点(S)/放弃(U)/宽度(W)]:**按 Enter 键结束该命令。生成平面单扇门如图 6-23 所示。

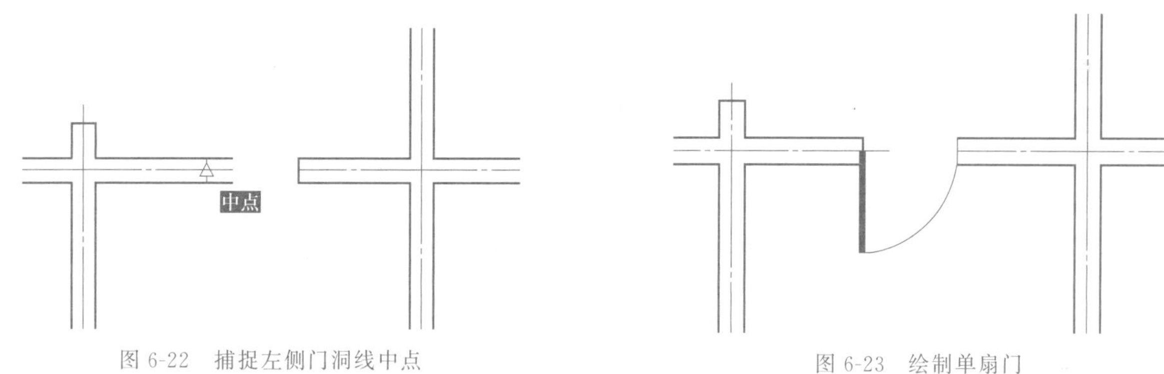


图 6-22　捕捉左侧门洞线中点

图 6-23　绘制单扇门

(3) 利用上述【多段线】命令和【阵列】命令生成其他单扇门。

(4) 绘制双扇门和多扇门：先执行【多段线】命令生成一单扇门，再执行【镜像】命令生成与之对称的另一扇，具体操作如下。

**命令:**mi MIRROR

**选择对象:**选中【多段线】命令生成的门。

**指定镜像线的第一点:**单击图 6-24(a)所示门的端点。

**指定镜像线的第二点:**垂直向下拖动鼠标后点击任一点。

**是否删除源对象？[是(Y)/否(N)]＜N＞:**n。

按 Enter 键结束该命令，生成双扇门。

重复【镜像】命令生成图 6-24（b）所示入口大门。

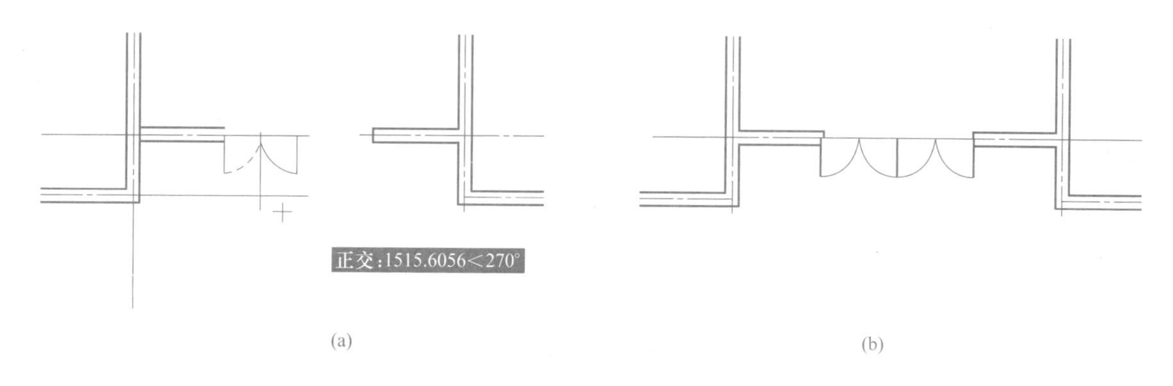


图 6-24　生成入口处大门

(5) 绘制墙外双扇推拉门

① 绘制门扇：单击菜单栏中的【绘图】|【矩形】命令，或在命令行输入“rec”并按 Enter 键，启动【矩形】命令。具体操作步骤如下。

点击左侧门洞线及其下端点，变红后按 Esc 键退出。

**命令:** rec RECTANG

**指定第一个角点或[倒角(C)/标高(E)/圆角(F)/厚度(T)/宽度(W)]:**@－40，－5。

**指定另一个角点或[尺寸(D)]:**@640，－40。按 Enter 键即绘制出图 6-25（a）所示一个尺寸为 640mm×35mm 的矩形。

② 绘制箭头：单击【绘图】工具栏上的【多段线】图标，或在命令行输入“pl”并按 Enter 键，启动【多段线】命令。

**命令:** pl PLINE

**指定起点:** 在刚生成的矩形下方点击任一点。

**当前线宽为** 0

**指定下一个点或[圆弧(A)/半宽(H)/长度(L)/放弃(U)/宽度(W)]:**水平向左拖动光标并输入“200”。

**指定下一点或[圆弧(A)/闭合(C)/半宽(H)/长度(L)/放弃(U)/宽度(W)]:**w。

**指定起点宽度＜0＞:** 20。

**指定端点宽度＜20＞:** 0。

**指定下一点或[圆弧(A)/闭合(C)/半宽(H)/长度(L)/放弃(U)/宽度(W)]:**水平向左拖动光标并输入“100”。

**指定下一点或[圆弧(A)/闭合(C)/半宽(H)/长度(L)/放弃(U)/宽度(W)]:**按 Enter 键结束该命令。生成图 6-25（a）所示箭头。

③ 执行【镜像】命令，生成如图 6-25（b）所示双扇推拉门。

6.1.1.6.3　绘制平面窗

操作步骤如下。

(1) 将“门窗”图层设为当前层。

(2) 设置多线样式

① 单击菜单栏中的【格式】|【多线样式】命令，打开【多线样式】对话框。

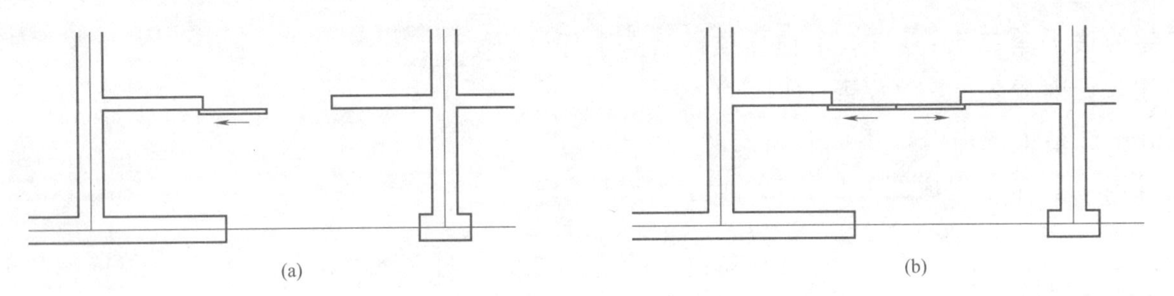


图 6-25 生成双扇推拉门

② 单击【新建】，弹出【创建新的多线样式】对话框，将新样式名改为“WINDOW”，如图 6-26 所示。点击【继续】按钮，弹出【新建多线样式】对话框。

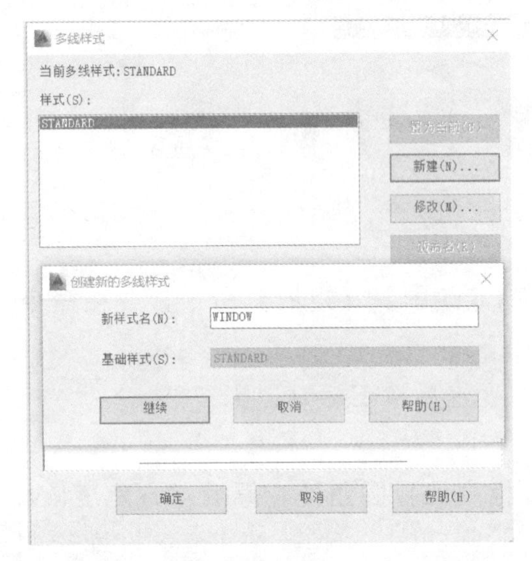


图 6-26 创建新的多线样式 WINDOW

③ 将【偏移】下面对话框内的 0.5 和－0.5 分别改为 120、40，再单击两次【添加】按钮，将默认的 0.0 依次改为－40、－120。结果如图 6-27 所示。

④ 单击【确定】，返回【多线样式】对话框，【预览】窗口内出现四条间距相等的水平线，如图 6-28。再单击下面【确定】按钮，退出【多线样式】对话框。

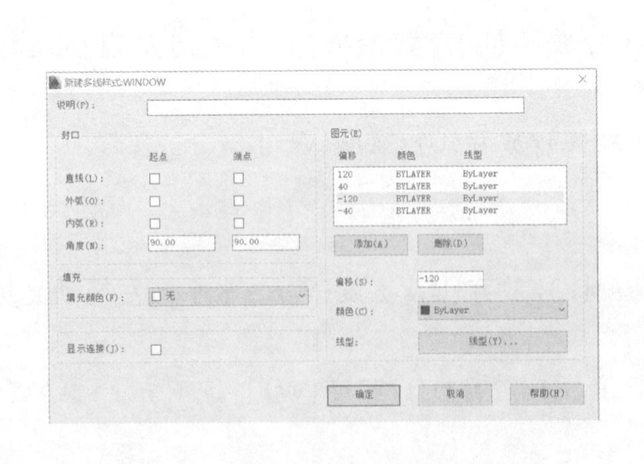

图 6-27 设置 WINDOW 多线样式参数

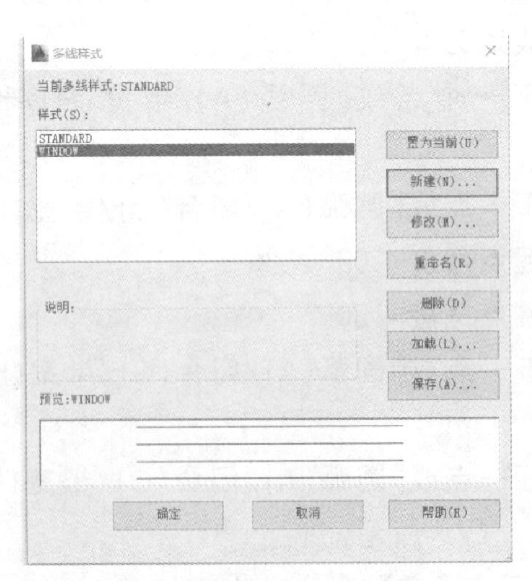


图 6-28 WINDOW 多线样式

(3) 执行【多线】命令

单击菜单栏中的【绘图】|【多线】命令，或在命令行输入“ml”并按 Enter 键，启动【多线】命令。具体操作步骤如下。

**命令：** ml MLINE

**当前设置：对正＝上，比例＝120.00，样式＝window**

**指定起点或[对正(J)/比例(S)/样式(ST)]：**j。

**输入对正类型[上(T)/无(Z)/下(B)]＜上＞：**z。

**当前设置：对正＝无，比例＝20.00，样式＝window**

**指定起点或[对正(J)/比例(S)/样式(ST)]：**s。

**输入多线比例＜20.00＞：** 1。

**当前设置：对正＝无，比例＝1.00，样式＝window**

**指定起点或[对正(J)/比例(S)/样式(ST)]：**捕捉左侧窗洞口线的中点。

**指定下一点：** 捕捉右侧窗洞口线的中点。

**指定下一点或[放弃(U)]：**按 Enter 键结束该命令。

该位置的窗即绘制完成，如图 6-29 所示。

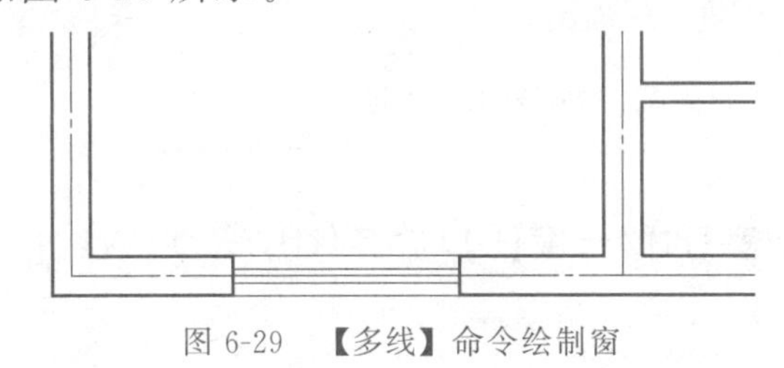

图 6-29 【多线】命令绘制窗

(4) 利用【多线】命令和【阵列】命令，绘制完成其他平面窗。

6.1.1.6.4 绘制挡水线

(1) 将“辅助”图层设为当前层。

(2) 在建筑通向室外和卫生间的门洞口处均应在有水的一侧用【直线】命令绘制挡水线。

### 6.1.1.7 绘制室外台阶和坡道

6.1.1.7.1 设置

将“台阶楼梯”图层设为当前层。

6.1.1.7.2 绘制室外台阶

(1) 单击【绘图】工具栏上的【多段线】图标，或在命令行输入“pl”并按 Enter 键，启动【多段线】命令。

先垂直向下拖动光标并输入“1800”，再水平向右拖动光标并输入“6360”，最后垂直向上拖动光标并输入“1800”，按 Enter 键结束该命令。出现图 6-30 (a) 所示最内侧台阶线。

(2) 执行【偏移】命令，偏移间距 300mm，生成图 6-30 (b) 所示台阶线。

(3) 利用【修剪】命令，将台阶内的散水线修剪掉，如图 6-30 (c) 所示。

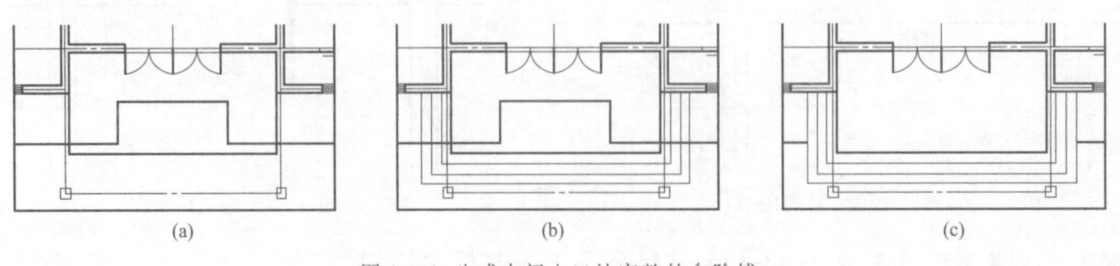


图 6-30 生成大门入口处完整的台阶线

(4) 重复上述各操作步骤，生成宿舍楼左侧通向室外出入口处的台阶。

### 6.1.1.8 绘制楼梯

6.1.1.8.1 设置

将“台阶楼梯”图层设为当前层。

6.1.1.8.2　绘制踏步线

（1）双击 A 点，如图 6-31（a）所示，然后按 Esc 键退出。

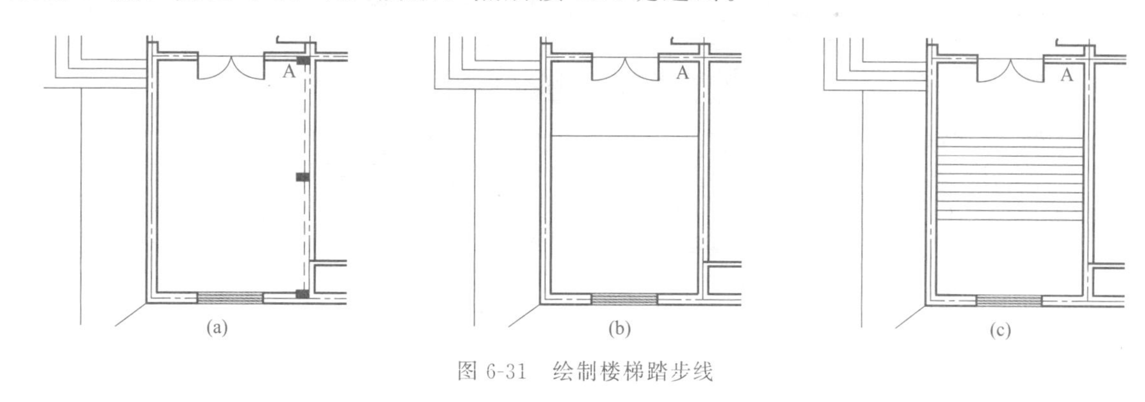

图 6-31　绘制楼梯踏步线

（2）单击【绘图】工具栏上的【直线】图标 或在命令行中直接输入“L”后按 Enter 键，启动直线命令。具体操作步骤：

**命令：l LINE 指定第一点：**输入@0，−2400。

**指定下一点或[放弃(U)]:**水平向左拖动光标，并在命令行中输入“3360”。

**指定下一点或[放弃(U)]:**按 Enter 键，结束直线命令。这样就画出一条长度为 3360mm 的水平线，如图 6-31（b）所示。

（3）利用【阵列】命令生成图 6-31（c）所示踏步线，阵列间距为 300mm。

6.1.1.8.3　绘制扶手

（1）分别单击图 6-31 中最下端的踏步线及其中点，中点变红后按 Esc 键退出。

（2）单击菜单栏中的【绘图】|【矩形】命令，或在命令行输入“rec”并按 Enter 键，启动【矩形】命令。具体操作步骤如下。

**命令：**rec RECTANG

**指定第一个角点或[倒角(C)/标高(E)/圆角(F)/厚度(T)/宽度(W)]:**@−80，−60。

**指定另一个角点或[尺寸(D)]：**d。

**指定矩形的长度<640.0000>：**160。

**指定矩形的宽度<35.0000>：**2820。

**指定另一个角点或［尺寸(D)］：**按 Enter 键，结束命令。生成图 6-32（a）所示梯井。

（3）执行【偏移】命令，将（1）生成的矩形向外偏移 60mm，生成扶手的外边缘线。

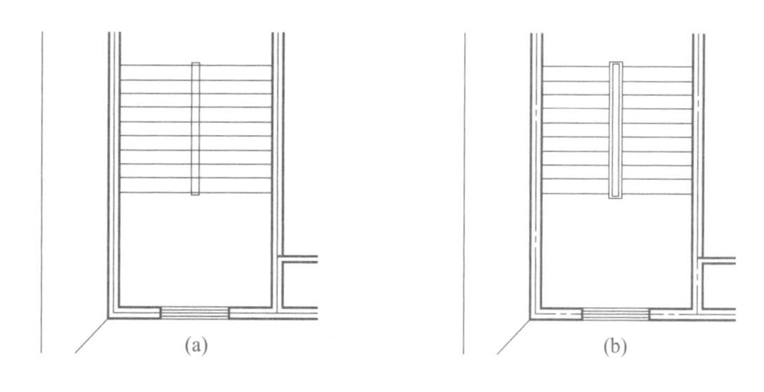

图 6-32　绘制矩形梯井及扶手

（4）执行【修剪】命令，将扶手外边缘线内侧的踏步线修剪掉，如图 6-32（b）所示。

6.1.1.8.4　绘制折断线

（1）如图 6-33（a）所示，在右侧楼梯段上绘制一条斜线。

（2）单击【修改】工具栏中的【打断】图标 或在命令行输入“Br”并按 Enter 键，启动该命令。

**命令：**break

**选择对象：**单击斜线上任一点 B。

**指定第二个打断点或［第一点(F)］：**单击斜线上任一点 C。生成图 6-33（b）所示的一个缺口。

（3）执行【多段线】命令，绘制如图 6-33（c）所示折断线。

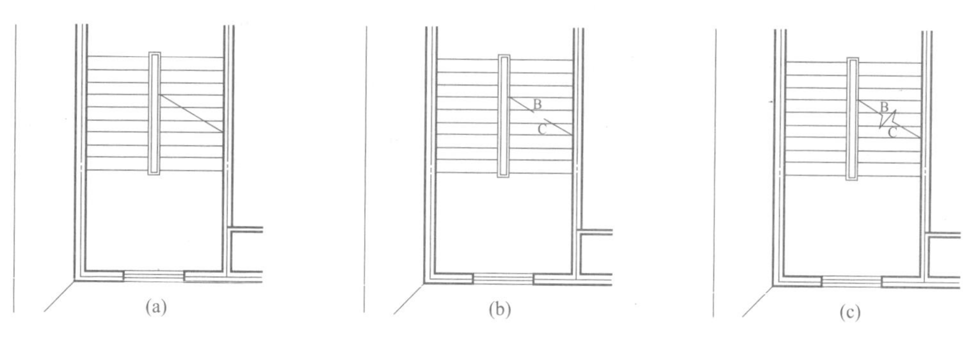

图 6-33　绘制折断线

6.1.1.8.5　绘制箭头

利用【多段线】命令，参照绘制推拉门中的箭头分别绘制楼梯的上、下行箭头。生成如图 6-34（a）所示标准层楼梯平面。执行【修剪】命令，生成如图 6-34（b）所示一层楼梯平面图。

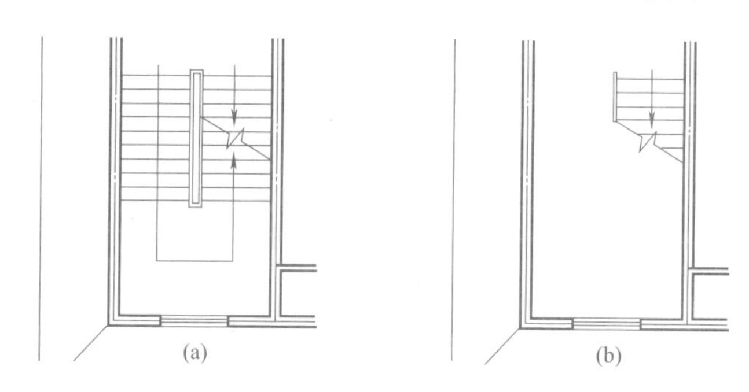

图 6-34　生成标准层楼梯平面和一层楼梯平面

6.1.1.9　标注文字

6.1.1.9.1　文字格式的设定（通常建立以下三种文字字样）

（1）单击菜单栏中【格式】｜【文字样式】命令，出现【文字样式】对话框，将【文字样式】对话框内默认的 Standard 文字字样按照图 6-35 所示进行修改，并单击【应用】按钮，关闭对话框。

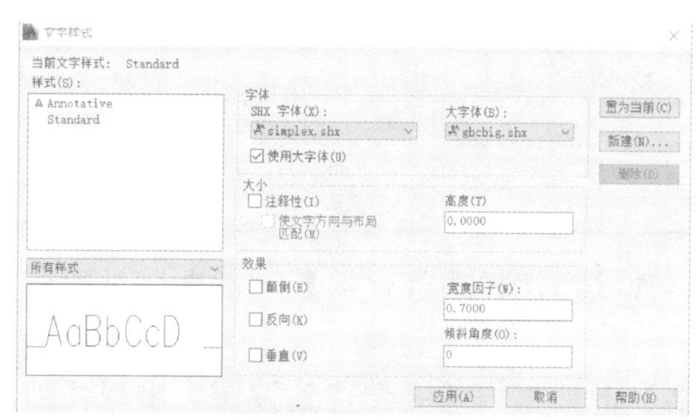

图 6-35　修改 Standard 文字样式

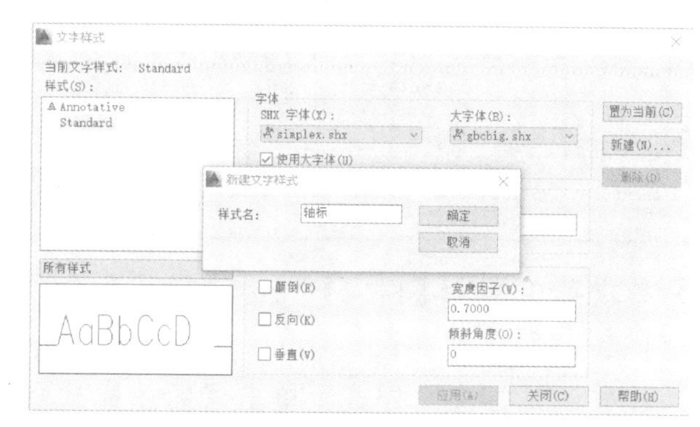
图 6-36　【新建文字样式】对话框

（2）同样方式打开【文字样式】对话框，点击【新建】按钮，出现【新建文字样式】对话框，如图 6-36 所示。将样式名修改为“轴标”，点击【确定】按钮，回到【文字样式】对话框，对其按图 6-37 所示进行修改，并单击【应用】按钮，关闭对话框。

（3）同（2）操作，再新建“中文”字样，并按图 6-38 所示进行修改，并单击【应用】按钮，关闭对话框。

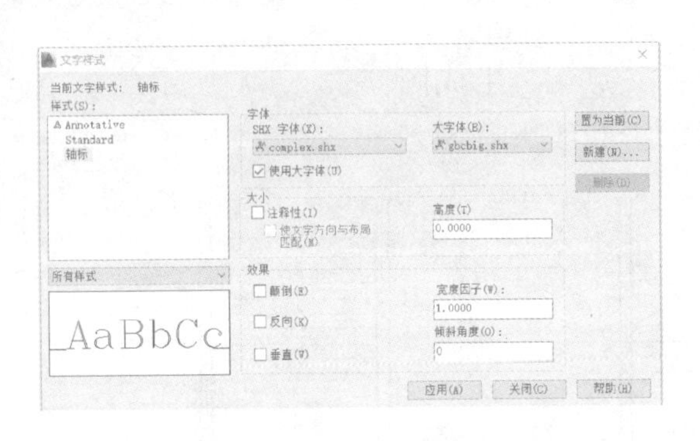
图 6-37 轴标字体样式的设定

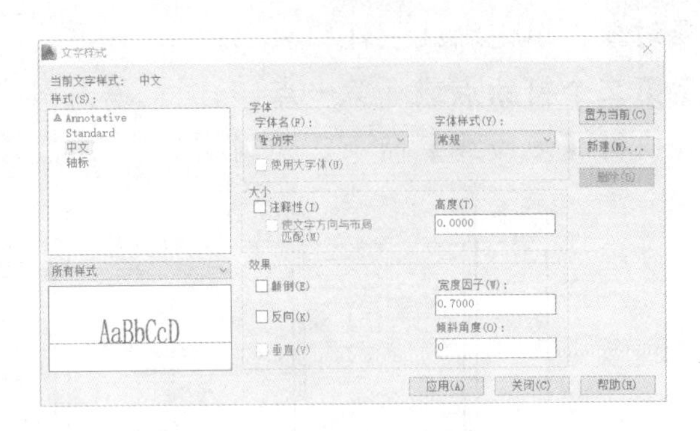
图 6-38 中文字体样式的设定

6.1.1.9.2 标注文字（用【多行文字】命令标注文字）

（1）将“文字”层设为当前图层。

（2）单击【绘图】工具栏中的【多行文字】图标 A 或在命令行输入“T”后按 Enter 键。

在平面图中入口处框选一矩形，单击鼠标左键出现【文字格式】对话框，按图 6-39 对其进行设置，并在文字行输入“门厅”，单击【确定】按钮关闭对话框。即在图形门厅内出现“门厅”二字。

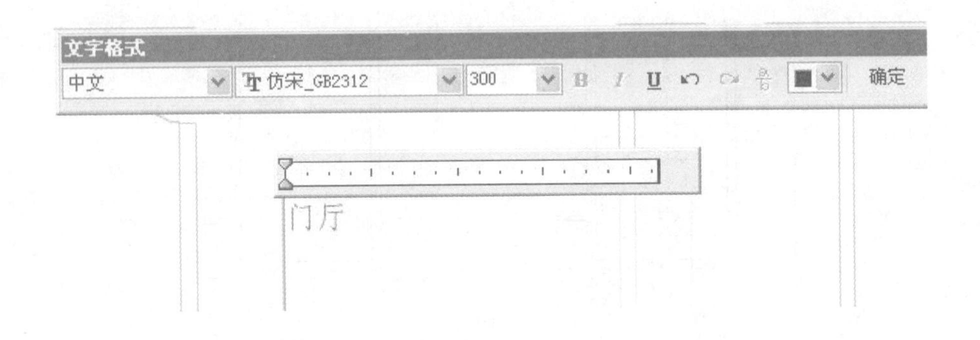

图 6-39 用【多行文字】命令输入“门厅”

（3）同样操作，对其余房间进行文字标注。

6.1.1.10 标注尺寸

6.1.1.10.1 尺寸标注样式的设置

主要建立表 6-1 所示尺寸标注样式。

表 6-1 尺寸标注样式

| 标注样式 | 作用 | 标注样式 | 作用 |
| --- | --- | --- | --- |
| 外标注 | 标注外墙三道尺寸 | 直径 | 标注圆弧或圆的直径 |
| 标注 | 标注除外墙三道尺寸以外的其他尺寸 | 角度 | 标注角度大小 |
| 半径 | 标注圆弧或圆的半径 | | |

（1）单击菜单栏中【格式】|【标注样式】命令，出现【标注样式管理器】对话框，对话框内默认的只有【ISO-25】一种样式。

（2）建立“外标注”样式。单击【标注样式管理器】对话框内的【新建】按钮，出现【创建新标注样式】对话框，按图 6-40 所示对其进行修改。

单击【继续】按钮，出现【新标注样式：外标注】参数设置对话框，其中共有 6 个选项卡，应分别对其来设定。

①【直线和箭头】选项卡的设定如图 6-41 所示。

②【文字】选项卡的设定如图 6-42 所示。

③【调整】选项卡的设定如图 6-43 所示。



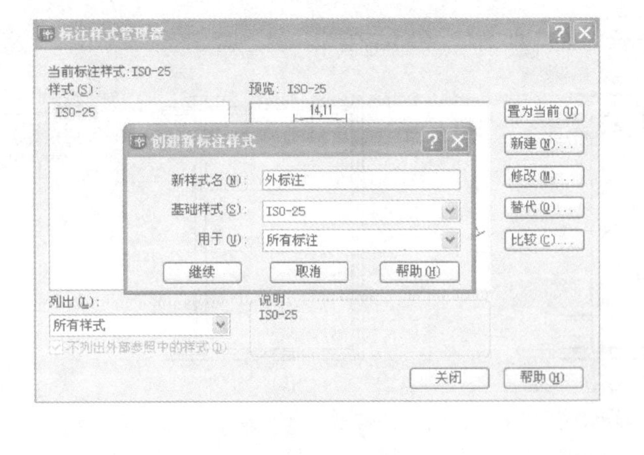
图 6-40 创建“外标注”样式

④【主单位】选项卡的设定如图 6-44 所示。

（3）参考（2）操作步骤，分别建立“标注”和“半径”标注、“直径”和“角度”标注样式。

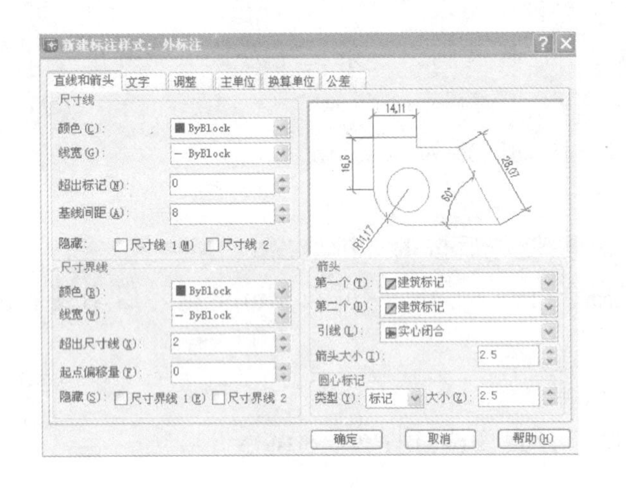
图 6-41 【直线和箭头】选项卡的设定

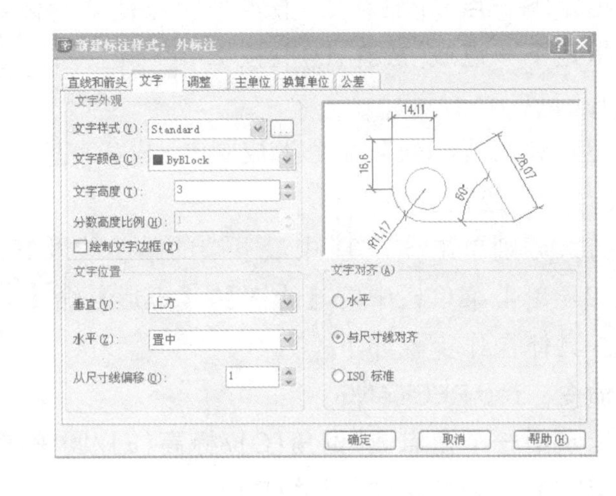
图 6-42 【文字】选项卡的设定

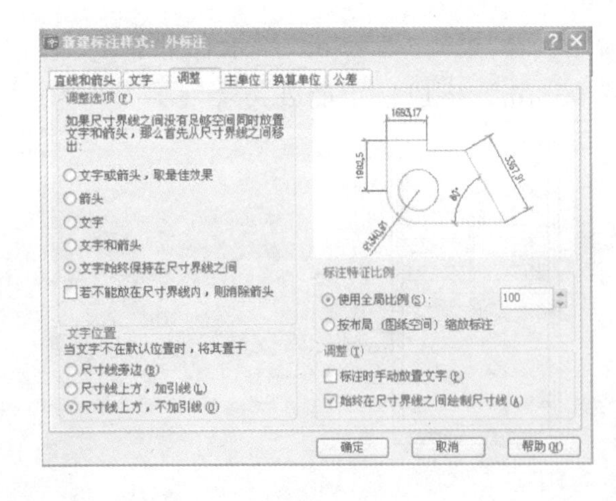
图 6-43 【调整】选项卡的设定

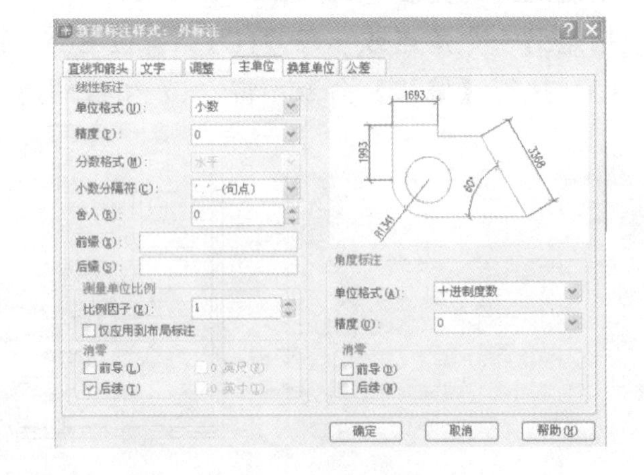
图 6-44 【主单位】选项卡的设定

6.1.1.10.2 标注外墙三道尺寸

（1）单击菜单栏中【格式】|【标注样式】命令，打开【标注样式管理器】对话框，选中“外标注”，单击【置为当前】按钮，再单击【关闭】按钮关闭对话框，此时“外标注”即成为当前标注样式。

（2）选择菜单栏中的【标注】|【线型】命令，启动【线型】标注命令。分别点击所要标注的两点，即出现两点之间的标注尺寸线。

（3）紧接其后的尺寸标注可采用【连续】标注命令完成。

（4）重复（2）、（3）的操作，标注建筑外墙三道尺寸如图 6-45 所示。

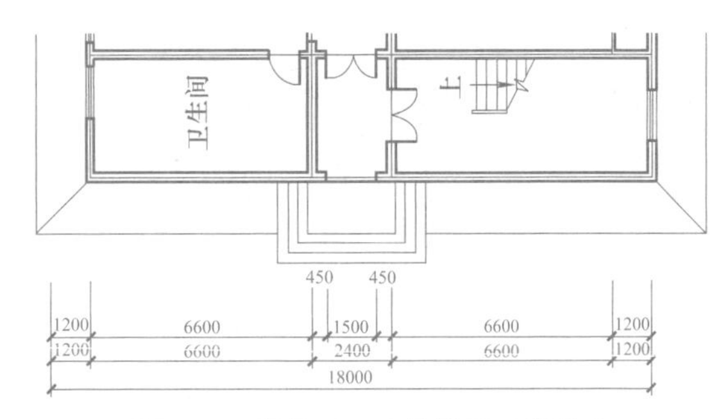


图 6-45　标注 A～F 轴线间三道尺寸

（5）同样方法标注其余各方向的外墙尺寸线。

6.1.1.10.3　标注其他尺寸

按照标注外墙尺寸的方法标注其他尺寸。

### 6.1.1.11　制作与使用图块

#### 6.1.1.11.1　制作和插入定位轴线编号图块

（1）将 0 图层设为当前层。

（2）绘制 1∶1 的轴线编号。

① 单击【绘图】工具栏中的【圆】图标或在命令行输入“C”后按 Enter 键，启动绘制圆命令。

**命令：c CIRCLE**

**指定圆的圆心或[三点(3P)/两点(2P)/相切、相切、半径(T)]：**鼠标左键任意单击一点。

**指定圆的半径或[直径(D)]＜0.0000＞：**r。

**需要数值半径、圆周上的点或直径（D）。**

**指定圆的半径或[直径(D)]＜4.0000＞：**4。

按 Enter 键结束命令。即绘制完成一个半径为 4mm 的圆。

② 启动【直线】命令，捕捉图 6-46 所示圆的象限点，垂直向上拖动鼠标，绘制长为 12mm 的线段。

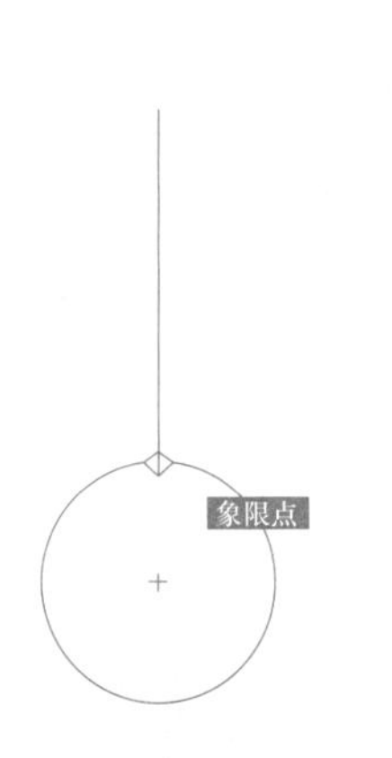


图 6-46　捕捉圆的象限点

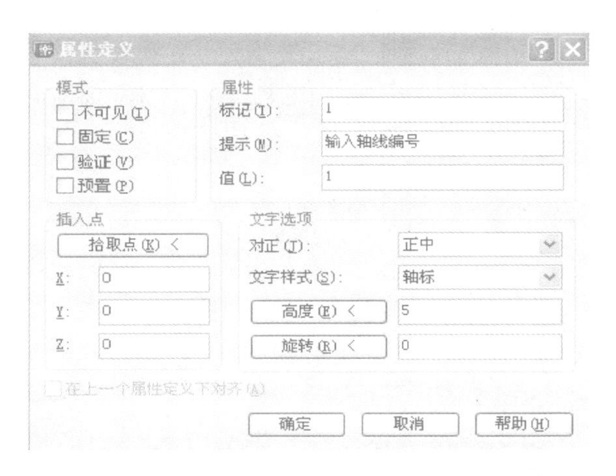


图 6-47　【属性定义】对话框的设置

（3）定义属性。选择菜单栏中的【绘图】|【块】|【定义属性】命令，弹出【定义属性】对话框。按图 6-47 所示设置【属性定义】对话框。单击【拾取点】按钮，选中圆的圆心，回到【属性定义】对话框，单击【确定】按钮，对话框关闭，即生成定位轴线 1。

（4）创建块。单击【绘图】工具栏中的【创建块】图标或在命令行输入“B”后按 Enter 键，弹出【块定义】对话框，名称后输入“轴线编号”。单击【选择对象】按钮，此时【块定义】对话框消失。

框选（3）中生成的定位轴线，单击鼠标左键，回到【块定义】对话框。

单击【拾取点】按钮，【块定义】对话框消失。单击轴线编号直线的上端点，返回【块定义】对话框。单击【确定】按钮，对话框关闭。此时（3）中生成的定位轴线 1 已被定义为块。

（5）插入块。

① 在命令行输入“I”后按 Enter 键，弹出【插入】对话框。按图 6-48 所示设置对话框后单击【确定】按钮，关闭对话框。

② 在**指定插入点或[比例(S)/X/Y/Z/旋转(R)/预览比例(PS)/PX/PY/PZ/预览旋转(PR)]：**提示下，捕捉图 6-49 所示的点插入。

注：插入纵向轴线编号时，【插入】对话框内的角度应由“0”改为“－90”。此时会发现“A”方向不对，双击“A”，弹出【增强属性编辑器】对话框，将【文字选项】内的【旋转】由“270”改为“0”，“A”方向即改正过来；插入横向轴线编号时，编号为 10 及以上时，其宽度比例应由“1”改为“0.8”。

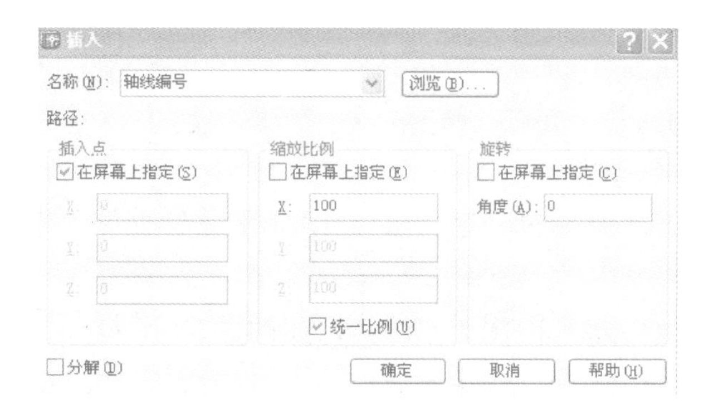


图 6-48　【插入】对话框

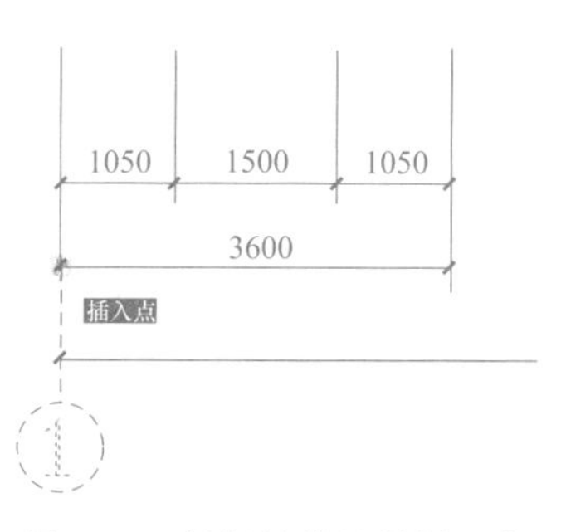


图 6-49　捕捉轴线编号插入点

#### 6.1.1.11.2　制作和插入详图索引符号图块

（1）按照表 6-2 绘制 1∶1 的详图索引符号。

**表 6-2　详图符号的形状和尺寸**

| 符号 | 形状 | 粗细 | 出图后的尺寸 | 出图前的尺寸 |
| --- | --- | --- | --- | --- |
| 详图索引符号 | 3 — 详图编号；— 详图在本张图上<br>3 — 详图编号；7 — 详图所在图纸号<br>J105 — 标准图像编号；3 — 详图编号；7 — 详图所在图纸号 | 圆均为细实线 | 圆的直径为 10mm<br>文字高度为 3.5mm | 圆：10×比例<br>文字：3.5×比例 |
| 详图符号 | 3<br>3 — 详图编号；7 — 索引图纸号 | 圆均为粗实线 | 圆的直径为 14mm<br>文字高度为 10 或 5mm<br>线宽为 0.5mm | 圆：14×比例<br>文字：10×比例或 5×比例<br>线宽：0.5×比例 |

（2）参考“制作和插入定位轴线编号图块”内容，定义、创建和插入详图索引符号图块。

6.1.1.11.3 制作和插入标高图块

（1）将0图层设为当前层。

（2）按图6-50所示尺寸绘制1：1的标高图形。

（3）参考“制作和插入定位轴线编号图块”内容，定义、创建和插入标高图块。

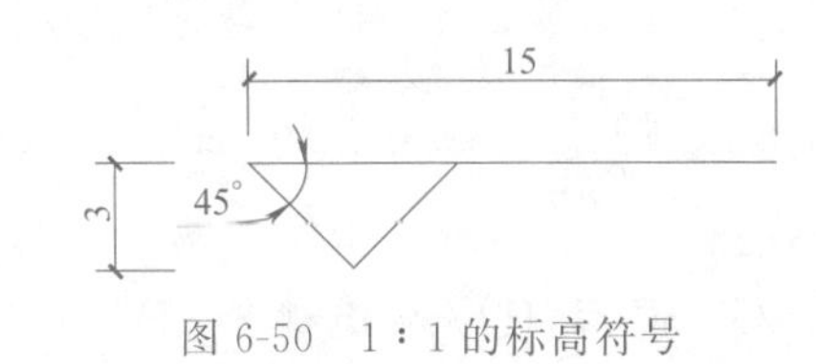


图6-50 1：1的标高符号

6.1.1.11.4 插入门窗编号

（1）将0图层设为当前层。

（2）参考“制作和插入定位轴线编号图块”内容，定义、创建和插入门窗编号。

**6.1.1.12 完善一层平面图**

6.1.1.12.1 绘指北针

（1）利用【圆】命令绘制半径为1200mm的圆。

（2）利用【多段线】命令绘制箭头。

（3）利用【多行文字】命令在上面所绘制图形正上方编辑文字“N”。生成指北针如图6-51所示。

6.1.1.12.2 编辑图名

利用【多行文字】命令在图的正下方编辑文字“一层平面图 1：100”，如图6-52所示。

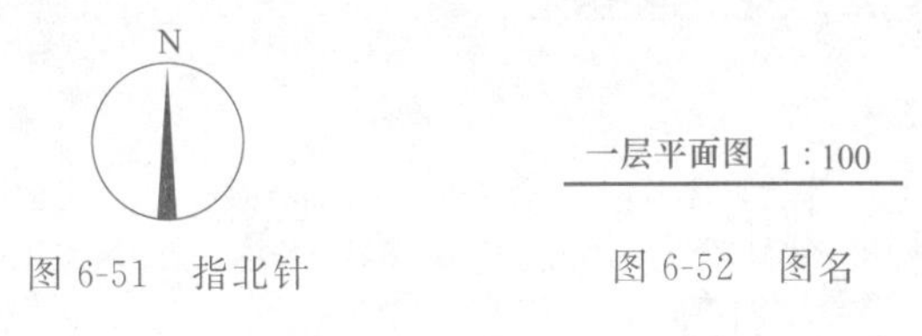


图6-51 指北针　　图6-52 图名

最终绘制完成的宿舍楼一层平面图见附图一。

## 6.1.2 实训练习

**6.1.2.1 填空题**

（1）【线型管理器】对话框中的【全局比例因子】应与____________保持一致。

（2）轴线图层所用线型为____________。

（3）在命令行输入“Z”后按Enter键，再输入“E”后按Enter键，将执行____________命令。

（4）绘制墙体和平面窗时均用到____________命令。

（5）删除图形时，修改工具栏中的【删除】命令与键盘上的____________是等同的。

（6）“±”的输入方法为____________。

（7）通常将图块做在____________图层上。

（8）1：100出图时，中文的文字高度设定为____________。

**6.1.2.2 问答题**

（1）使某一图形变多，可利用哪些不同的命令来操作？

（2）简述【直线】命令和【多段线】命令使用时有哪些不同。

（3）简述【打断】和【打断于点】这两个命令的区别。

（4）简述绘图时利用相对坐标的好处，以及如何来定义相对坐标基点。

（5）制作图块的方法有哪些？

**6.1.2.3 综合题**

（1）利用本章所学内容，绘制下面住宅平面图。

（2）利用本章所学内容，绘制下面某收费站办公楼平面图。

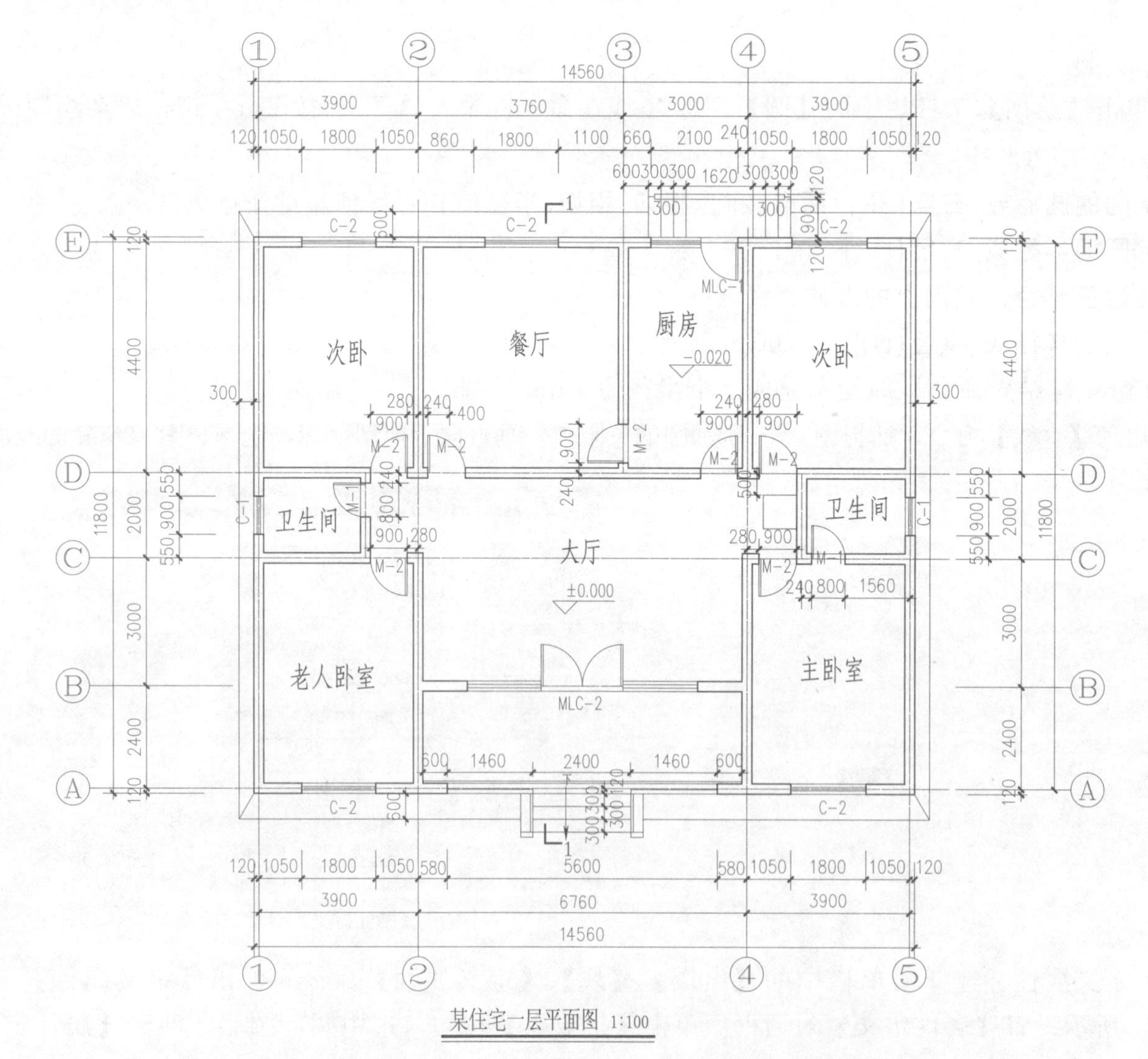


某住宅一层平面图 1:100

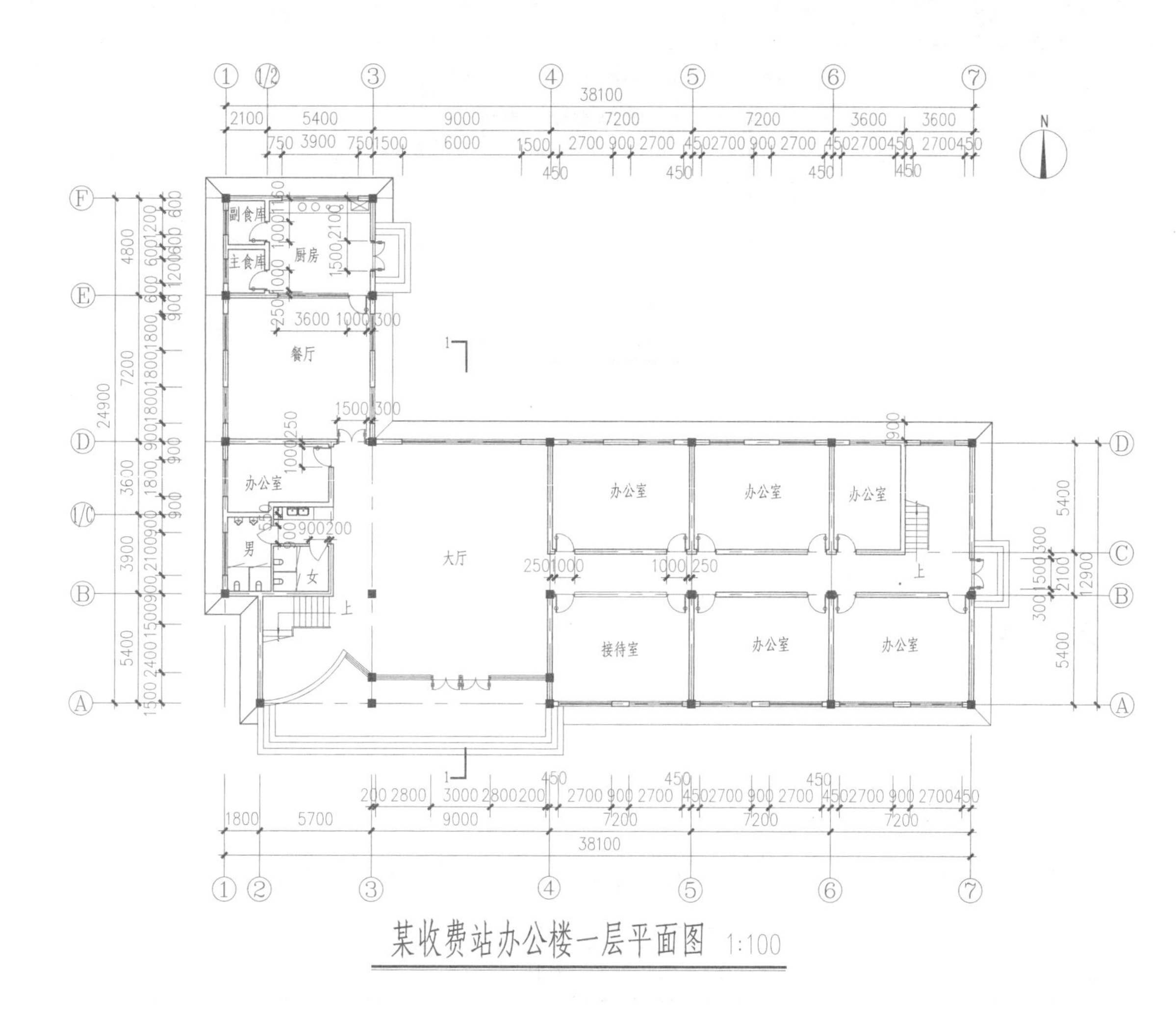


## 课题 6.2　民用建筑立面施工图

### 6.2.1　命令要求

#### 6.2.1.1　准备

（1）新建一个图形并将其命名为“宿舍楼正立面图”。

（2）建立如图 6-53 所示图层。

| 图层 | 颜色 | 线型 | 线宽 | 打印样式 |
|---|---|---|---|---|
| 标注 | 绿 | Contin... | 默认 | Color_3 |
| 辅助 | 洋红 | Contin... | 默认 | Color_6 |
| 看线 | 8 | Contin... | 默认 | Color_8 |
| 门窗 | 青 | Contin... | 默认 | Color_4 |
| 墙线 | 9 | Contin... | 0.... | Color_9 |
| 室外 | 31 | Contin... | 默认 | Colo |
| 台阶楼梯 | 黄 | Contin... | 默认 | Color_2 |
| 填充 | 8 | Contin... | 默认 | Color_8 |
| 文字 | 白 | Contin... | 默认 | Color_7 |
| 轴线 | 红 | Contin... | 默认 | Color_1 |
| 柱子 | 白 | Contin... | 默认 | Color_7 |

图 6-53　立面图的图层

（3）【文字样式】和【标注样式】的设置参考平面图中设定。

#### 6.2.1.2　绘制立面框架

（1）将“墙线”设为当前层。

（2）单击【绘图】工具栏上的【直线】图标 ⁄ 或在命令行输入“L”，启动直线命令。

打开【正交】功能，光标在窗口内任意点击一点。依次向上拖动鼠标并输入“23700”，向右拖动鼠标并输入“3840”，向下拖动鼠标并输入“2300”，向右拖动鼠标并输入“36060”，向上拖动鼠标并输入“2300”，向右拖动鼠标并输入“10440”，向下拖动鼠标并输入“23700”，按“c”键闭合图形。即生成由 1～8 线围合的立面轮廓，如图 6-54 所示。

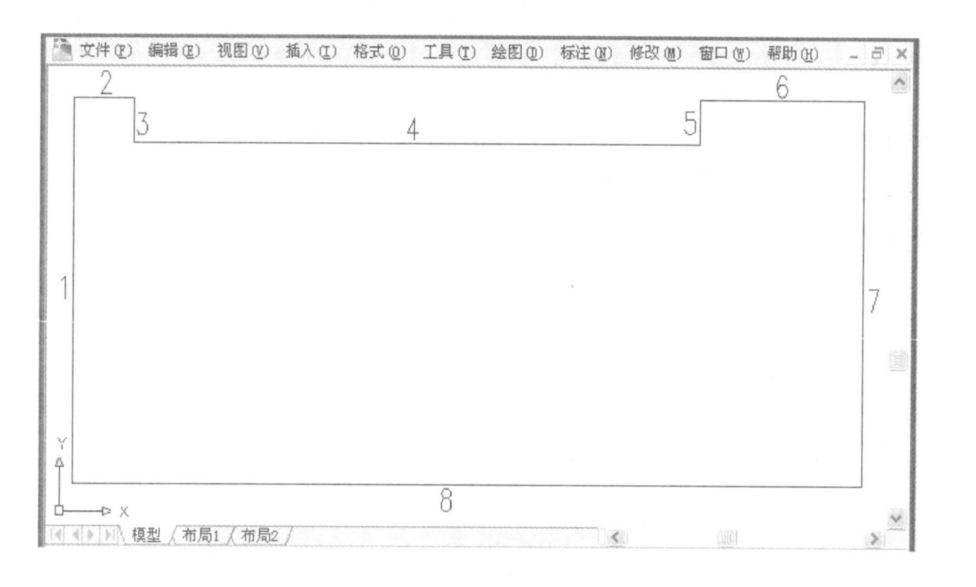


图 6-54　绘制立面轮廓

（3）单击【修改】工具栏上的【偏移】图标或在命令行输入“O”并按 Enter 键，启动偏移命令。

将图 6-54 中的 8 直线依次向上偏移 600mm、900mm，生成勒脚线和窗台线。如图 6-55 所示。

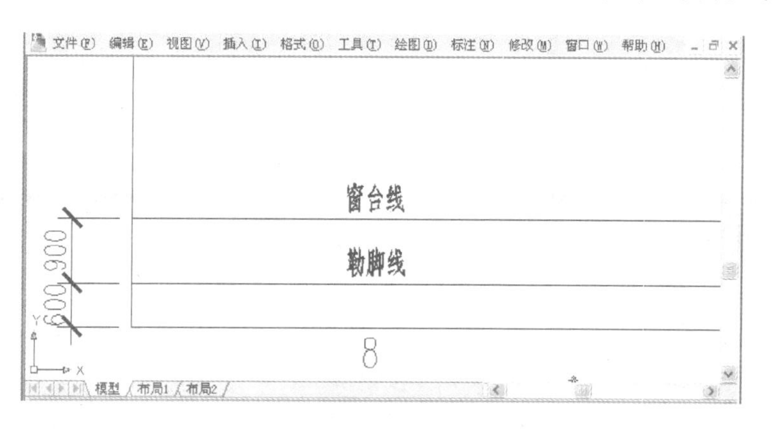


图 6-55　偏移生在勒脚线和窗台线

#### 6.2.1.3　绘制立面窗

##### 6.2.1.3.1　绘制窗洞口

（1）将“门窗”图层设为当前层。

（2）在无命令的状态下选择窗台线，左端出现蓝色夹点，点击蓝色夹点则变成红色，再按两次 Esc 键取消夹点，此时左端点被定义成为相对坐标的基本点。

（3）单击【绘图】工具栏上的【矩形】图标或在命令行输入“rec”，启动矩形命令。

**命令：rec RECTANG**

**指定第一个角点或[倒角(C)/标高(E)/圆角(F)/厚度(T)/宽度(W)]：**w。

**指定矩形的线宽＜0.0000＞：**50。

**指定第一个角点或[倒角(C)/标高(E)/圆角(F)/厚度(T)/宽度(W)]：**@4980，0。

**指定另一个角点或[尺寸(D)]：**@1800，2000。

按 Enter 键结束命令，生成图 6-56 所示窗洞口线。

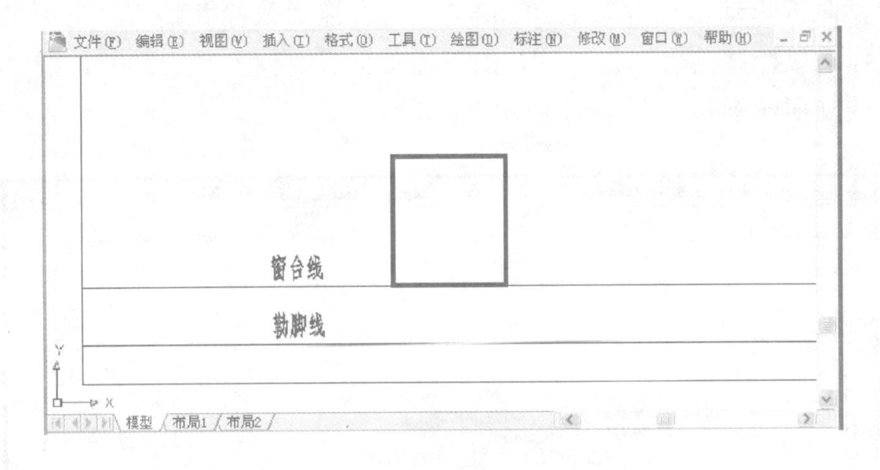


图 6-56　绘制 1800mm×2000mm 的窗洞口

6.2.1.3.2　绘制立面窗

（1）用【偏移】命令将窗洞口线分别向内偏移两个 50mm，再用分解命令将它们分解，结果如图 6-57 所示。

（2）再使用【偏移】命令将图示 5 直线分别向上偏移 450mm、50mm、50mm、50mm，结果如图 6-58 所示。

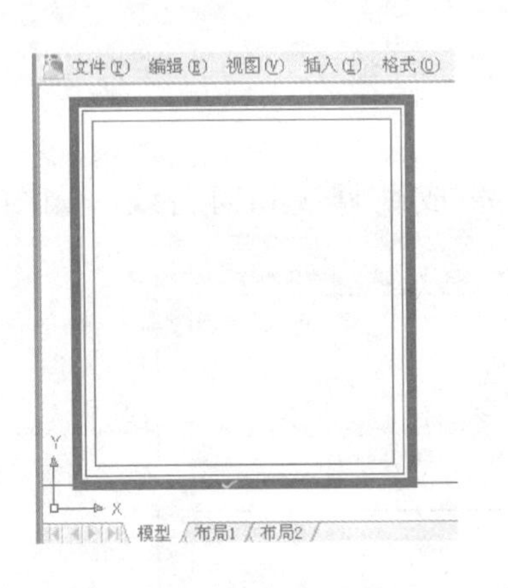

图 6-57　生成窗框和窗扇的轮廓线

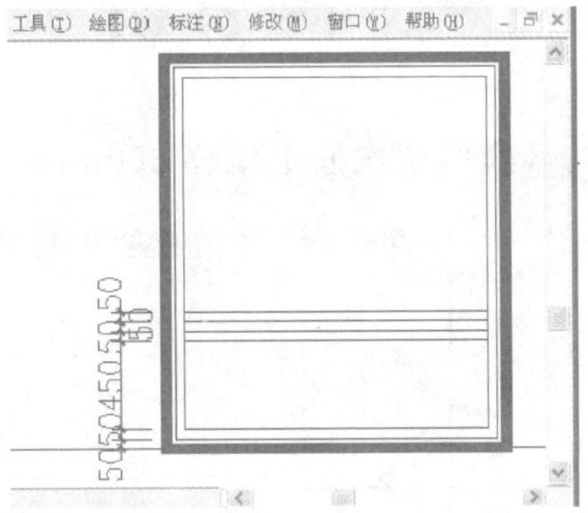

图 6-58　绘制上下窗的窗扇线

（3）利用【直线】命令连接图 6-59 所示两直线中点。

（4）将图 6-59 中生成的直线向左偏移 50mm，再使用【修剪】命令，修改成如图 6-60 所示。

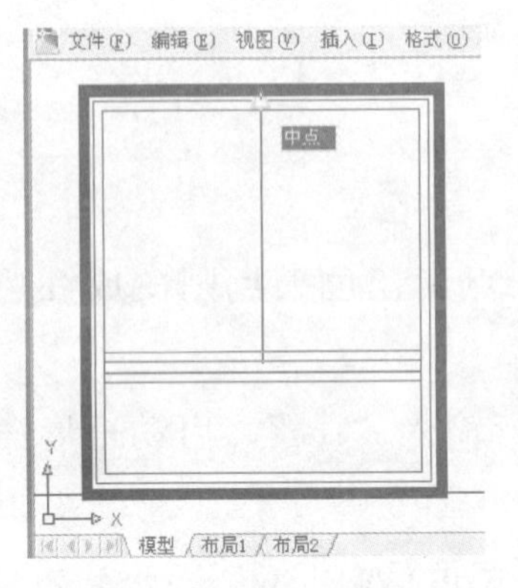


图 6-59　绘制窗扇的中间线

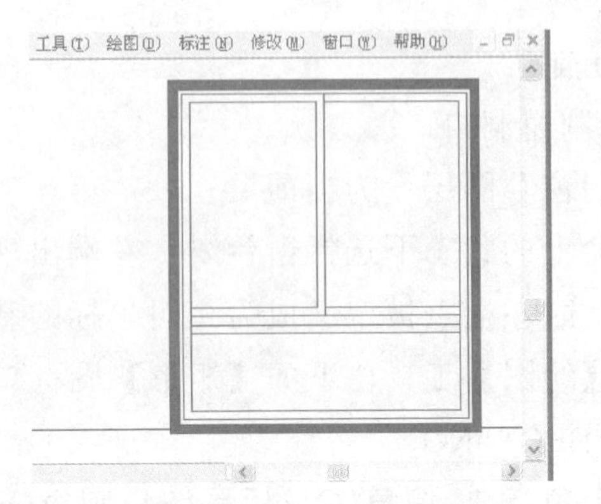

图 6-60　修前窗扇多余的线

一个立面窗即绘制完成，使用同样操作及【复制】和【阵列】命令，生成其他窗。

**6.2.1.4　绘制立面门**

遵循绘制立面窗的操作步骤，绘制立面入口大门如图 6-61 所示。

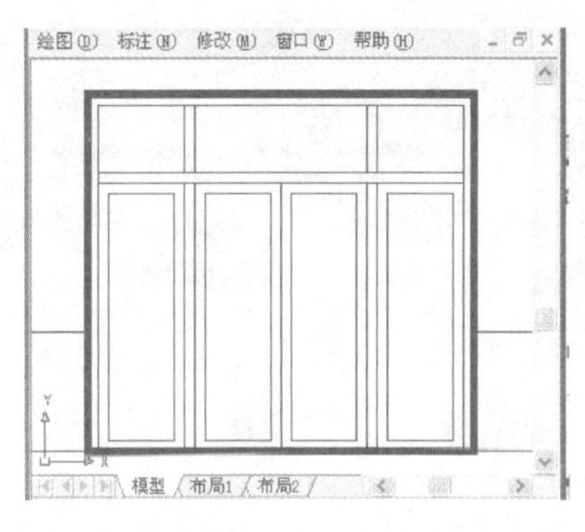

图 6-61　绘制入口处大门

**6.2.1.5　整理立面图**

6.2.1.5.1　加粗地平线

（1）分别将地平线从端点处各向左右拉伸加长 3000mm。

（2）用【多段线】命令将加长的地平线加粗至 150mm。结果如图 6-62 所示。

6.2.1.5.2　绘制室外台阶

（1）将“台阶楼梯”图层设为当前层。

（2）参考平面图位置，利用【多段线】、【直线】等命令绘制入口处台阶，如图 6-63 所示（台阶轮廓线宽 50mm）。

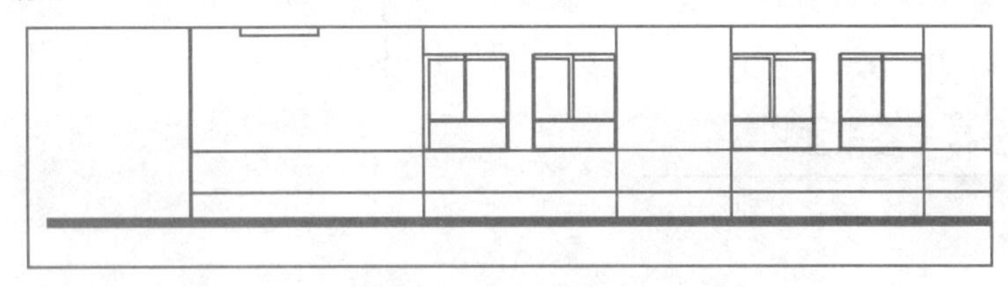

图 6-62　加粗地平线

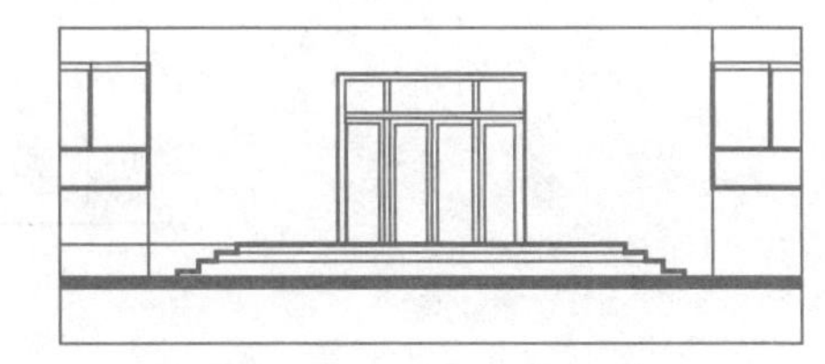

图 6-63　绘制立面入口处台阶

6.2.1.5.3　绘制立面入口处柱子和雨篷

（1）绘制柱子。

① 将“柱子”图层设为当前层。

② 利用【矩形】命令绘制尺寸为 3900mm×300mm 的两个矩形柱子。

（2）绘制雨篷。

① 将“辅助”图层设为当前层。

② 利用【直线】及【偏移】命令绘制入口处雨篷。

（3）利用【修剪】命令，修剪掉柱子及雨篷内多余的线段。结果如图 6-64 所示。

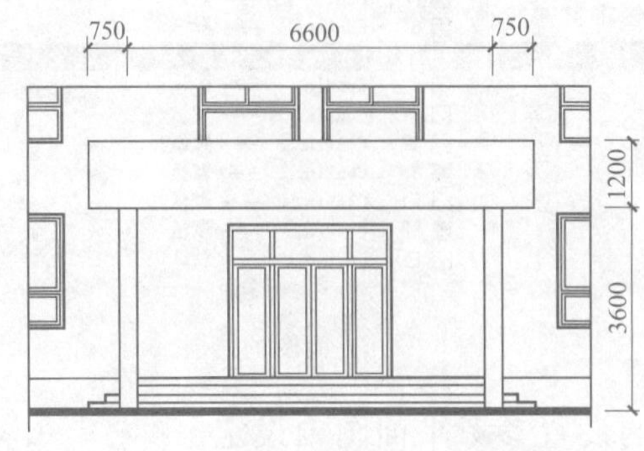


图 6-64　绘制入口处柱子和雨篷

6.2.1.5.4　填充立面材料

（1）设置“填充”为当前层。

（2）单击【绘图】工具栏上的【图案填充】图标，或在命令行输入“H”并按 Enter 键，弹出

【边界图案填充】对话框。打开【类型】下拉列表框，选中【预定义】。

① 单击【图案】文本框右侧的 ... 按钮，打开如图 6-65 所示【填充图案选项板】，选中选项卡内的 AR-B816 图案。

② 单击【确定】按钮，返回【边界图案填充】对话框，此时【图案】文本框内显示为 AR-B816，并将【角度】和【比例】分别设置为“0”和“100”，如图 6-66 所示。

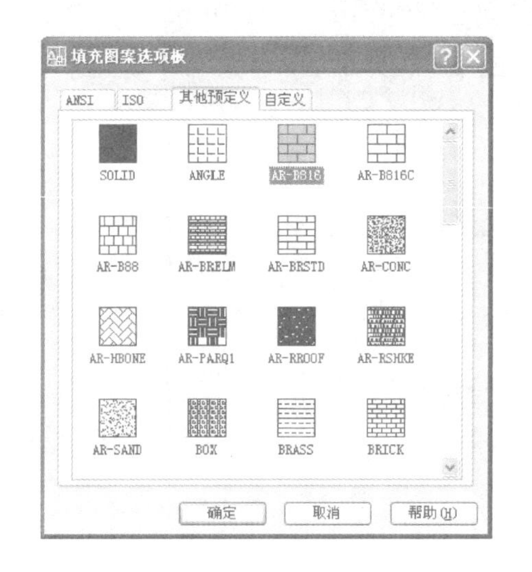

图 6-65 选择 AR-B816 图案

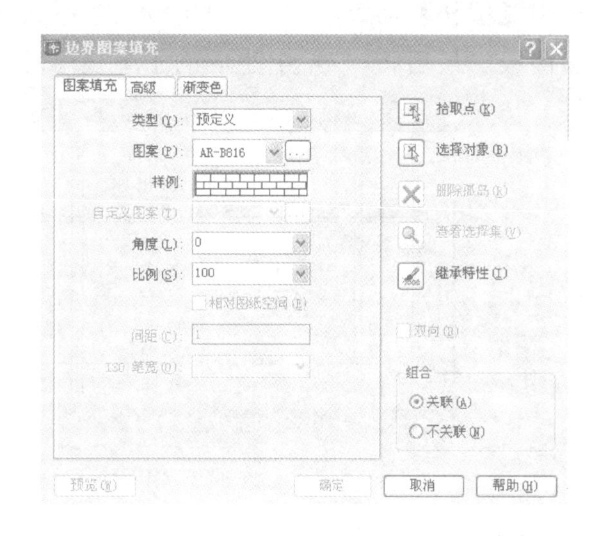

图 6-66 修改【边界图案填充】对话框中的角度和比例

③ 将所要填充的部位完全显示出来，单击【拾取点】按钮，对话框消失。然后在所要填充区域（必须是封闭的）内任一点点击鼠标左键，填充区域边框线变为虚线，如图 6-67 所示。

按 Enter 键返回【边界图案填充】对话框。单击【确定】按钮关闭对话框，结果如图 6-68 所示。

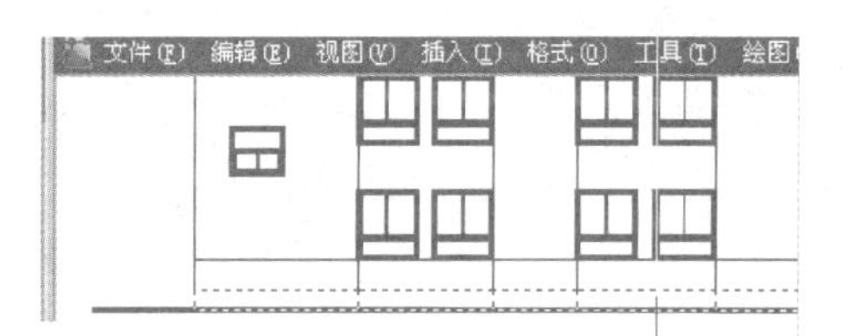

图 6-67 选择被填充的区域

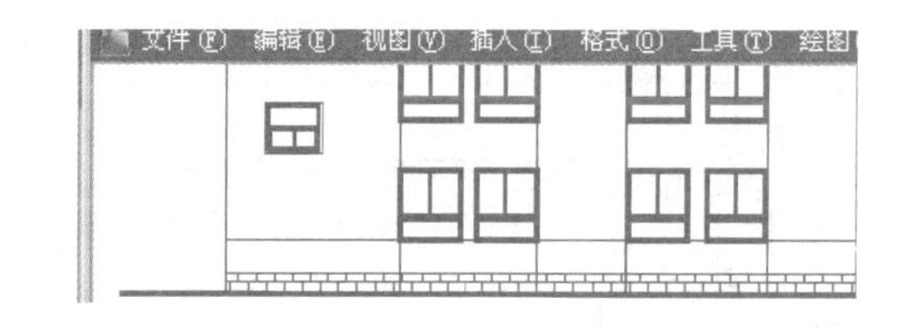

图 6-68 填充勒脚

（3）同样操作填充立面上其他需填充的部位。

6.2.1.5.5 删除建筑立面上多余的窗台线

6.2.1.5.6 加粗建筑轮廓线

用【多线段】命令将建筑轮廓线加粗为 100mm。

6.2.1.5.7 标注立面图上的尺寸、文字、符号和图名

最终绘制完成的宿舍楼立面图见附图二。

## 6.2.2 实训练习

### 6.2.2.1 填空题

（1）用【矩形】命令绘制的矩形的四条边为____________。

（2）若用【偏移】命令偏移一个用【矩形】命令绘制的多边形的一条边，需先将多边形____________。

（3）绘制图形时，若它的起点在已知点一旁的某个位置，可利用____________方法来寻找图形的起点。

（4）执行【阵列】命令时，如果向下生成图形，则行偏移值为____________。

（5）【边界图案填充】对话框中的【比例】是控制图案____________的参数。

### 6.2.2.2 问答题

（1）利用【矩形】命令绘制一个矩形，再利用【直线】命令绘制一个尺寸相同的矩形并将其创建为块，对这两个矩形分别执行相同的【偏移】命令，会有什么样的结果？

（2）【阵列】命令与【连续复制】命令有哪些异同？

（3）【编辑】|【复制】、【编辑】|【带基点的复制】两个命令有何不同？

（4）【移动】命令中的基点有什么作用？

（5）执行【填充】命令时，被填充的区域有什么要求？

### 6.2.2.3 综合题

根据本章节所学内容，绘制下面的立面图。

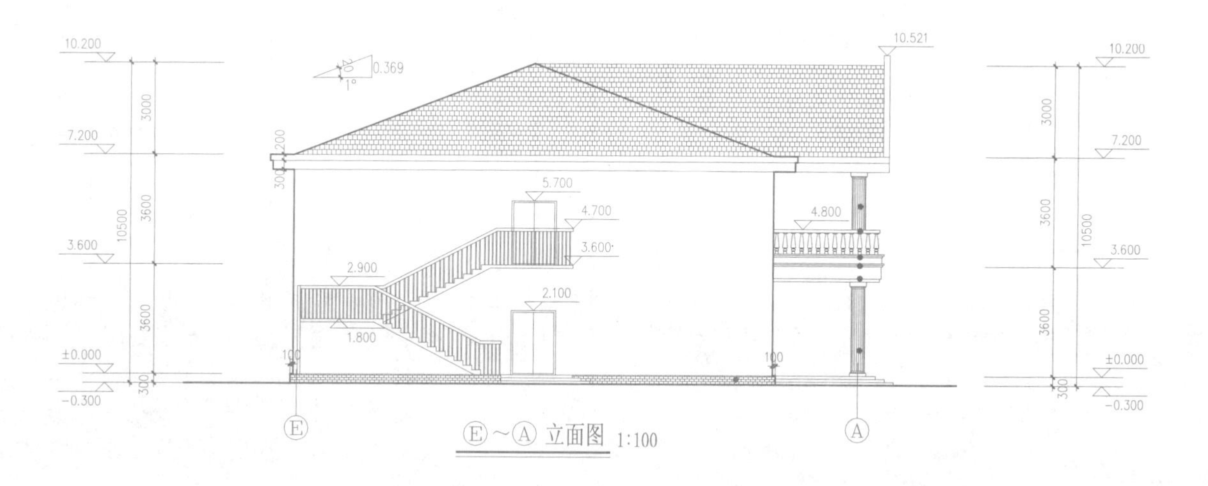

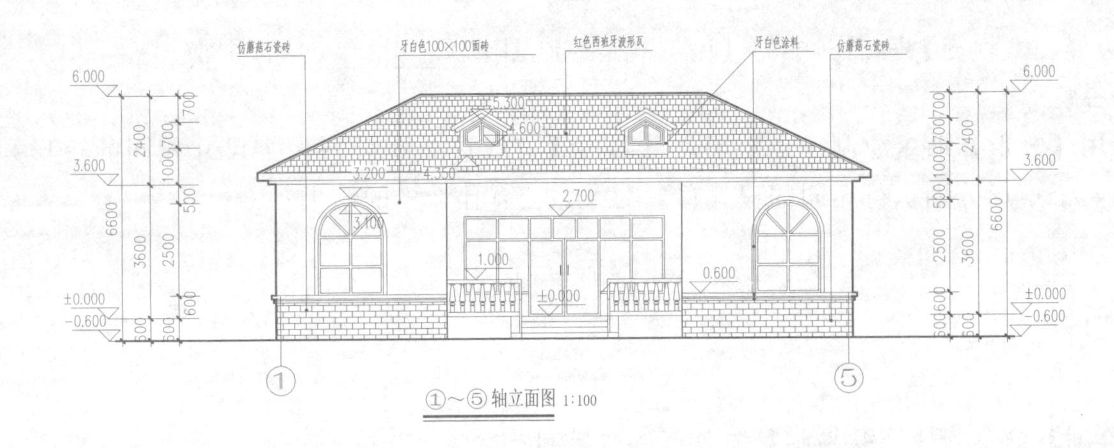

①～⑤轴立面图 1:100

# 课题 6.3　民用建筑剖面施工图

## 6.3.1　命令要求

### 6.3.1.1　准备

（1）新建一个图形并将其命名为“宿舍楼剖面图”。

（2）建立如图 6-69 所示图层。

| 名称 | 开 | 在... | 锁 | 颜色 | 线型 | 线宽 | 打印样式 | 打 |
|---|---|---|---|---|---|---|---|---|
| 0 | | | | 白色 | Continuous | —— 默认 | Color_7 | |
| 轴线 | | | | 红色 | CENTER | —— 默认 | Color_1 | |
| 墙线 | | | | 9 | Continuous | —— 默认 | Color_9 | |
| 楼地面 | | | | 白色 | Continuous | —— 默认 | Color_7 | |
| 梁柱 | | | | 白色 | Continuous | —— 默认 | Color_7 | |
| 门窗 | | | | 青色 | Continuous | —— 默认 | Color_4 | |
| 台阶 | | | | 黄色 | Continuous | —— 默认 | Color_2 | |
| 填充 | | | | 白色 | Continuous | —— 默认 | Color_7 | |
| 辅助 | | | | 白色 | Continuous | —— 默认 | Color_7 | |

图 6-69　建立图层

（3）【文字样式】和【标注样式】的设置参考平面图中设定。

### 6.3.1.2　绘制轴线

（1）将“轴线”层设为当前层。

（2）利用【直线】命令绘制长为 21500mm 的垂直线，并利用【偏移】命令将其向右依次偏移 1200mm、6600mm、2400mm、6600mm、1200mm，结果如图 6-70 所示。

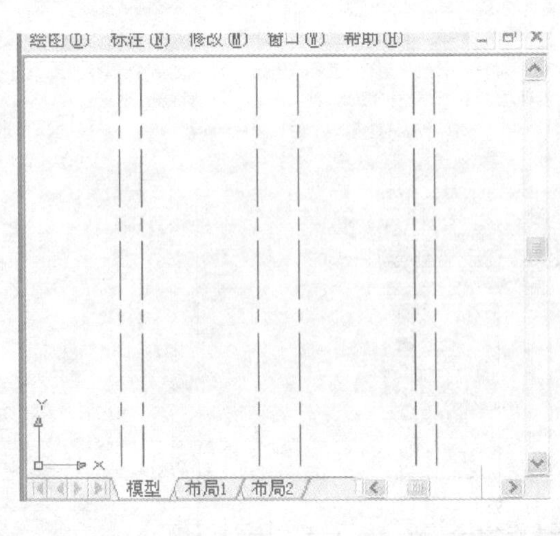

图 6-70　绘制轴线

图 6-71　绘制墙体

### 6.3.1.3　绘制墙体

（1）将“墙线”层设为当前层。

（2）利用【多线】命令绘制墙体，结果如图 6-71 所示。

### 6.3.1.4　绘制一层剖面

#### 6.3.1.4.1　绘制一层地面和顶板

（1）将“楼地面”层设为当前层。

（2）利用【直线】命令连接左侧外墙右下端点和右侧外墙左下端点。

（3）利用【偏移】命令将（2）中生成的水平线向上依次偏移 600mm、3180mm、120mm，生成一层的地面和楼板，最后将（2）中生成的水平线删除，结果如图 6-72 所示。

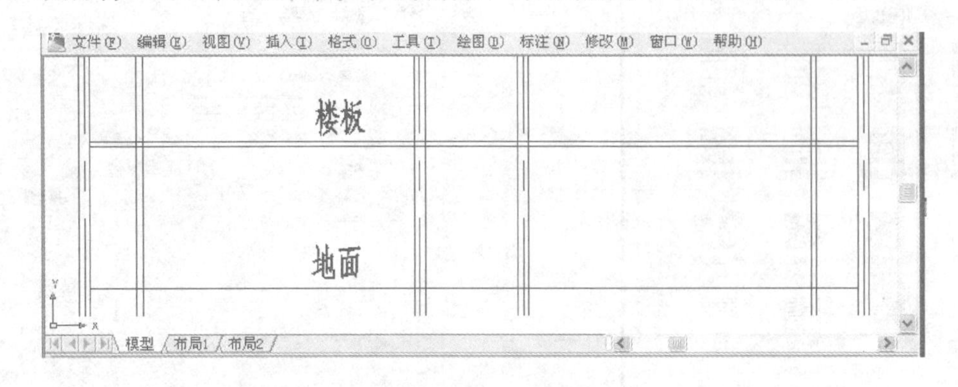


图 6-72　偏移生成地面和楼板

#### 6.3.1.4.2　绘制一层的梁

（1）将“梁柱”层设为当前层。

（2）利用【矩形】命令按照图 6-73 所示尺寸绘制梁。

（3）将墙体分解，利用【修剪】命令将生成的外墙、楼板和梁进行修整，并开设门窗洞口及绘制墙体看线，结果如图 6-73 所示。

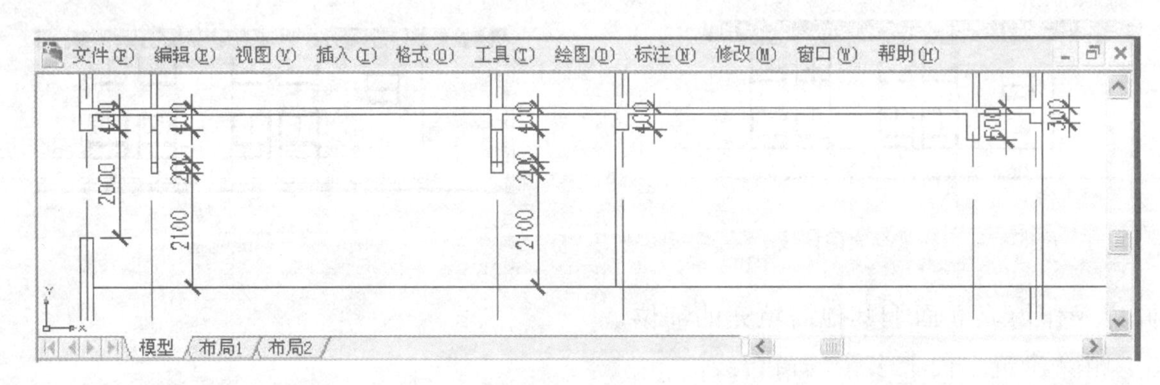

图 6-73　一层剖面

#### 6.3.1.4.3　绘制一层门窗

（1）将“门窗”层设为当前层。

（2）利用【多线】命令绘制门窗，结果如图 6-74 所示。

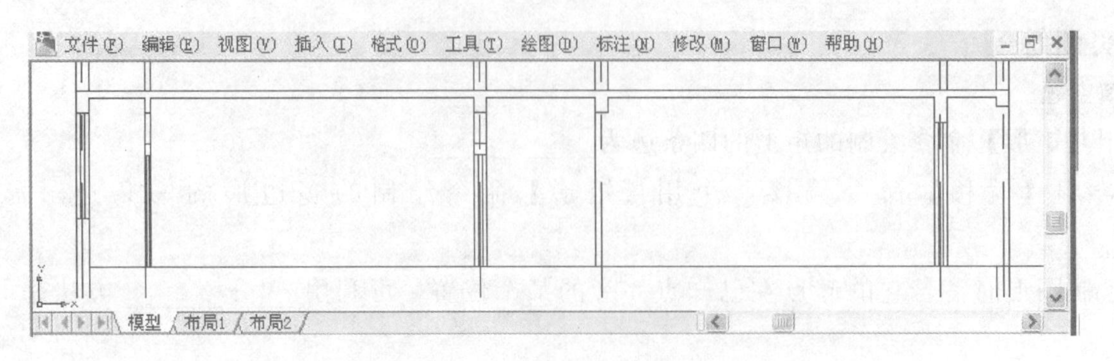

图 6-74　绘制一层门窗

6.3.1.5 绘制二层剖面

遵循绘制一层剖面操作顺序，绘制二层剖面。

6.3.1.6 绘制3～6层剖面

利用【阵列】命令，将二层剖面向上阵列，生成3～6层剖面（阵列对话框中行偏移设为3300mm）。

6.3.1.7 绘制女儿墙压顶

利用【矩形】和【直线】命令绘制100mm×280mm女儿墙压顶及屋顶看线。

6.3.1.8 绘制台阶

（1）将"台阶"层设为当前层。

（2）启动【多段线】命令，绘制室外台阶。

6.3.1.9 绘制入口雨篷

根据平面和立面位置与尺寸绘制入口雨篷。

6.3.1.10 完善剖面图

（1）填充材质。

（2）标注剖面。

最终绘制完成的宿舍楼剖面图见附图三。

## 6.3.2 实训练习

6.3.2.1 填空题

（1）绘制有一定宽度的线时通常使用__________命令。

（2）对墙体作修改时，需先使用__________命令将其进行__________。

（3）填充楼板和梁时，选用__________填充类型。

（4）在预览状态下，若对填充效果不满意，则按__________键返回【边界图案填充】对话框来修改参数。

（5）若使两条直线的交角为弧线，应使用__________命令。

6.3.2.2 问答题

（1）【圆角】和【倒角】命令有何异同？

（2）剖切到的墙线与看到的墙线是否应绘制在同一图层上？

6.3.2.3 综合题

绘制下面所示的剖面图。

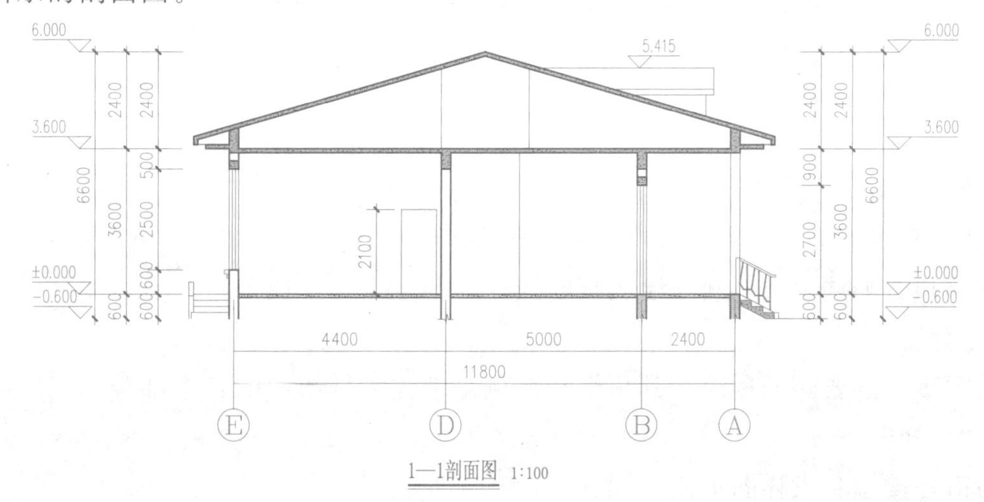

1—1剖面图 1:100

# 课题6.4 民用建筑详图

## 6.4.1 命令要求

6.4.1.1 准备

（1）新建一个图形并将其命名为"宿舍楼墙身大样图"。

（2）建立如图6-75所示图层。

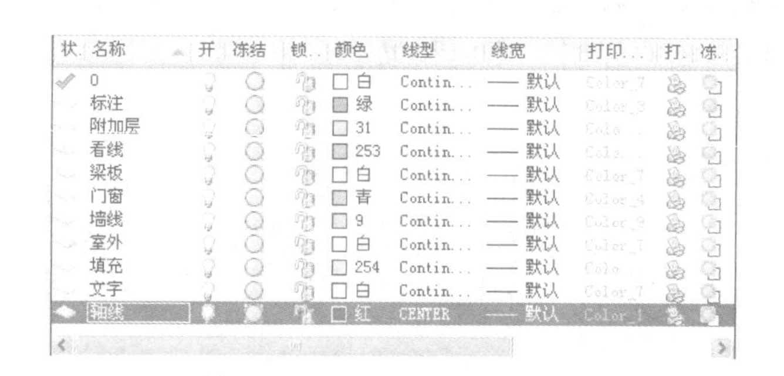

图6-75 建立图层

（3）【文字样式】和【标注样式】的设置中除比例要改为1∶20外，其他参考平面图中设定。

6.4.1.2 绘制轴线

（1）将"轴线"层设为当前层。

（2）利用【直线】命令绘制长为21500mm的垂直线，并利用【偏移】命令将其向右偏移1200mm。

6.4.1.3 绘制外墙

（1）将"墙线"层设为当前层。

（2）利用【多线】命令绘制240mm厚的外墙。

（3）利用【分解】命令将墙体进行分解。

6.4.1.4 绘制一层墙身大样

6.4.1.4.1 绘制一层地面

（1）将"附加层"图层设为当前层。

（2）利用【直线】和【偏移】命令绘制如图6-76所示水平线。

（3）利用【偏移】命令将水平线向下依次偏移18mm、12mm、60mm，生成一层的地面的面层、找平层、垫层和地基层。

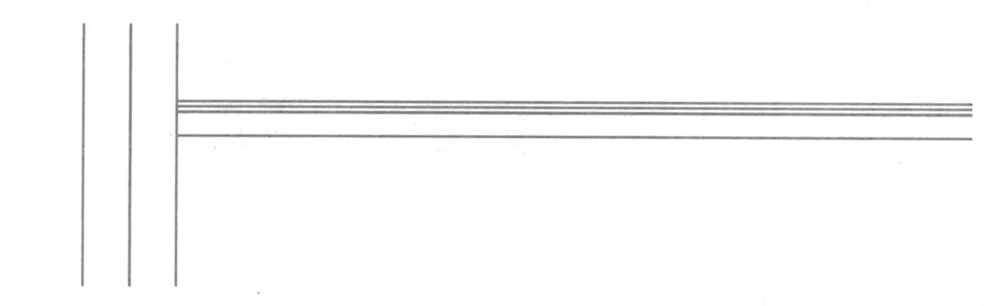

图6-76 偏移生成地面各层

6.4.1.4.2 绘制一层顶面

（1）利用【复制】命令，将图6-76中生成的地面线向上复制，距离为3300mm。

（2）利用【移动】命令将生成的一层顶面最下端直线向下垂直移动60mm，结构层厚度调整为120mm。

（3）利用【偏移】命令将顶面最下端直线再向下偏移12mm，生成底面抹灰层，即抹灰顶棚。

（4）利用【特性匹配】命令，将生成的120mm板上下端直线刷新到“梁板”图层上。

6.4.1.4.3　修整一层墙体

（1）将“墙线”层设为当前层。

（2）利用【多线】命令绘制一层内部剖切到的120mm厚墙体。利用【分解】命令将墙体分解。

（3）依据平、立面，按照图6-77所示尺寸在内外墙体相应的位置开设门窗洞口。

6.4.1.4.4　绘制一层剖切到的梁

（1）将“梁板”层设为当前层。

（2）利用【矩形】命令按照图6-78所示尺寸绘制梁。

（3）利用【修剪】命令将生成的外墙、楼板和梁进行修整，结果如图6-78所示。

6.4.1.4.5　绘制内墙抹灰线

（1）利用【偏移】命令将所有内墙线均向室内一侧偏移20mm，生成墙面抹灰线。

（2）利用【特性匹配】命令将生成的抹灰线刷新在“附加层”图层上。

（3）在【修改】工具栏中点击图标 或在命令行中输入“CHA”，启动【倒角】命令，修整所有抹灰线。

6.4.1.4.6　绘制一层剖切到的门窗

（1）将“门窗”层设为当前层。

（2）利用【多线】、【直线】、【偏移】命令绘制门窗，如图6-79所示。

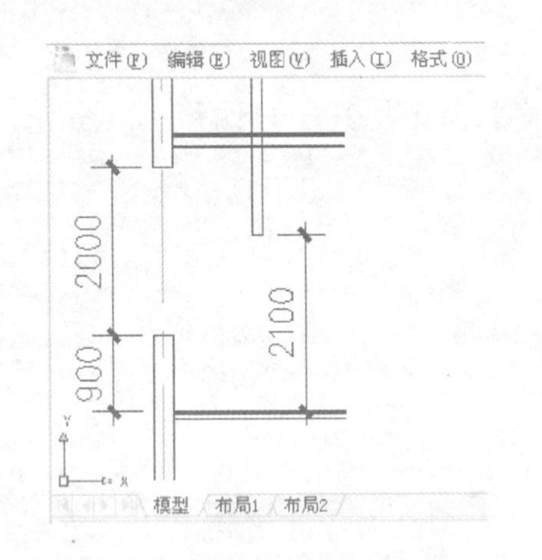

图6-77　在墙体上开设门窗洞口

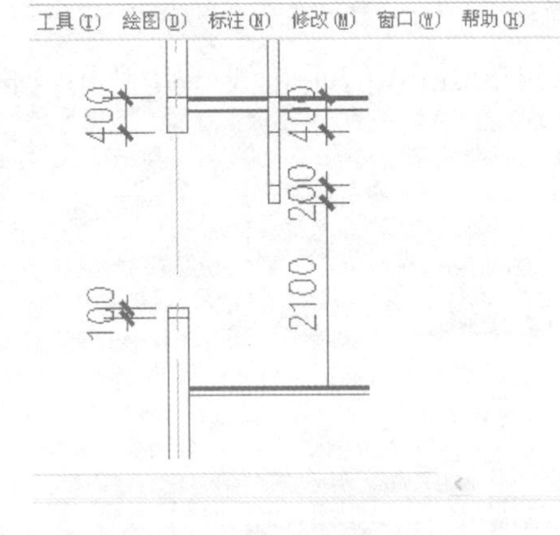

图6-78　绘制矩形梁并修整

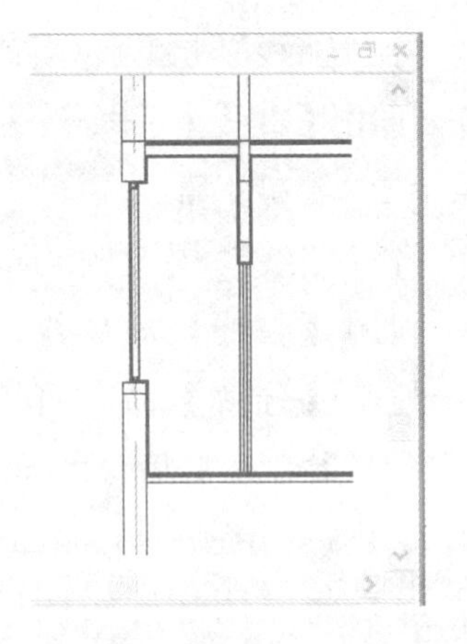
图6-79　绘制门窗

6.4.1.4.7　绘制室外散水

按照图6-80所示尺寸绘制室外散水。

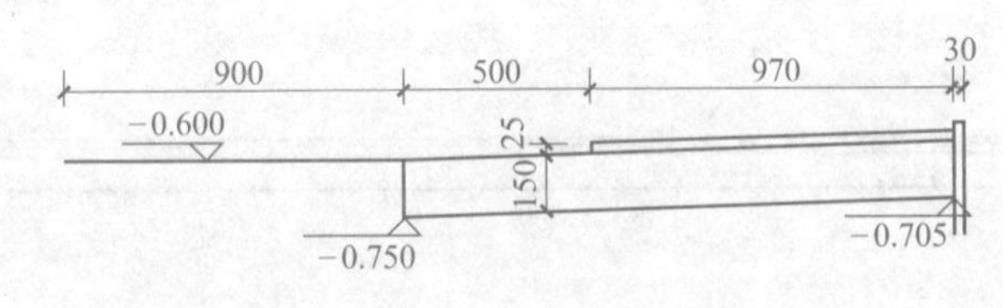

图6-80　绘制室外散水线

6.4.1.4.8　绘制外墙保温层和抹灰层

（1）利用【偏移】命令将外墙皮和窗台梁上线分别向外偏移40mm、2mm、1mm、20mm。

（2）利用【倒角】、【修剪】命令修整生成的保温层线和抹灰线。结果如图6-81所示。

（3）光标点击如图6-82所示端点，利用【拉伸】命令垂向上拉伸8mm，生成图6-82所示的窗台坡面。

6.4.1.4.9　完善一层墙身大样

（1）利用【直线】命令绘制内外墙看线。

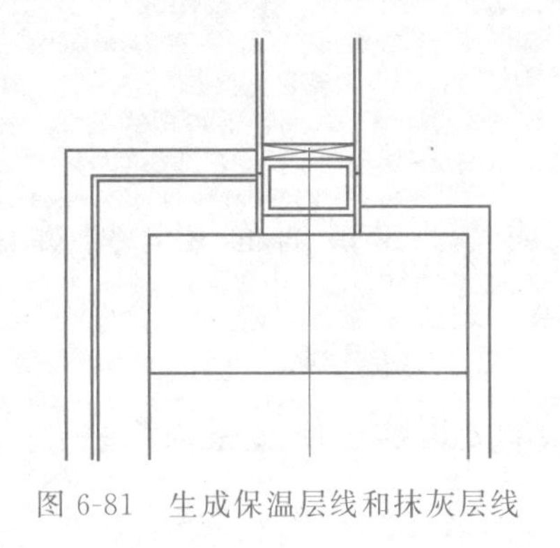
图6-81　生成保温层线和抹灰层线

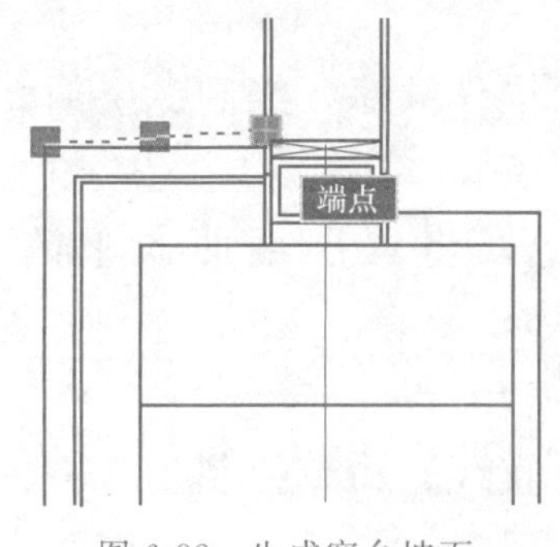

图6-82　生成窗台坡面

（2）利用【偏移】和【修剪】命令生成室内150mm高的踢脚线。结果如图6-83所示。

**6.4.1.5　绘制2～5层墙身大样**

（1）利用【复制】命令将一层绘制的除室外地坪、散水和室内地面外的其余部分垂直向复制3300mm，并对多余部分进行修剪，生成二层墙身大样。

（2）由于2～5层的墙身大样相同，在此可利用折断线将其简化。具体操作如下。

① 绘制折断线：利用【多段线】和【复制】、【修剪】命令绘制图6-84所示两条折断线。

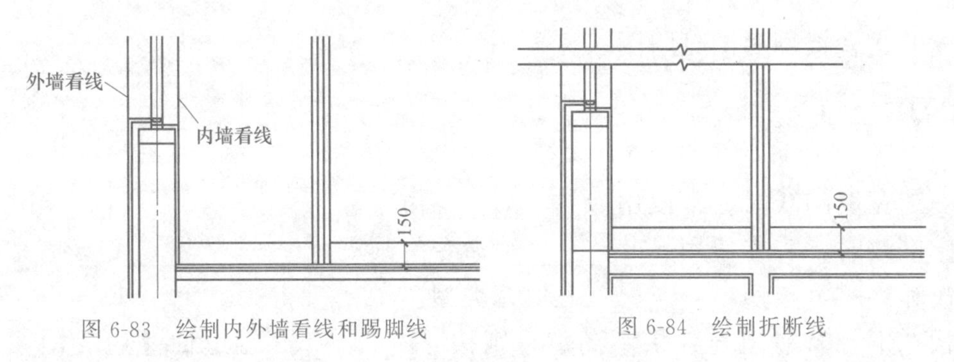

图6-83　绘制内外墙看线和踢脚线　　图6-84　绘制折断线

② 利用【修剪】命令将两条折断线间的多余线修剪掉，结果如图6-84所示。

**6.4.1.6　绘制屋顶的墙身大样**

按照图6-85所示绘制屋顶部分大样图。

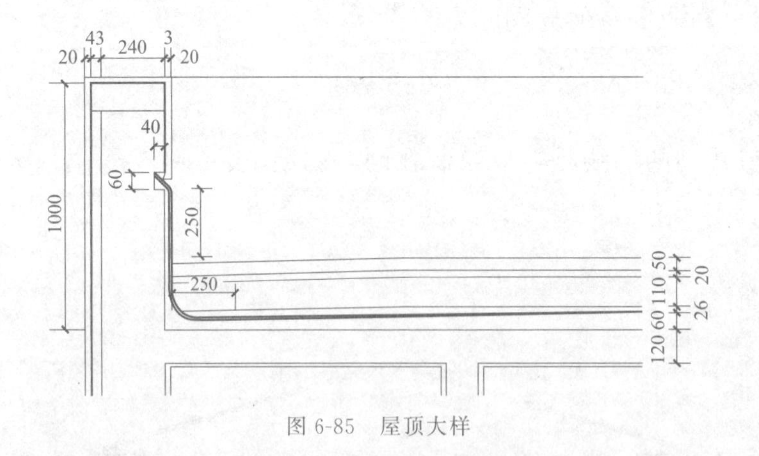

图6-85　屋顶大样

**6.4.1.7　完善墙身大样图**

6.4.1.7.1　绘制折断线

在外墙身下端和右侧楼地面剖断处绘制折断线。

6.4.1.7.2　填充材质

选择恰当的图案，必要时通过改变其角度和比例来填充大样图中的各个部分。

6.4.1.7.3　标注大样图

最终绘制的宿舍楼墙身大样图见附图四。

## 6.4.2 实训练习

### 6.4.2.1 填空题

（1）打开正交方式的功能键是____________。

（2）对于【圆角】和【倒角】命令，若倒角和圆角的值都设为____________时，其结果相同。

（3）【特性匹配】命令的作用是____________。

（4）绘制圆弧时，必须给定____________个值才可以精确绘制出该段圆弧。

（5）可利用____________命令绘制折断线。

### 6.4.2.2 问答题

（1）执行【倒角】命令时，倒角距离可以取负值吗？

（2）利用【圆弧】命令绘制圆弧的常用方式有哪些？

（3）如何绘制一定宽度的直线和圆？

（4）在某一区域内，是否可同时存在几种不同的填充图案？

（5）如何将 1：25 的图与 1：50 的图放在一张图纸内？

### 6.4.2.3 综合题

根据本节内容绘制下面的大样图。

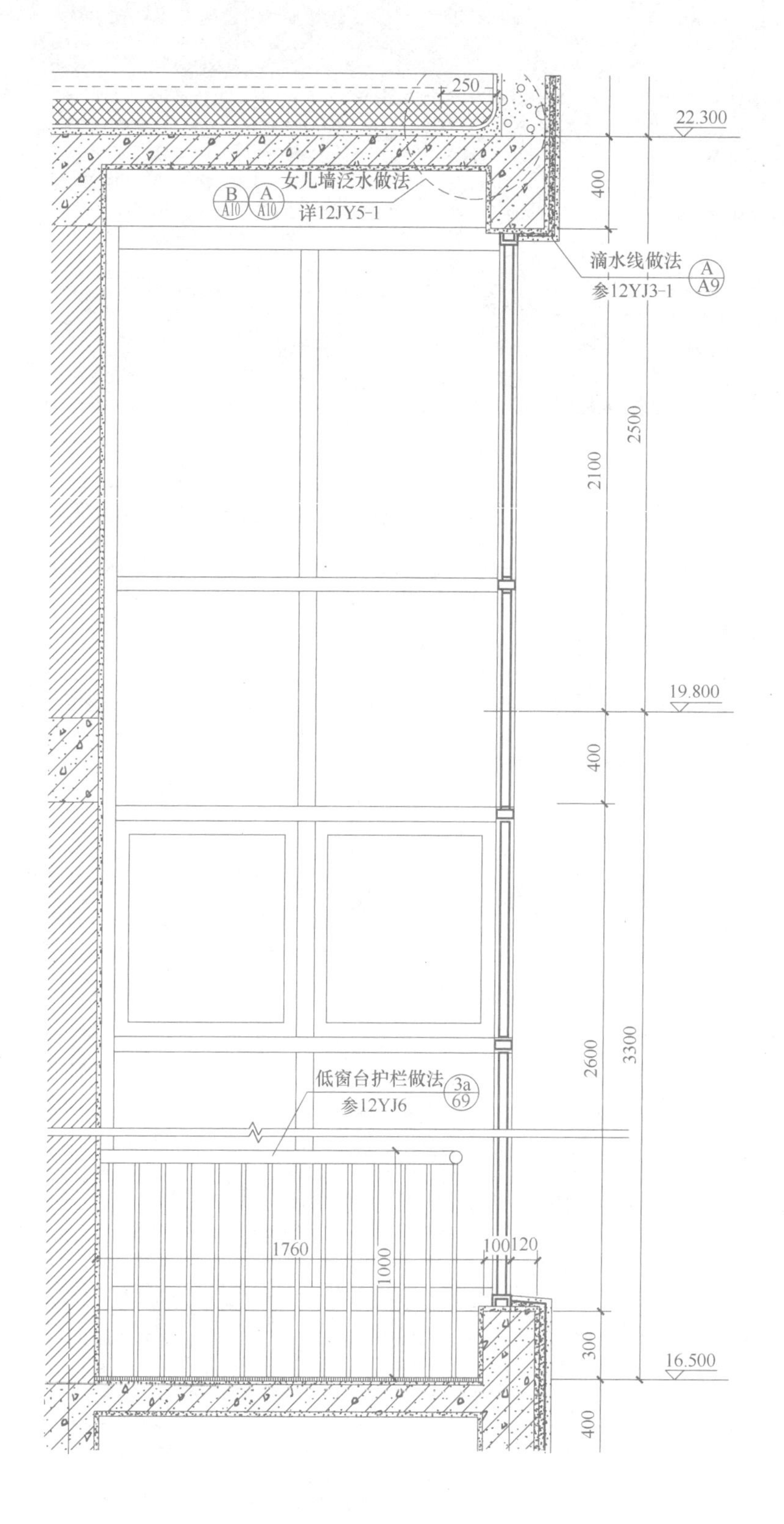

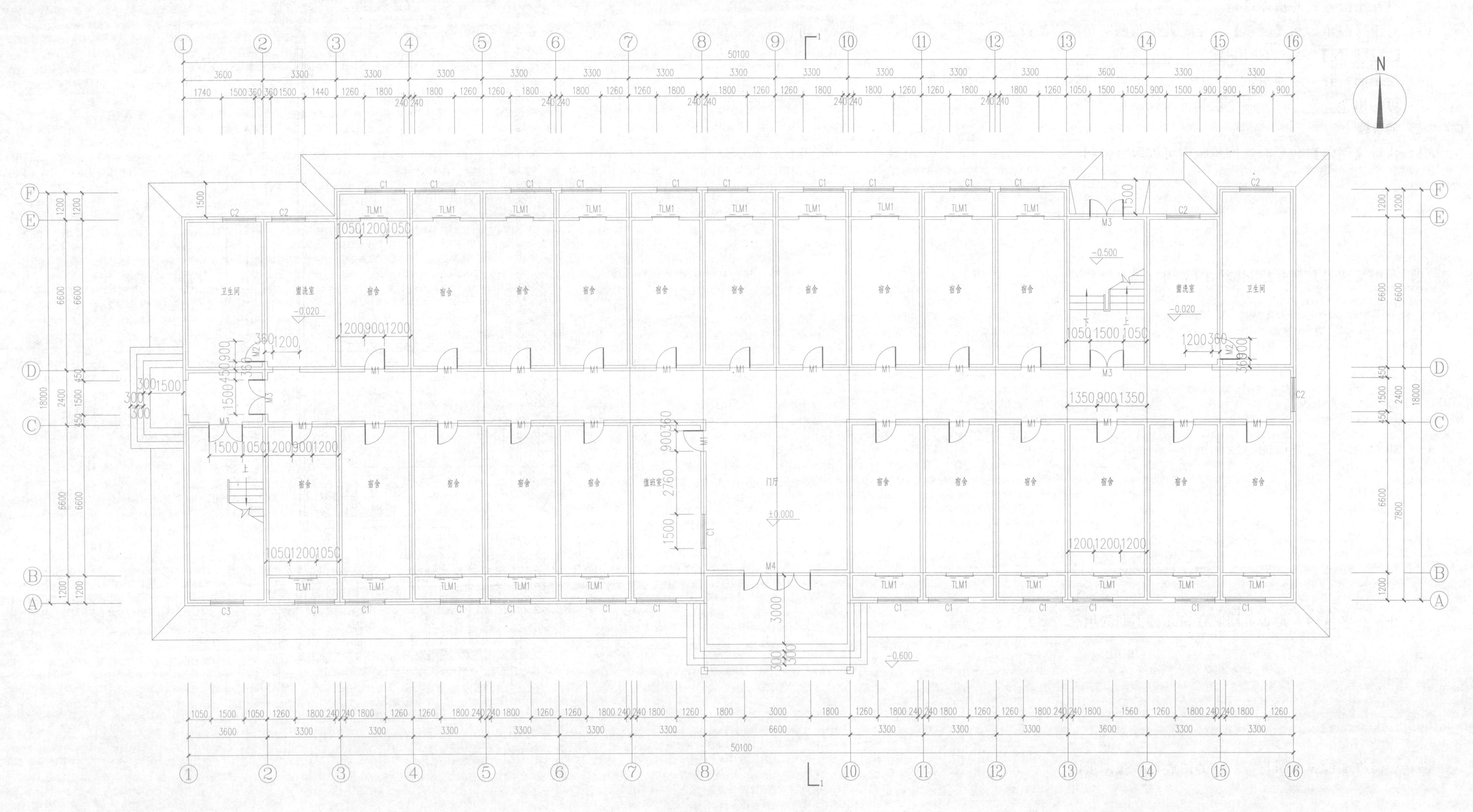

一层平面图 1:100

**附图一** 宿舍楼一层平面图

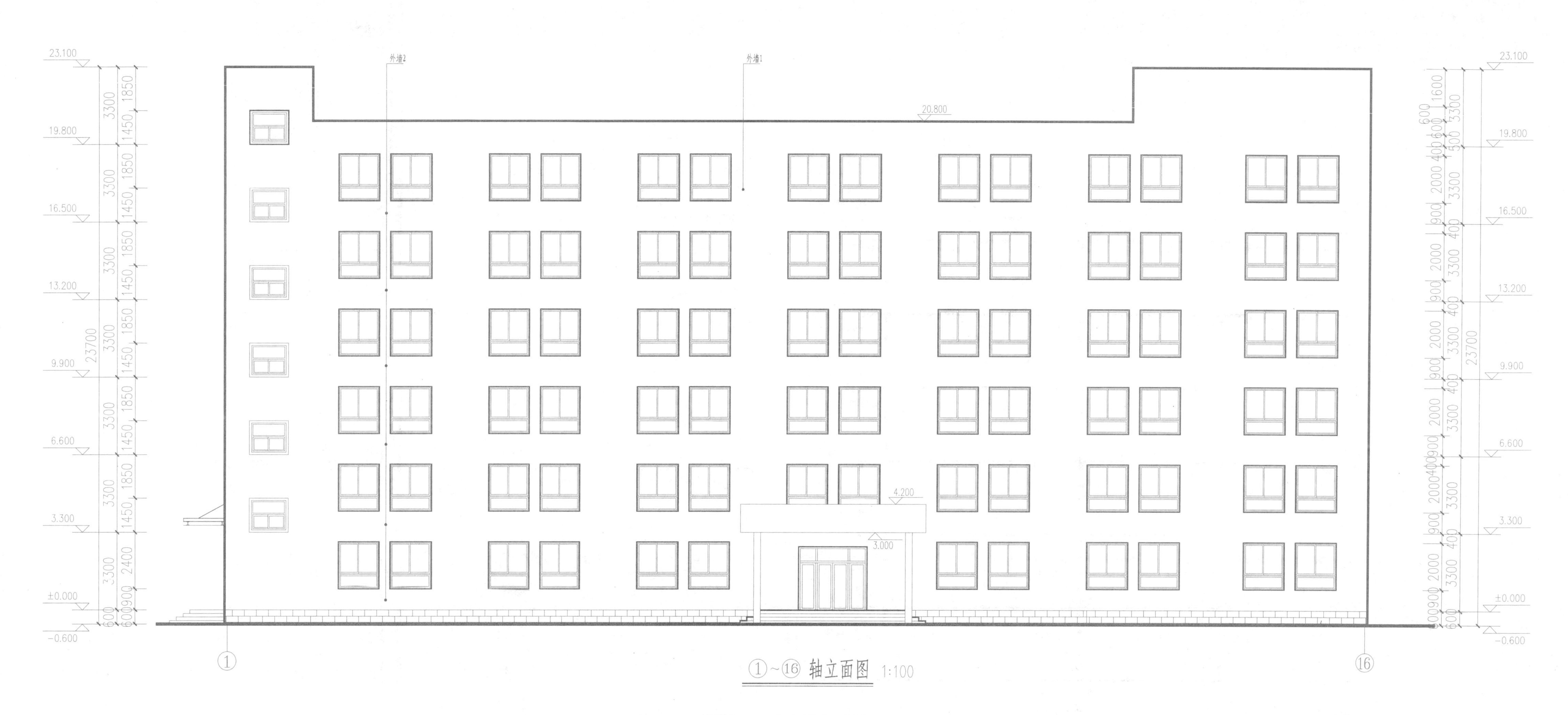
外墙2
外墙1
23.100
19.800
16.500
13.200
9.900
6.600
3.300
±0.000
-0.600
20.800
4.200
3.000
23700
①~⑯ 轴立面图 1:100

附图二　宿舍楼立面图

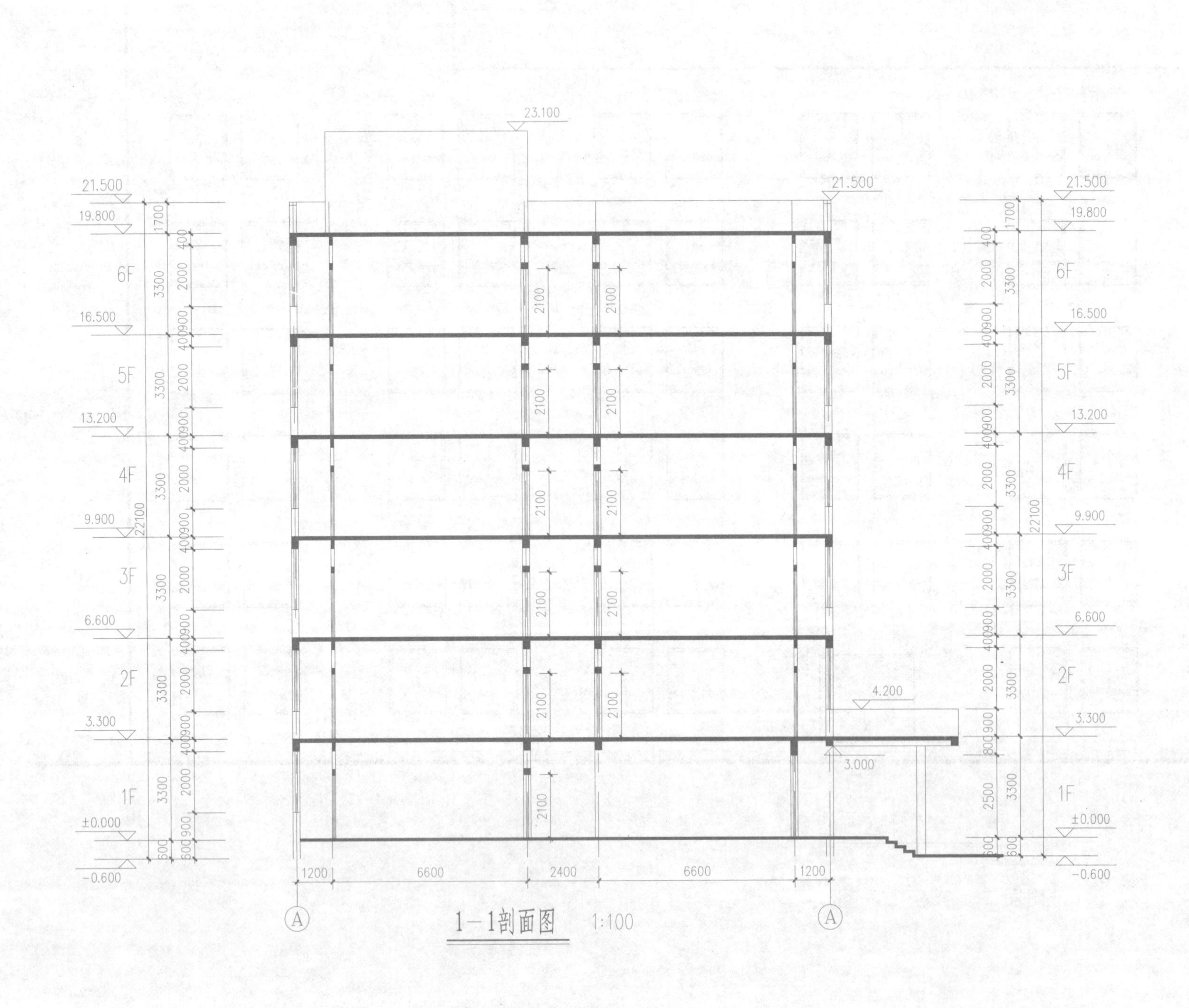


附图三　宿舍楼剖面图

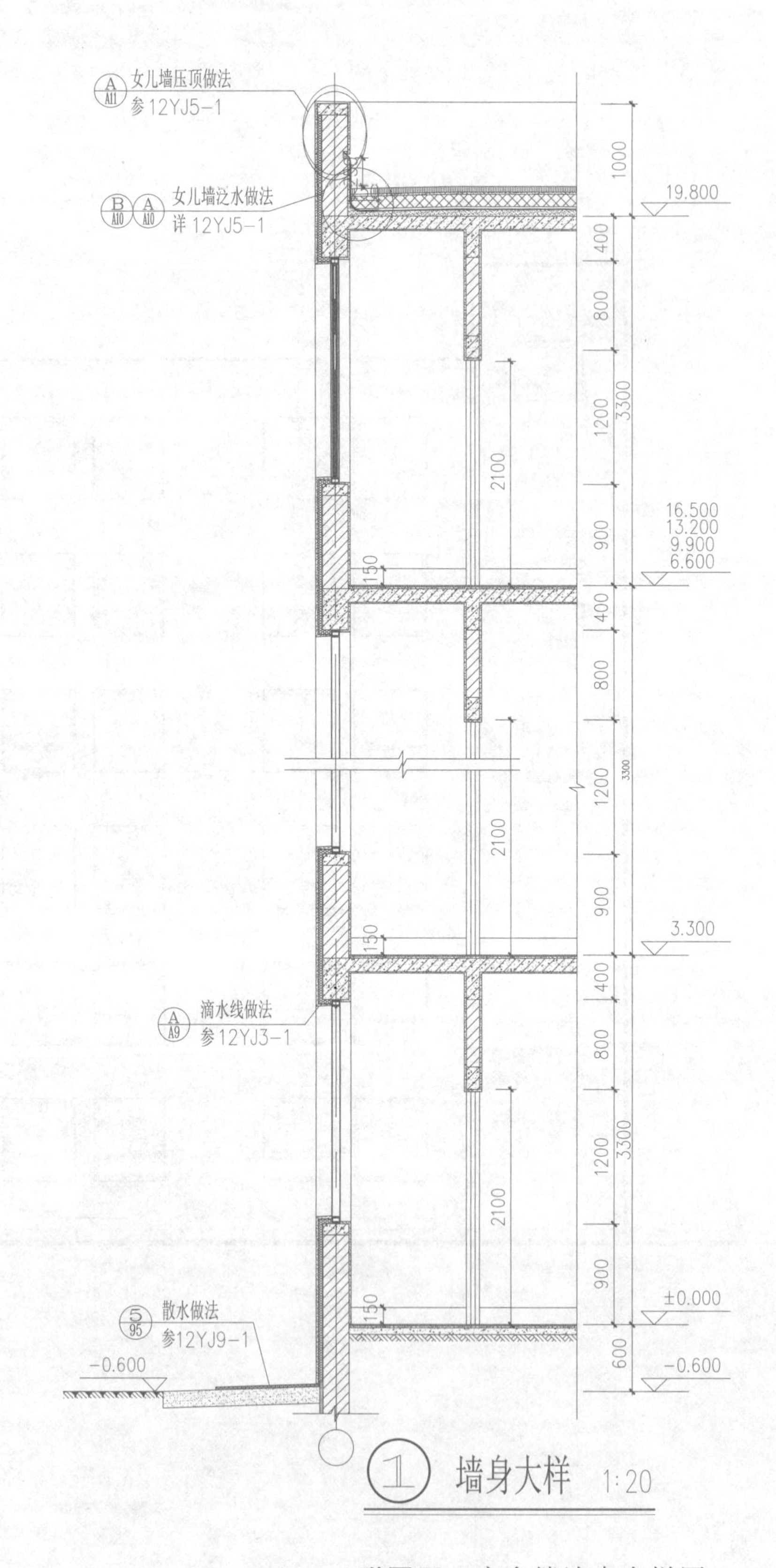


附图四　宿舍楼墙身大样图

单元⑦

# 高层住宅建筑施工图实例识读

知识点

《建筑工程设计文件编制深度规定》，高层住宅建筑的总平面，各层平面、立面、剖面和详图的相关内容。

学习目标

通过该单元的学习，能够熟练地识读建筑施工图，并熟悉制图标准和《建筑工程设计文件编制深度规定》，掌握高层建筑构成特点、图示中常用的各种符号和图例、施工图的表达方法和建筑构造的相关内容。

## 课题 7.1　封面、建筑设计施工说明和总平面

封面安排在一套施工图纸的首页，用文字形式表明建设的项目名称，设计单位名称、设计编号、设计阶段和设计日期，同时将项目责任人列出，以便在今后项目施工中问题的解决和协调。

建筑设计施工说明是用文字介绍工程概况，如平面形式、位置、层数、建筑面积、结构形式以及各部分的构造做法等，如采用标准图集时，应说明所在图集号和页次、编号，以便查阅。

总平面反映建筑的平面形状、位置、朝向和与周围环境的关系，是新建建筑施工定位、放线、土方施工、场地布置及管线设计的重要依据。

### 7.1.1　应知应会部分

注意，下文中加粗文字为《建筑工程设计文件编制深度规定》相关内容。

**【封面识读提示】**

封面标识内容包括。

（1）项目名称；

（2）设计单位名称；

（3）项目设计编号；

（4）设计阶段；

（5）编制单位法定代表人、技术总负责人和项目总负责人的姓名及其签字或授权盖章；

（6）设计日期（即设计文件交付日期）。

在施工图设计阶段，总平面专业设计文件应包括图纸目录、设计说明、设计图纸、计算书。应先列新绘制图纸，后列选用的标准图和重复利用图。

**【图纸目录识读提示】**

图纸目录主要是把整套工程图纸的页数、图别及各页主要内容制表显示，以方便识读图和施工查找。

**【建筑设计施工说明识读提示】**

在识读建筑工程图之前要把建筑设计施工说明通读，了解整个建筑设计的依据、工程概况、施工选用的图集表、建筑高程与平面位置、建筑构造做法、外墙装饰及门窗做法、安全防护及防火设计、节能设计的考虑、场地防排水措施等情况，做到心中有数，正确指导建筑工程图的识读。

一般工程设计说明分别写在有关的图纸上。如重复利用的某工程的施工图图纸及说明时，应详细注明编制单位、工程名称、设计编号和编制日期；列出主要经济指标，说明地形图、初步设计批复文件等设计依据、基础资料。

（1）依据性文件名称和文号，如批文、本专业设计所执行的主要法规和所采用的主要标准（包括标准名称、编号、年号和版本号）及设计合同等。

（2）项目概况。内容一般应包括建筑名称、建设地点、建设单位、建筑面积、建筑基地面积、项目设计规模等级、设计使用年限、建筑层数和建筑高度、建筑防火分类和耐火等级、人防工程类别和防护等级、人防建筑面积、屋面防水等级、地下室防水等级、主体结构类型、抗震设防烈度等，以及能反映建筑规模的主要经济指标，如住宅的套型和套数（包括每套的建筑面积、使用面积）、旅馆的客房间数和床位数、医院的门诊人次和住院部的床位数、车库的停车泊位数等。

（3）设计标高。明确工程的相对标高与总图绝对标高的关系。

（4）用料说明和室内外装修。

① 墙体、墙身防潮层、地下室防水、屋面、外墙面、勒脚、散水、台阶、坡道、油漆、涂料等处的材料和做法，可用文字说明或部分说明，部分直接写在图上引注或加注索引号，其中应包括节能材料的说明。

② 室内装修部分除用文字说明以外亦可用表格形式表达，在表上填写相应的做法或代号；较复杂或较高级的民用建筑应另行委托室内装修设计；凡属于二次装修部分，可不列装修做法表和进行室内施工图设计，但对原建筑设计、结构和设备设计有较大改动时，应征得原设计单位和设计人员的同意。

**【室内装修表识读提示】**

了解建筑工程室内装修所选用的图集编号、装修的部位、具体的做法及应注意的事项。对采用新技术、新材料的做法及对特殊建筑造型和必要的建筑构造进行说明。

**【门窗表识读提示】**

了解门窗的类型、编号和洞口尺寸，门窗的数量及选用的图集（编号），为门窗的制作安装及预算服务。

（1）门窗表及门窗性能（防火、隔声、防护、抗风压、保温、气密性、水密性等）、用料、颜色、玻璃、五金等的设计要求。

（2）幕墙工程（玻璃、金属、石材）及特殊屋面工程（金属、玻璃、膜结构等）的性能及制作要求（节能、防火、安全、隔声构造等）。

（3）电梯（自动扶梯）选择及性能说明（功能、载重量、速度、停泊数、提升高度等）。

（4）建筑防火设计说明。

（5）无障碍设计。

（6）建筑节能设计说明。具体包括：

① 设计依据；

② 项目所在地的气候分区及围护结构的热工性能限值；

③ 建筑的节能概况、围护结构的屋面（包括天窗）、外墙（非透明幕墙）、外窗（透明幕墙）、架空或外挑楼板、分户墙和户间楼板（居住建筑）等构造组成和节能技术措施，明确外窗和透明幕墙的气密性等级；

④ 建筑体型系数计算、窗墙面积比（包括天窗屋面比）计算和围护结构热工性能计算，确定设计值。

（7）根据工程需要采取的安全防范和防盗要求及具体措施，隔声减震减噪、防污染、防射线等的要求和措施。

**【总平面图识读提示】**

（1）保留的地形和地物。

（2）测量坐标网、坐标值。

（3）场地范围的测量坐标（或定位尺寸）、道路红线、建筑控制线、用地红线等的位置。

（4）场地四周原有及规划道路、绿化带等的位置（主要坐标或定位尺寸），以及主要建筑物和构筑物及地下建筑物等的位置、名称、层数。

（5）建筑物、构筑物（人防工程、地下车库、油库、贮水池等隐蔽工程以虚线表示）的名称或编号、层数、定位（坐标或相互关系尺寸）。

（6）广场、停车场、运动场、道路、围墙、无障碍设施、排水沟、挡土墙、护坡等的定位（坐标或相互关系）。如有消防车道和扑救场地，需注明。

（7）指北针或风玫瑰图。

（8）建筑物、构筑物使用编号时，应列出“建筑物和构筑物名称编号表”。

（9）注明尺寸单位、比例、坐标及高程系统（如有场地建筑坐标网时，应注明与测量坐标网的相互关系）、补充图例等。

识图应注意以下内容：

① 看图名比例、图例及相关说明，总平面图尺寸单位是“米”。

② 了解工程性质、用地范围、周围环境、拟建建筑物与原有建筑物之间的关系。

③ 建筑单体情况：单体建筑物显示的点数量或者F前面的数字表示层数；通过标高和定形定位尺寸或坐标明确拟建建筑物的位置；从图上的指北针或风向频率玫瑰图了解建筑的朝向及全年主导风向。

④ 建筑环境：熟悉建筑物周边的道路、停车场地、活动场地和绿化规划情况。

### 7.1.2 实例识读

住房和城乡建设部：建筑甲级

编号：

密级：

版次：01

工程号及名称：××××××住宅小区

子项号及名称：3#楼

专　业　：建　筑

设计阶段　：施工图设计

图册名称　：建筑施工图

图册序号　：

××年×月

## 设计说明（一）

**一、设计依据：**

与甲方签订设计合同

经甲方同意的建筑设计方案

甲方所提设计要求

《建筑设计防火规范》（2018 年版）GB 50016—2014

《住宅建筑规范》GB 50368—2005

《民用建筑设计统一标准》GB 50352—2019

《住宅设计规范》GB 50096—2011

《无障碍设计规范》GB 50763—2012

《河南省居住建筑节能设计标准》（寒冷地区 65%＋）DBJ 41/062—2017

《外墙外保温工程技术规范》JGJ 144—2019

《建筑内部装修设计防火规范》GB 50222—2017

《地下工程防火技术规范》GB 50108—2008

《屋面工程技术规范》GB 50345—2012

《建筑玻璃应用技术规程》JGJ 113—2015

《民用建筑工程室内环境污染控制标准》GB 50325—2020

**二、工程概况：**

1. 项目名称：××住宅小区　3#　楼

2. 建设单位：××××

3. 项目位置：本工程位于×××××××××××

4. 项目规模及概况：总建筑面积 6056.28 平方米，建筑基底面积 609.31 平方米；为 11 层高层住宅楼，按二级耐火等级设计，地下一层为机动车库，地上 1～11 层为住宅。

5. 建筑层数与高度：地下 1 层，地上 11 层，建筑高度为 35.10 米，室内外高差为 0.300 米。

6. 民用建筑工程设计等级：三级。

7. 设计使用年限：50 年。

8. 防火设计的建筑分类为：地上为二类高层住宅，地下为车库。

耐火等级：地上为二级，地下为一级。

9. 防水等级：地下防水等级为Ⅰ级，屋面防水等级为Ⅰ级。

10. 抗震设防烈度：7 度。

11. 建筑结构选型：采用钢筋混凝土剪力墙结构。

**三、注意事项：**

1. 本设计除特殊说明外，尺寸均以毫米为单位，标高均以米为单位。

2. 建筑物相对标高±0.000 对应之绝对标高值，详见总图设计施工图。

**四、墙体工程：**

1. 本工程墙体除特殊注明者外，均为 200mm 厚加气混凝土砌块墙，±0.000 标高以下外墙为钢筋混凝土墙（钢筋混凝土墙具体厚度详见结施），未注明的洞口高度住宅户内的均距地 2100mm。

2. 图中除标明以及结施注明外，墙均在坐轴线中，加气混凝土砌块墙的构造和技术要求详见 12YJ3-3《蒸压气混凝土砌块墙》。外墙防水详见建筑构造统一做法表。

3. 加气混凝土外墙窗台设 100mm 高 C20 钢筋混凝土压顶，200mm 宽以内窗台内配 2Φ8 主筋，200～300mm 宽以内窗台内配 3Φ8 主筋，Φ4@200 分布筋，压顶两侧伸入墙内 300mm。

4. 内墙面加气混凝土砌块或空心砌块面与梁柱交接处挂镀锌钢丝网加强，网宽 300mm 两侧各搭接 150mm，加强锌钢丝网完成后，按构造层次进行混合砂浆抹灰施工，然后满挂耐玻璃纤网，玻纤网与相邻混凝土构件搭接 200mm，最后刮腻子刷涂料。直接抹灰的厨房、卫生间内的预制烟、风道与墙面交界处挂 300mm 宽 $\phi$0.9mm，@12.7mm×12.7mm 热镀锌钢丝网加强带。

5. 外墙面包括栏板和女儿墙两侧满挂镀锌钢丝网，钢丝网复合在找平层中间，并按规范要求用双向@600mm 尼龙锚栓固定。下列复杂部位墙面现浇的混凝土线条、阳台外封边梁及混凝土现浇饰线和不保温独立柱不挂网。

6. 墙面所挂钢丝网为热镀锌电焊钢丝网，规格为 $\phi$0.9mm，@12.7mm×12.7mm。

7. 宽度大于等于 2.4m 的洞口两侧，以及长度超过 2.5m 独立墙体端部，应设置钢筋混凝土构造柱；内、外墙宽度大于 1.5m 且小于 2.4m 的洞口（厨房门洞除外）两侧，应设置混凝土边框；防火门、入户门必须设置混凝土边框；不能采用水泥砂浆砖砌筑。

8. 加气混凝土砌块外墙与其他材质墙体相接处须设置 200mm×200mm 构造柱，配筋详见结施。

9. 与混凝土柱、墙相接，且小于 240mm 的门垛，必须支模现浇钢筋混凝土，连结筋Φ6@300，两顶角 2Φ10 配筋，与混凝土柱或墙采用植筋连接。不同砌体材料相接处，小于 240mm 的门垛，应通过砌体咬合砌筑。

10. 钢筋混凝土梁柱墙留洞见结施和设备图，封堵方法见结施说明。砌筑墙预留洞见设备图，待管道设备安装完毕后，用 C20 细石混凝土封堵密实。变形缝处双墙留洞的设套管，套管与穿墙管之间两侧嵌堵岩棉绳 100mm 深，防火墙上留洞的设套管，套管与穿墙管之间两侧嵌堵岩棉绳 100mm 深，防火墙上留洞的封堵方法为满填矿棉绳面批水泥砂浆。

11. 加气混凝土砌块内墙粉刷前须先将墙面上孔洞或管线剔槽填补平整。然后在孔洞或管线剔槽处、窗口四角 45°及墙的阳角等部位做加强处理，处理方法是在墙面涂刷界面剂后，即在这些部位抹 300mm 宽 5mm 厚混合砂浆，面压入同宽耐碱玻纤网，做完这些加强处理后按设计要求做法完成余下其他构造层次。

12. 内外墙体在室内地坪下约 60mm 处做 20mm 厚 1∶2.5 水泥砂浆内加 5%防水剂的墙身防潮层（在此标高为钢筋混凝土构造时可不做）。在室内地坪变化处应重叠，并在高低差埋土一侧墙身做 20mm 厚 1∶2.5 水泥砂浆防潮层，如埋土侧为室外，还应用 1.5mm 厚聚氨酯防水涂料（或其他防水材料）。

13. 外墙混凝土螺杆洞，室内用 1∶2 干硬性水泥砂浆掺膨胀剂填密实，并在室外一侧刷 1.5mm 厚聚氨酯防水涂料，宽出洞口 100mm（±0.000 以下不允许有螺栓洞）。

14. 凡是没有混凝土上翻层的加气混凝土砌体下，均砌筑 180mm 高烧结煤矸石砖。

15. 凸出墙面的线脚、挑檐上部的加气混凝土墙根部应先做 200mm 高 C20 细石混凝土条带；线脚、挑檐等上部与墙交接处做成小圆角并向外找坡不小于 3%以利于排水，下部做滴水槽。

16. 空调管留洞：留洞预埋 $\phi$80UPVC 套管，向外倾斜 10°，做法详见 12YJ6 第 77 页节点 C、D，位置详见平面图，柜机洞中心距楼地面 50mm，距墙边 50mm，挂机洞中心距楼地面 2600mm，距墙边 250mm（躲开结构钢筋）。

17. 排风扇留洞：燃气灶排风扇留洞预埋 $\phi$180 钢套管，洞中心距地 2150mm，中心距墙面 110～230mm；燃气热水器留洞预埋 $\phi$110 钢套管，留洞距楼地面 2300mm，中心距墙面 100mm（躲开结构钢筋）。

18. 本工程墙体小于 200mm 厚的分户隔墙均做隔声处理，做法详见 12YJ7-1 第 52 页作法 2。

**五、防水工程：**

1. 屋面防水做法根据《屋面工程质量验收规范》（GB 50207—2012）。

2. 屋面防水保温做法详见“建筑构造统一做法表”。

3. 平屋面部分：管道出屋面防水做法参见 12YJ5-1 第 A21 页详图 2（防水层为 1.5mm 厚聚氨酯防水涂料，分两次涂刷），出屋面管道拉索座做法参见 12YJ5-1 第 F3 页详图 1，设施基座做法参见 12YJ5-第 A14 页详图 3、4，屋面水落口做法参见 12YJ5-1 第 E3 页详图 D，屋面分格缝做法参见 12YJ5-1 第 A12 页，露台、屋面出入口做法参见 12YJ5-1 第 A14 页详图 1（$H$＝300mm），防水层遇女儿墙或侧墙时应沿墙面翻起 300mm 高，翻起卷材位于墙面找平层和防水层之间，卷材收口见 (7/03)。翻起卷材采用双面粘型，水平段深入屋面 500mm，与屋面防水卷材搭接。女儿墙压顶找不小于 6%坡，排向屋面。女儿墙内侧抹灰做法与所连外墙相同。现浇混凝土女儿墙直段长度超过 12m 时设结构伸缩缝。卷材防水屋面排汽措施参见 12YJ5-1 第 A16 页。屋面砌体与现浇结构相交处及泛水收口处的找平砂浆内均应加钉 300mm 宽 $\phi$0.9 镀锌钢丝网增强防裂能力。屋面分割缝做法参见 (9/08)。

4. 屋面排水组织见屋顶平面图。主体屋面外排水雨水管选用 $DN$100mm 硬质 UPVC 管材，具体做法参见 12YJ5-1 第 E2 页；内排水雨水管敷设详见水施。小面积雨篷选用 $\phi$50UPVC 雨水管，外伸 80mm，做法参见 12YJ5-1 第 A6 页详图 1。高低屋面雨水管下应设抗冲层，参见 12YJ5-1 第 F4 页详图 2。

5. 所有平屋面、露台排水坡度为 2%，雨篷、有排水要求的阳台及空调搁板排水找坡均为 1%。

6. 在上人屋面或靠近上人屋面，厨房排烟道出屋面的烟囱孔底标高不应低于顶层露台地面完成面 2000mm；卫生间排气口如设在（或靠近）上人屋面，排气口距屋面完成面应不小于 2000mm，如排气口设在非上人屋面，排气口距屋面完成面不应小于 700mm。

7. 出屋面构筑物墙体根部现浇 350mm 高混凝土坎台，烟道出屋面根部浇筑 500mm 高混凝土坎台，屋面与女儿墙相交处须现浇 250mm 高混凝土坎台，坎台与墙同宽，当女儿墙或墙体为混凝土时此条取消。

8. 卫生间，盥洗间及有防水要求的楼板四周墙下除门洞外防水详见构造做法表，C20 混凝土（包括管井）沿楼地面上翻 200mm，上翻混凝土的宽度同砌体宽度，防水材料沿墙上翻 300mm。

9. 地下室墙身防水做法参见 12YJ2-C6 页-2；地下室地板防水做法参见 12YJ2-C6 页-2；防水卷材为 1 道 4mm 厚弹性沥青聚酯胎卷材，SBSⅡ型。地下室防水混凝土抗渗等级为 P6 级。

10. 地下室集水坑（或地漏）周边 1.0m 范围内找坡，坡度为 0.5%，以满足必要时的清扫和排水。地下室设备房地面向集水坑找 0.5%坡。

11. 水池防水做法参见 12YJ1 池防 5；变形缝防水做法参见 12YJ2-A17 页、A18 页；地下室套管式穿墙防水做法参见 12YJ-A22 页、A25 页。

12. 桩基础防水做法参见 12YJ2-A9 页、A10 页。

**六、楼地面及天花工程：**

1. 所有卫生间、厨房地面最高处标高均比同层楼地面标高低 0.02m（残疾人用的比同层楼地面标高低 0.015m，并做斜坡处理）。

2. 卫生间、盥洗间地面向地漏处做 1%坡，地漏位置详见水施。

3. 露台最高处完成面比相邻开门到露台的房间楼地面低 100mm，阳台低 50mm。

4. 卫生间、盥洗间应做防水楼地面，图中未注明整个房间找坡者均在地漏周围 1000mm 范围内做 1%坡度坡向地漏，有水房间的楼地面应低于相邻房间 20mm，除管道井门外不得做挡水门槛。

5. 除沉箱管井及其他部位管道井每层均封板，封板时钢筋与楼板钢筋同时绑扎，待管道安装就位后二次浇捣混凝土封板。管道井门下做 150mm 高混凝土门槛。

6. 普通天花只需将现浇钢筋混凝土板底清理干净平整，满刮腻子，刷内墙涂料，毛坯房暂不施工腻子和涂料这两层，留待业主装修时施工。

7. 有装饰吊顶的，钢筋混凝土天花板及吊顶以上墙面清理干净即可，不做抹灰。

8. 所有住宅卫生间、无用水点房间下厨房的天花，公共建筑厨房、游泳池、浴室等的天花设防潮层；需做装饰吊顶的做完防潮层，再做装饰吊顶。

9. 阳台、雨篷、架空层等室外天花为铲平混凝土板底，满刮腻子，刷防水涂料，防冷桥处理部位按保温天花施工。封闭式阳台使用内墙涂料。

10. 凸窗室内顶板天花分两次抹 20mm 厚混合砂浆遮挡窗口缝。凸窗台用干硬性砂浆铺石材面，具体详见装修设计。

11. 凸窗室外底面和顶面饰面层次及做法同外墙面，保温层厚度见大样图，顶面向外找 5%坡。外墙饰面为块材时，这些板的顶面和底面不铺贴，改为外墙涂料。颜色见立面材料表标注。空调阳台、空调龛内的混凝土挑板面层做法与此相同。

12. 敷设地暖管的填充层为 C15 豆石混凝土，豆石粒径 5～12mm。楼板上下为同一户人家时（跃层、别墅），取消构造层次中保温板。

**七、门窗：**

1. 外墙门窗均立樘墙中，内门的开启方向与内墙粉刷面相一致。

合作单位：

会签栏

| 总图 | | |
|---|---|---|
| 建筑 | | |
| 结构 | | |
| 给排水 | | |
| 暖通 | | |
| 电气 | | |

印签栏

图册主要图纸未加盖出图专用章者无效

| 审定 | | |
|---|---|---|
| 审核 | xxx | |
| 项目负责人 | xxx | |
| | xxx | |
| 专业负责人 | xxx | |
| 校对 | xxx | |
| 设计 | xxx | |
| 制图 | xxx | |
| 建设单位 | | |
| 项目名称 | xx住宅小区 | |
| 子项名称 | 3#楼 | |
| 项目编号 | | |
| 图名 | 设计说明（一）图纸目录 经济技术指标 门窗表 | |

| 专业 | 建筑 | 阶段 | 施工图 |
|---|---|---|---|
| 图号 | 1-1-01 | 总数 | 24张 |
| 版次 | 第01版 | 日期 | |

2. 所有门除特殊要求外，均为木夹板门，表面造型甲方自行选定。除入户门外，户内门由用户自理（二次装修做）。厨房门门底距地留缝 30mm，供空气对流使用（门上带百叶的除外）。

3. 所有外窗除特殊说明外均为 60 系列断热铝合金普通中空玻璃窗 5+6A+5 中空白玻（楼梯间、电梯厅、电梯机房外窗为 50 系列 5mm 厚白玻塑钢窗），空气渗透量 $q$ 小于等于 1.5m$^3$/（m·h），面积大于 1.5m$^2$ 或玻璃底边离最终装修面小于 900mm 的落地窗，采用安全玻璃。所有外门窗的抗风压性能为 3 级，水密性能为 3 级，气密性不低于《建筑幕墙、门窗通用技术条件》GB/T 31433—2015 规定的 6 级水平，保温性能为 7 级，空气隔声性能为 4 级，采光性能为 2 级。

4. 木门五金均按其所选标准图配套选用，塑钢窗五金参照 02J603-1；门锁由甲方自选定。

5. 凡低于 900mm 的窗台和低于 1100mm 的阳台外窗应增设不锈钢防护栏杆，做法参见户内金属楼梯栏杆 12YJ8 第 64 页 3、4。

6. 外墙铝门窗在框表面贴塑料保护膜作为防腐隔离，门窗框与墙洞口之间的缝隙，应采用弹性材料填塞，如现场发泡聚氨酯等。

7. 外门窗铝合金框料壁厚应满足，窗不小于 1.4mm，门不小于 2.0mm。

8. 凡推拉窗、悬窗须做限位器及防外侧拆卸和脱落的构造；平开窗设外平开防脱器。平开门设定门器。防火门设闭门器，双扇防火门设按顺序关闭的闭门器。特别注明为常开防火门者须安装信号控制关闭和反馈装置。

9. 门窗大样分樘在专业单位深化设计时，如需调整应与建筑设计人员协商。

10. 有视线干扰的卫生间窗采用磨砂玻璃，磨砂面位置与设置方法详见窗深化设计图。

11. 凡未注明材质的防火门均为木质防火门，地下车库及地下的设备用房的防火门均为钢质防火门。除户门外，其他木质防火门可依开发商要求用钢质防火门替代。

**八、室内装修：**

1. 内墙、柱所有阳角均做 2000mm 高护角，做法详见 12YJ7 第 61 页 1。

2. 厨厕内的设施均由二次装修设计或用户自理。

3. 二次装修的设计意图与方案均应符合《建筑内部装修设计防火规范》GB 50222—2017、《民用建筑工程室内环境污染控制标准》GB 50325—2020 的规定Ⅰ类。

4. 楼梯栏杆扶手参见 12YJ8 一类建筑第 1 页详图 3（立杆为 $\phi$22mm）、栏杆净距应不大于 110mm，靠墙扶手采用 12YJ8 第 63 页做法 10 及详图 B，电梯机房钢楼梯参见 12YJ8 第 74 页，电梯集水坑钢爬梯参见 12YJ8 第 94 页做法 a。面砖踏步防滑条做法详见 12YJ8 第 68 页节点 10，水泥砂浆踏步加 $\phi$8 护角钢筋，锚固做法参见 12YJ8 第 68 页详图 2。

5. 风井、烟道（成品除外）内侧墙面应随砌（随浇）随抹 20mm 厚 1：2 水泥砂浆，要求内壁平整密实，不透气，以利烟气排放通畅。进人的水电管道井内抹 15mm 厚 1：1：6 水泥石灰砂浆，非进人水电管道井、电梯井和变形缝内侧不抹灰。

6. 排气道选用图集 07J916-1 第 A-1 页 A-CF，排风道外形尺寸 300mm×400mm，结构楼板留洞尺寸为 330mm×430mm，排气道出屋面风帽节点做法参见 07J916-1 第 A-10 页、A-11 页。

7. 不得破坏建筑主体结构承重构件和超过结施图中标明的楼面荷载值。也不得任意更改公用的给排水管道、暖通风管及消防设施。不应减少安全出口及疏散走道的净宽和数量。

**九、外墙粉刷：**

1. 外装修用材及色彩详见立面图，外墙及构件的构造做法详见“建筑构造统一做法表”、建筑立面图及外墙节点详图。

2. 所有外墙水平凸出线角及外窗口上沿均做滴水线。做法详见 12YJ3-1 第 A19 页节点 A，成品滴水线详见 12YJ3-1 第 A17 页节点 1。

3. 明装 $\phi$50UPVC 排冷凝水立管做法参见 12YJ6 第 71 页、第 77 页，$\phi$75UPVC 阳台排水立管做法详见 12YJ6 第 71 页。空调冷凝水在暗散水上方的直接排到下方草坪上，下方是硬质地坪的（包括明散水）的地方就近引入雨水篦子内、暗沟内或雨水井内。

4. 雨水管外墙安装时如遇有挡窗、悬空等现象时应根据实际情况预先做拐弯调整。各排水管应采用与之贴临墙面相近颜色，干挂石材墙面雨水管必须在龙骨空间内暗装。

5. 外墙变形缝做法详见 12YJ14 第 21 页和第 22 页。盖缝板采用 1.5mm 厚铝合金板，并刷与之贴临墙面同色涂料或油漆。

6. 雨水管遇外墙线饰时均穿过线饰直落，并接室外雨水系统。上下层位置对应的雨水立管应连续，不得将雨水立管分层截断。高低跨屋面雨水立管需转排时，出水口下方设成品混凝土水簸箕。

7. 外装修选用的各项材料，均由施工单位提供样板和选样，由建设和设计单位确认后封样，并据此进行验收。

**十、油漆、防腐：**

1. 木门油漆采用 12YJ1-涂 102，颜色均为乳黄色。所选颜色均应在施工前做出样板，经设计单位和甲方同意后方可施工。

2. 所有金属管件均应先作防锈处理，油漆采用 12YJ1-涂 203 刷灰黑色氟碳漆，颜色参照 02J503-1 的 14-5-3。

3. 所有预埋木砖均应进行防腐处理。

4. 楼梯扶手采用 12YJ1-涂 102（深棕色瓷漆），楼梯栏杆采用 12YJ1-涂 203 刷灰黑色氟碳漆，颜色参照 02J503-1 的 14-5-3。

**十一、电梯工程：**

1. 本工程依据甲方要求和提供的参数，电梯型号暂按一般客梯设计，本设计没有留洞和预埋件位置，施工前务必确定具体电梯厂家和型号并与设计单位联系，核对有关尺寸和做法，甲方确定电梯厂家应以本设计参数为依据。

2. 所有与电梯井道紧邻的卧室、起居室（厅）墙面均做隔声、减振处理。做法详见 12YJ7-1 第 52 页作法 2。电梯由厂家做减振处理。

3. 电梯口至门口在铺设面层时，向电梯厅方向设 3% 的下水坡。

4. 电梯层门的耐火极限不应低于 1.00h，并应符合现行国家标准《电梯层门耐火试验　完整性、隔热性和热通量测定法》GB/T 27903—2011 规定的完整性和隔热性要求。

| 电梯选型 | 载重量/kg | 速度/(m/s) | 停站楼层/层 | 井道净尺寸（宽×深）/(mm×mm) | 底坑深度/mm | 顶层层高/mm | 机房层高/mm | 数量/部 | 备注 |
|---|---|---|---|---|---|---|---|---|---|
| DT1 | 1000 | 1.00 | −1F～11F | 2100×2500 | 1550 | 4500 | 2900 | 1 | 担架电梯兼无障碍客梯 |
| DT2 | 800 | 1.00 | −1F～11F | 2200×2150 | 1550 | 4500 | 2900 | 1 | 客梯兼消防电梯 |

**十二、防火设计：**

1. 总平面和平面布置

1）沿建筑长边疏散出口一侧设消防车登高操作场地。

2）建筑与消防车登高操作场地及消防车道上空不得设妨碍登高消防车操作的障碍物，场地及其下面的建筑结构、管道和暗沟等，应能承受重型消防车压力。

2. 防火分区及安全疏散

1）本工程为 11 层高层住宅楼，按二级耐火等级设计，地下一层为机动车库，地上 1～11 层为住宅，防火分区均按规范要求划分。

地下室分为车库防火分区，详见地库防火分区示意图。1 至 11 层住宅每层为一个防火分区，每个防火分区均≤650m$^2$ 且设一个安全出口，且任意户门至安全出口距离≤15m。住宅部分每层有一部防烟楼梯和一部无障碍客梯及一部消防电梯，楼梯间通至屋面。其余各专业防火措施均反映在各专业施工图中。

2）地下室楼梯间与地上层共用时，在首层设置有耐火极限>2.0h 的实墙做分隔，设有乙级防火门隔开，并设置明显标志。

3. 防火门

1）前室的门和楼梯间门均设置乙级防火门。

2）所有设备、电气管井的检修门均为丙级防火门。

3）防火分区之间防火墙上的洞口通道均设置甲级防火门或符合 GB 50016—2014 第 6.5.3 条规定的防火卷帘。

4）所有设备机房门设置甲级防火门。防火卷帘上部与楼板之间采用耐火极限不小于 3.0h 的不燃烧材料封闭。

5）除管井检修防火门，其余防火门应为向疏散方向开启的平开门，并在关闭后应能从任何一侧手动开启。

4. 防火墙、隔墙、楼板和管道井

1）紧靠防火墙两侧的门窗、洞口之间最近边缘的水平距离不小于 2m，设在内转角处的门窗、洞口之间最近边缘的水平距离不小于 4m，当相邻一侧墙上装有固定乙级防火窗时距离不限。用于疏散的走道、楼梯间和电梯厅的防火门设闭门器，应具有自行关闭的功能。双扇和多扇防火门，还应具有按顺序关闭的功能。

2）凡穿过防火墙及楼板的各类管道，在管道四周孔隙处用岩棉和细石混凝土紧密填实。

3）非承重隔墙砌至梁板底部，且不得留有缝隙。

4）各类设备、电气机房采用耐火极限不低于 2.00h 的隔墙、1.5h 的楼板与其他部位隔开。

5）所有管井预留管洞处（送风、排烟及煤气井除外），在管线安装完毕后，在每层楼板处现浇钢筋混凝土作上下层防火分隔，该处楼板应预留联结钢筋，其厚度和配筋与相邻楼板相同，电缆井、管道井与层间吊顶相连通的孔洞空隙，应用硅酸铝纤维等不燃材料填塞实。

**十三、无障碍设计：**

1. 本工程无障碍套房设计在后期高层楼里，无障碍住房按每 100 套住房不少于 2 套比例设置。

2. 供残疾人使用的门均为小力度地弹门扇，应安装视线观察玻璃、横执把手和关门拉手，在门扇的下方安装高 0.35m 的护门板。遇残疾人通过有高差处均做抹坡处理，高度不大于 15mm。

3. 入口设有无障碍坡道，电梯为无障碍电梯。无障碍做法参见 12J926。

**十四、环保及室内环境污染控制设计：**

1. 总体规划采取了有利于环保和控污的措施。

2. 各种污染物（如废气、废水、垃圾、噪声、油污、各类建筑材料所含放射性和非放射性污染物等）均采取了有效措施控制和防治并达标。

3. 尽量采用可回收再利用的建筑材料，不使用焦油类、石棉类产品和材料。

4. 建筑设计充分利用地形地貌，尽量不破坏原有的生态环境。

5. 本工程所有材料均应符合《民用建筑工程室内环境污染控制标准》GB 50325—2020 的规定。

**十五、人防工程：**

人防工程设计在本期地下车库内。

| 合作单位： | |
|---|---|
| 会签栏 | |
| 总　图 | |
| 建　筑 | |
| 结　构 | |
| 给排水 | |
| 暖　通 | |
| 电　气 | |
| 印签栏 | |
| 图册主要图纸未加盖出图专用章者无效 | |
| 审　定 | |
| 审　核 | xxx |
| 项目负责人 | xxx |
| | xxx |
| 专业负责人 | xxx |
| 校　对 | xxx |
| 设　计 | xxx |
| 制　图 | xxx |
| 建设单位 | |
| 项目名称 | xx住宅小区 |
| 子项名称 | 3#楼 |
| 项目编号 | |
| 图　名 | 设计说明（一）图纸目录 经济技术指标 门窗表 |

| 专业 | 建筑 | 阶段 | 施工图 |
|---|---|---|---|
| 图号 | 1-1-01 | 总数 | 24张 |
| 版次 | 第01版 | 日期 | |

十六、其他：

1. 本工程所用材料、成品、半成品均需按照有关规定认定，合格后方可使用。
2. 施工时必须与结构、水、电、暖专业配合。凡预留洞穿墙、板、梁等须对照结构，设备安装要求无误后方可施工。
3. 本工程中所采用的外墙装饰材料的色彩须经建设单位及设计单位共同认可后方可施工使用。
4. 所有楼梯栏杆垂直杆件之间净距小于 110mm。楼梯扶手高度 0.90m，当水平段栏杆长度大于 0.5m 时，其扶手高度均为 1100mm。
5. 地下室、储藏室、商铺内严禁布置存放和使用火灾危险性为甲、乙、丙类物品，并不应产生噪声、振动和污染环境卫生。
6. 水平栏杆（板）扶手顶部允许水平荷载标准值按一类，荷载为 1kN/m。
7. 玻璃阳台栏板玻璃本身不承受水平荷载值，玻璃阳台栏板水平荷载值大于等于 1.5kN/m，内侧安装防撞击 PC 耐力板。
8. 玻璃门扇上距地面 1.5～1.7m 处做彩色条，起到安全警示作用。
9. 所有幕墙和钢结构预埋件由具有专业资质的设计公司进行二次设计。
10. 各种设备管线施工时，应严格控制设备管线交叉点竖向距离，保证设计规定的空间净高尺寸。
11. 土建施工中应注意将建筑、结构、水、暖、电等各专业施工图纸相互对照，确认墙体及楼板各种预留孔洞尺寸及位置无误时方可进行施工，若有疑问应提前与设计院沟通解决。
12. 图纸未通过施工图审查，不得施工。
13. 图中未尽事宜，施工时须遵照国家现行的施工及验收规范进行。

## 经济技术指标

| A 户型 | A1 户型 | A2 户型 | A3 户型 | A4 户型 | A5 户型 | A6 户型 | A7 户型 |
|---|---|---|---|---|---|---|---|
| 套内使用面积/$m^2$ | 195.63 | 195.63 | 195.63 | 182.72 | 195.32 | 182.41 | 202.35 |
| 套型建筑面积(含半阳台)/$m^2$ | 271.20 | 271.81 | 271.03 | 254.07 | 271.12 | 253.19 | 279.69 |
| 套型阳台面积(按半面积)/$m^2$ | 19.68 | 20.29 | 19.51 | 19.15 | 20.00 | 18.66 | 19.53 |
| 总套内使用面积/$m^2$ | 4290.96 | | | | | | |
| 住宅楼建筑面积(不含阳台)/$m^2$ | 5516.48 | | | | | | |
| 使用面积系数 | 77.78% | | | | | | |
| 各户型套数 | 8 | 8 | 1 | 1 | 1 | 1 | 2 |

注：1. 计算方法按《住宅设计规范》GB 50096—2011 第 4.1 条执行。

2. 本项目住宅阳台按半面积计算。

## 图纸目录

| 序号 | 图号 | 图纸名称 | 图幅 | 备注 |
|---|---|---|---|---|
| 1 | 1-1-01 | 设计说明(一)　图纸目录　经济技术指标　门窗表 | A1+1/4 | |
| 2 | 1-1-02 | 设计说明(二)　建筑构造统一做法表　室内装修做法表 | A1+1/4 | |
| 3 | 1-1-03 | 总平面定位示意图　标准大样图 | A1+1/4 | |
| 4 | 1-1-04 | 地下一层平面图 | A2 | |
| 5 | 1-1-05 | 一层平面图 | A2 | |
| 6 | 1-1-06 | 二层平面图 | A2 | |
| 7 | 1-1-07 | 三层平面图 | A2 | |
| 8 | 1-1-08 | 四、六、八、十层平面图 | A2 | |
| 9 | 1-1-09 | 五、七、九层平面图 | A2 | |
| 10 | 1-1-10 | 十一层平面图 | A2 | |
| 11 | 1-1-11 | 机房层平面图 | A2 | |
| 12 | 1-1-12 | 屋顶平面图 | A2 | |
| 13 | 1-1-13 | (3-1)～(3-17)轴立面图　铝合金格栅大样 | A1+1/4 | |
| 14 | 1-1-14 | (3-1)～(3-17)轴立面图　1—1 剖面图 | A1+1/4 | |
| 15 | 1-1-15 | (3-A)～(3-L)轴立面图　(3-L)～(3-A)轴立面图　外墙材料表　空调栏杆大样 | A1+1/4 | |
| 16 | 1-1-16 | 户型大样图 | A1+1/4 | |
| 17 | 1-1-17 | 1♯楼梯大样图　集水坑详图 | A1+1/4 | |
| 18 | 1-1-18 | 墙身大样图 | A1+1/4 | |
| 19 | 1-1-19 | 墙身大样图 | A1+1/4 | |
| 20 | 1-1-20 | 墙身大样图 | A1+1/4 | |
| 21 | 1-1-21 | 墙身大样图 | A1+1/4 | |
| 22 | 1-1-22 | 墙身大样图　门厅柱大样图 | A1+1/4 | |
| 23 | 1-1-23 | 屋顶柱头大样图　阳台装饰柱详图 | A1+1/4 | |
| 24 | 1-1-24 | 门窗大样图　3♯楼梯大样图　4♯楼梯剖面图　阳台及护窗栏杆详图 | A1+1/4 | |

## 门窗表

| 类型 | 设计编号 | 洞口尺寸/(mm×mm) | 数量 | | | | | | 图集选用 | 备注 |
|---|---|---|---|---|---|---|---|---|---|---|
| | | | 1 | 2 | 3-10 | 11 | 机房层 | 合计 | | |
| 普通门 | DYM1527 | 1500×2700 | 1 | | | | | 1 | | 不锈钢框 12mm 厚钢化玻璃固定窗及对讲门甲方自理 |
| 普通门 | FDM1021 | 1000×2100 | | | | | 2 | 2 | | 成品钢质门(从内外部可手动打开) |
| 普通门 | M0823 | 800×2300 | 4 | 3 | 4×8=32 | 4 | | 43 | | 二次装修另选 |
| 普通门 | M0923 | 900×2300 | 11 | 10 | 12×8=96 | 12 | | 129 | 参 12YJ4-1 第 78 页 PM-0922 | 二次装修另选 |
| 普通门 | MLC1424 | 1400×2400 | 1 | 1 | | | | 2 | 详建施 24 | 断热铝合金普通中空玻璃窗 5+6A+5(60 系列) |
| 普通门 | TLM1623 | 1600×2300 | 1 | 1 | 2×8=16 | 2 | | 20 | 详建施 24 | 铝合金 5mm 厚单层玻璃 |
| 普通门 | TLM1823 | 1800×2300 | 1 | 1 | | | | 2 | 详建施 24 | 断热铝合金普通中空玻璃窗 5+6A+5(60 系列) |
| 普通门 | TLM2424 | 2400×2400 | 2 | 2 | 2×8=16 | 2 | | 22 | 详建施 24 | 断热铝合金普通中空玻璃窗 5+6A+5(60 系列) |
| 普通门 | TLM4524 | 4500×2400 | 2 | 2 | 2×8=16 | 2 | | 22 | 详建施 24 | 断热铝合金普通中空玻璃窗 5+6A+5(60 系列) |
| 甲级防火门 | FM 甲 1021 | 1000×2100 | | | | | 2 | 2 | 参 12YJ4-2 第 3 页 MFM01-1021 | 甲级防火门 |
| 乙级防火门 | FM 乙 1223 | 1200×2300 | 1 | | | | | 1 | 参 12YJ4-2 第 3 页 MFM01-1224 | 乙级防火门 |
| 乙级防火门 | FM 乙 1023 | 1000×2300 | 1 | 2 | 2×8=16 | 2 | 2 | 23 | 参 12YJ4-2 第 3 页 MFM01-1024 | 乙级防火门 |
| 乙级防火门 | FM 乙 1323 | 1300×2300 | 2 | 2 | 2×8=16 | 2 | | 22 | 参 12YJ4-2 第 3 页 MFM01-1224 | 乙级防火门 |
| 丙级防火门 | FM 丙 0818 | 800×1800 | 2 | 2 | 2×8=16 | 2 | | 22 | 参 12YJ4-2 第 3 页 MFM01-1224 | 丙级防火门 |
| 普通窗 | C0615 | 600×1500 | 2 | 1 | 2×8=16 | 2 | | 21 | 详建施 24 | 断热铝合金普通中空玻璃窗 5+6A+5(60 系列) |
| 普通窗 | C0915 | 900×1500 | | 1 | 1×8=8 | 1 | 3 | 13 | 详建施 24 | 塑钢框 5mm 厚白玻璃窗 |
| 普通窗 | C1420 | 1400×1950 | 2 | 2 | 2×8=16 | 2 | | 22 | 详建施 24 | 断热铝合金普通中空玻璃窗 5+6A+5(60 系列) |
| 普通窗 | C1514 | 1500×1400 | 1 | 1 | | | | 2 | 详建施 24 | 断热铝合金普通中空玻璃窗 5+6A+5(60 系列) |
| 普通窗 | C1515 | 1500×1500 | 2 | 2 | 2×8=16 | 2 | | 22 | 详建施 24 | 断热铝合金普通中空玻璃窗 5+6A+5(60 系列) |
| 普通窗 | C1714 | 1700×1400 | 1 | 1 | 2×8=16 | 2 | | 20 | 详建施 24 | 断热铝合金普通中空玻璃窗 5+6A+5(60 系列) |
| 普通窗 | C2209 | 2200×950 | 1 | | | | | 1 | 详建施 24 | 断热铝合金普通中空玻璃窗 5+6A+5(60 系列) |
| 普通窗 | C2415 | 2400×1500 | 2 | 2 | 2×8=16 | 2 | | 22 | 详建施 24 | 断热铝合金普通中空玻璃窗 5+6A+5(60 系列) |
| 普通窗 | C2620 | 2600×1950 | 2 | 2 | 2×8=16 | 2 | | 22 | 详建施 24 | 断热铝合金普通中空玻璃窗 5+6A+5(60 系列) |
| 普通窗 | C3020 | 3000×1950 | 1 | 1 | 2×8=16 | 2 | | 20 | 详建施 24 | 断热铝合金普通中空玻璃窗 5+6A+5(60 系列) |
| 普通窗 | C3120 | 3100×1950 | 2 | 2 | 2×8=16 | 2 | | 22 | 详建施 24 | 断热铝合金普通中空玻璃窗 5+6A+5(60 系列) |
| 普通窗 | C5419 | 5400×1900 | | | | | 2 | 2 | 详建施 24 | 铝合金窗，10.76mm 钢化夹胶玻璃 |
| 普通窗 | C2438 | 2400×3800 | | | | | 1 | 1 | 详建施 24 | 铝合金窗(无开启扇)，10.76mm 钢化夹胶玻璃 |
| 普通窗 | C2438a | 2400×3800 | | | | | 1 | 1 | 详建施 24 | 铝合金窗(有开启扇)，10.76mm 钢化夹胶玻璃 |
| 普通窗 | MLC4542 | 4550×4200 | 1 | | | | | 1 | 详建施 24 | 不锈钢框 12mm 厚钢化玻璃固定窗及对讲门甲方自理 |
| 普通窗 | BY0615 | 600×1500 | | | | | 2 | 2 | 详建施 24 | 百叶窗 |

注：所有外墙上门、窗的耐火完整性不应低于 0.5h。

合作单位：

会签栏

| 总　图 | |
|---|---|
| 建　筑 | |
| 结　构 | |
| 给排水 | |
| 暖　通 | |
| 电　气 | |

印签栏

图册主要图纸未加盖出图专用章者无效

| 审　定 | |
|---|---|
| 审　核 | xxx |
| 项目负责人 | xxx<br>xxx |
| 专业负责人 | xxx |
| 校　对 | xxx |
| 设　计 | xxx |
| 制　图 | xxx |
| 建设单位 | |
| 项目名称 | xx住宅小区 |
| 子项名称 | 3#楼 |
| 项目编号 | |
| 图　名 | 设计说明（一）图纸目录 经济技术指标 门窗表 |

| 专　业 | 建　筑 | 阶　段 | 施工图 |
|---|---|---|---|
| 图　号 | 1-1-01 | 总　数 | 24张 |
| 版　次 | 第01版 | 日　期 | |

# 设计说明（二）

**十七、建筑节能设计专篇**

**一、设计依据**

《河南省居住建筑节能设计标准》（寒冷地区 65%＋）（DBJ 41/062—2017）

《民用建筑热工设计规范》（GB 50176—2016）

《建筑外门窗气密、水密、抗风压性能分级及检测方法》（GB/T 7106—2008）

《建筑幕墙》（GB/T 21086—2007）

**二、本工程位于郑州市，所在地气候分区为寒冷地区**

**三、本工程外墙外保温选用**

1. 12YJ3-1D 型（外贴保温板外墙外保温系统）——用于涂料；12YJ6 第 84 页（外贴聚苯板外墙外保温构造）——用于干挂花岗岩；水平防火隔离带部分为 12YJ3-1J 型 J5 页详图 2；设计建筑物体形系数为 0.30（限值为≤0.40）。

2. 冬季室内计算温度为 18℃，冬季室外计算温度为－5℃，室内空气露点温度为 10.12℃，屋顶部位内表面温度为 17.08℃，热桥部位内表面温度为 15.13℃，均大于室内空气露点温度 10.12℃，故各部位内表面不会结露。

3. 围护结构各部位选用的保温材料的名称、厚度、导热系数及修正系数、密度、抗压强度、燃烧性能等详见下表。

4. 建筑节能设计结论：

该建筑物的架空或外挑楼板类型的传热系数、非采暖地下室顶板的传热系数、北向密墙面积比、东向外窗、南向外窗、西向外窗、北向外窗不满足《河南省居住建筑节能设计标准》（寒冷地区 65%＋）（DBJ 41/062—2017）的标准要求。故需权衡计算。经计算设计建筑的全年能耗为 9.41，小于参照建筑的全年能耗 10.70，故节能设计满足节能要求。

5. 屋顶与外墙交界处、屋顶开口部位四周的保温层，应采用宽度不小于 500mm 的岩棉板（耐火等级 A 级）设置水平防火隔离带；外墙保温每层应沿楼板位置设置宽度不小于 300mm 的 A 级保温材料玻化微珠板水平防火隔离带；屋顶防水层或可燃保温层应采用不燃材料进行覆盖。

6. 建筑外墙外保温系统与基层墙体、装饰层之间的空腔，应在每层楼板处采用防火封堵材料封堵。

7. 建筑的外墙外保温系统应采用不燃材料在其表面设置防护层，防护层应将保温材料完全包覆。防护层厚度首层不应小于 15mm，其他层不应小于 5mm。

8. 建筑的屋面外保温系统采用 B1、B2 级保温材料的外保温系统应采用不燃材料作防护层，防护层的厚度不应小于 10mm。

9. 电气线路不应穿越或敷设在燃烧性能为 B1 或 B2 级的保温材料中；确需穿越或敷设时，应采取穿金属管并在金属管周围采用不燃隔热材料进行防火隔离等防火保护措施。

10. 本设计未详之处，均按国家现行有关规范及标准执行。

**河南省寒冷地区居住建筑建筑专业节能设计表**（>9 层的建筑）

| 建筑层数(地上/地下) | 11/1 | 所处气候区 | 寒冷(B)区 | 冬季室内计算温度/℃ | 18 | 室内空气露点温度/℃ | 10.12 |
|---|---|---|---|---|---|---|---|
| 外墙墙体材料及选用的外墙保温体系 | 200 厚加气混凝土砌块(B05 级)挤塑聚苯板 | | | 冬季室外计算温度/℃ | －5 | 最不利热桥部位内表面温度/℃ | 15.13 |

| 体形系数 | | | 窗墙面积比 | | | | |
|---|---|---|---|---|---|---|---|
| 限值 | 0.30 | | 限值 | 东：0.35 | 南：0.50 | 西：0.35 | 北：0.30 |
| 设计值 | 0.29 | | 设计值 | 0.17 | 0.50 | 0.17 | 0.40 |

| 围护结构部位 | 限值(标准指标) | | 设计值 | 保温层名称、厚度、材料燃烧性能等级 | 保温材料导热系数及修正系数 | |
|---|---|---|---|---|---|---|
| 屋面 | 传热系数 K/[W/(m²·K)] | 0.45 | K＝0.37 | 80.0mm 厚挤塑聚苯板；B1 级 | 0.030 | 1.10 |
| 外墙/凸窗不透明的顶板、底板、侧板 | | 0.70/0.70 | 外墙：0.43；凸窗不透明的 顶：—，底：—，侧：— | 80.0mm 厚挤塑聚苯板；B1 级 | 0.030 | 1.10 |
| 架空或外挑楼板 | | 0.60 | K＝1.15 | 30.0mm 厚半硬质玻璃棉板 | 0.045 | 1.20 |
| 非采暖地下室顶板 | | 0.65 | K＝0.78 | 30.0mm 厚半硬质玻璃棉板；A 级 | 0.030 | 1.10 |
| 分隔采暖与非采暖空间的隔墙 | | 1.5 | K＝0.69 | 30.0mm 厚无机保温砂浆Ⅰ型；A 级 | 0.070 | 1.25 |
| 分隔采暖与非采暖空间的户门 | | 2.0 | K＝1.7 | 节能门 1 | — | |
| 阳台门下部门芯板 | | 1.7 | — | — | — | |
| 周边地面 | 保温材料层热阻 R/[(m²·K)/W] | — | | | | |
| 地下室外墙(与土壤接触的外墙) | | — | | | | |

| 外窗(含敞开式阳台的阳台门上部透明部分) | 朝向 | 窗墙面积比(简称 CW) | 传热系数/[W/(m²·K)] 普通 | 凸窗 | 遮阳系数(东、西向/南、北向) 寒冷(A) | 寒冷(B) | 传热系数/[W/(m²·K)] 普通 | 凸窗 | 遮阳系数 | 窗框材料及窗玻璃品种、规格，中空玻璃露点 |
|---|---|---|---|---|---|---|---|---|---|---|
| | 东 | CW≤0.20 | 3.1 | 2.63 | —/— | —/— | 3.50 | — | 0.71 | 断热铝合金普通中空玻璃窗 5＋6A＋5，中空玻璃露点≤－40。 |
| | 南 | 0.4<CW≤0.5 | 2.3 | 1.95 | —/— | 0.35/— | 3.50 | — | 0.71 | |
| | 西 | CW≤0.20 | 3.1 | 2.63 | —/— | —/— | 3.50 | — | 0.71 | |
| | 北 | 0.3<CW≤0.4 | 2.5 | 2.12 | —/— | 0.45/— | 3.50 | — | 0.71 | |
| 外窗及敞开式阳台门 | | 气密性等级(2008 标准) | ≥6 级 | | | | 6 | | | |

| 封闭式阳台 | 当阳台和房间之间设置隔墙和门、窗，且所设隔墙、门、窗的传热系数大于本标准第 4.2.2 条表中所列限值时 | 传热系数 | 部位 | 阳台与室外空气接触的墙板 | 顶板 | 地板 | 阳台窗 | 阳台和直接连通房间隔墙的窗墙面积比 | 部位 | 东 | 南 | 西 | 北 |
|---|---|---|---|---|---|---|---|---|---|---|---|---|---|
| | | | 限值 | 0.84 | 0.84 | 0.84 | 3.1 | | 限值 | 东：0.35 | 南：0.50 | 西：0.35 | 北：0.30 |
| | | | 设计值 | — | — | — | — | | 设计值 | — | — | — | — |

是否符合标准规定性指标要求　　是 □　　否 ■

**围护结构热工性能的权衡判断**

| 建筑物耗热量指标限值/(W/m²) | 10.70 | 窗墙面积比 | 限值(权衡判断时也须满足) | 东：0.45 | 南：0.60 | 西：0.45 | 北：0.40 |
|---|---|---|---|---|---|---|---|
| 设计建筑的建筑物耗热量指标/(W/m²) | 9.41 | | 设计值 | 0.17 | 0.50 | 0.17 | 0.40 |

**室内装修做法表**（选自建通施“建筑构造统一做法表”）

| 部位 | | 地面 做法名称 | 地面 做法 | 楼面 做法名称 | 楼面 做法 | 踢脚 做法名称 | 踢脚 做法 | 内墙面 做法名称 | 内墙面 做法 | 顶棚 做法名称 | 顶棚 做法 | 备注 |
|---|---|---|---|---|---|---|---|---|---|---|---|---|
| 公共部位 | 大堂 | | | 陶瓷地砖楼面 | 楼 3 | | | 防潮面砖内墙面 | 内墙 2 | 普通天花 | 顶 2 | 除公共部分，户内面层由用户自理或二次装修；踢脚一律做成暗踢脚；非封闭阳台外墙材料和相邻外墙材料一致 |
| | 前室及合用前室住宅公共走道 1 层 | | | 防滑地砖楼地面 | 楼 8 | | | 防潮面砖内墙面 | 内墙 2 | 普通天花 | 顶 2 | |
| | 前室及合用前室住宅公共走道 其余各层 | | | 防滑地砖楼地面 | 楼 8 | 面砖踢脚 | 踢 1 | 混合砂浆墙面 | 内墙 3 | 普通天花 | 顶 2 | |
| | 设备管井 | | | 水泥砂浆楼面 | 楼 1 | | | 防水砂浆墙面 | 内墙 2 | 防潮天花 | 顶 1 | |
| | 设备房 | | | 细石混凝土楼面 | 楼 1 | 水泥砂浆踢脚 | 踢 2 | 防水砂浆墙面 | 内墙 4 | 防潮天花 | 顶 1 | |
| | 电梯机房 | | | 陶瓷地砖楼面 | 楼 4 | 水泥砂浆踢脚 | 踢 2 | 混合砂浆墙面 | 内墙 3 | 普通天花 | 顶 2 | |
| | 楼梯间 1 层及 1 层以上 | | | 水泥砂浆楼面 | 楼 7 | 面砖踢脚 | 踢 1 | 混合砂浆墙面 | 内墙 3 | 普通天花 | 顶 2 | |
| | 楼梯间 －1F | | | 水泥砂浆楼面 | 楼 1 | 水泥砂浆踢脚 | 踢 2 | 混合砂浆墙面 | 内墙 3 | | | |
| 住宅部位 | 卫生间、盥洗间 | | | 陶瓷地砖防水楼面 | 楼 2 | | | 防潮面砖内墙面 | 内墙 1 | 防潮天花 | 顶 1 | |
| | 厨房 | | | 陶瓷地砖楼面 | 楼 4 | 水泥砂浆踢脚 | 踢 2 | 防潮面砖内墙面 | 内墙 1 | 防潮天花 | 顶 1 | |
| | 其余房间 | | | 地暖地砖(石材)楼地面 地暖木地板楼地面 | 楼 4 | 水泥砂浆踢脚 | 踢 2 | 混合砂浆墙面 | 内墙 3 | 普通天花 | 顶 2 | |
| | 阳台 | | | 防水地砖楼地面 | 楼 9 | | | | | 防潮天花 | 顶 1 | |

合作单位：

会签栏

总 图

建 筑

结 构

给排水

暖 通

电 气

印签栏

图册主要图纸未加盖出图专用章者无效

| 审 定 | |
|---|---|
| 审 核 | xxx |
| 项目负责人 | xxx |
| | xxx |
| 专业负责人 | xxx |
| 校 对 | xxx |
| 设 计 | xxx |
| 制 图 | xxx |

| 建设单位 | |
|---|---|
| 项目名称 | xx住宅小区 |
| 子项名称 | 3#楼 |
| 项目编号 | |
| 图 名 | 设计说明（二）建筑构造统一做法表 室内装修做法表 |

| 专 业 | 建 筑 | 阶 段 | 施工图 |
|---|---|---|---|
| 图 号 | 1-1-02 | 总 数 | 24张 |
| 版 次 | 第01版 | 日 期 | |

# 建筑构造统一做法表

| 项目 | | 做法名称<br>选用图集号 | 构造做法 | 适用部位 | 备注 |
|---|---|---|---|---|---|
| 坡道 | | 混凝土坡道 | •20厚1：2.5水泥砂浆抹面(做成搓步面)<br>•150厚C15混凝土现浇<br>•素土夯实 | 室外无障碍坡道 | |
| 门口平台 | | 管材平台 | •由装修铺贴面材，完成面低室内15mm<br>•结构做钢筋混凝土平台，平台比室内完成面低100mm | | |
| 散水 | | 水泥砂浆散水 | •20厚1：3水泥砂浆抹面<br>•60厚C15混凝土<br>•素土夯实，向外坡5% | | 宽600mm土建先不施工，留由园林设计结合室外绿化确定如何设置。湿陷性黄土地区则按11J930-A-散4执行，散水宽1000，自重湿陷性黄土1500 |
| 楼地面 | 楼1 | 水泥砂浆楼地面 | •20厚1：2水泥砂浆抹面压光<br>•1.5厚聚合物水泥防水涂料，四周沿墙上翻高出楼层500<br>•门洞处向外延伸300宽(仅用于配电间，屋顶水箱间等)<br>•素水泥浆结合层一遍<br>•钢筋混凝土板 | 设备管井、1F层楼梯间 | |
| 楼地面 | 楼2 | 采暖防水地砖楼地面 | •5厚1：1水泥砂浆加801胶贴防水地砖，白水泥填缝<br>•5厚1：2.5聚合物防水砂浆翻起与墙面防水层一同抹<br>•最薄处20厚1：2.5水泥砂浆找坡层<br>•50厚C20豆石混凝土上下配Φ3@50钢丝网片，内设散热管<br>•0.5厚真空镀铝聚酯膜<br>•50厚400×450 C20混凝土预制板Φ6@200双向底筋<br>•20厚1：2.5水泥砂浆保护层<br>•1.5聚合物水泥防水涂料600高(翻起面撒绿豆砂)<br>•20厚1：2.5水泥砂浆找平层<br>•钢筋混凝土板 | 卫生间、盥洗间，300×300防滑地砖 | |
| 楼地面 | 楼3 | 花岗岩楼地面 | •10厚600×600花岗岩铺平拍实，水泥浆擦缝<br>•20厚1：4干硬性水泥砂浆<br>•40厚C15细石混凝土垫层原浆找平收面<br>•上下配Φ3@50双向钢丝网片，中间敷设散热管<br>•20厚1：3水泥砂浆找平<br>•素水泥浆结合层一遍<br>•钢筋混凝土板<br><br>•10厚600×600花岗岩铺平拍实，水泥浆擦缝<br>•20厚1：4干硬性水泥砂浆<br>•40厚C15细石混凝土垫层原浆找平收面<br>•上下配Φ3@50双向钢丝网片，中间敷设散热管<br>•20厚1：3水泥砂浆找平<br>•素水泥浆结合层一遍<br>•80厚C20混凝土地板<br>•100厚碎石灌M5水泥砂浆<br>•素土夯实 | 大堂 | |
| 楼地面 | 楼4 | 地暖地砖(石材)楼地面 | •30厚面层用户自理(20厚1：3干硬性水泥砂浆+10厚面砖)<br>•50厚C15豆石混凝土上下配Φ3@50钢丝网片，内设散热管<br>•0.2厚真空镀铝聚酯膜<br>•20厚挤塑聚苯保温板<br>•1.5厚合成高分子防水涂料防潮层(此层仅厨房有)<br>•管烟道周边300范围内附加1.5厚聚氨酯防水涂膜一道(此层仅厨房有)<br>•附加耐碱玻纤无纺网格布一层(此层仅厨房有)<br>•素水泥浆一道<br>•钢筋混凝土板 | 客厅、厨房 | |

| 项目 | | 做法名称<br>选用图集号 | 构造做法 | 适用部位 | 备注 |
|---|---|---|---|---|---|
| 楼地面 | 楼5 | 地暖木地板楼地面 | •30厚面层用户自理(15厚1：3干硬性水泥砂浆+15厚木地板构造)<br>•50厚C15豆石混凝土上下配Φ3@50钢丝网片，内设散热管<br>•0.2厚真空镀铝聚酯膜<br>•20厚挤塑聚苯保温板<br>•素水泥浆一道<br>•钢筋混凝土板 | 书房、卧室 | |
| 楼地面 | 楼6 | 水泥砂浆楼地面 | •20厚1：2水泥砂浆抹面压光<br>•素水泥浆结合层一遍<br>•钢筋混凝土板 | 1层及1层以上楼梯间 | |
| 楼地面 | 楼7 | 防滑地砖楼地面 | •10厚地砖铺平拍实，水泥浆擦挤<br>•20厚1：3干硬性水泥砂浆<br>•50厚C15豆石混凝土上下配Φ3@50钢丝网片，内设散热管<br>•20厚C15细石混凝土垫层找平<br>•素水泥浆一道<br>•钢筋混凝土板 | 前室及合用前室 | |
| 楼地面 | 楼8 | 防水地砖楼地面 | •8～10厚地砖铺平拍实，缝宽5～8 1：1水泥砂浆填缝<br>•20厚1：3干硬性水泥砂浆面撒素水泥<br>•1.5厚聚合物水泥防水涂料，四周沿墙上翻高出楼层500<br>•在门洞处，防水层应向外延伸300宽<br>•管烟道、地漏周边300范围内及阴阳角部位附加1.5厚<br>•聚合物水泥防水涂膜一道，并附加耐碱玻纤无纺网格布一层<br>•刷基层处理剂一道<br>•40厚C15细石混凝土找1%坡，最薄处20<br>•素水泥浆一道<br>•钢筋混凝土板 | 阳台、外廊 | 给水阳台用1.5厚聚合物水泥防水涂料防水，普通阳台及外廊取消防水层 |
| 楼地面 | 楼9 | 种植楼面 | •种植土<br>•铺150g土工布一层<br>•25厚塑料透水疏水板<br>•40厚C20细石混凝土配Φ4@150双向<br>•15厚阻根型单面反应黏高分子防水卷材<br>•2.0厚聚合物水泥防水涂料<br>•最薄处20厚1：2.5水泥砂浆找2%坡<br>•钢筋混凝土板 | 空中花园 | |
| 内墙面 | 内墙1 | 防潮面砖内墙面 | •15厚1：2.5防水砂浆<br>•4～5厚1：1水泥砂浆加水重20% 801胶<br>•贴4～8厚面砖(户内由用户自理)<br>•1：1水泥砂浆勾深缝后纯白水泥膏擦缝 | 卫生间、盥洗室 | |
| 内墙面 | 内墙2 | 防水砂浆墙面<br>12YJ1-内墙2/77页 | •20厚1：2.5水泥砂浆掺入水泥用量3%的硅质密实剂<br>•5厚1：2水泥砂浆抹面压光<br>•满刮腻子滚刷白色内墙涂料两遍 | 设备间(有水的设备间) | |
| 内墙面 | 内墙3 | 混合砂浆墙面<br>12YJ1-内墙3(B)/78页 | •15厚1：1：6水泥石灰砂浆找平层<br>•5厚1：0.5：3水泥石灰砂浆<br>•耐碱玻纤网<br>•满刮腻子滚刷白色内墙涂料两遍 | 除以上其余房间 | |
| 踢脚 | 踢1 | 面砖踢脚<br>12YJ1踢3/61页 | •5～7厚面砖，白水泥浆擦缝或填缝剂填缝<br>•4厚1：1水泥砂浆加水重20%建筑胶镶贴<br>•刷素水泥浆一遍(用专用胶黏剂粘贴时无此道工序)<br>•6厚1：2水泥砂浆<br>•9厚1：3水泥砂浆<br>•刷专用界面剂一遍 | | 踢脚板为黑色，100高 |
| 踢脚 | 踢2 | 水泥砂浆踢脚<br>05YJ1-踢6/59页 | •10(5)厚1：2水泥砂浆抹面压光<br>•15厚1：3水泥砂浆<br>•刷建筑胶素水泥浆一遍，配合比为建筑胶：水=1：4 | 除以上其余部位 | 户内踢脚暗设，面层为5厚1：2水泥砂浆。踢脚高均为100 |

合作单位：

| 会签栏 | | |
|---|---|---|
| 总　图 | | |
| 建　筑 | | |
| 结　构 | | |
| 给排水 | | |
| 暖　通 | | |
| 电　气 | | |

印签栏

图册主要图纸未加盖出图专用章者无效

| | | |
|---|---|---|
| 审　定 | | |
| 审　核 | xxx | |
| 项目负责人 | xxx<br>xxx | |
| 专业负责人 | xxx | |
| 校　对 | xxx | |
| 设　计 | xxx | |
| 制　图 | xxx | |
| 建设单位 | | |
| 项目名称 | xx住宅小区 | |
| 子项名称 | 3#楼 | |
| 项目编号 | | |
| 图　名 | 设计说明(二)<br>建筑构造统一做法表<br>室内装修做法表 | |

| 专　业 | 建　筑 | 阶　段 | 施工图 |
|---|---|---|---|
| 图　号 | 1-1-02 | 总　数 | 24张 |
| 版　次 | 第01版 | 日　期 | |

| 项目 | | 选用图集号 | 构造做法 | | 适用部位 | 备注 |
|---|---|---|---|---|---|---|
| 顶棚 | 顶 1 | 防潮天花 | • 钢筋混凝土板底面清理干净<br>• 2 厚涂刷型聚合物水泥防水砂浆防潮层<br>• 满刮腻子<br>• 刷涂料<br>• 装饰吊顶(户内由业主自理) | | 卫生间、盥洗间等湿度大的房间，设备管井 | |
| | 顶 2 | 普通天花 | • 钢筋混凝土屋面板表面处理干净<br>• 白水泥建筑胶腻子二遍批刮平整<br>• 刷底漆一遍。乳胶漆两遍(户内由业主自理) | | 现浇混凝土顶棚(批白水泥下翻 80)，其余房间 | |
| 排水管 | 管 1 | 屋面雨水立管 12YJ5-1 第 E2 页 | • *DN*100UPVC 管，UPVC 管卡固定 | | 主体大屋面排水管 | |
| | 管 2 | 空调冷凝水立管 12YJ6 第 77 页 | • *DN*50UPVC 管，UPVC 管卡固定 | | 空调冷凝水管 | |
| 油漆 | 漆 1 | 金属面油漆 12YJ1 涂 203/106 页 | • 磁漆两遍<br>• 刮腻子、磨光<br>• 防锈漆一遍<br>• 清理金属面除锈 | 灰黑色氟碳漆。颜色参照(02J503-1)14-5-3 氟碳漆，颜色见建筑施工图 | 楼梯栏杆、护窗栏杆 | |
| | | | | | 外露阳台栏杆、空调板栏杆 | |
| | 漆 2 | 木质面油漆 12YJ1 涂 102/103 页 | • 磁漆两遍<br>• 底油一遍<br>• 刮腻子、磨光<br>• 木基层清理、除污、打磨等 | 乳黄色磁漆 | 木门 | 凡与墙体接触木制构件满涂防腐油 |
| | | | | 深棕色磁漆 | 楼梯扶手 | |
| 外墙 | 外墙 1 | 外墙外保温，真石漆 | • 10 厚 1∶2.5 水泥砂浆找平层<br>• 中间复合钢丝网<br>• 10 厚 1∶2.5 防水砂浆找平层(掺 5%防水剂)<br>• 保温层<br>• 5 厚 1∶2.5 聚合物抗裂砂浆<br>• 压入耐碱玻纤网<br>• 满刮防水腻子刷外墙涂料 | | 详见建施立面图 | |
| | 外墙 2 | 外墙外保温，陶瓷薄板饰面 | • 10 厚 1∶2.5 水泥砂浆找平层<br>• 中间复合钢丝网<br>• 10 厚 1∶2.5 防水砂浆找平层(掺 5%防水剂)<br>• 保温层<br>• 锚栓固定镀锌钢丝网<br>• 8 厚 1∶2.5 聚合物抗裂砂浆<br>• 5 厚 1∶1 水泥砂浆加水重 20% 801 胶贴外墙砖<br>• 勾缝剂勾缝(视所贴面材品种确定勾缝深浅或是否勾缝) | | 详见建施立面图 | |
| | 外墙 3 | 不保温外墙，真石漆 | • 10 厚 1∶2.5 水泥砂浆找平层<br>• 中间复合钢丝网<br>• 10 厚 1∶2.5 防水砂浆找平层(掺 5%防水剂)<br>• 满刮防水腻子刷外墙涂料 | | 详见建施立面图 | |
| | 外墙 4 | 不保温外墙，陶瓷薄板饰面 | • 10 厚 1∶2.5 水泥砂浆找平层<br>• 中间复合钢丝网<br>• 10 厚 1∶2.5 防水砂浆找平层(掺 5%防水剂)<br>• 5 厚 1∶1 水泥砂浆加水重 20% 801 胶贴外墙砖<br>• 勾缝剂勾缝(视所贴面材品种确定勾缝深浅或是否勾缝) | | 详见建施立面图 | |

| 项目 | | 选用图集号 | 构造做法 | 适用部位 | 备注 |
|---|---|---|---|---|---|
| 屋面 | 屋 1 | 卷材防水屋面上人平屋面有保温 | • 8～10 厚地砖铺平拍实，缝宽 5～8，1∶1 水泥砂浆填缝<br>• 30 厚 1∶3 干硬性砂浆面上撒素水泥<br>• 40 厚 C20 细石混凝土保护层Φ 4@150 双向<br>• 1.5 厚单面板底黏高分子防水卷材<br>• 1.5 厚聚合物水泥防水涂料<br>• 最薄处 20 厚 1∶2.5 水泥砂浆找 2%坡<br>• 保温层(详见节能专箱)<br>• 现浇钢筋混凝土板 | 上人屋面(详见建施平面图) | 地砖规格为 100×100<br>电梯机房屋面、顶层住户楼梯间屋顶取消前三项做法 |
| | 屋 2 | 卷材防水屋面不上人平屋面无保温 | • 1.5 厚单面反应黏高分子防水卷材自带保护层<br>• 1.5 厚聚合物水泥防水涂料<br>• 最薄处 20 厚 1∶2.5 水泥砂浆找 2%坡<br>• 现浇钢筋混凝土板 | 二层门廊屋面，楼梯间屋面(详见建施平面图) | |
| | 屋 3 | 涂料防水屋面不上人平屋面无保温 | • 保护层：20 厚 1∶2 水泥砂浆抹面压光，找坡 1%<br>• 防水层：1.5 厚水泥基防水涂料上翻 150<br>• 结构层：钢筋混凝土屋面板 | 雨篷、外露空调板(详见建施平面图) | |
| | 屋 4 | 卷材防水屋面不上人平屋面有保温 | • 40 厚 C20 细石混凝土保护屋Φ 4@150 双向<br>• 1.5 厚单面反应黏高分子防水卷材<br>• 1.5 厚聚合物水泥防水涂料<br>• 最薄处 20 厚 1∶2.5 水泥砂浆找 2%坡<br>• 30 厚挤塑聚苯板<br>• 现浇钢筋混凝土板 | 南向凸窗凸出屋面部位 | |
| 地下室防水 | | 地下室挡土侧墙 | • 满刮腻子刷白色内墙防霉涂料<br>• 20 厚 1∶2 水泥砂浆<br>• 现浇混凝土侧墙<br>• 1.5 厚单面板底黏高分子防水卷材<br>• 7 厚发泡聚乙烯片保护层(密度不小于 30kg/m$^3$)<br>(非四边全埋地下室或别墅独立地下室用 30 厚 XPS 挤塑聚苯板，保护层密度同上)<br>• 素土夯实 | 电梯基坑 | |
| | | 地下室底板 | • 1～3 厚耐磨防滑环氧涂层(用于地下汽车库)<br>• 25 厚水泥砂浆找平层压光(设备房做地面漆)，车库地面不做找平层，现浇钢筋混凝土底板面抹平压光<br>• 现浇钢筋混凝土底板<br>• 1.5 厚单面板底黏高分子防水卷材<br>• 100 厚 C15 混凝土垫层抹平<br>• 素土夯实 | 电梯基坑 | |
| | | 地下室内隔墙 | • 满刮腻子刷白色内墙防霉涂料<br>• 5 厚 1∶0.5∶3 水泥石灰砂浆<br>• 耐碱玻纤网(砌体墙面设)<br>• 15 厚 1∶1∶6 水泥石灰砂浆找平层<br>• 现浇钢筋混凝土或砌体内隔墙 | 电梯基坑 | |

注：1. 各部位结构楼板相对建筑层高面的降板高度：

公共部位：楼梯间为 20；合用前室、前室、公共走道、电梯机房、管井为 100；

住宅部位：卫生间、盥洗间为 350；非封闭阳台、厨房、洗衣阳台、外廊为 120；空中花园为 370；其余为 100；

特殊部位降板可根据具体工程具体设计。

2. 构造选用标准：河南省工程建设标准设计《12 系列工程建设标准设计图集》（建筑专业）、《外墙外保温工程技术标准》（JGJ 144—2019）以及建设单位自定的设计标准。

3. 未注明尺寸单位均为毫米（mm）。

合作单位：

会签栏

| 总图 | |
|---|---|
| 建筑 | |
| 结构 | |
| 给排水 | |
| 暖通 | |
| 电气 | |

印签栏

图册主要图纸未加盖出图专用章者无效

| 审定 | |
|---|---|
| 审核 | xxx |
| 项目负责人 | xxx<br>xxx |
| 专业负责人 | xxx |
| 校对 | xxx |
| 设计 | xxx |
| 制图 | xxx |
| 建设单位 | |
| 项目名称 | xx住宅小区 |
| 子项名称 | 3#楼 |
| 项目编号 | |
| 图名 | 设计说明（二）<br>建筑构造统一做法表<br>室内装修做法表 |

| 专业 | 建筑 | 阶段 | 施工图 |
|---|---|---|---|
| 图号 | 1-1-02 | 总数 | 24张 |
| 版次 | 第01版 | 日期 | |

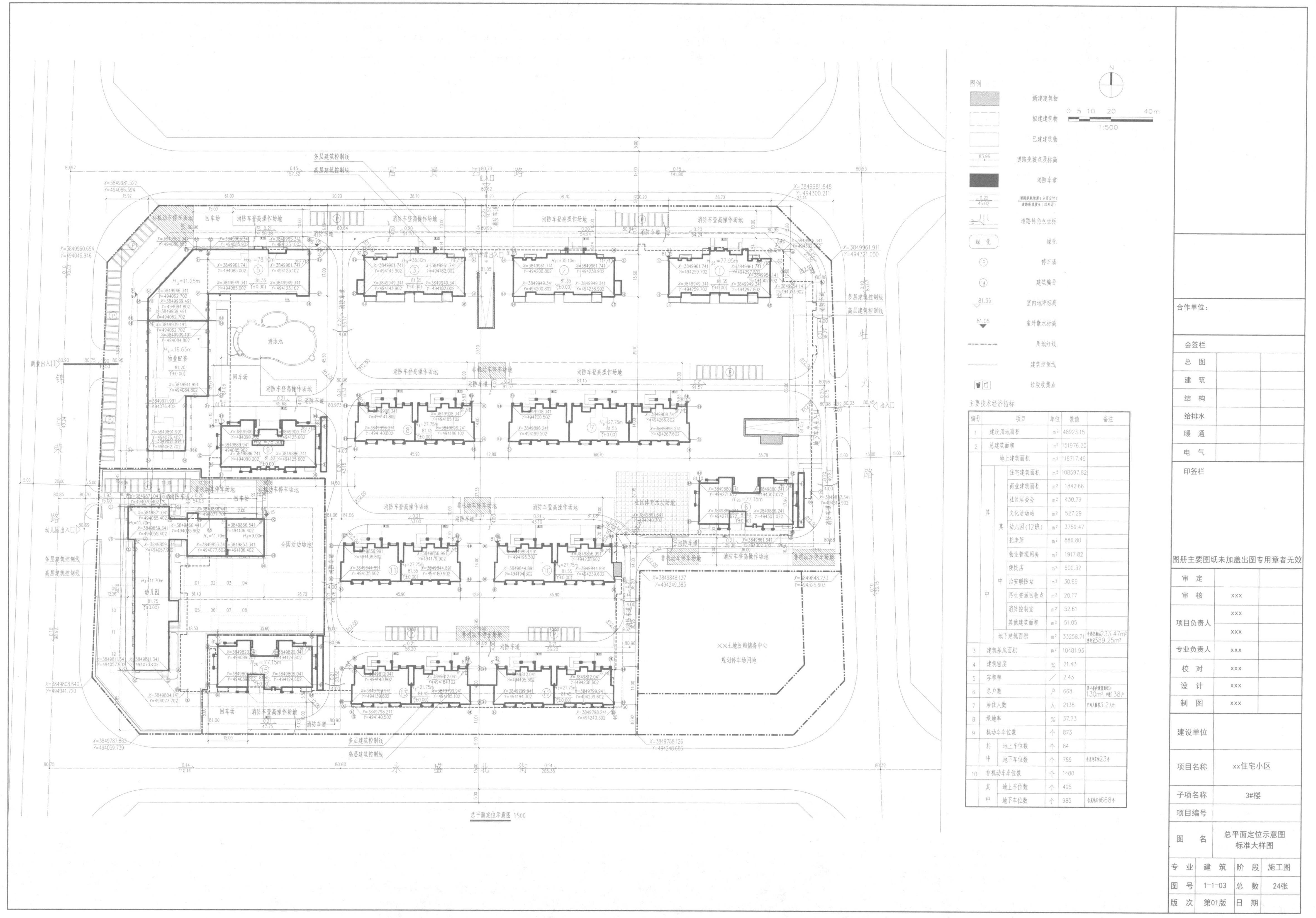


主要技术经济指标

| 编号 | 项目 | | | 单位 | 数值 | 备注 |
|---|---|---|---|---|---|---|
| 1 | 建设用地面积 | | | $m^2$ | 48923.15 | |
| 2 | 总建筑面积 | | | $m^2$ | 151976.20 | |
| | 地上建筑面积 | | | $m^2$ | 118717.49 | |
| | 其中 | 其中 | 住宅建筑面积 | $m^2$ | 108597.82 | |
| | | | 商业建筑面积 | $m^2$ | 1842.66 | |
| | | | 社区居委会 | $m^2$ | 430.79 | |
| | | | 文化活动站 | $m^2$ | 527.29 | |
| | | | 幼儿园(12班) | $m^2$ | 3759.47 | |
| | | | 托老所 | $m^2$ | 886.80 | |
| | | | 物业管理用房 | $m^2$ | 1917.82 | |
| | | | 便民店 | $m^2$ | 600.32 | |
| | | | 治安联防站 | $m^2$ | 30.69 | |
| | | | 再生资源回收点 | $m^2$ | 20.17 | |
| | | | 消防控制室 | $m^2$ | 52.61 | |
| | | | 其他建筑面积 | $m^2$ | 51.05 | |
| | | 地下建筑面积 | | $m^2$ | 33258.71 | 含热交换站233.47$m^2$ 变电室389.25$m^2$ |
| 3 | 建筑基底面积 | | | $m^2$ | 10481.93 | |
| 4 | 建筑密度 | | | % | 21.43 | |
| 5 | 容积率 | | | / | 2.43 | |
| 6 | 总户数 | | | 户 | 668 | 其中套内建筑面积≥130$m^2$,户数138户 |
| 7 | 居住人数 | | | 人 | 2138 | 户均人数按3.2人计 |
| 8 | 绿地率 | | | % | 37.73 | |
| 9 | 机动车车位数 | | | 个 | 873 | |
| | 其中 | 地上车位数 | | 个 | 84 | |
| | | 地下车位数 | | 个 | 789 | 含充电车位23个 |
| 10 | 非机动车车位数 | | | 个 | 1480 | |
| | 其中 | 地上车位数 | | 个 | 495 | |
| | | 地下车位数 | | 个 | 985 | 含充电车位668个 |

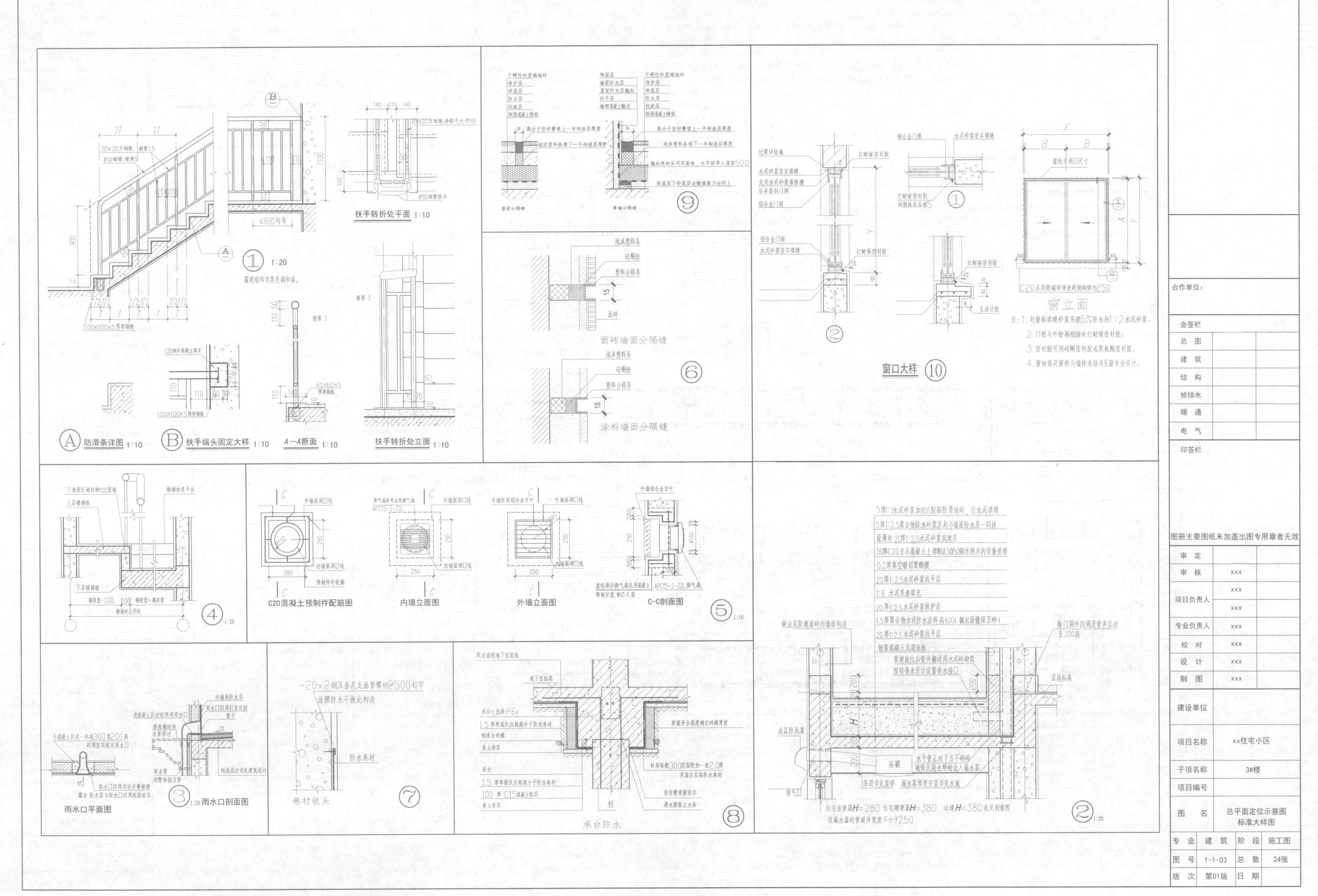

扶手转折处平面 1:10
1:20
露明铁件均黑色调和漆。
防滑条详图 1:10
扶手端头固定大样 1:10
A—A断面 1:10
扶手转折处立面 1:10
屋面分隔缝
靠墙分隔缝
面砖墙面分隔缝
涂料墙面分隔缝
窗立面
注：1. 封窗框填缝砂浆用掺5%防水剂1：2水泥砂浆。
2. 门框与外粉刷相接处打耐候密封胶。
3. 密封胶可用硅酮密封胶或聚氨酯密封胶。
4. 窗细部及窗框与墙体连接详见窗专业设计。
窗口大样
C20混凝土预制件配筋图
内墙立面图
外墙立面图
C-C剖面图
5厚1:1水泥砂浆加801胶贴防滑地砖，白水泥填缝
5厚1:2.5聚合物防水砂浆反起与墙面防水层一同抹
最薄处20厚1:2.5水泥砂浆找坡层
50厚C20豆石混凝土上部配Φ3@50钢丝网片内设散热管
0.2厚真空镀铝聚酯膜
20厚1:2.5水泥砂浆找平层
1:6水泥焦渣填充
20厚1:2.5水泥砂浆保护层
1.5厚聚合物水泥防水涂料高600(翻起面撒绿豆砂)
20厚1:2.5水泥砂浆找平层
钢筋混凝土沉箱底板
住宅坐便器H=280 住宅蹲便器H=380 公建H=380或见剖面图
设漏水器的管道井宽度不小于250
雨水口平面图
雨水口剖面图
-20×2钢压条尼龙涨管螺丝@500钉牢
涂膜防水不做此构造
防水卷材
卷材收头
承台防水
合作单位：
会签栏
总图
建筑
结构
给排水
暖通
电气
印签栏
图册主要图纸未加盖出图专用章者无效
审定
审核 xxx
项目负责人 xxx xxx
专业负责人 xxx
校对 xxx
设计 xxx
制图 xxx
建设单位
项目名称 xx住宅小区
子项名称 3#楼
项目编号
图名 总平面定位示意图 标准大样图
专业 建筑 阶段 施工图
图号 1-1-03 总数 24张
版次 第01版 日期

# 课题 7.2 平 面 图

建筑平面图反映房屋的平面形状、大小和房间的位置及组合关系，墙、柱的位置、厚度和材料，门窗类型和位置等情况。它是放线、砌墙、安装门窗等重要的依据，所以建筑平面图是建筑工程施工图中最基本的图样之一。

## 7.2.1 应知应会部分

**【平面图】**

(1) 承重墙、柱及其定位轴线和轴线编号，内外门窗位置、编号及定位尺寸，门开启方向，注明房间名称或编号，车库注明储存（储藏）物品的火灾危险性类型。

(2) 轴线总尺寸（或外包总尺寸）、轴线间尺寸（柱距、跨度）、门窗洞口尺寸、分段尺寸。

(3) 墙身厚度（包括承重墙和非承重墙），柱与壁柱截面尺寸（必要时）及其与轴线关系尺寸；当围护结构为幕墙时，标明幕墙与主体结构的定位关系；玻璃幕墙部分标注立面分格间距的中心尺寸。

(4) 变形缝位置、尺寸及做法索引。

(5) 主要建筑设备和固定家具的位置及相关做法索引，如卫生器具、雨水管、水池、台、橱、柜、隔断等。

(6) 电梯、自动扶梯及步道（注明规格）、楼梯（爬梯）位置和楼梯上下方向示意及标号索引。

(7) 主要结构和建筑构造部件的位置、尺寸和做法索引，如中庭、天窗、地沟、地坑、重要设备或设备机座的位置尺寸、各种平台、夹层、人孔、阳台、雨篷、台阶、坡道、散水、明沟等。

(8) 楼地面预留孔洞和通气管道、管线竖井、烟囱、垃圾道等位置、尺寸和做法索引，以及墙体（主要为填充墙、承重砌体墙）预留洞的位置、尺寸与标高或高度等。

(9) 车库的停车位（无障碍车位）和通行路线。

(10) 室外地面标高、底层地面标高、各楼层标高、地下室各层标高。

(11) 底层平面标注剖切线位置、编号及指北针。

(12) 有关平面节点详图或详图索引号。

(13) 每层建筑平面中防火分区面积和防火分区分隔位置及安全出口位置示意（宜单独成图，如一个防火分区，可不注防火分区面积），或以示意图（简图）形式在各层平面中表示。

(14) 屋面平面应有女儿墙、檐沟、天沟、坡度、雨水口、屋脊（分水线）、变形缝、楼梯间、水箱间、电梯机房、天窗及挡风板、屋面上人孔、检修梯、室外消防楼梯及其他构筑物、必要的详图索引号、标高等；表述内容单一的屋面可以缩小比例绘制。

(15) 根据工程性质及复杂程度，必要时可选择绘制局部放大平面图。

(16) 建筑平面较长较大时，可分区绘制，但须在各分区平面图适当位置上绘出分区组合示意图，并明显表示分区部位编号。

(17) 图纸名称、比例。

(18) 图纸的省略：如为对称平面，对称部分的内部尺寸可省略，对称轴部位用对称符号表示，但轴线符号不得省略；楼层平面除轴线间等主要尺寸及轴线编号外，与底层相同的尺寸可省略；楼层标准层可共用同一平面，但需注明层次范围及各层的标高。

**【平面图识读提示】**

(1) 根据指北针确定房屋的朝向。

(2) 看平面的形状与房屋的总长度、总宽度，可计算出房屋的用地面积。

(3) 从图中墙的分隔情况和房间名称，可知建筑物内各房间的配置、用途数量及相互间的联系情况。

(4) 从图中轴线的编号及其间距，可了解各承重构件的位置及房间的大小。

(5) 从图中注写的外部和内部尺寸，以及各道尺寸标注，可知各房间的开间、进深、门窗及室内设备的大小和位置。

(6) 从图中门窗的图例及其编号，可知门窗类型、数量及其位置。

(7) 了解其细部（如楼梯、隔墙、墙洞等）的配置和位置情况。

(8) 室外台阶、花池、散水和雨落管的大小与位置。

(9) 注意看剖面图的剖切位置。

(10) 注意室内标高与室外标高值，以确定室内外高差大小。

(11) 与一层平面图对照看房间布局与功能有何变化，与立面图、剖面图相结合看平面图中尺寸有无变化（包括房屋开间、进深尺寸变化，立面造型变化引起的尺寸变动）。

(12) 注意楼面标高值。对照看各层楼面标高值，可知道各层的层高；注意本层楼面标高值的变化（由于楼面做法不同，或房间地面、楼面不在同一水平位置而引起的楼面标高变化，如一般建筑物中卫生间楼面标高就低于其他房间的楼面标高）。

(13) 在首层平面图的入口处，二层平面图中相应位置处一般设雨篷，需注意看雨篷，注意雨篷的数量、位置及雨篷的式样、大小、尺寸。

**【屋顶平面图识读提示】**

(1) 屋顶平面图主要反映屋顶的形式和排水情况。通过看图可知屋顶形状和屋面排水方式（是有组织排水还是无组织排水），雨落管的数量及其具体位置，屋面排水坡度大小。

(2) 应注意看突出屋面的楼梯间、水箱间、电梯间等位置、布置及其大小。

(3) 看通风道、检查孔、排气孔或透气孔、变形缝的位置与大小。

(4) 出屋面的排气孔、雨水管等设施的构造做法、详图索引。

## 7.2.2 实例识读

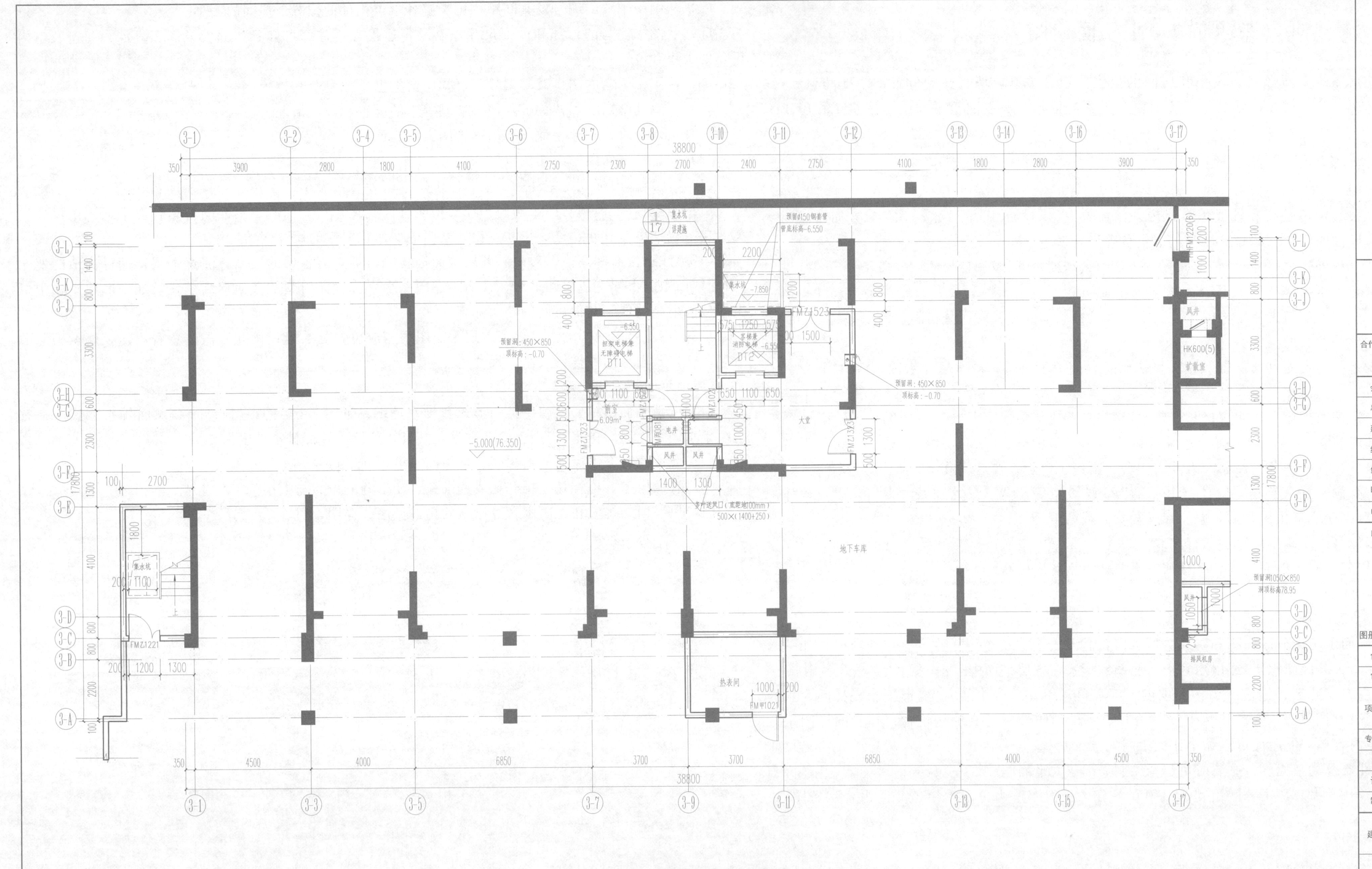


## 地下一层平面图 1:100

注：1. 设备间设150mm高，宽度同墙厚的素混凝土门槛配电间、储藏室采取金属网防虫鼠措施。门下沿与楼地面之间缝隙不得大于5mm，下缘包覆金属板。

2. 戊类储藏间，禁止存放戊类以上物品。
3. 人防部分仅为示意，以人防施工图为准。
4. 管道井设150mm高C20素混凝土门槛。
5. 地下一层归地库使用，面积由地库施工图统计。
6. 人防部分详见人防施工图。

合作单位：

| 会签栏 | | |
|---|---|---|
| 总　图 | | |
| 建　筑 | | |
| 结　构 | | |
| 给排水 | | |
| 暖　通 | | |
| 电　气 | | |

印签栏

图册主要图纸未加盖出图专用章者无效

| 审　定 | | |
|---|---|---|
| 审　核 | xxx | |
| 项目负责人 | xxx | |
| | xxx | |
| 专业负责人 | xxx | |
| 校　对 | xxx | |
| 设　计 | xxx | |
| 制　图 | xxx | |

| 建设单位 | | | |
|---|---|---|---|
| 项目名称 | xx住宅小区 | | |
| 子项名称 | 3#楼 | | |
| 项目编号 | | | |
| 图　名 | 地下一层平面图 | | |
| 专　业 | 建　筑 | 阶　段 | 施工图 |
| 图　号 | 1-1-04 | 总　数 | 24张 |
| 版　次 | 第01版 | 日　期 | |

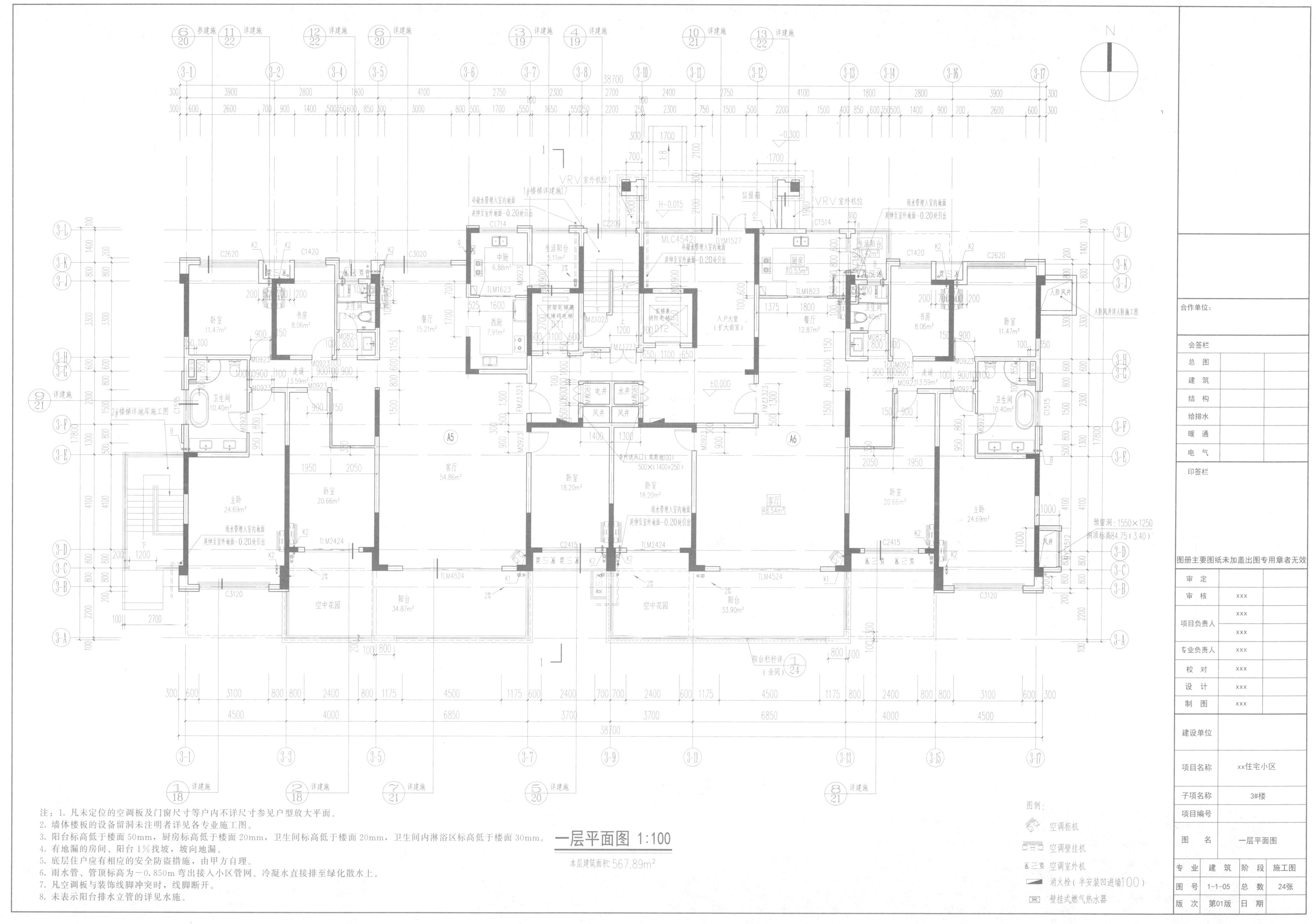
一层平面图 1:100
本层建筑面积 567.89m²
注：1. 凡未定位的空调板及门窗尺寸等户内不详尺寸参见户型放大平面。
2. 墙体楼板的设备留洞未注明者详见各专业施工图。
3. 阳台标高低于楼面50mm，厨房标高低于楼面20mm，卫生间标高低于楼面20mm，卫生间内淋浴区标高低于楼面30mm。
4. 有地漏的房间、阳台1%找坡，坡向地漏。
5. 底层住户应有相应的安全防盗措施，由甲方自理。
6. 雨水管、管顶标高为－0.850m弯出接入小区管网。冷凝水直接排至绿化散水上。
7. 凡空调板与装饰线脚冲突时，线脚断开。
8. 未表示阳台排水立管的详见水施。
图例：
空调柜机
空调壁挂机
空调室外机
消火栓（半安装凹进墙100）
壁挂式燃气热水器
卧室
书房
卫生间
餐厅
客厅
中厨
西厨
生活阳台
入户大堂（扩大前室）
走道
主卧
空中花园
阳台
厨房
电井
水井
风井
VRV室外机位
信报箱
合作单位：
会签栏
总图
建筑
结构
给排水
暖通
电气
印签栏
图册主要图纸未加盖出图专用章者无效
审定
审核 xxx
项目负责人 xxx xxx
专业负责人 xxx
校对 xxx
设计 xxx
制图 xxx
建设单位
项目名称 xx住宅小区
子项名称 3#楼
项目编号
图名 一层平面图
专业 建筑 阶段 施工图
图号 1-1-05 总数 24张
版次 第01版 日期

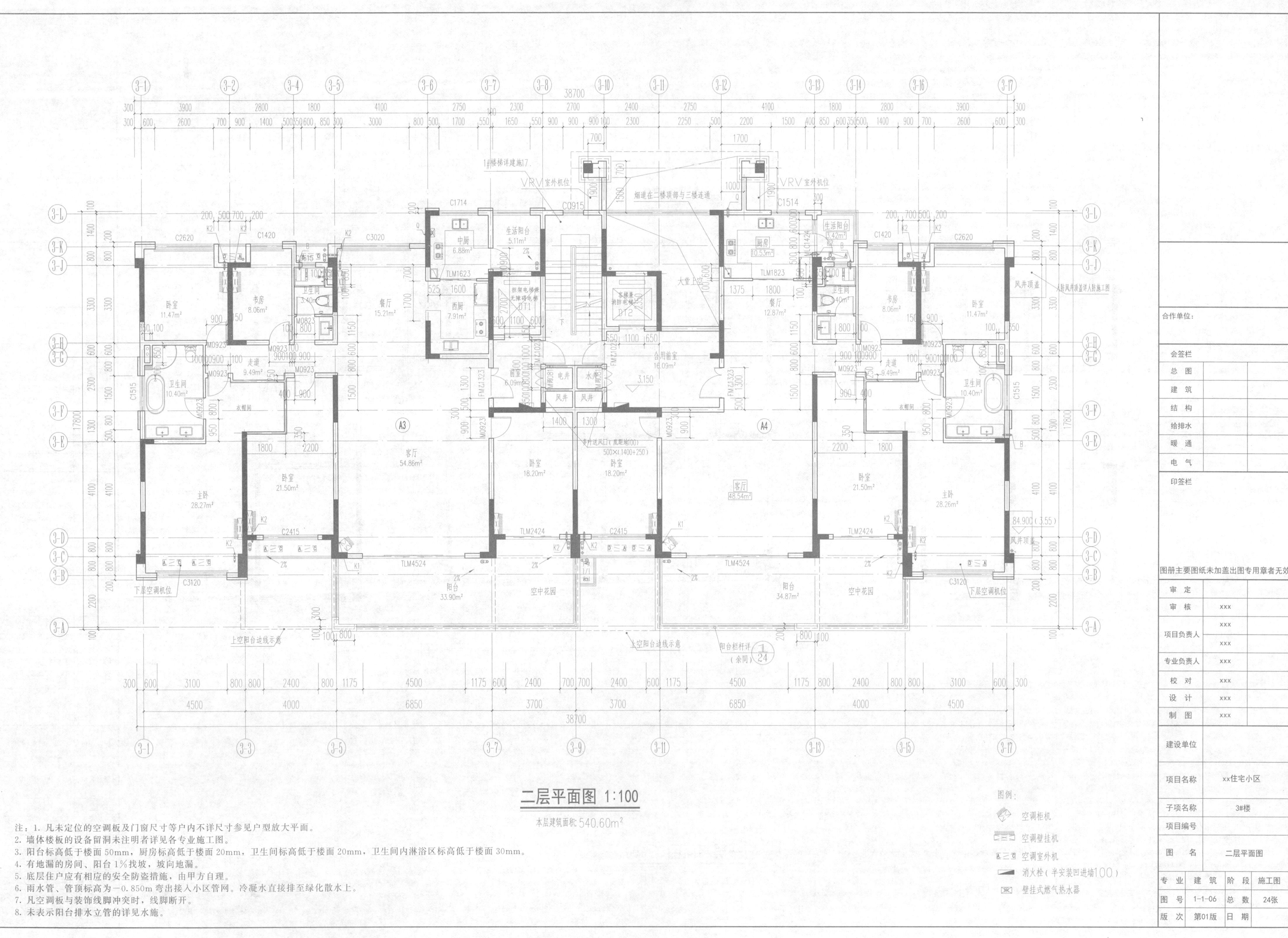
二层平面图 1:100
本层建筑面积 540.60m²
注：1. 凡未定位的空调板及门窗尺寸等户内不详尺寸参见户型放大平面。
2. 墙体楼板的设备留洞未注明者详见各专业施工图。
3. 阳台标高低于楼面 50mm，厨房标高低于楼面 20mm，卫生间标高低于楼面 20mm，卫生间内淋浴区标高低于楼面 30mm。
4. 有地漏的房间、阳台 1% 找坡，坡向地漏。
5. 底层住户应有相应的安全防盗措施，由甲方自理。
6. 雨水管、管顶标高为 −0.850m 弯出接入小区管网。冷凝水直接排至绿化散水上。
7. 凡空调板与装饰线脚冲突时，线脚断开。
8. 未表示阳台排水立管的详见水施。
图例：
空调柜机
空调壁挂机
空调室外机
消火栓（半安装凹进墙100）
壁挂式燃气热水器
合作单位：
会签栏
总 图
建 筑
结 构
给排水
暖 通
电 气
印签栏
图册主要图纸未加盖出图专用章者无效
审 定
审 核 xxx
项目负责人 xxx xxx
专业负责人 xxx
校 对 xxx
设 计 xxx
制 图 xxx
建设单位
项目名称 xx住宅小区
子项名称 3#楼
项目编号
图 名 二层平面图
专 业 建 筑 阶 段 施工图
图 号 1-1-06 总 数 24张
版 次 第01版 日 期
卧室
书房
卫生间
餐厅
中厨
西厨
生活阳台
厨房
客厅
主卧
阳台
空中花园
合用前室
前室
走道
衣帽间
电井
水井
风井
大堂上空
下层空调机位
上空阳台边线示意
38700

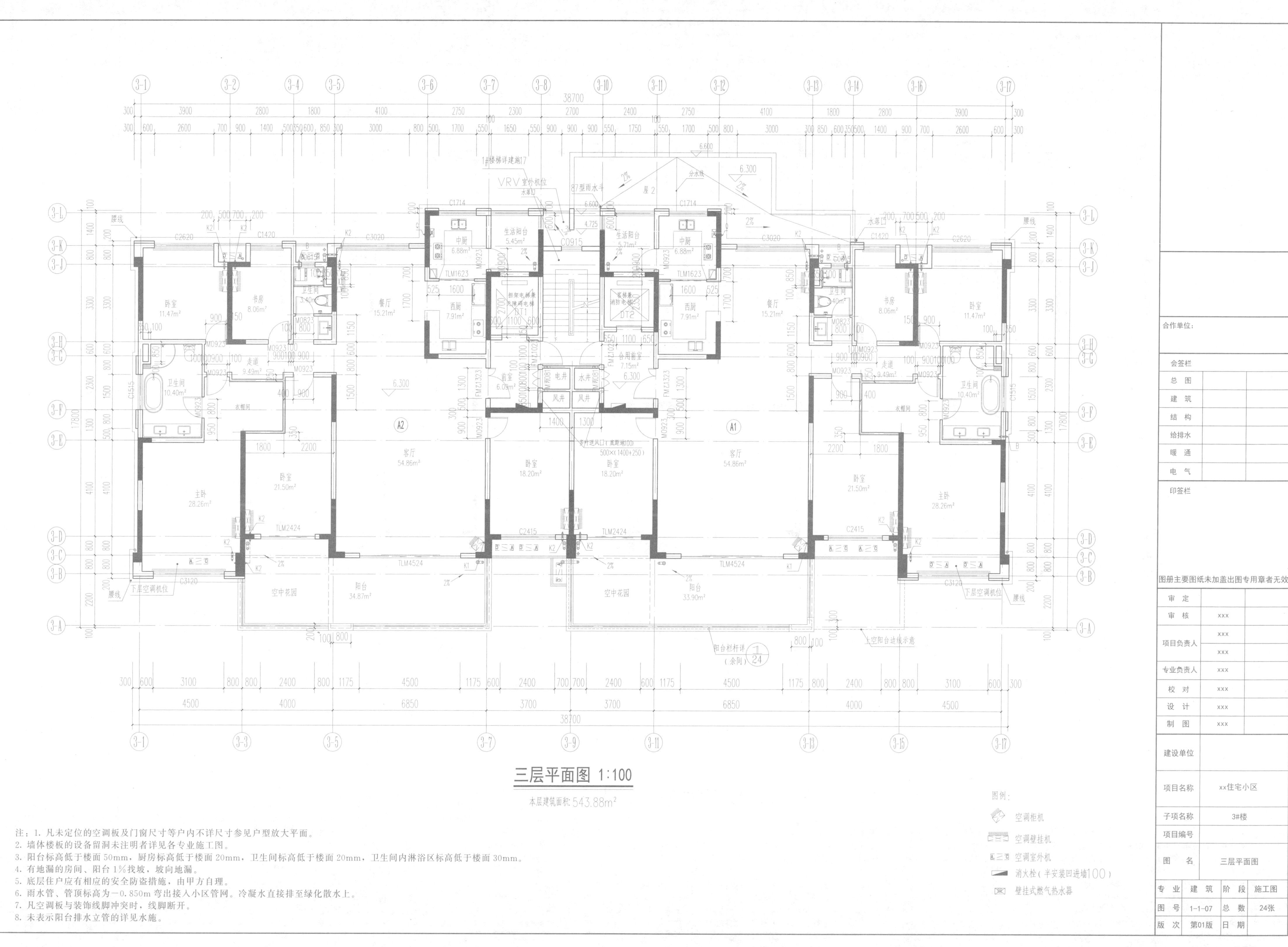

三层平面图 1:100
本层建筑面积: 543.88m²
注：1. 凡未定位的空调板及门窗尺寸等户内不详尺寸参见户型放大平面。
2. 墙体楼板的设备留洞未注明者详见各专业施工图。
3. 阳台标高低于楼面 50mm，厨房标高低于楼面 20mm，卫生间标高低于楼面 20mm，卫生间内淋浴区标高低于楼面 30mm。
4. 有地漏的房间、阳台 1%找坡，坡向地漏。
5. 底层住户应有相应的安全防盗措施，由甲方自理。
6. 雨水管、管顶标高为−0.850m 弯出接入小区管网。冷凝水直接排至绿化散水上。
7. 凡空调板与装饰线脚冲突时，线脚断开。
8. 未表示阳台排水立管的详见水施。
图例：
空调柜机
空调壁挂机
空调室外机
消火栓（半安装凹进墙100）
壁挂式燃气热水器
卧室
书房
卫生间
餐厅
中厨
西厨
生活阳台
走道
客厅
主卧
阳台
空中花园
合用前室
前室
电井
水井
风井
衣帽间
下层空调机位
腰线
阳台栏杆详（余同）
上空阳台边线示意
合作单位：
会签栏
总 图
建 筑
结 构
给排水
暖 通
电 气
印签栏
图册主要图纸未加盖出图专用章者无效
审 定
审 核 xxx
项目负责人 xxx xxx
专业负责人 xxx
校 对 xxx
设 计 xxx
制 图 xxx
建设单位
项目名称 xx住宅小区
子项名称 3#楼
项目编号
图 名 三层平面图
专 业 建 筑 阶 段 施工图
图 号 1-1-07 总 数 24张
版 次 第01版 日 期

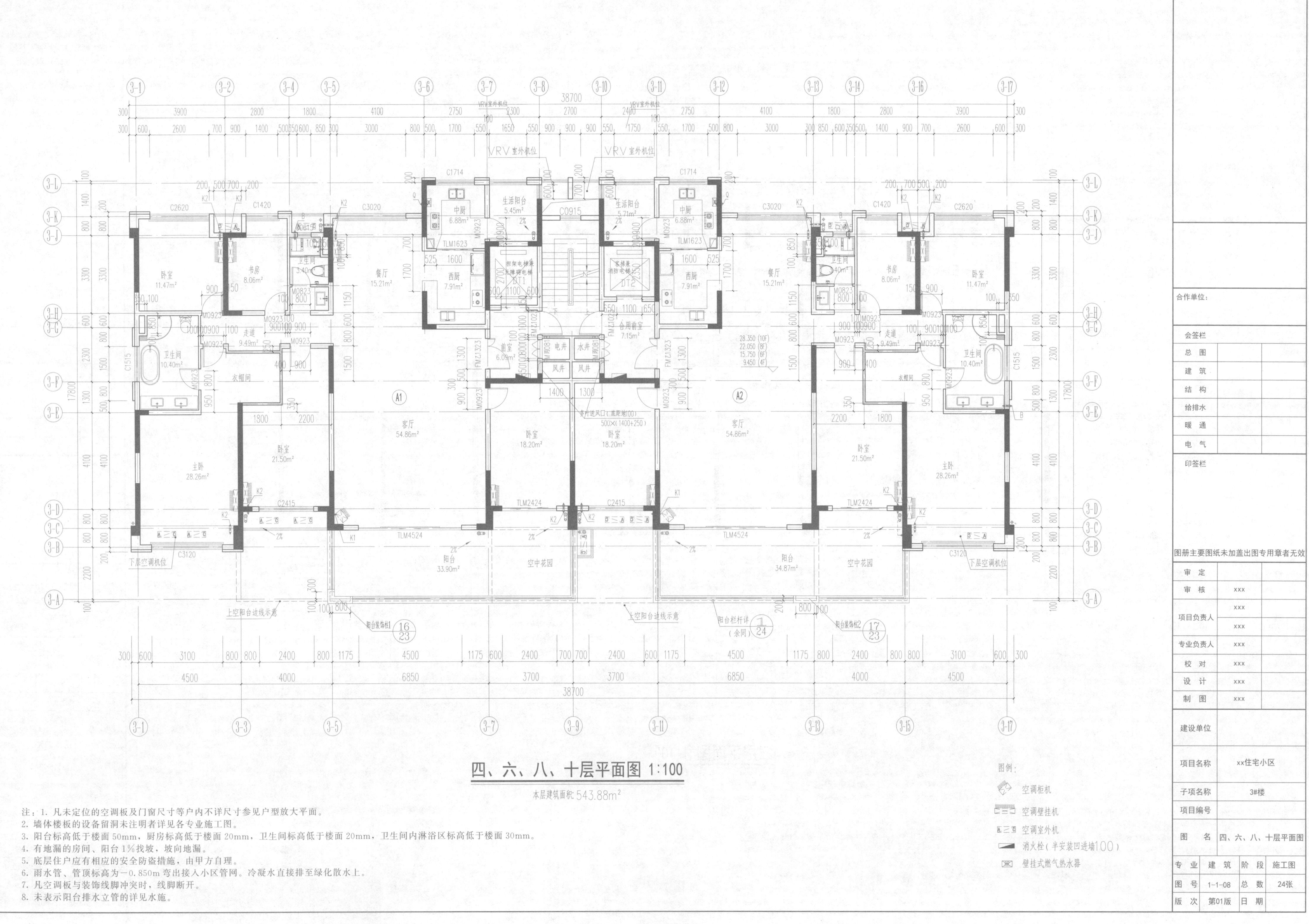

四、六、八、十层平面图 1:100
本层建筑面积:543.88m²
注：1. 凡未定位的空调板及门窗尺寸等户内不详尺寸参见户型放大平面。
2. 墙体楼板的设备留洞未注明者详见各专业施工图。
3. 阳台标高低于楼面 50mm，厨房标高低于楼面 20mm，卫生间标高低于楼面 20mm，卫生间内淋浴区标高低于楼面 30mm。
4. 有地漏的房间、阳台 1%找坡，坡向地漏。
5. 底层住户应有相应的安全防盗措施，由甲方自理。
6. 雨水管、管顶标高为－0.850m 弯出接入小区管网。冷凝水直接排至绿化散水上。
7. 凡空调板与装饰线脚冲突时，线脚断开。
8. 未表示阳台排水立管的详见水施。
图例：
空调柜机
空调壁挂机
空调室外机
消火栓（半安装凹进墙100）
壁挂式燃气热水器
合作单位：
会签栏
总 图
建 筑
结 构
给排水
暖 通
电 气
印签栏
图册主要图纸未加盖出图专用章者无效
审 定
审 核 xxx
项目负责人 xxx xxx
专业负责人 xxx
校 对 xxx
设 计 xxx
制 图 xxx
建设单位
项目名称 xx住宅小区
子项名称 3#楼
项目编号
图 名 四、六、八、十层平面图
专 业 建 筑 阶 段 施工图
图 号 1-1-08 总 数 24张
版 次 第01版 日 期
卧室
书房
卫生间
餐厅
中厨
生活阳台
西厨
前室
合用前室
走道
衣帽间
客厅
主卧
阳台
空中花园
电井
水井
风井
下层空调机位
上空阳台边线示意
VRV 室外机位

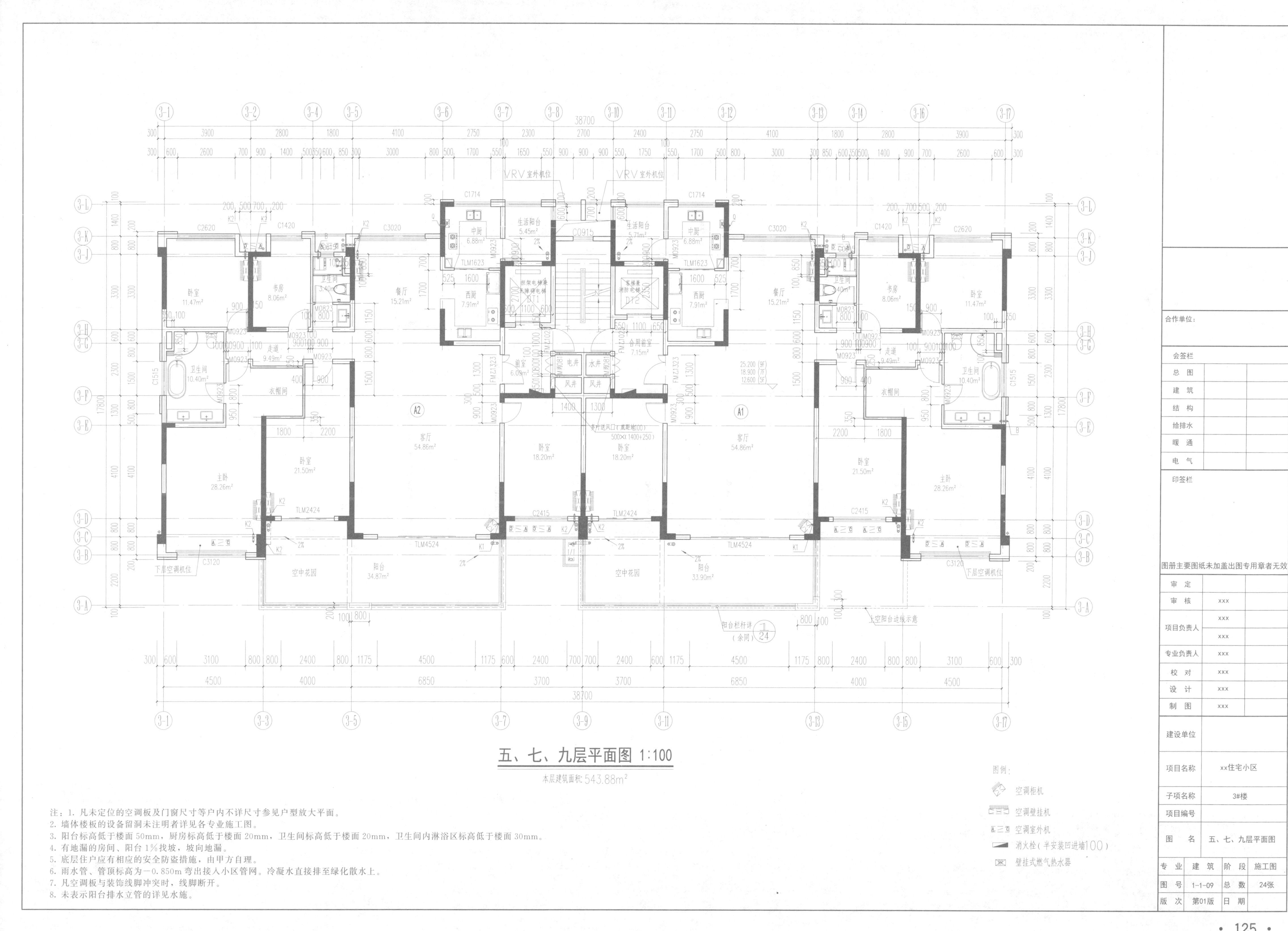
五、七、九层平面图 1:100
本层建筑面积:543.88m²
注:1. 凡未定位的空调板及门窗尺寸等户内不详尺寸参见户型放大平面。
2. 墙体楼板的设备留洞未注明者详见各专业施工图。
3. 阳台标高低于楼面50mm，厨房标高低于楼面20mm，卫生间标高低于楼面20mm，卫生间内淋浴区标高低于楼面30mm。
4. 有地漏的房间、阳台1%找坡，坡向地漏。
5. 底层住户应有相应的安全防盗措施，由甲方自理。
6. 雨水管、管顶标高为−0.850m弯出接入小区管网。冷凝水直接排至绿化散水上。
7. 凡空调板与装饰线脚冲突时，线脚断开。
8. 未表示阳台排水立管的详见水施。
图例:
空调柜机
空调壁挂机
空调室外机
消火栓(半安装凹进墙100)
壁挂式燃气热水器
卧室
书房
卫生间
餐厅
中厨
西厨
生活阳台
走道
衣帽间
客厅
主卧
空中花园
阳台
厨室
合用前室
电井
水井
风井
VRV室外机位
下层空调机位
合作单位:
会签栏
总 图
建 筑
结 构
给排水
暖 通
电 气
印签栏
图册主要图纸未加盖出图专用章者无效
审 定
审 核
项目负责人
专业负责人
校 对
设 计
制 图
建设单位
项目名称 xx住宅小区
子项名称 3#楼
项目编号
图 名 五、七、九层平面图
专 业 建 筑 阶 段 施工图
图 号 1-1-09 总 数 24张
版 次 第01版 日 期

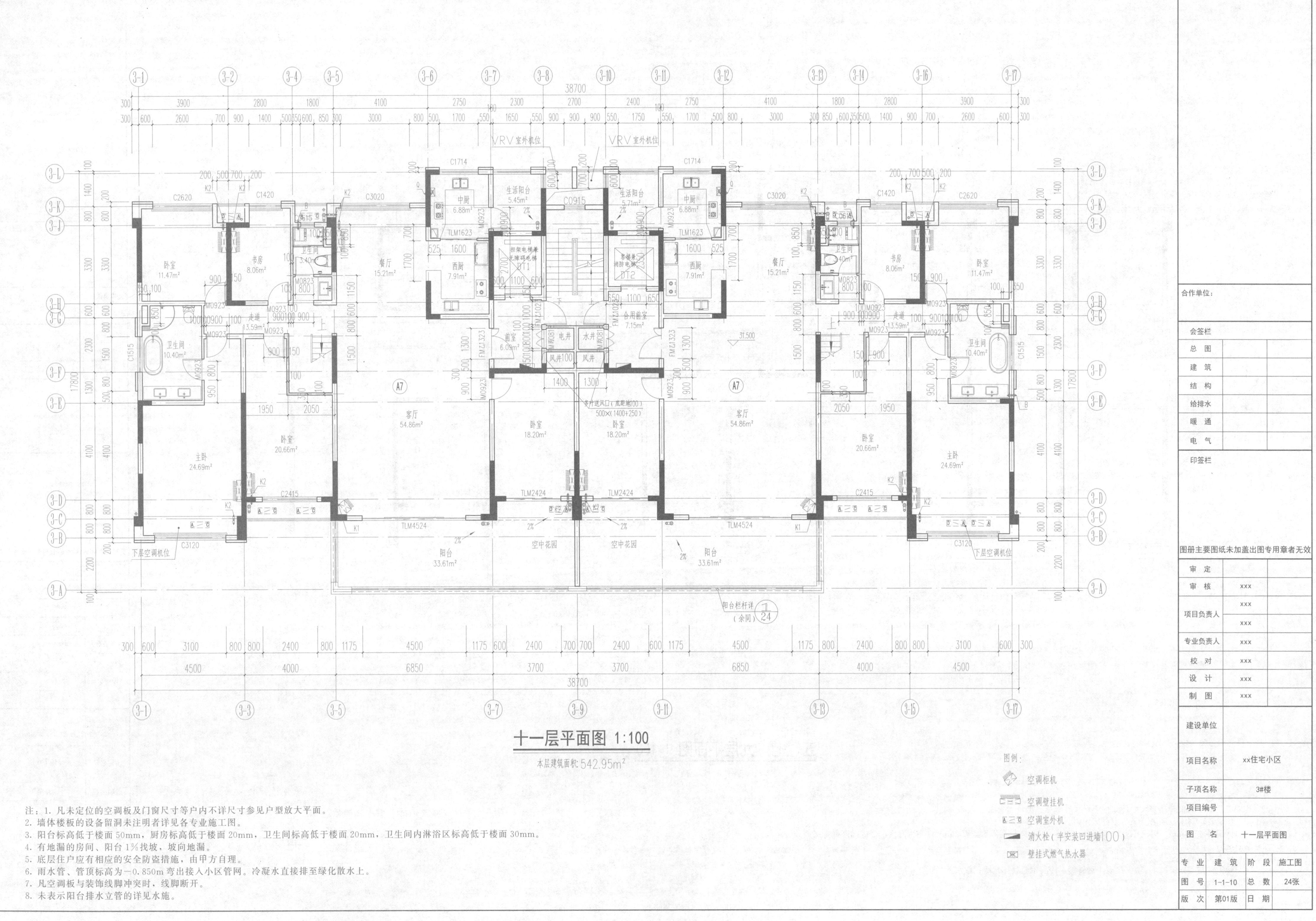

十一层平面图 1:100
本层建筑面积:542.95m²
注：1. 凡未定位的空调板及门窗尺寸等户内不详尺寸参见户型放大平面。
2. 墙体楼板的设备留洞未注明者详见各专业施工图。
3. 阳台标高低于楼面50mm，厨房标高低于楼面20mm，卫生间标高低于楼面20mm，卫生间内淋浴区标高低于楼面30mm。
4. 有地漏的房间、阳台1%找坡，坡向地漏。
5. 底层住户应有相应的安全防盗措施，由甲方自理。
6. 雨水管、管顶标高为−0.850m弯出接入小区管网。冷凝水直接排至绿化散水上。
7. 凡空调板与装饰线脚冲突时，线脚断开。
8. 未表示阳台排水立管的详见水施。
图例：
空调柜机
空调壁挂机
空调室外机
消火栓（半安装凹进墙100）
壁挂式燃气热水器
卧室 11.47m²
书房 8.06m²
卫生间 3.40m²
餐厅 15.21m²
中厨 6.88m²
生活阳台 5.45m²
生活阳台 5.71m²
西厨 7.91m²
走道 13.59m²
卫生间 10.40m²
前室 6.09m²
合用前室 7.15m²
电井
水井
风井
客厅 54.86m²
卧室 18.20m²
卧室 20.66m²
主卧 24.69m²
阳台 33.61m²
空中花园
VRV室外机位
下层空调机位
阳台栏杆详（余同）
合作单位：
会签栏
总图
建筑
结构
给排水
暖通
电气
印签栏
图册主要图纸未加盖出图专用章者无效
审定
审核 xxx
项目负责人 xxx xxx
专业负责人 xxx
校对 xxx
设计 xxx
制图 xxx
建设单位
项目名称 xx住宅小区
子项名称 3#楼
项目编号
图名 十一层平面图
专业 建筑 阶段 施工图
图号 1-1-10 总数 24张
版次 第01版 日期

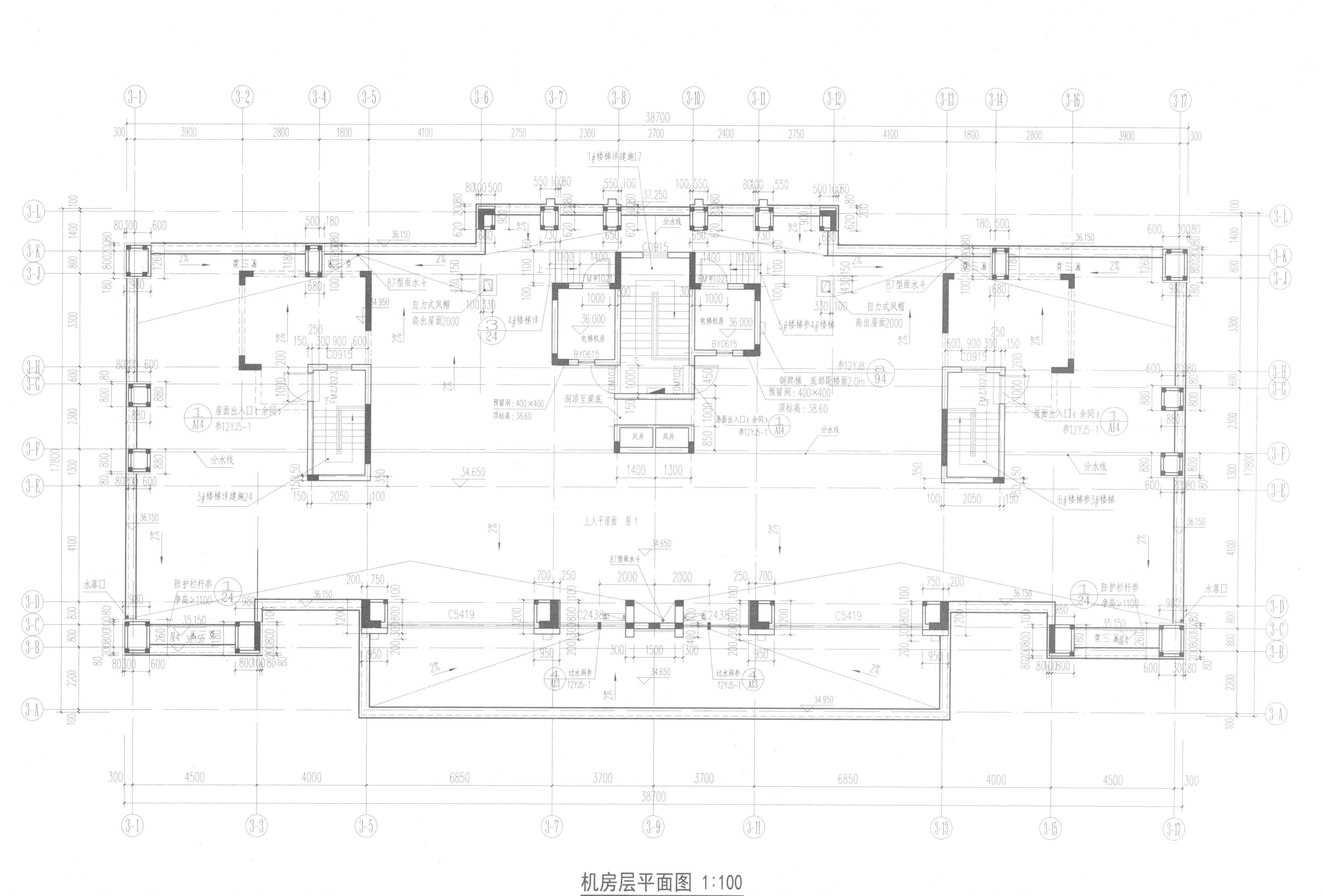


机房层平面图 1:100

本层建筑面积：53.80m²

合作单位：

| 会签栏 | | |
|---|---|---|
| 总 图 | | |
| 建 筑 | | |
| 结 构 | | |
| 给排水 | | |
| 暖 通 | | |
| 电 气 | | |

印签栏

图册主要图纸未加盖出图专用章者无效

| | | |
|---|---|---|
| 审 定 | | |
| 审 核 | xxx | |
| 项目负责人 | xxx | |
| | xxx | |
| 专业负责人 | xxx | |
| 校 对 | xxx | |
| 设 计 | xxx | |
| 制 图 | xxx | |

| | |
|---|---|
| 建设单位 | |
| 项目名称 | xx住宅小区 |
| 子项名称 | 3#楼 |
| 项目编号 | |
| 图 名 | 机房层平面图 |

| | | | |
|---|---|---|---|
| 专 业 | 建 筑 | 阶 段 | 施工图 |
| 图 号 | 1-1-11 | 总 数 | 24张 |
| 版 次 | 第01版 | 日 期 | |

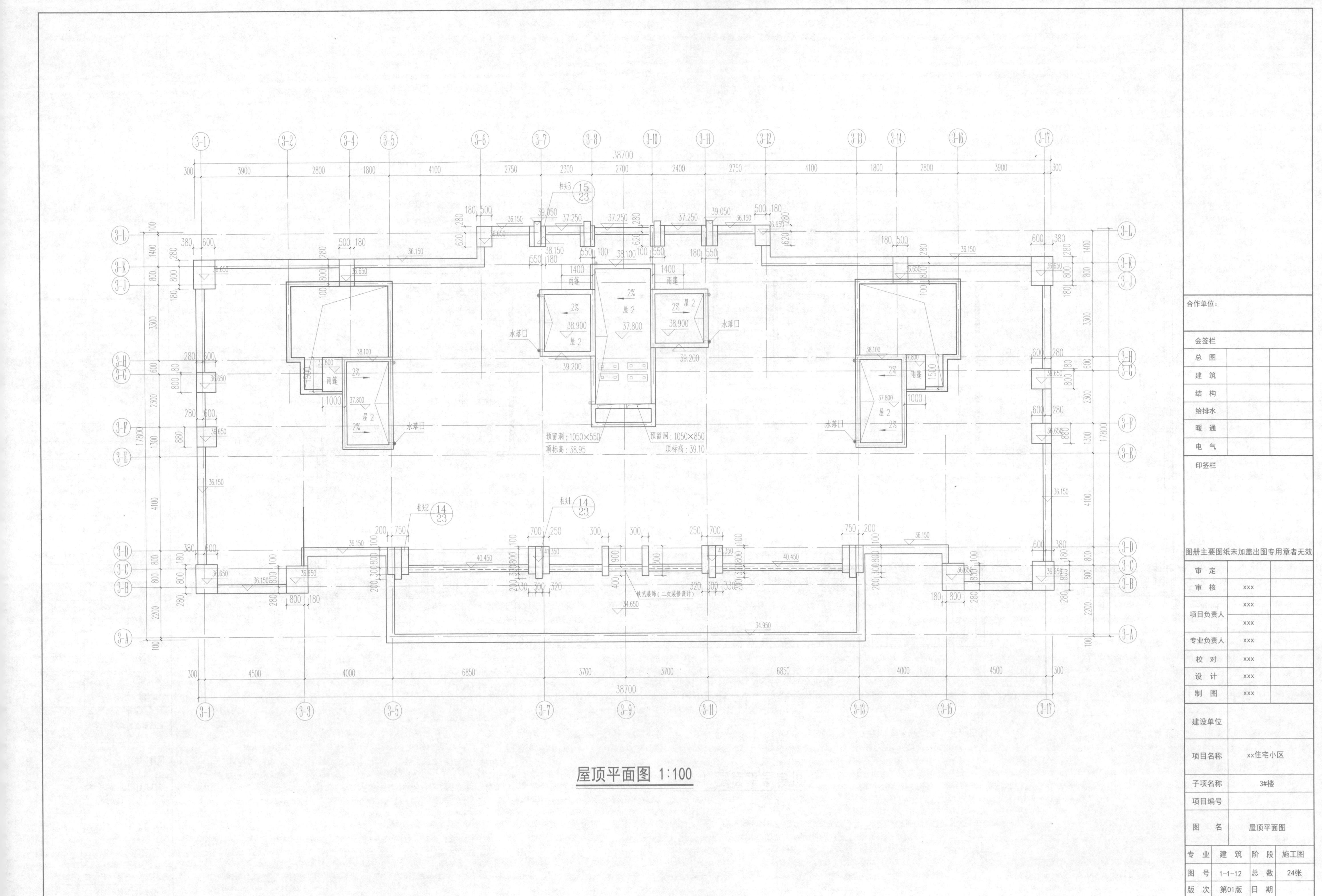
屋顶平面图 1:100
38700
17800
雨篷
屋2
水落口
2%
预留洞：1050×550
顶标高：38.95
预留洞：1050×850
顶标高：39.10
铁艺装饰（二次装修设计）
合作单位：
会签栏
总 图
建 筑
结 构
给排水
暖 通
电 气
印签栏
图册主要图纸未加盖出图专用章者无效
审 定
审 核
项目负责人
专业负责人
校 对
设 计
制 图
xxx
建设单位
项目名称
xx住宅小区
子项名称
3#楼
项目编号
图 名
屋顶平面图
专 业
建 筑
阶 段
施工图
图 号
1-1-12
总 数
24张
版 次
第01版
日 期

# 课题 7.3 立 面 图

建筑立面图主要反映房屋的造型、外貌、高度和立面装修做法。它也是建筑施工图中最基本的图样之一。

## 7.3.1 应知应会部分

**【立面图】**

（1）两端轴线编号，立面转折较复杂时，可用展开立面表示，但应准确注明转角处的轴线编号。

（2）立面外轮廓及主要结构和建筑构造部件的位置，如女儿墙顶、檐口、柱、变形缝、室外楼梯和垂直爬梯、室外空调机隔板、外遮阳构件、阳台、栏杆、台阶、坡道、花台、雨篷、烟囱、勒脚、门窗、幕墙、洞口、门头、雨水管，以及其他装饰构件、线脚和粉刷分格线等。

（3）建筑的总高度、楼层位置辅助线、楼层数和标高以及关键控制标高的标注，如女儿墙或檐口标高；外墙的留洞应标注尺寸与标高或高度尺寸（宽×高×深及定位关系尺寸）。

（4）平、剖面图未能表示出来的屋顶、檐口、女儿墙、窗台以及其他装饰构件、线脚等的标高或尺寸。

（5）在平面图上表达不清的窗编号。

（6）各部分装饰用料名称或代号，剖面图上无法表达的构造节点详图索引。

（7）图纸名称、比例。

（8）各个方向的立面应绘齐全，但差异小、左右对称的立面或部分不难推定的立面可简略；内部院落或看不清的或看不到的局部立面，可在相关剖面图上表示，若剖面图未能表示完全时，则需单独绘出。

**【立面图识读提示】**

建筑立面主要表示建筑物的外貌，反映建筑各立面的造型、门窗形式和位置，各部分的标高，外墙的装修材料和做法。具体识读如下。

（1）首先看图名轴线可知立面的朝向。相应方向的整个外貌形状、造型、数量及其相互间的联系情况。该方向房屋的屋面、门窗、雨篷、阳台、台阶、花池、勒脚、高出屋面楼梯间、电梯间等细部形式和位置（可参照立面效果图）。

（2）阅读立面标高、立面尺寸。应注意室外地坪标高，出入口地面标高，门窗顶部和底部、檐口、雨篷、勒脚等处的标高。立面的尺寸主要是表明建筑物外形高度方向的二道尺寸，即建筑物总高和各细部的窗及窗间墙的定型尺寸。

（3）结合立面效果图看立面的装修色彩、装修材料做法，建筑装饰物的形状、大小、位置及其做法。

## 7.3.2 实例识读

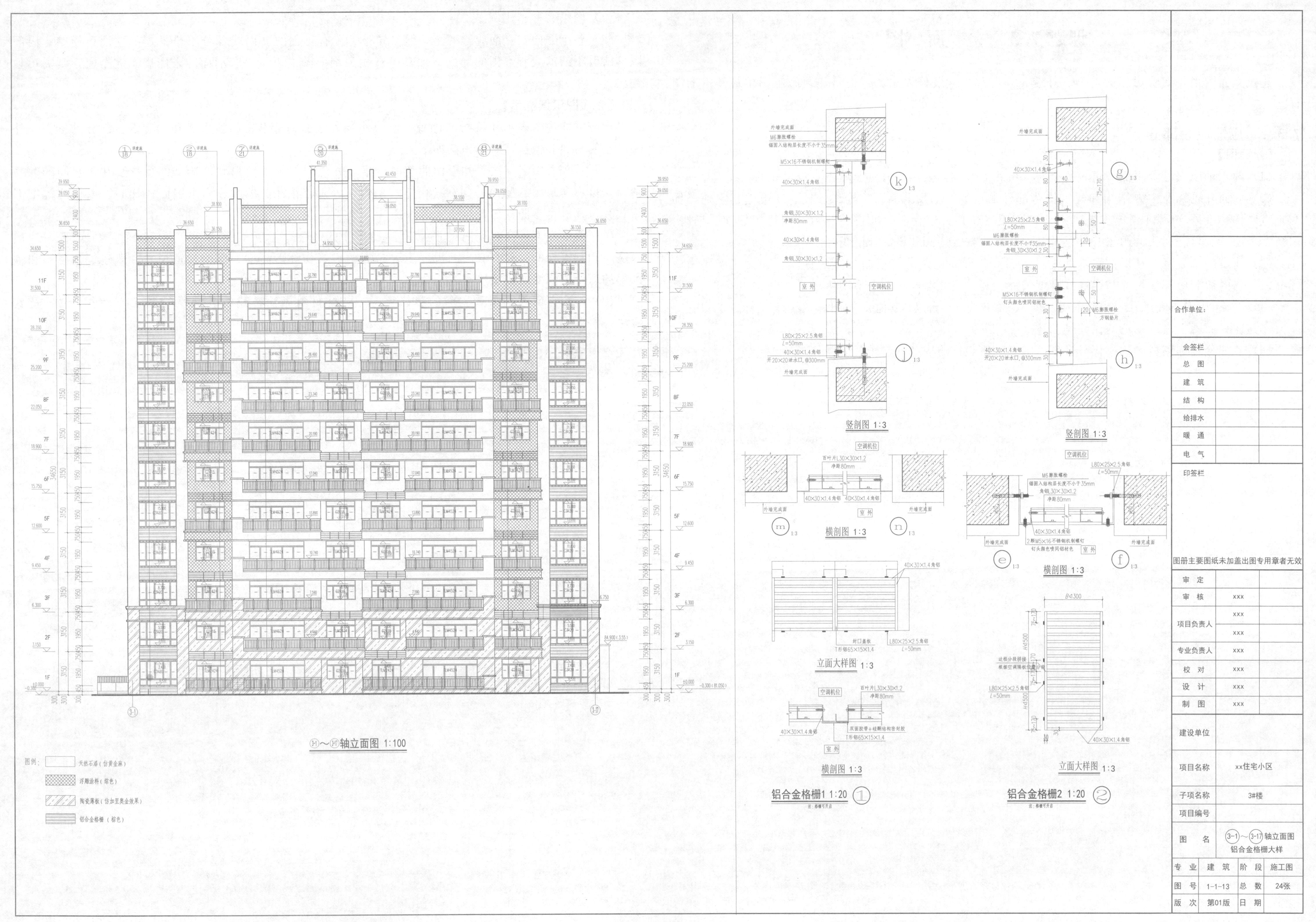

(3-1)~(3-17)轴立面图 1:100
图例：
天然石漆（仿黄金麻）
浮雕涂料（棕色）
陶瓷薄板（仿加豆奥金效果）
铝合金格栅（棕色）
竖剖图 1:3
横剖图 1:3
立面大样图 1:3
横剖图 1:3
铝合金格栅1 1:20
竖剖图 1:3
横剖图 1:3
立面大样图 1:3
铝合金格栅2 1:20
合作单位：
会签栏
总 图
建 筑
结 构
给排水
暖 通
电 气
印签栏
图册主要图纸未加盖出图专用章者无效
审 定
审 核 xxx
项目负责人 xxx xxx
专业负责人 xxx
校 对 xxx
设 计 xxx
制 图 xxx
建设单位
项目名称 xx住宅小区
子项名称 3#楼
项目编号
图 名 (3-1)~(3-17)轴立面图 铝合金格栅大样
专 业 建 筑 阶 段 施工图
图 号 1-1-13 总 数 24张
版 次 第01版 日 期

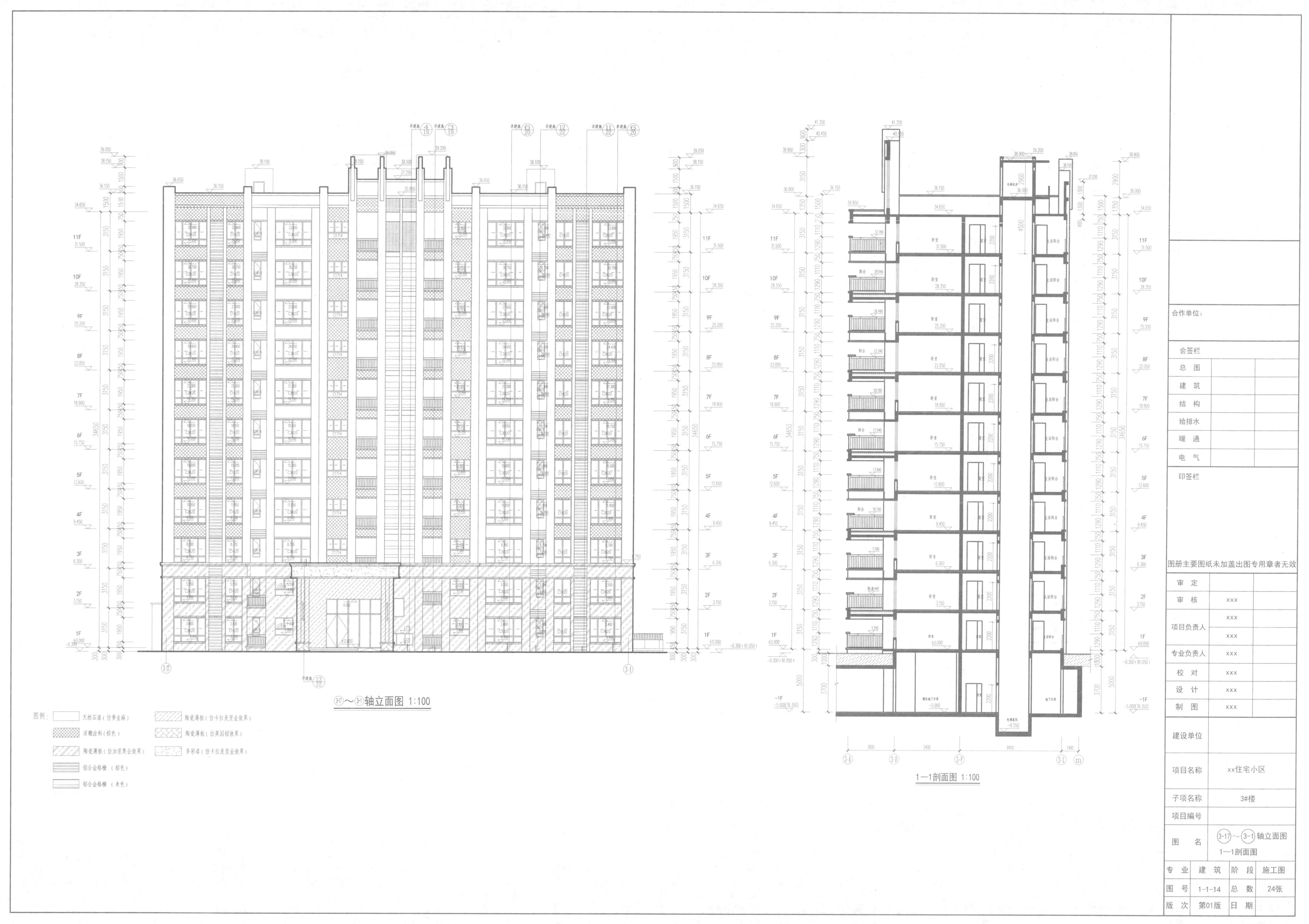
(3-17)～(3-1)轴立面图 1:100
1—1剖面图 1:100
图例：
天然石漆（仿黄金麻）
浮雕涂料（棕色）
陶瓷薄板（仿加里奥金效果）
铝合金格栅 （棕色）
铝合金格栅 （米色）
陶瓷薄板（仿卡拉麦里金效果）
陶瓷薄板（仿英国棕效果）
多彩漆（仿卡拉麦里金效果）
合作单位：
会签栏
总 图
建 筑
结 构
给排水
暖 通
电 气
印签栏
图册主要图纸未加盖出图专用章者无效
审 定
审 核 xxx
项目负责人 xxx
xxx
专业负责人 xxx
校 对 xxx
设 计 xxx
制 图 xxx
建设单位
项目名称 xx住宅小区
子项名称 3#楼
项目编号
图 名 (3-17)～(3-1)轴立面图
1—1剖面图
专 业 建 筑 阶 段 施工图
图 号 1-1-14 总 数 24张
版 次 第01版 日 期

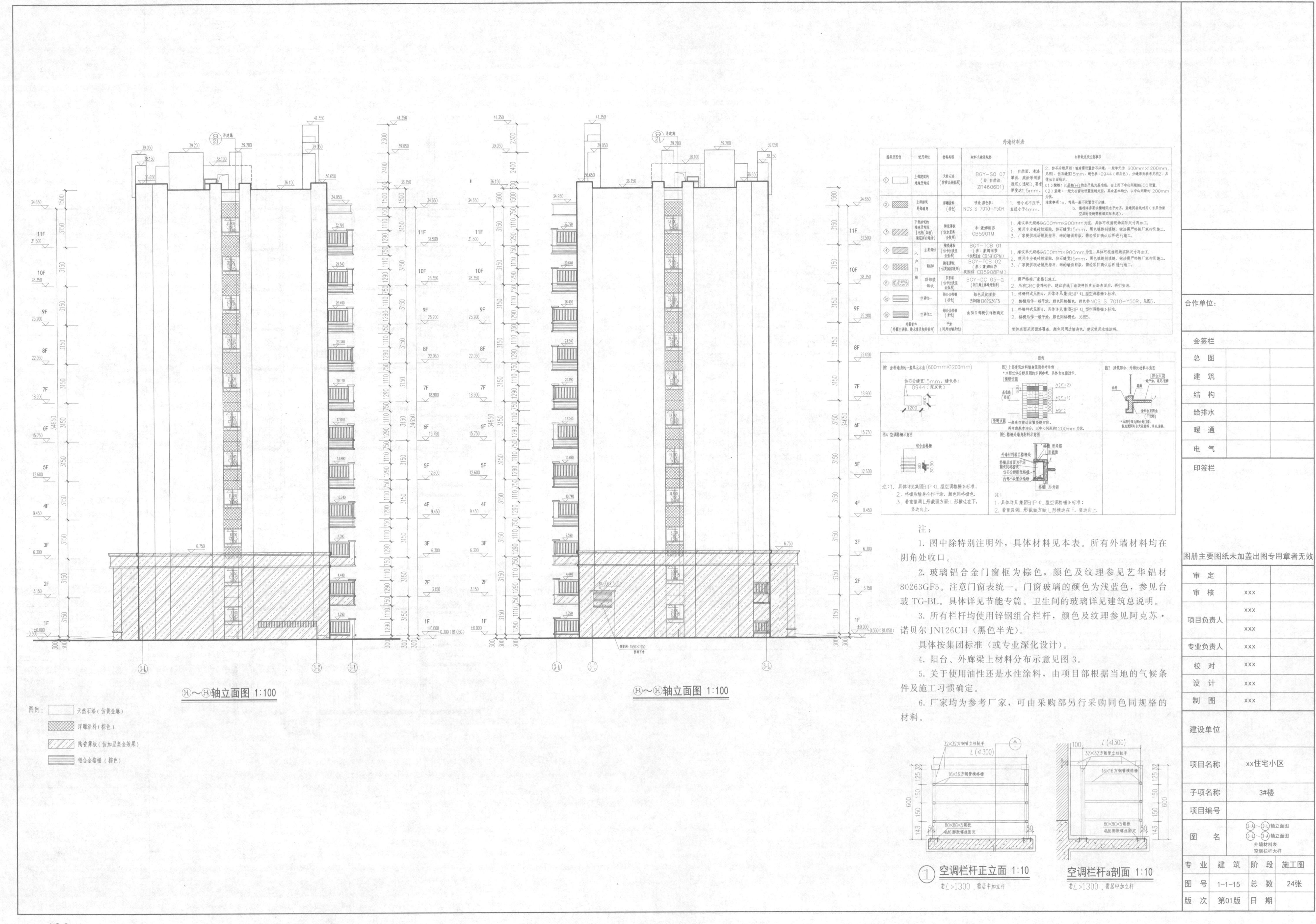
⑪~⑪轴立面图 1:100
⑪~⑪轴立面图 1:100
图例：
天然石涂（仿黄金麻）
浮雕涂料（棕色）
陶瓷薄板（仿加里奥金铁黑）
铝合金格栅（棕色）
外墙材料表
注：
1. 图中除特别注明外，具体材料见本表。所有外墙材料均在阴角处收口。
2. 玻璃铝合金门窗框为棕色，颜色及纹理参见艺华铝材80263GF5。注意门窗表统一。门窗玻璃的颜色为浅蓝色，参见台玻TG-BL。具体详见节能专篇。卫生间的玻璃详见建筑总说明。
3. 所有栏杆均使用锌钢组合栏杆，颜色及纹理参见阿克苏·诺贝尔JN126CH（黑色半光）。
具体按集团标准（或专业深化设计）。
4. 阳台、外廊梁上材料分布示意见图3。
5. 关于使用油性还是水性涂料，由项目部根据当地的气候条件及施工习惯确定。
6. 厂家均为参考厂家，可由购部另行采购同色同规格的材料。
空调栏杆正立面 1:10
若L>1300，需居中加立杆
空调栏杆a剖面 1:10
若L>1300，需居中加立杆
合作单位：
会签栏
总 图
建 筑
结 构
给排水
暖 通
电 气
印签栏
图册主要图纸未加盖出图专用章者无效
审 定
审 核 xxx
项目负责人 xxx xxx
专业负责人 xxx
校 对 xxx
设 计 xxx
制 图 xxx
建设单位
项目名称 xx住宅小区
子项名称 3#楼
项目编号
图 名 轴立面图 轴立面图 外墙材料表 空调栏杆大样
专 业 建 筑 阶 段 施工图
图 号 1-1-15 总 数 24张
版 次 第01版 日 期

# 课题7.4 剖 面 图

建筑剖面图用以表示房屋内部的结构或构造形式，分层情况和各部位的联系、材料及其内部垂直方向高度等，是与建筑平面图、立面图相互配合的不可缺少的基本图样。

## 7.4.1 应知应会部分

**【剖面图】**

（1）剖面位置应选在层高不同、层数不同、内外部空间比较复杂、具有代表性的部位；建筑空间局部不同处以及平面、立面均表达不清的部位，可绘制局部剖面。

（2）墙、柱、轴线和轴线编号。

（3）剖切到或可见的主要结构和建筑构造部件，如室外地面、底层地（楼）面、地坑、地沟、各层楼板、夹层、平台、吊顶、屋架、屋顶、出屋顶的烟囱、天窗、挡风板、檐口、女儿墙、爬梯、门、窗、外遮阳构件、楼梯、台阶、坡道、散水、平台、阳台、雨篷、洞口及其他装修等可见的内容。

（4）高度尺寸。

外部尺寸：门、窗、洞口高度、层间高度、室内外高差、女儿墙高度、阳台栏杆高度、总高度。

内部尺寸：地坑（沟）深度、隔断、内窗、洞口、平台、吊顶等。

（5）标高。主要结构和建筑构造部件的标高，如室内地面、楼面（含地下室）、平台、雨篷、吊顶、屋面板、屋面檐口、女儿墙顶、高出屋面的建筑物、构筑物及其他屋面特殊构件等的标高，室外地面标高。

（6）节点构造详图索引。

（7）图纸名称、比例。

**【剖面图识读提示】**

建筑剖面图主要是表示房屋内部高度方向上的结构或构造、分层情况和各部位的联系、材料及高度，是平面图、立面图相互配合不可缺少的图形。

（1）从剖面图的图名和轴线编号与底层平面图上的剖切位置、编号相对照，并根据平面图上所标注剖切符号位置、剖切符号所表达的视图方向来看图。

（2）由剖面图看房屋从地面到屋面的内部构造做法和结构形式，梁、板、柱、墙之间的关系，屋面形式及构成。

（3）识读时注意：

① 剖面标高与平面图、立面图及墙身大样图所表示标高是否一致；

② 剖面图所标注高度方向的细部尺寸与立面图细部尺寸是否相符；

③ 楼梯入口部位地面、楼梯平台尺寸是否满足不碰头的要求；

④ 根据详图索引，逐个查阅详图以识读索引处细部构造做法；

⑤ 结合标准图集或室内外装修表详知各部位构造做法。

## 7.4.2 实例识读

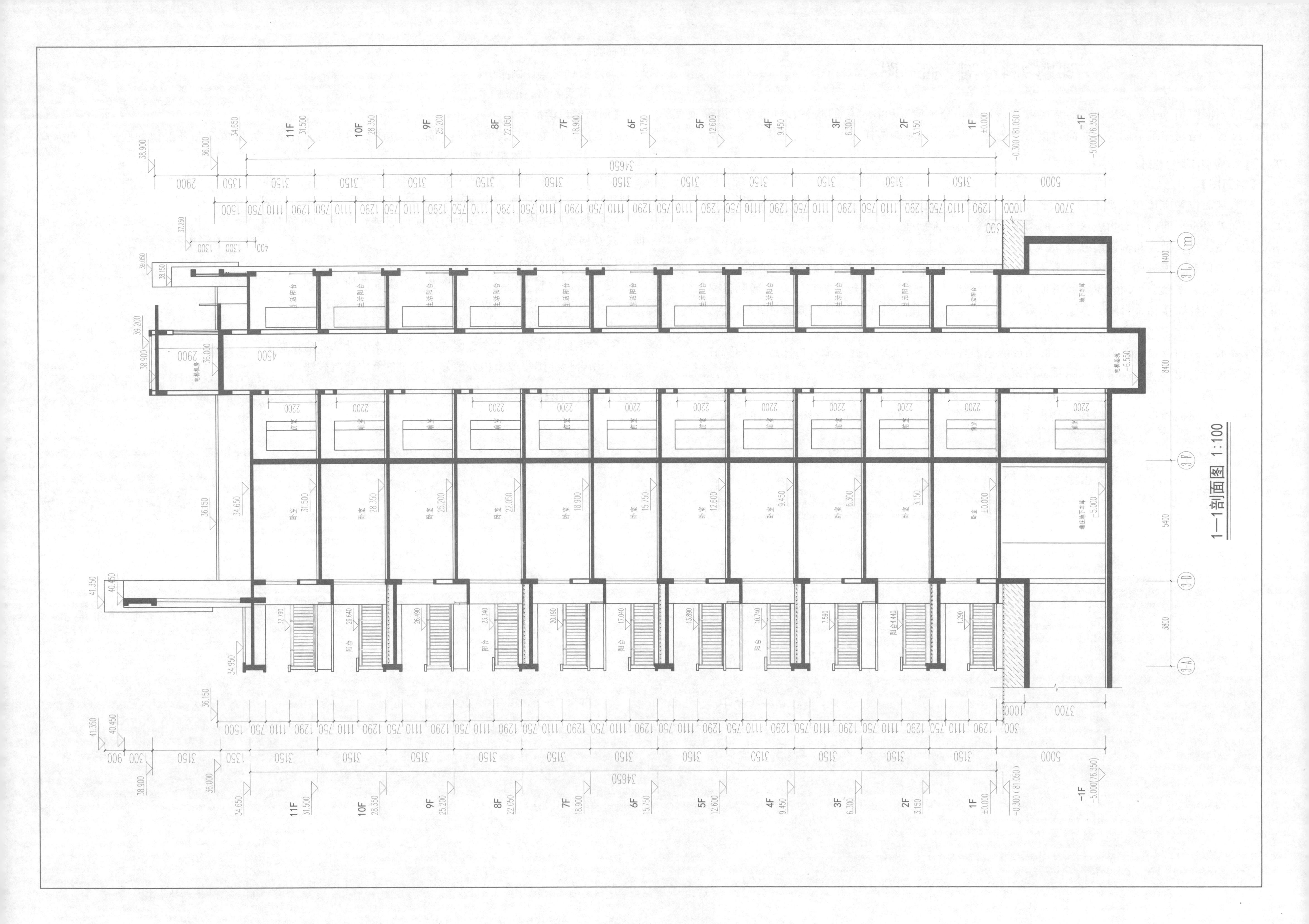
1—1剖面图 1:100

# 课题 7.5 详　　图

建筑平面图、立面图、剖面图反映了房屋的全貌，很多细部都难以表达清楚，为此通常对房屋的细部构造或构配件用较大比例将其形状、大小、材料和做法，详细地表示出来，用于指导施工。

## 7.5.1 应知应会部分

**【详图】**

(1) 内外墙、屋面等节点，绘出不同构造层次，表达节能设计内容，标注各材料名称及具体技术要求，注明细部和厚度尺寸等。

(2) 楼梯、电梯、厨房、卫生间等局部平面放大和构造详图，注明相关的轴线和轴线编号以及细部尺寸、设施的布置和定位、相互的构造关系及具体技术要求等。

(3) 室内外装饰方面的构造、线脚、图案等；标注材料和细部尺寸、与主体结构的连接构造等。

(4) 门、窗、幕墙绘制立面图，对开启面积大小和开启方式，与主体结构的连接方式、用料材质、颜色等作出规定。

(5) 对另行委托的幕墙、特殊门窗，应提出相应的技术要求。

(6) 其他凡在平、立、剖面图或文字说明中无法交待或交待不清的建筑构配件和建筑构造。

**【平面户型大样图识读提示】**

识读方法与平面图基本相同，重点注意以下内容：

(1) 确定大样图具体位置和尺寸；

(2) 家具布置，用水房间固定设备位置及尺寸；

(3) 用水房间和阳台地面标高、地漏位置、坡度方向和坡度值；

(4) 结构和设置留洞位置、相关尺寸、材料的做法。

**【楼梯详图识读提示】**

从建筑平面图中楼梯的布置，首先了解本建筑物楼梯的种类、数量和具体位置，再看每一种楼梯的具体形式和做法。

(1) 平面图识读。

① 底层平面图被剖到的梯段板只有一个，主要反映上楼梯方向及下楼梯间地面方向与楼梯入口之间的关系（是否有台阶或坡道，如何设置）；楼梯剖面图剖切的位置及剖视的方向。

② 标准层平面图主要反映上下楼梯方向，反映楼梯组成各部分楼梯段、平台、楼梯井和栏杆之间的关系，楼梯间采光窗的位置。注意楼梯入口的雨篷形式、位置和尺寸。

③ 顶层平面图主要反映下楼梯方向。

④ 注意核对休息平台宽度与梯段宽度是否满足强制性条文；梯段改变方向时，平台扶手处的最小宽度不应小于楼梯净宽的要求。

(2) 楼梯剖面图识读。楼梯剖面图主要反映楼梯梯段数量、踏步级数，以及楼梯的类型及结构形式。

① 梯段数及地面、休息平台面、楼面等处所标注的标高与房屋的层数、地面、楼面标高是否一致。

② 栏杆高度是否满足强制性条例：栏杆高度不应小于 1.05m，高层建筑栏杆高度应再适当提高，但不宜超过 1.2m 的要求。楼梯平台上部及下部过道处的净高不应小于 2m，梯段净高不应小于 2.2m 的要求。

③ 梯段级数与平面图中相应梯段的踏步数间的关系是否正确。

④ 根据详图索引，逐个查看详图，理解栏杆形式、栏杆与扶手的连接、栏杆与踏步的连接等细部做法。

**【外墙节点详图识读提示】**

(1) 看墙身大样图的轴线编号与平面或立面图上剖切位置处的内容是否一致。

(2) 屋顶与墙面装饰细部的材料和尺寸，并与立面、剖面和效果图一致。

(3) 注意墙体、梁、柱之间的位置关系，以及与轴线的定位关系。

(4) 节点构造。

① 室内外地坪处的外墙节点构造：基础墙厚度室内外标高，散水、明沟或采光井，墙身水平防潮层，台阶或坡道，勒脚，暖气管沟，踢脚，墙裙，首层室内外窗台等材料和尺寸。

② 楼层处外墙节点构造：过梁、圈梁、顶棚、楼板、踢脚、雨篷、阳台、楼层的室内外窗台等。由于钢筋混凝土材料的导热系数大，易出现冷桥或热桥现象，故钢筋混凝土外墙外侧或内侧做保温处理，详见外墙节点构造。

③ 屋顶处外墙节点构造：过梁、圈梁、顶棚、楼板、屋面、挑檐板、女儿墙、天沟、下水口、雨水斗、雨水管等做法。

④ 面层材料做法：内墙、外墙、地面、楼面、屋面做法。

**【门窗详图识读提示】**

(1) 门窗详图与门窗表相对应；

(2) 查看门窗各部位的尺寸，门窗扇的组成形式；

(3) 门窗的开启方向和开启方式；

(4) 查明各块材料的断面尺寸、形状、玻璃的固定方法（可以注建筑图集）；

(5) 在建筑图集（建筑节能门窗图集、地方设计标准等）中查看不同规格的门窗所需要的金属配件的名称、规格及数量；

(6) 从设计说明中弄清门窗制作、安装要求和油漆的颜色、工艺等。

## 7.5.2 实例识读

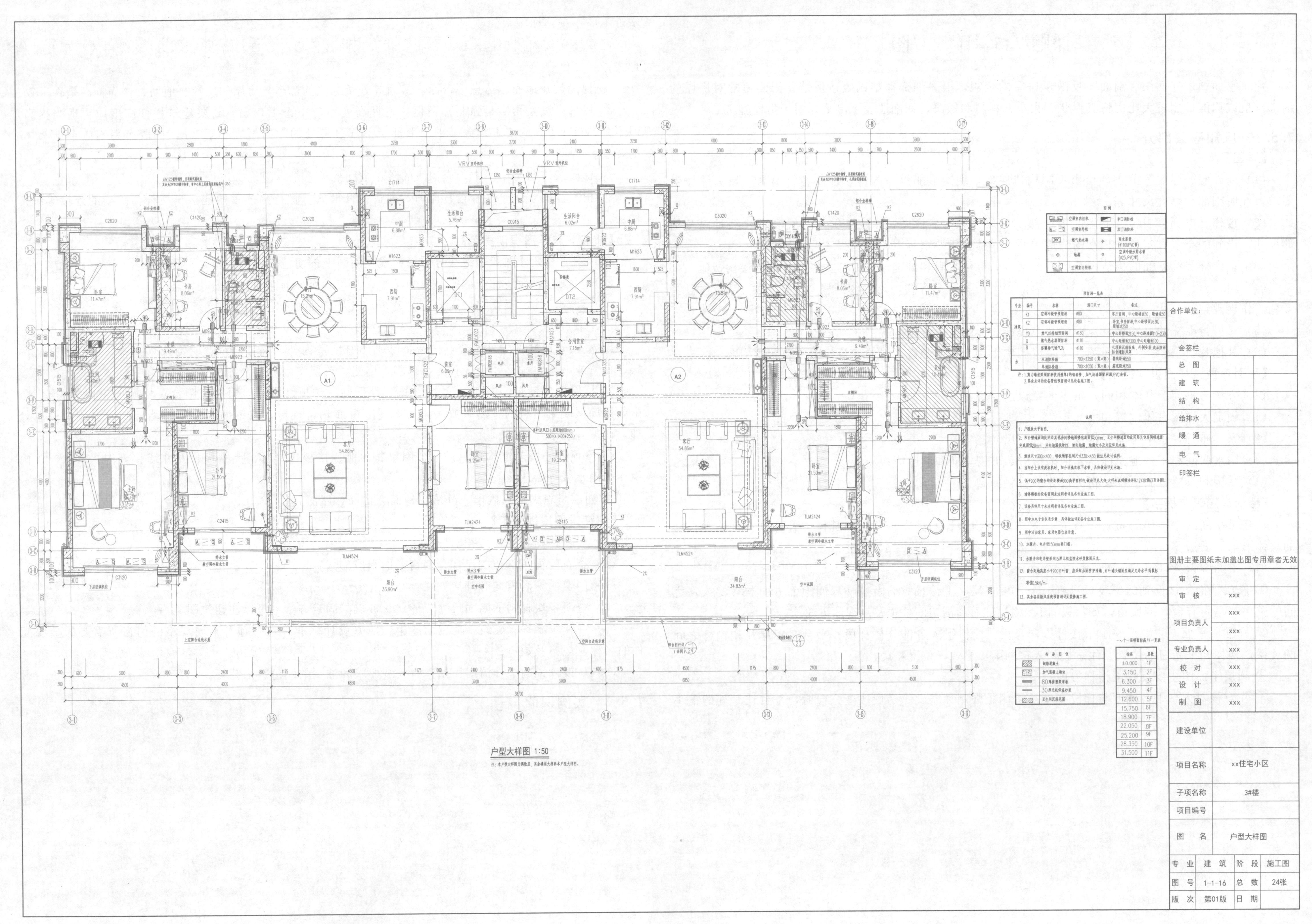
户型大样图 1:50
合作单位:
会签栏
总 图
建 筑
结 构
给排水
暖 通
电 气
印签栏
图册主要图纸未加盖出图专用章者无效
审 定
审 核 xxx
项目负责人 xxx
专业负责人 xxx
校 对 xxx
设 计 xxx
制 图 xxx
建设单位
项目名称 xx住宅小区
子项名称 3#楼
项目编号
图 名 户型大样图
专 业 建 筑 阶 段 施工图
图 号 1-1-16 总 数 24张
版 次 第01版 日 期

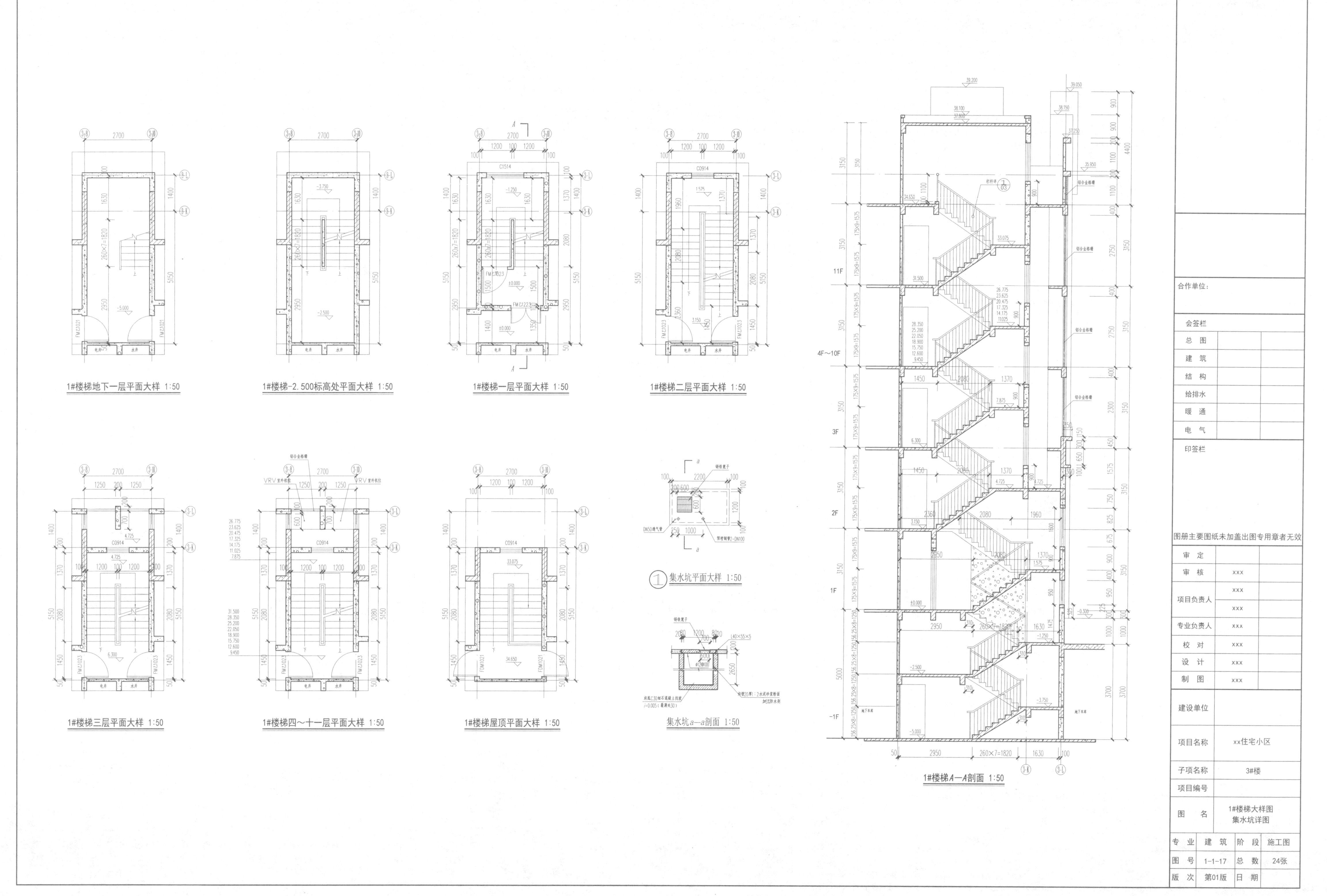
1#楼梯地下一层平面大样 1:50
1#楼梯-2.500标高处平面大样 1:50
1#楼梯一层平面大样 1:50
1#楼梯二层平面大样 1:50
1#楼梯三层平面大样 1:50
1#楼梯四～十一层平面大样 1:50
1#楼梯屋顶平面大样 1:50
集水坑平面大样 1:50
集水坑a—a剖面 1:50
1#楼梯A—A剖面 1:50
合作单位:
会签栏
总 图
建 筑
结 构
给排水
暖 通
电 气
印签栏
图册主要图纸未加盖出图专用章者无效
审 定
审 核
项目负责人
专业负责人
校 对
设 计
制 图
建设单位
项目名称
xx住宅小区
子项名称
3#楼
项目编号
图 名
1#楼梯大样图
集水坑详图
专 业
建 筑
阶 段
施工图
图 号
1-1-17
总 数
24张
版 次
第01版
日 期